제5차 수정판 한권으로 정리하고·한권으로 풀어보는

| 해기사 시험 시리즈 |

소형선박 조종사
- 이론과 문제 -

해기사·해양경찰·공무원시험 대비용

해기사시험연구회

해광출판사

제5차 수정판 한권으로 정리하고·한권으로 풀어보는

| 해기사 시험 시리즈 |

소형선박 조종사

− 이론과 문제 −

해광출판사

머.리.말

    수상 레저 활동이 증가하면서 수상레저용 모터보트나 수상오토바이를 운용하기 위해서는 동력수상레저기구 조종면허를 취득함으로써 운용할 수 있지만, 25톤 미만의 선박으로 낚시업이나 유도선업, 수상레저사업을 하기 위해서는 소형선박조종면허가 있어야 합니다. 총톤수 25톤 미만의 선박을 소형선박이라 하며, 소형선박을 운용할 수 있는 해기사를 소형선박조종사라 합니다. 소형선박조종사 면허를 취득하기 위해서는 2년간의 승무 경력이 있어야 합니다. 만약 승무 경력이 없는 사람의 경우에는 동력수상레저기구조종면허 1.2급을 취득하면 승무 경력으로 인정하고 있습니다.

    시험의 주관처인 한국해양수산연수원 홈페이지에서 기출문제를 제공하고 있습니다. 다만 기출문제만으로 공부해서 합격 한다는 것 은 사실상 쉽지 않은 일입니다. 문제유형도 해마다 조금씩 바뀌고 무엇보다 답만 외워서는 문제가 조금만 바뀌어도 답을 찾기가 어렵기 때문입니다. 그렇기 때문에 주관처인 한국해양수산연수원에서도 기출문제만 가지고 시험 준비를 하는데 주의를 당부하고 있습니다. 그래서 이 책에서는 각 단원별 핵심이론을 실었습니다. 물론 이 내용도 각 분야의 방대한 양에 비교한다면 아주 작은 부분일 수 있겠지만 핵심이론만 제대로 이해하여도 공부하는데 큰 도움이 되리라 여겨집니다. 그런 관계로 이 책에서는 수험생이 꼭 이해하고 있어야할 요점을 기록하는데 주의를 기울였습니다.

    최근 10여년간 기출문제 중 주요문제를 발췌하여 수록하였으며, 최근 기출문제 중 추가로 수록하여 최신 문제를 접할 수 있도록 하였습니다.
    아울러 문제해설을 통해 이론을 이해할 수 있도록 하였습니다. 그냥 이론만 보게 되면 잘 이해되지 않으면서 머리만 아픈 경우도 사실 많이 있습니다. 문제를 푸는 과정에서 해설을 참고로 본다면 자연스럽게 문제와 이론을 익힐 수 있도록 하였습니다. 그래서 이론 부분과 더불어 실제 문제 해설을 통해 익힐 수 있도록 하였습니다. 일부 중요 문제의 경우 반복적으로 접할 수 있도록 하여 학습에 참고가 되도록 하였습니다.

    수험 준비 중 이해되지 않는 부분과 조금 더 심도 있는 공부를 원하는 수험생은 각 과목별 이론 도서를 참조하여 관련 이론을 숙지한다면 공부하는데 많은 도움이 되리라 봅니다.

편저자

시.험.안.내

본 해기사 시험안내는 응시자 분들을 위한 참고자료이며, 차후 수정 변경 될 수 있으므로 **해기사 시험에 관한 자세한 사항은 한국해양수산연수원에서 확인** 하시기 바랍니다.

해기사 시험안내

선박직원법시행령 제10조에 의거 해양수산부장관이 해양수산부령이 정하는 바에 의하여 정기시험, 임시시험, 상시시험으로 구분하여 시행하고 있습니다.

상시시험
Normal Examination

상시시험을 시행하고자 하는 경우 그 직종별 등급 · 시험일시 · 시험장소 그 밖에 필요한 사항은 15일 전까지 한국 해양 수산연수원의 게시판에 이를 공고시행합니다.

정기시험
Regular Examination

직종별 등급 · 시험장소 그 밖에 필요한 사항을 매년 1월 10일까지 관보 및 주요 일간지에 이를 공고 시행합니다.

임시시험
Special Examination

한국해양수산연수원장이 필요하다고 인정하는 때에 수시로 시행되며 그 직종별 등급 · 시험일시 · 시험장소 그 밖에 필요한 사항은 시험 시행 7일전까지 한국해양수산연수원의 게시판에 이를 공고합니다. 접수인원에 따라 시행 결정합니다.

선박에 선박직원으로 승선하기 위해서는 해기사시험에 합격하고, 면허를 취득하여야 합니다.

1. 정기시험

- 부산 외 지역에서도 응시할 수 있습니다.
- 시험방식
    - 필기 : PBT(Paper Based Test)
    - 면접 : 구술시험 (부산 및 인천지역에 한함)
- 시행대상
    - 항해사(상선), 항해사(어선), 기관사, 소형선박조종사, 통신사, 운항사(지역별 시행 직종 및 등급 확인)
    - 인터넷 화면에서 회별 숫자를 클릭하시면 시행지역과 직종 및 등급을 확인할 수 있습니다.
        ※ 회별 시행지역, 지역별 시행 직종 및 등급을 공고문에서 꼭 확인하시기 바랍니다.
        (시험일 기준 1개월 전 게시)

2. 상시시험(면접)

- 정기 4회와 별도로 상시면접을 신설하여 CBT시험 후 빠른 응시가 가능하도록 하였습니다.
- 시행지역 및 대상
    - 부산(한국해양수산연수원) / 항해사, 기관사, 운항사, 통신사 전 등급 및 소형선박조종사
        ※ 시행지역과 세부일정은 사정에 따라 변경될 수 있으므로 매회 공고문을 확인하시기 바랍니다. (시험일 기준 15일전 게시)

3. 상시시험(필기)

- 승선 및 어로활동 등으로 정기시험 응시가 어려운 분들의 응시편의를 위한 시험으로 회차별 시행 직종을 달리합니다.
- 시험방식 : CBT(Computer Based Test)
    - 지정된 시험실에서 컴퓨터 모니터를 통해 문제를 푸는 방식
    - 컴퓨터로 통제되어 자동 채점되며, 시험 당일 합격자를 발표합니다.
- 시행대상 : 항해사(상선), 항해사(어선), 기관사, 소형선박조종사
- 회당 수용가능 인원에 제한이 있으므로 접수기간 중 인터넷 선착순 마감
    ※ 회별 시행 지역, 직종 및 등급 등 세부사항은 월별 상시시험 공고문을 반드시 확인 하시기 바랍니다. (시험일 기준 15일전 게시)

시험응시절차

◉ 응시원서 교부 및 접수

- 응시원서의 접수는 매회 시험의 접수기간 내에만 가능하며, 접수는 마감일(18시)까지 접수하여야 당회 시험에 응시할 수 있습니다.
- 당회 시험 원서 접수 취소는 시험 1일 전까지 가능하며, 취소시점에 따라 수수료는 차등 지급 됩니다.

◉ 응시원서 교부 및 접수장소

	교부 및 접수장소	주소	전화번호
부산	한국해양수산연수원 종합민원실	부산광역시 영도구 해양로 367 (동삼동) (49111)	콜센터 1899-3600
	한국해기사협회	부산광역시 동구 중앙대로180번길 12-14 해기사회관 (48822)	051) 463-5030
인천	한국해양수산연수원 인천사무소	인천광역시 중구 인중로 176 나성빌딩 4층 (22133)	032) 765-2335~6
인터넷	한국해양수산연수원 (홈페이지)	https://Lems.seaman.or.kr 민원서류다운로드(원서교부)/인터넷 접수	051) 620-5831~4

※ 응시원서는 각 교부 및 접수처 또는 홈페이지에서 출력하여 작성하시기 바랍니다.

◉ 원서접수

1. **인터넷 접수 :** 한국해양수산연수원 시험정보사이트(http://lems.seaman.or.kr)에 접속 후 "해기사 시험접수"에서 인터넷 접수
   - 준비물 : 사진 및 수수료 결제시 필요한 공인인증서 또는 신용카드
2. **방문접수 :** 위의 접수장소로 직접 방문하여 접수(대리인 접수 가능)

   사진 1매, 응시수수료, 승무경력증명서(해당자에 한함), 면허증 사본(해당자에 한함), 교육이수증(해당자에 한함)
3. **우편접수 :** 접수마감일 접수시간 내 도착분에 한하여 유효 사진이 부착된 응시원서, 응시수수료, 응시표를 받으실 분은 반드시 수신처 주소가 기재된 반신용 봉투를 동봉하셔야 합니다.

   ※ 응시원서에 사용되는 사진은 최근 6개월 이내에 촬영한 3㎝×4㎝ 규격의 탈모정면 상반신 사진이어야 하며, 제출된 서류는 일체 반환하지 않습니다.

접수 취소 및 환불

1. **방문 및 우편접수 :** 응시원서 접수처에 취소 신청하셔야 합니다.
2. **인터넷접수 :** 접수사이트에서 본인이 직접 취소 등록하시면 됩니다.
   - 실시간계좌이체 – 본인통장으로 입금처리
   - 신용카드결제 – 승인취소처리
   - 핸드폰결제 – 승인취소처리
   - 무통장입금 – 능력평가팀으로 유선연락, 환불계좌신고
3. **취소기간 :** 접수기간 및 접수마감 후 시험 1일전까지
   (접수 마감 후 취소시는 접수처에 환불받을 계좌를 등록해야함.)
4. **환불금액**
   - **접수기간중 :** 수수료 전액환불
   - **접수마감 이후 7일이내 :** 수수료의 60/100
   - **접수마감 후 7일 초과 시험 전일까지 :** 수수료의 50/100

◉ **응시수수료 (선박직원법 시행규칙)**

구 분	응시 직종 및 등급	금액
응시수수료	1급 (항해 · 기관 · 운항 · 통신사)	15,000원
	2급 (항해 · 기관 · 운항 · 통신사)	
	3급 (항해 · 기관 · 운항 · 통신사)	14,000원
	4급 (항해 · 기관 · 운항 · 통신사)	
	5급 (항해 · 기관사) 6급 (항해 · 기관사)	13,000원
	수면비행선박조종사 · 전자기관사	14,000원
	소형선박조종사	10,000원

※ 2급 이상의 직종에 응시하는 자로서 당회에 필기시험과 면접시험을 동시에 응시하는 경우에는 "학술"(필기 및 면접 체크)로 접수하여야 하며, 면접시험 응시수수료(15,000원)는 필기시험 합격 후 당회 면접시험응시 시 면접시험 당일 납부하셔야 합니다.

◉ **구비서류(대상자에 한함)**
 - 응시원서 1부
 - 사진 1매 (최근 6개월 이내 촬영한 가로3㎝X세로 4㎝ 규격의 탈모 정면 상반신 사진)
 - 수수료는 앞페이지의 "응시수수료" 참조
 - 증빙서류 제출 : 시험 접수할 때는 제출하지 않습니다.
   ☞ 선박직원법 시행규칙 개정(2012.10.31)으로 면제사유 증빙서류를 시험접수에는 제출하지 않고, **면허발급 신청할 때 한번**만 제출하면 됩니다.
   (단, 면제요건으로 시험에 응시할 때는 원서접수 이전에 면제자격을 갖추어야 하며, 그 사실을 응시원서에 기재하고 응시자 본인이 사실임을 확인해야 함)

◉ **시험시간 및 장소**
 • **시험시간(1과목당 25문항)**
 - 1~5급 항해사·기관사·운항사 : 5과목 / 125분
 - 5급 항해사(국내한정)·6급 항해사 : 4과목 / 100분
 - 5급 기관사(국내한정)·6급 기관사 : 4과목 / 100분
 - 소형선박조종사 : 4과목 / 100분
   ※ 과목합격자 및 일부과목 면제 응시자는 응시과목수에 따라 시험시간이 다름.
   (과목당 25분)
 • **시험장소** : 시험공고에 따름

◉ **시험방법**
 • 객관식 4지선다형으로 하며 과목당 25문항

◉ **합격자 발표**
 • 한국해양수산연수원 게시판 및 인터넷 홈페이지(http://lems.seaman.or.kr)
 • SMS(휴대폰 문자서비스) 전송(합격자에 한함) : 시험접수시 휴대폰 번호 등록자에 한함

◉ 응시생 유의사항

- 시험을 응시하는 데는 자격제한이 없으나(일부과목 및 면접응시자 제외), 최종 시험합격 후 면허교부 신청시 모든 자격이 갖추어져야 면허를 받을 수 있으므로 응시원서 제출 전에 시험합격 후 면허를 받을 수 있는 자격이 되는지 여부를 반드시 확인한 후 응시하시기 바랍니다.

- 서류가 미비된 경우에는 접수하지 아니하며, 응시원서 기재내용이 사실과 다르거나 기재사항의 착오 또는 누락으로 인한 불이익은 응시자의 책임으로 합니다.

- 응시자는 국가시험 시행계획 공고에서 정한 응시자 입실시간까지 지정된 좌석에 착석하여 시험감시관의 시험안내에 따라야 합니다. 신분증을 지참하지 않을 경우 응시가 제한될 수 있습니다.

- 부정한 방법으로 국가시험에 응시하거나 동 시험에서 부정한 행위를 한 자에 대하여는 법령의 규정에 따라 그 시험을 정지시키거나 향후 2년간 국가시험 응시를 제한 할 수 있습니다.

- 합격자 발표 후에도 제출된 서류 등의 기재사항이 사실과 다르거나 응시 결격사유가 발견된 때에는 그 합격을 취소합니다.

memo

소형선박 조종사 – 내용별 출제 비율

시험과목	과목내용	출제비율
항 해	항해계기	24
	항법	16
	해도 및 항로표지	40
	기상 및 해상	12
	항해계획	8
	계 (%)	100
운 용	선체·설비 및 속구	28
	구명설비 및 통신장비	28
	선박조종 일반	28
	황천시의 조종	8
	비상제어 및 해난방지	8
	계 (%)	100
기 관	내연기관 및 추진장치	56
	보조기기 및 전기장치	24
	기관고장시의 대책	12
	연료유 수급	8
	계 (%)	100
법 규	해사안전법	60
	선박의 입항 및 출항 등에 관한 법률	28
	해양환경관리법	12
	계 (%)	100

소형선박 조종사 - 면허를 위한 승무경력

받고자 하는 면허	면허를 위한 승무경력			
	자격	승선한 선박	직무	기간
소형선박 조종사		총톤수 2톤 이상의 선박	선박의 운항 또는 기관의 운전	2년
	2011.2.14. 이후 승무경력 인정	배수톤수 2톤 이상의 함정	함정의 운항 또는 기관의 운전	2년

※ 「수상레저안전법」에 따른 동력수상레저기구조종면허를 소지한 자는 위 소형선박조종사 면허를 위한 승무경력이 있는 것으로 본다. (선박직원법 시행령 제14조의 3(소형선박조종사면허와 관련한 승무경력의 특례))

◉ 비고
- [낚시어선업법]에 따라 낚시어선업을 하기 위하여 신고한 낚시어선 및 [유선 및 도선사업법]에 따라 면허를 받거나 신고한 유·도선에 승무한 경력은 톤수의 제한을 받지 아니한다.

면허발급안내

◉ 면허발급기관
- 해기사 면허발급 : 각 지방해양수산청
- 면허발급 희망청 기재
  시험 접수시 응시원서 상단에 합격 후 면허발급을 신청하실 지역을 표시하시면 시험합격서류가 해당 지방청으로 이송됩니다.
- 면허발급 기간
  해기사시험 최종합격일로부터 3년 이내에 각 지방해양수산청에 면허발급 신청을 하여 면허를 받으셔야 합니다.

◉ 신청기간
- 합격자 발표일 다음날부터 신청 가능

◉ 발급소요기간
- 신청일로부터 2~3일 이후 발급

◉ 구비서류
- 신청서 1부
- 사진 1매(최근 6월 이내에 촬영한 가로 3.5센티미터, 세로 4.5센티미터의 것)
- 선원건강진단서 1부
  (선박에 승선중인 경우에는 선박소유자가 교부한 신청인이 승무 중임을 증명하는 서류로써 이에 갈음할 수 있으며, 선원법 시행규칙 제53조의 규정에 의한 건강진단을 받고 그 유효기간 내에 있는 자의 경우에는 선원수첩의 제시로써 갈음할 수 있음.)
- 승무경력증명서 1부(면허를 위한 승무경력 참조)
- 면허취득교육교정을 이수한 사실을 증명하는 서류 1부(해당자에 한함)
- 수수료 : 없음(2012. 10. 30 시행규칙 개정으로 수수료 없음)
- 면허발급 관련 문의 : 각 지방해양수산청 선원안전해사과

본 해기사 시험안내는 응시자 분들을 위한 참고자료이며, 차후 수정 변경 될 수 있으므로 **해기사시험에 관한 자세한 사항은 한국해양수산연수원에서 확인** 하시기 바랍니다.

목.차. Content

Part 1. 항해

▷ 이론편 … 019
- CHAPTER 01 항해계기 … 020
- CHAPTER 02 항법 … 022
- CHAPTER 03 해도 및 항로표지 … 042
- CHAPTER 04 기상 및 해상 … 059
- CHAPTER 05 항해계획 … 067

▷ 적중예상문제 … 075

Part 2. 운용

▷ 이론편 … 091
- CHAPTER 01 선체·설비 및 속구 … 092
- CHAPTER 02 구명설비 및 통신장비 … 097
- CHAPTER 03 선박조종 일반 … 102
- CHAPTER 04 황천시의 조종 … 111
- CHAPTER 05 비상제어 및 해난방지 … 114

▷ 적중예상문제 … 122

Part 3. 기관

▷ 이론편 … 137
- CHAPTER 01 내연기관 및 추진장치 … 138
- CHAPTER 02 보조기기 및 전기장치 … 161
- CHAPTER 03 기관고장시의 대책 … 181
- CHAPTER 04 연료유 수급 … 183

▷ 적중예상문제 … 186

* '해사안전법'이 2024년부터 〈해사안전기본법〉과 〈해상교통안전법〉으로 분리 되었습니다. 기존 문제에서는 '해사안전법'으로 표기되었기에, 출제 당시의 법규 적용에 따라 제목은 '해사안전법'으로 표기되었으니 참고 하시기 바랍니다.

Part 4. 해사법규

▷ 이론편 ··· 201
   CHAPTER 01   해사안전법* ··· 202
   CHAPTER 02   선박의 입항 및 출항등에 관한 법률 ··· 206
   CHAPTER 03   해양환경관리법 ··· 209

▷ 적중예상문제 ··· 215

Part 5. 최신 문제 1300제

▷ 최신문제 ··· 231
   제 1 회 ··· 232
   제 2 회 ··· 246
   제 3 회 ··· 261
   제 4 회 ··· 272
   제 5 회 ··· 284
   제 6 회 ··· 294
   제 7 회 ··· 306
   제 8 회 ··· 318
   제 9 회 ··· 329
   제 10 회 ··· 340
   제 11 회 ··· 351
   제 12 회 ··· 363
   제 13 회 ··· 373

Part 1 항해

CHAPTER 01 항해계기
CHAPTER 02 항법
CHAPTER 03 해도 및 항로표지
CHAPTER 04 기상 및 해상
CHAPTER 05 항해계획

이론편 ▶▶ 문제편

CHAPTER 01 항해계기

Part 1. **항해**

선박의 항해에 도움을 주는 각종 장비들을 모두 일컫는 것으로, 항해시 배의 위치, 방위, 침로, 속도, 거리, 시간 등을 측정하는 기기를 말한다.

1. 깊이를 측정하는 계기 : 측심기
2. 방위를 측정하는 계기 : 마그네틱 컴퍼스(자기 컴퍼스), 자이로 컴퍼스
    1) 컴퍼스 카드의 방위표시와 읽는 법
        ① 도수로 표시하는 방법 : 카드 둘레를 360등분하여 1°간격으로 눈금을 표시한 것
            ·방위 (360°식)
                : 카드의 북(N)쪽을 0°로 하여 시계방향으로 360°로 잰다. 즉, 동쪽(E)은 90°, 남쪽(S)는 180° 등
            ·방위각 (90° 또는 180°식)
                : 북 또는 남을 기준으로 하여 동 또는 서로 90° 혹은 180°까지 재는 방법. 기준점에 따라 부호를 붙여준다.
            예) N 60°E : 북쪽(N)에서 동쪽(E)으로 60°만큼 잰 것.
                S 30°W : 남쪽(S)에서 서쪽(W)으로 30°만큼 잰 것
    2) 마그네틱컴퍼스의 오차
        ① 편차 (Variation)
            • 진북과 자북이 일치하지 않아 생기는 교각
            • 편동편차(E) : 자북이 진북의 오른쪽일 때
            • 편서편차(W) : 자북이 진북의 왼쪽일 때
        ② 자차 (Deviation)
            • 선내의 자기 나침의의 남북선이 자북을 가리키지 못하여 생기는 교각
            • 편동자차(E) : 나북이 자북의 오른쪽일 때
            • 편서자차(W) : 나북이 자북의 왼쪽일 때
            ※ 자차의 변화 원인
                - 선수방향이 바뀌었을 경우 : 가장 크다
                - 선박이 지리적 위치를 옮겼을 경우
                - 선적된 화물을 이동시켰을 때
                - 선박이 경사시 : 경선차
                - 선체에 화재가 났을 때
                - 지방자기의 영향을 받을 때 : 우리나라에서 가장 큰 곳은 청산도 부근

- 선체가 심한 충격을 받았을 때 등

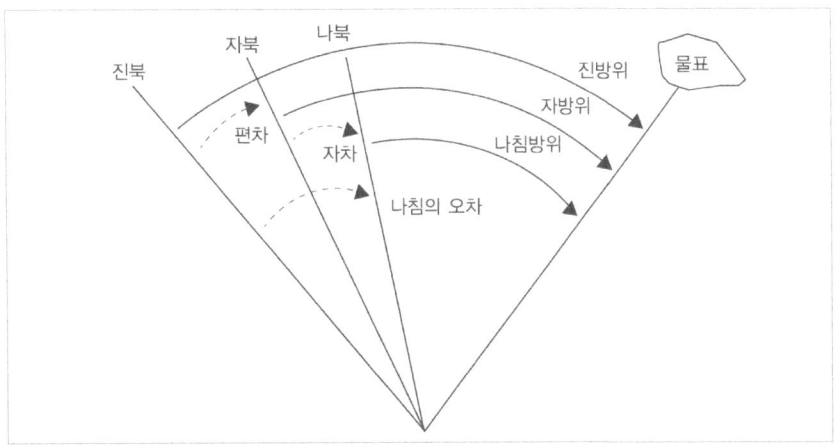
편차, 자차, 나침의 오차 및 방위

3. 속력 또는 항정(거리)을 알기 위한 계기
  : 측정의(=선속계 =Log)

4. 선위를 알기 위한 계기
    : 육분의(천체의 고도와 양 물표의 협각 측정 계기), 방향탐지기, GPS, 레이더, 로란 등

CHAPTER 02 항법

Part 1. 항해

[CHAPTER 2 -1] 지문항법

① 선박의 위치

선박의 위치를 측정하는 일은 모든 항해술의 기본이다. 항해 중에는 선박이 예정된 항로상을 항행하고 있는가를 확인하기 위하여 기회가 있을 때마다 가능한 모든 방법을 이용하여 선위를 측정하여야 한다. 선위에는 다음 3가지가 있으나 연안 항해시는 이들 중 실측위치를 사용해야 한다.

1. 선위
   1) 실측 위치 : 지상의 물표나 천체의 물표를 이용하여 실제로 선박의 위치를 구한 것
   2) 추측 위치 : 최근의 실측 위치를 기준으로 하여 그 후에 조타한 침로나 항정에 의하여 구한 위치
   3) 추정 위치 : 항해 중에 받은 바람, 해조류 등 외력의 영향을 추정하여 이를 추측위치에서 수정하여 얻은 위치

2. 위치선의 종류
   1) 방위에 의한 위치선
      컴퍼스로 물표 방위를 측정하고 그 방위에 대한 오차를 개정한 후 해도에서 그 물표로 부터 방위선을 그으면 위치선이 된다. 연안 항해시 가장 많이 사용
   2) 수평거리에 의한 위치선
      물표까지의 거리를 알면 해도상 그 물표를 중심으로 하여 거리를 반지름으로 하는 원을 그리면 선박은 반드시 원주상에 있게 된다. 레이더로 위치 결정시 이용하는 한 방법
   3) 수평협각에 의한 위치선
      그 물표의 수평협각을 측정하여 위치선을 구할 수 있음. 잘 사용하지 않음
   4) 중시선에 의한 위치선
      두 물표가 서로 겹쳐 보일 때 관측자는 중시선상에 있게 되므로 위치선이 되며 측정기구가 필요 없는 가장 정확한 위치선. 자차 측정시, 조타목표, 피험선 등에 사용
   5) 무선방위에 의한 위치선
      육상이나 위성에서 보내는 전파의 방위를 측정하여 얻는 위치선. 전파계기 이용할 때
   6) 수심에 의한 위치선
      수심의 변화가 규칙적이고 뚜렷한 곳에서 직접 측정하여 얻은 수심과 해도와 비교하여 개략적인 위치선 측정
   7) 전위선에 의한 위치선

위치선을 침로방향으로 그동안의 항정만큼 평행이동한 것을 전위선이라 하며, 격시 관측으로 선위 결정할 때 이용

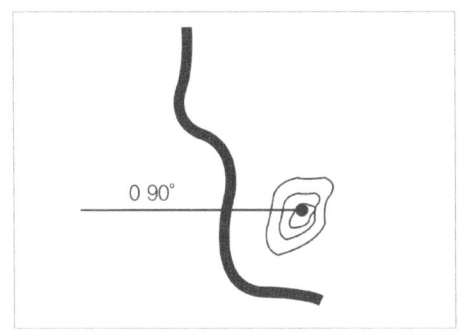
방위에 의한 위치선

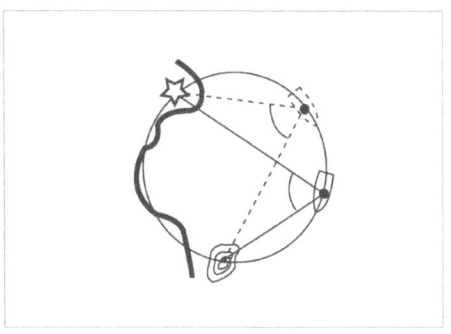
수평 협각에 의한 위치선

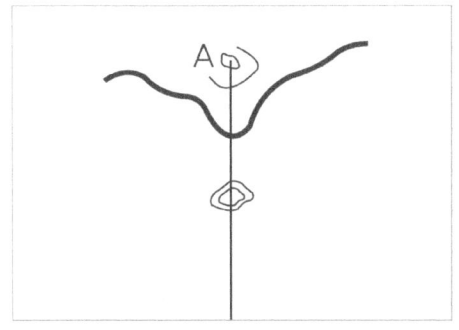
중지선에 의한 위치선

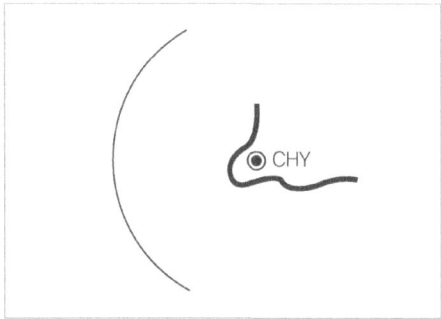
수평 거리에 의한 위치선

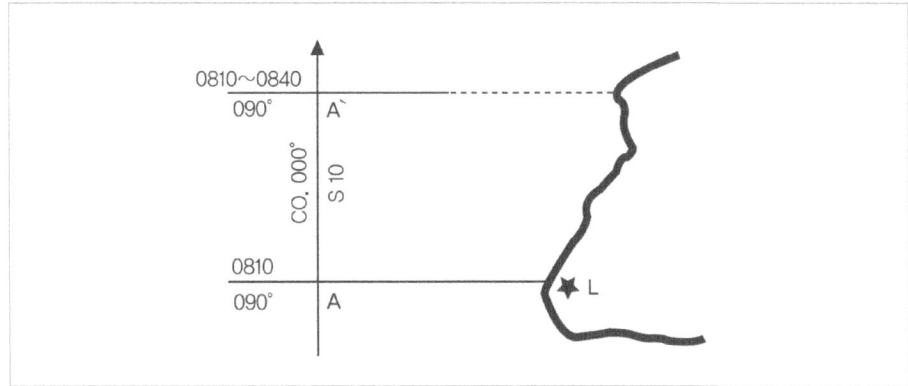
전위의 선

3. 선위측정법

1) 동시관측에 의한 선위측정법

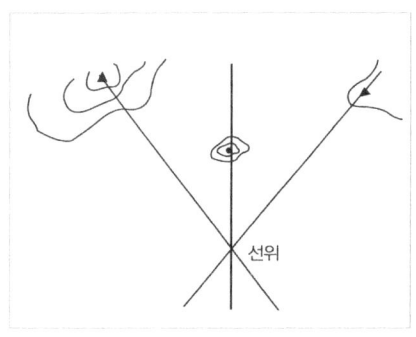

교차 방위법

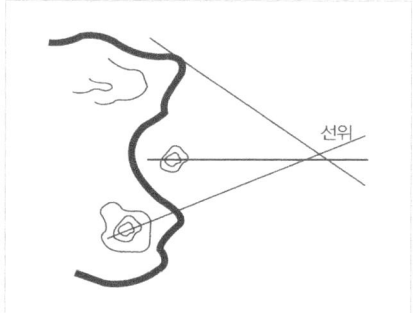

오차 삼각형

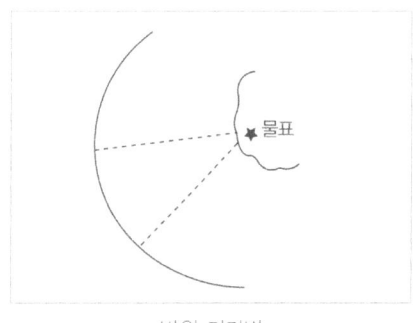

방위 거리법

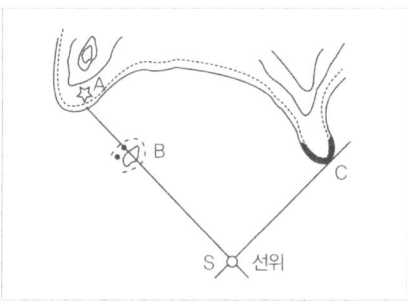

두물표 중시선을 이용하는 방법

① 교차 방위법
: 연안항해 중 명확한 2개 이상의 물표를 측정하여 선위 측정. 연안항해시 물표가 많고 방위 측정이 쉬우므로 가장 많이 사용

물표 선정시 주의사항

① 정확하고 뚜렷한 물표 선정
② 먼 물표보다는 가까운 물표 선정
③ 방위변화가 빠른 물표를 뒤에 잰다. 정횡방향 물표를 나중에 측정
④ 2물표의 위치선 교각이 90°에 가까운 것이 좋고, 30°이하인 것은 피한다.
⑤ 3물표 선정시, 상호각도가 30~150°인 것 선정

② 방위 거리법

: 1물표의 방위와 그 물표의 수평거리를 동시에 측정하여 방위에 의한 위치선과 거리를 반경으로 하는 원과의 교점 구하여 선위 측정

③ 수평 협각법

: 뚜렷한 3개의 물표 선정하여 육분의 사용하여 중앙의 물표와 좌우각의 물표 사이의 수평 협각을 측정하고 삼각분도기를 이용하여 이 두 각을 품는 원둘레의 만난점으로 선위 측정

④ 두 물표의 중시선과 다른 물표의 방위선에 의한 방법

: 연안항해 중 2물표가 겹쳐 보이는 순간 다른 물표의 방위나 협각을 측정하여 선위 측정. 가장 정확한 위치 측정

⑤ 2개 이상의 물표 거리에 의한 방법

: 레이더로 위치를 결정할 때 많이 사용

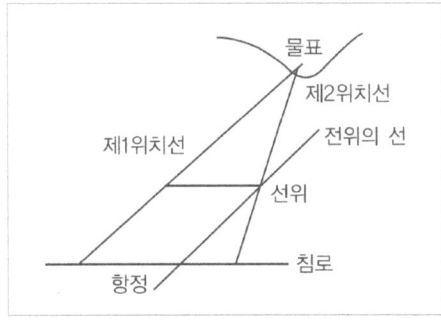

중지선에 의한 위치선

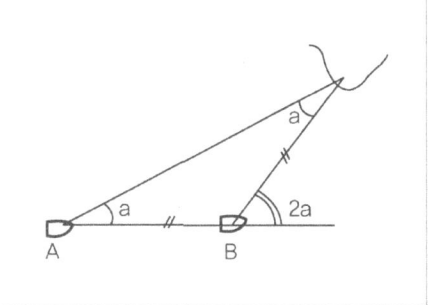

수평 거리에 의한 위치선

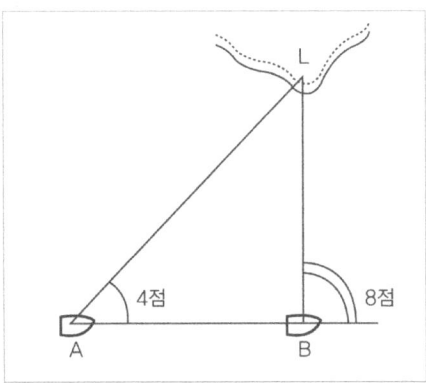

전위의 선

2) 격시 관측법
   ① 양측 방위법
      : 1 물표만 볼 수 있을 때 그 물표의 방위를 측정하고 얼마 동안 항주한 후 다시 그 물표의 방위를 측정하여 2 개의 위치선을 구한다.
      제 1 위치선을 제 2 위치선의 측정시 항정만큼 전위시켜 그 전위선과 제 2 위치선과의 교점을 제 2 위치선 측정시의 선위로 한다.
   ② 선수 배각법
      : 양측 방위법의 일종으로 일정한 침로로 항행 중 물표와 선수와의 교각을 측정하고 그 때의 시각을 기록한 다음 선수각이 2배가 될 때까지 항해하면 양 관측시간의 항주거리는 자선과 물표간의 거리와 같아지므로 선위를 구할 수 있다.
   ③ 4점 방위법
      : 연안항해 중 자주 이용. 전측의 선수각을 4점으로 후측의 선수각을 8점으로 하여 선위 측정

❷ 항해에 관한 기초 용어 해설

1. 지구상 위치에 관한 용어
   1) 대권 : 지구의 중심을 지나도록 지구를 자른다고 가정할 때 지표면에 생기는 가장 큰 원(자오선들과 적도는 대권). 지구상 최단거리
   2) 소권 : 지구의 중심을 지나지 않도록 지구를 자른다고 가정할 때 지표면에 생기는 작은 원(거등권 등은 소권)
   3) 지축과 극 : 지구의 자전축을 지축이라 하고 그 끝을 극(북극, 남극)이라 하며 지구는 지축을 중심으로 서에서 동으로 1일 1회전한다.
   4) 적도 : 지축에 직교하는(직각으로 만나는) 대권・적도를 중심으로 북반구, 남반구
   5) 거등권 : 적도에 평행하고 자오선에 직교하는 소권
   6) 자오선 : 양극을 통과하고 적도에 직교하는 대권・본초자오선 : 영국 그리니치 천문대의 자오의를 통과하는 자오선으로서 경도 측정의 기선이 된다. 본초자오선의 경도를 0°로 하여 동서로 각각 180° 측도

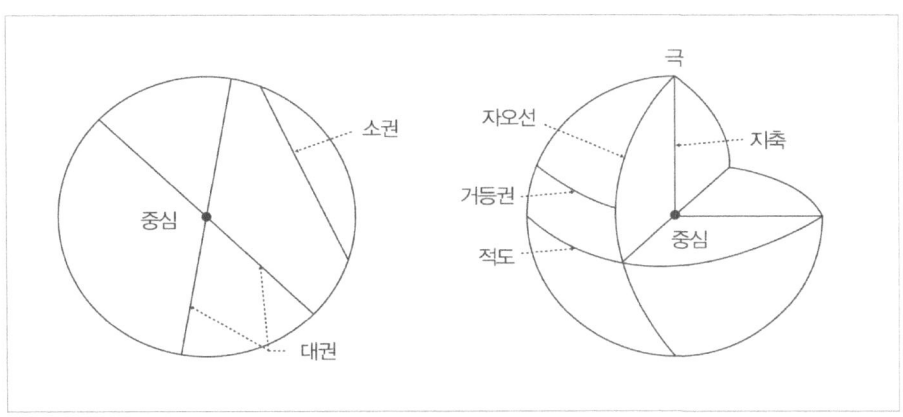

지구상 위치에 관한 용어

7) 위도 (기호 : L) : 지구상 어떤 점을 지나는 거등권과 적도 사이의 자오선상의 호의 크기•
   적도를 0°로 하여 남, 북으로 각각 90(도)씩 측정하고 북쪽은 북위라 하여 N부호,
   남위는 S부호를 붙인다.

8) 경도 (기호 : λ) : 지구상 한 점을 통과하는 자오선과 본초자오선 사이의 적도상의 호
   • 본초자오선을 0°로 동서로 각각 180(도)씩 재며 동쪽으로 잰 것을 동경이라 하며 E 부
     호, 서경은 W 부호를 붙인다.
   • 경도 180°는 동쪽이나 서쪽에서나 같은 지점이며 날짜 변경선이라 한다.
     위도가 변한 양은 변위, 경도가 변한 양을 변경이라 한다.

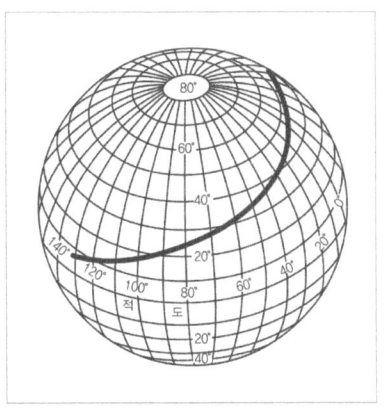

위도, 경도, 동서거

③ 속력 및 거리에 관한 용어

1. 해리 (Sea mile)
   위도 45°에서의 1′(1분)에 대한 자오선의 길이. 해상에서의 거리 단위로 사용되며 흔히 몇 마일 또는 해리라고 한다. 1해리 = 1,852m
2. 노트 (Knot)
   선박의 속력단위. 1시간에 항해하는 마일 수
   즉, 1노트 = 1시간에 1마일 항주한 속력, 12노트 = 1시간에 12마일 항주한 속력
3. 대수 속력
   선박이 항주 중 수면과 이루는 속력. 상대속력
4. 대지 속력
   선박이 항주 중 지면과 이루는 속력. 절대속력
   ※ 대수 속력과 대지 속력이 일치하지 않는 원인 : 바람, 조류 등의 영향
5. 항정 : 출발지에서 도착지까지의 거리를 마일(mile) 로 표시 한 것

④ 방위 및 침로에 관한 용어

1. 편차 : 자기자오선(자북)과 진자오선(진북)과의 교각
2. 자차 : 자기 나침의(나북)의 남북선과 자기자오선(자북)과의 교각
3. 나침의 오차 : 진자오선(진북)과 나침의 남북선(나북)과의 교각
4. 풍압차 : 선박이 항행중 바람에 떠밀려 생기는 선수미선과 항적이 이루는 각
5. 유압차 : 선박이 항행중 조류에 떠밀려 생기는 선수미선과 항적이 이루는 각

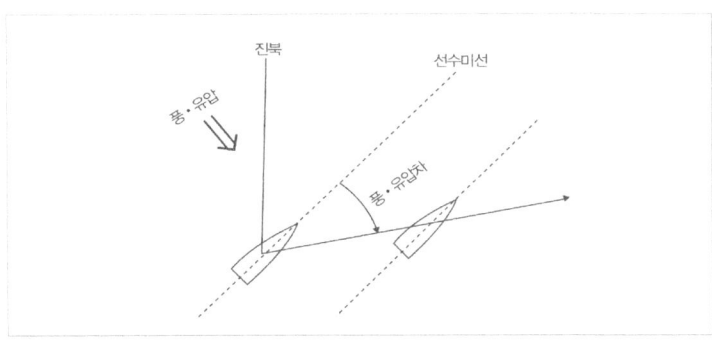

풍·유압차

6. 방위와 방위각

　1) 방위 (Bearing) : 북을 0°로 하여 시계 방향으로 360°까지 측정
　　① 진방위 : 진자오선(진북)과 측자 및 물표를 잇는 선과의 교각
　　② 자침방위 : 자기자오선(자북)과 측자 및 물표를 잇는 선과의 교각
　　③ 나침방위 : 나침의 남북선(나북)과 측자 및 물표를 잇는 선과의 교각
　　④ 상대방위 : 자선의 선수를 0°로 하여 시계방향으로 360°까지 측정 또는 좌현, 우현으로 180°까지 측정하는 것. 항해 중 견시 보고 또는 양묘 작업시 닻줄의 방향을 보고할 때 사용

　2) 방위각 (Bearing Angle) : 북 또는 남을 0°로 해서 동 또는 서로 90° 혹은 180°까지 표시하는 방법. 주로 90°식이 사용

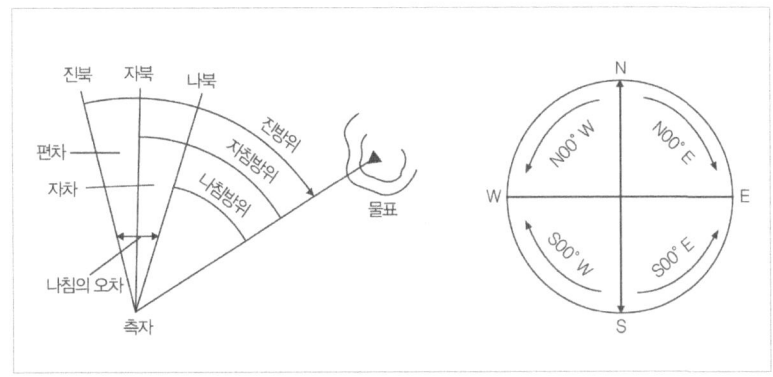

방위와 방위각

7. 침로 (Course, Co) : 선수미선 또는 항적이 각 자오선과 이루는 각

　1) 진침로 : 진자오선과 항적이 이루는 각. 풍·유압차가 없을 때는 항적과 선수미선이 일치하므로 진자오선과 선수미선이 이루는 각이 진침로이다.

2) 시침로 : 풍·유압차가 있을 때 선수미선과 진자오선이 이루는 각. 풍·유압차가 없을 때는 시침로 = 진침로
3) 자침로 : 자기자오선과 선수미선이 이루는 각
4) 나침로 : 나침의의 남북선과 선수미선이 이루는 각

8. 항로
1) 실항로 : 출발지에서 도착지까지 선박이 실제로 지나온 육지에 대한 자취
2) 예정항로 : 목적지로 항해할 때 선박이 지나가리라고 예상되는 침로선
3) 추측항로 : 실측위치에서 앞으로 진행할 침로 및 예정 속력으로 항해한다고 할 때 예상되는 대수 진로

5 방위 및 침로의 개정

소형 선박에서 많이 사용되는 자기 컴퍼스는 나침의 오차(편차, 자차)가 크므로, 해도에서 위치를 구하거나 침로를 결정할 때 상호간(진침로 나침로) 개정할 필요가 생긴다.

1. 개정 (나침로를 진침로로 바꾸는 것) : E 부호는 +, W 부호는 −한다.
  나침로(C) → 자차(D) → 자침로(M) → 편차(V) → 시침로(A) → 풍유압차(L) → 진침로(T)
  ※ 방위 개정시나 풍유압차가 없는 침로 개정은 위에서 시침로가 바로 진방위 또는 진침로가 된다.
2. 반개정 (진침로를 나침로로 바꾸는 것) : E 부호는 −, w 부호는 +한다.
  진침로 → 풍유압차 → 시침로 → 편차 → 자침로 → 자차 → 나침로 : 개정과 정반대

[CHAPTER 2 -2] 천문항법

천문항법은 태양·달·행성(行星)·항성 등의 천체를 이용하여 항해하는 방법으로 대양 항해의 기본이 된다. 대양 항해시 천체를 관측해서 선박의 위치를 결정할 수 있으며, 우리가 보는 천체의 위치는 지구를 중심으로 한 위치로 겉보기 위치이다. 이 겉보기 위치를 어떤 방법으로든 나타낼 수 있으면, 천체와 관측자와의 상대적인 위치 관계에서 관측자의 위치를 결정할 수 있는 것이다. 천문항법은 오래전부터 항해사가 꼭 알아야할 필수 지식으로 매우 중요한 항법이었으나 현재는 전파 항법의 발달로 간단하게 본선의 위치를 구할 수 있게 되면서 중요도는 많이 감소되었으나 기초적인 개념은 숙지할 필요가 있다.

1 용어의 정리

1. 천구 (celestal sphere) : 중심이 지구의 중심과 같고 반지름이 무한대인 구를 가상하여, 모든 천체가 구면에 붙어 있는 것이라 가정한 것.
2. 천의 축 (celestal axis, PnPs) : 지축을 천구까지 연장한 선으로 천구의 회전대.
3. 천의 극 (celestal pole) : 천의 축이 천구와 만난 두 점.
4. 천의 북극 (Pn) : 천의 극중에서 지구의 북극 쪽에 있는 것
5. 천의 남극 (Ps) : 천의 극중에서 지구의 남극 쪽에 있는 것
6. 동명극 (elevated pole) : 관측자의 위도와 같은 쪽에 있는 극으로 수평선 위쪽에 있는 극
7. 이명극 (distressed pole) : 관측자의 위도와 반대쪽에 있는 극으로 수평선 아래쪽에 있는 극

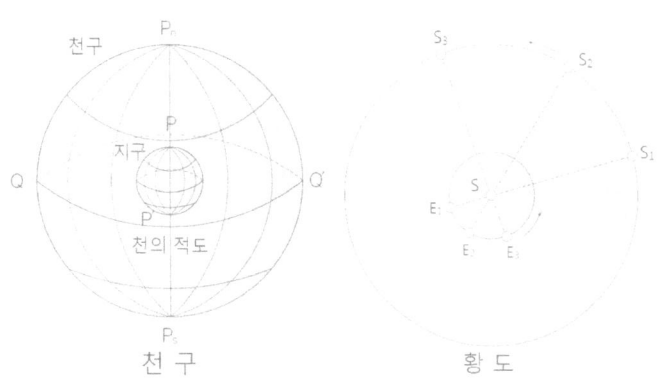

8. 천의 적도 (celestal equator) : 지구의 적도면을 무한히 연장 했을 때 천구와 만나서 생기는 천구위의 대권.

9. 황도 (ecliptic) : 그림 〈황도〉에서 E1, E2, E3을 지구의 공전 궤도, S를 태양이라 했을 때, 지구가 E1에 있으면 태양은 천구 위의 S1에 있는 것처럼 보이고, E2, E3에 있을 때에는 S2, S3에 있는 것처럼 보이게 된다. 이와 같이 지구가 궤도를 따라 태양의 둘레를 일주하는 동안 태양은 지구를 중심으로 천구 위를 일주하는 것처럼 보인다. 태양이 1년 동안에 운행하는 것처럼 보이는 천구 위의 길로 천구 위에서는 대권이 된다.

10. 황도 경사 : 지구의 자전축은 궤도면에 대하여 수직이 아니고 약 23°27 기울어져 있어, 황도는 천의 적도와 약 23°27의 각을 이룬다.

11. 분점 (equinoctial points) : 황도 경사로 인해 생기는 2개의 교점

12. 춘분점 (first point of aries) : 분점들 중 태양이 남반구에서 북반구로 넘을 때 지나는 분점

13. 추분점 ((first point of libra) : 태양이 북반구에서 남반구로 넘어갈 때 지나는 분점

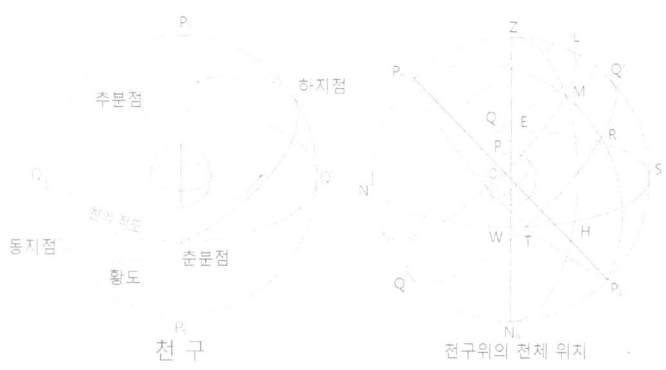

14. 하지점 (summer solstitial point) : 천의 적도상에서 가장 멀리 있는 황도상의 점 중 북반구에 있는 점. 춘분점에서 북반구로 90° 떨어진 황도 위의 점.

15. 동지점 (winter solstitial point) : 천의 적도의 남쪽에 있는 지점

16. 천의 자오선 (celestial meridian, PnMPs) : 천의 양극을 지나는 대권

17. 시권 (hour circle) : 어느 점이나 천체와 관련지어 부를 때

18. 극상반원 (Upper branch, PnZPs) : 천의 자오선을 천의 극에서 반으로 나누어 관측자를 지나는 반원

19. 극하반원 (Lower branch, PnNaPs) : 극상반원의 반대쪽 반원

20. 적위 (declination, Dec. 또는 d) : 천체를 지나는 천의 자오선(시권)상에서 천의 적도에서 천체까지의 시권상 호의 길이. 지구상에서의 위도와 같이 천의 적도를 0°로 하고, 천체가 적도의 북쪽에 있으면 N, 남쪽의 있으면 S의 부호를 붙이고, 지구의 위도에 해당한다.

21. 극거 (극거리 polar distance, p) : 천체를 지나는 천의 자오선 위에서 동명극과 천체까지의 각거리, 낀 호
    * 극거와 적위의 관계 : 극거 =90° ± 적위
      (적위와 위도가 동명이면 '−', 이명이면 '+'이다.)
    * RM은 천체 M의 적위를, PnM은 천체 M의 극거이다.
22. 천정 (zenith, Z) : 관측자와 지구중심을 지나는 직선이 천구와 만나는 점 중 관측자의 머리 위쪽에서 만난 점
23. 천저 (nadir, Na) : 관측자의 발 아래쪽에서 만난 점
    * 천체를 관측하여 선위를 구하는 것은 천정의 위치를 구하는 것과 같다.
24. 관측자의 천의 자오선: 천의 자오선 중에서 관측자의 천정을 지나는 것 (PnZPs)
25. 자오선 정중 (meridian transit) 또는 자오선 통과 (meridian passage) : 천체의 중심이 관측자의 천의 자오선 위에 있을 때
26. 수직권 (vertical circle) : 관측자 위 천정과 천저를 지나는 대권. 진수평과 직각으로 교차하므로 수직권, 방위측정의 기준이 되기도 하므로 방위권(azimuth circle) 이라고도 한다. (ZMNa는 천체 M의 수직권)
27. 동서권 (prime vertical circle) : 동점과 서점을 지나는 수직권. 동서권상에 있는 천체는 정동 또는 정서에 보인다. (대권 ZENaW는 동서권)
28. 천체의 고도 (altitude , Alt 또는 h) : 천체를 지나는 수직권상에서 진수평으로부터 천체까지의 각거리. 천체 사이의 호(HM은 천체 M의 고도)
29. 정거 (zenith distance , ZD 또는 z) : 천정으로부터 천체까지의 각거리. 수직권을 따라 측정한 호 (ZM은 M의 정거)
    * 고도와 정거사이의 관계 : z= 90° −h
30. 방위 (azimuth , Zn) : 천체를 지나는 수직권과 관측자의 천의 자오선이 천정에서 이루는 각 또는 수평권상의 호를, 북점을 000° 로 하여 시계 방향으로 360° 까지 측정한 것.
31. 방위각 (azimuth angle , Z 또는 Az): 북점 또는 남점(동명극)을 0°로 하여 동 또는 서쪽으로 180°까지 측정한 것. 방위각의 앞에는 기준이 되는 극에 따라 N 또는 S를, 그 뒤에는 측정 방향을 나타내기 위하여 E 또는 W를 붙인다.
    * 방위각 : ZN = 60°W 방위 : Zn = 300°
      Zn : 323° = Z : N37°W
32. 출몰방위각 (amplitude) : 천체의 중심이 진수평 위에 있을 때, 동점에서 천체까지 또는 서점에서 천체까지의 수평권의 호를 90° 이내의 각으로 표시한 것
    * 수평권의 호 NH의 각거리가 120° 라면 , 천체 M의 방위각은 N120° W 또는 S60 °W 로 표시하며, 이것을 방위로 표시하면 240° 이다. 그리고 천체의 중심이 수평권상의 H점에

있다면 출몰 방위각은 W30°S로 표시한다.
33. 지방시각 (local hour angle, LHA) : 관측자의 자오선을 기준해서 천체의 시권까지 서쪽으로 360°까지 극에서 이루는 각 또는 적도상의 호(∠ZPnM)
34. 자오선각 (meridian angle, t) : 관측자의 천의 자오선을 기준으로 하여 동 또는 서쪽으로 0°에서 180°까지 측정한 각. 측정각 뒤에는 측정한 방향에 따라 E 또는 W를 붙인다.
   * 자오선각과 지방시각 사이에의 관계 : LHA=t(W), LHA=360° - t(E)
35. 본초시각 (greenwich hour angle, GHA) : 영국의 그리니치 자오선(본초 자오선)에 대한 지방시각을 그리니치 시각 또는 본초시각이라 한다.
36. 진수평 (celestial horizon) : 천정과 천저를 지나는 직선에 수직이고, 천구의 중심을 지나는 평면이 천구와 만나서 이루는 대권으로 수평권이라고 한다.
37. 거소수평 (sensible horizon) : 관측자의 눈을 지나고 진수평에 평행인 소권
38. 시수평 (visible horizon) : 관측자의 눈으로부터 해면에 그은 선이 천구와 만나는 소권
39. 안고차 (Dip) : 관측자가 해면상 상당한 안고를 가지므로 눈의 수준(거소수평)과 시수평(수평선)과는 관측자의 눈에서 서로 만나며 약간의 각을 이루는 것. 안고차는 안고가 높을수록 크며 안고가 0이면 눈이 시수평에 접할 때이다.

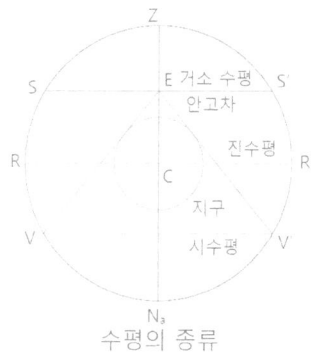

수평의 종류

E를 관측자의 눈이라면, RR'는 진수평, SS'는 거소 수평, VV'는 시수평이다.
40. 항성 (Fixed star) : 스스로 빛을 내며, 관계위치가 변하지 않고 빛의 강도나 색 등도 일정치 않다.
41. 행성 (Planet 혹성) : 태양을 중심으로 한 궤도 안에 있으며 수성, 금성, 지구, 화성, 목성, 토성, 천왕성, 해왕성, 명왕성 등 9개의 천체로 천문항법에서는 금성, 화성, 목성, 토성 4개 행성을 이용한다.
42. 위성 (Satellite) : 행성을 도는 천체로 달

② 시의 개념

시간은 항해 중에 천체를 관측하여 선박의 위치를 결정 하는 데 꼭 필요한 요소로 시간은 지구의 자전과 공전을 기준으로 하여 정한다.

지구의 자전에 의해 천체 또는 천구 위의 한 점이 연이어서 같은 자오선에 정중하는 간격을 1일, 지구의 공전에 의해 지구가 그 궤도 위의 한 점을 출발하여 다시 그 자리로 돌아올 때까지의 간격을 1년이라 한다.

1. 태양시 (solar time) : 태양을 기준 천체로 정한 시간으로 우리들이 흔히 사용하는 시간

    1) 시태양시 : 실제의 태양(시태양)을 기준으로 하여 측정 하는 시간

    2) 시태양일 : 시태양의 중심이 어느 지점의 천의 자오선에 극하 정중하는 때를 시자정, 극상 정중하는 때를 시정오라 하며, 시자정으로부터 다음 시자정까지의 시간을 시태양일이라 한다.

    3) 시시 (A.T) : 시자정을 0(24)시, 시정오를 12시로 하여 시태양일을 0시부터 24시까지로 나타낸 시각

    4) 시태양년 : 시태양이 춘분점을 출발하여 다시 춘분점에 돌아오기까지 걸리는 시간

2. 평균 태양시 :

    ① 지구의 공전 궤도는 태양을 중심으로 한 타원형이기 때문에 태양의 주위를 주행하는 각 속도가 일정하지 않으며, 또 황도가 천의 적도에 대하여 약 23°27′경사를 이루기 때문에 시태양일의 길이도 일정하지 않다. 이처럼 시간 간격이 같지 않은 시시를 일상생활에 사용하는 것이 불편하여 상상으로 가상한 것이 평균 태양(mean sun)이다.

    ② 시태양과 동시에 춘분점을 출발해서 천의 적도를 등속도로 하고, 시태양과 동시에 춘분점으로 돌아온다고 가정한 태양

    1) 평시와 평균 태양일: 평균 태양을 기준으로 하여 측정한 시간을 평균 태양시(mean solar time , M.T) 또는 평시라고 한다. 평균 태양이 어느 지점의 천의 자오선에 극하 정중하는 때를 평자정(mean midnight), 즉 00시라 하고 , 극상 정중하는 때를 평정오(mean noon), 즉 12시라 한다. 우리가 일상생활에서 쓰는 것이 시간, 그리니치에서의 평시(GMT)를 세계시(universal time , UT 또는 U)라 하며, 임의지점에 있어서의 평시를 지방 평시(local mean time , LMT)라고 한다.

    2) 평균 태양년 (mean solar year) : 시태양년의 길이는 위와 같이 여러 가지 원인으로 매년 그 길이가 다른데, 이것을 오랫동안 관측하여 평균한 것을 평균 태양년, 현재 그 길이는 365.2422일 또는 365일 5시간 48분 46초이다.

    3) 시차율 : 시시와 평시의 차를 시차율(equation of time, Eq.T.) 또는 시차라 하며 , 다음

관계식이 성립한다.
* Eq.T. =AT —MT

시차는 그 원인에 따라 , 지구의 공전 궤도가 타원형이기 때문에 생기는 타원 시차와 황도면이 적도면에 대해 경사를 이루기 때문에 생기는 경사 시차가 있다. 천측력에 기재된 정중시가 12시 이전이면 시차율은 (+) 하고, 12시 이후면 (−) 해서 시차율의 값을 정한다.

3. 태음시 (lunar time) : 달을 기준 천체로 정한 시간으로 달이 동일한 자오선에 계속해서 두 번 정중 하는데 걸리는 시간을 태음일(lunar day)이라 한다. 태음일의 길이는 일정하지 않으나, 대략 평균 24시간 50분 48초이다. 50 분 48초는 달의 출몰시나 정중시가 매일 늦어지는 평균 시간을 의미하기도 한다.

4. 항성시 (sidereal time) : 춘분점의 지방 시각을 그 지점의 항성시라 하며, 춘분점이 극상 정중 때부터 경과한 시간으로, 극상 정중시를 0시로 하여 다음 극상 정중시를 24시까지 측정한다.

5. 표준시 :
   ① 일상생활에는 평시를 이용하나 지방 평시는 그 지점의 천의 자오선을 기준으로 하기 때문에 있는 위치에 따라, 경도가 다르면 시간도 달라지는 불편을 피하기 위하여 한 나라 또는 한 지방에서는 특정한 자오선을 표준 자오선(standard meridian)으로 정한다. 이를 기준으로 정한 평시를 사용하고 있는데 이를 그 나라 또는 그 지방의 표준시 (local standard time, LST) 라고 한다.
   ② 우리나라는 135°E인 자오선을 기준으로 표준시로 정하고 이를 한국표준시(korean standard time, K.S.T.)라 하는데, 세계시와의 시간차는 9시간이다.

6. 시각대와 대시 :
   ① 지구 표면을 경도 15°의 정수배가 되는 자오선을 중앙 자오선(기준 자오선)으로 하고, 그 양쪽, 즉 동, 서로 각각 7°30′되는 자오선들로 이루어지는 구역을 시각대(time zone)라 한다.
   ② 같은 시각대 내에서는 경도가 변하더라도 중앙 자오선에 대한 지방 평시를 사용하도록 하며 이를 대시(zone time , ZT)라 한다. 선박이 항만에 정박 중이거나 연안 항해 중일 때에는 그 지방의 표준시를 사용하고, 원양 항해 중에는 대시를 사용하게 된다.

7. 날짜변경선:
   ① 세계시, 즉 본초 자오선의 평시를 시간의 기준으로 사용하기 때문에, 동경 쪽의 평시는 세계시에 비해 경도차 15° 마다 1시간의 비율로 빠르고, 서경 쪽은 이와 반대로 늦다. 따라서, 본초 자오선에서 동경 쪽으로 출발하여 경도 매 15°를 지날 때마다 1 시간씩 앞당기면

180° 자오선에서는 12시간 빠르고, 계속해서 서경 쪽으로 본초 자오선까지 돌아오면 24시간, 즉 1일이 빨라진다. 그러므로 이런 불합리성을 시정하기 위하여 국제 협정에 의해 경도 180°를 날짜 변경선(date line)의 기준 경도로 정하여, 이 기준 180° 경도를 동경쪽에서 서경 쪽(동쪽)으로 통과할 때에는 1 일을 늦추고, 서경 쪽에서 동경 쪽(서쪽)으로 통과할 때에는 1일을 앞당기도록 하였다.

② 15일에 서경 쪽에서 동경 쪽으로 180° 자오선을 통과한 경우에는 그 다음 날 자정을 기해서 하루를 건너뛰어 17일로 하고, 반대로 동경 쪽에서 서경 쪽으로 180° 자오선을 통과한 경우에는 다음 날에도 역시 그 날의 날짜인 15일로 한다.

3 시의 환산

1. 시간과 각도의 환산: 평균 태양은 평자정부터 평자정까지 24시간 동안에 지구를 360° 회전하므로 시간과 각도 사이에는 다음과 같은 관계가 된다.
    * 360°= 24h 15°= 1h 1° = 4m 15' = 1m 1' = 4s 15" = 1s

2. 대시와 세계시: 먼저 그 지점의 시각대명을 구하면, 우선 그 지점의 경도를 15°로 나누어, 나머지가 7°30' 미만이면 그 몫을, 7°30'을 초과하면 그 몫보다 1이 큰 수를 택하고, 동경이면 '−'를, 서경이면 '+'를 붙인다.
    * 세계시 = 대시 = 시각대명
    * 대시 = 세계시 − 시각대명

3. 지방 평시와 세계시: 관측자의 경도를 시간으로 환산한 것을 경도시(T)라 하면
    * 세계시 = 지방 평시 ± 경도시 (동경이면 '−', 서경이면 '+')
    * 지방평시 = 세계시 ± 경도시 (동경이면 '+', 서경이면 '−')

4 천측력

1. 천체를 관측하여 선박의 위치를 결정하는데 필요한 항해용 천체들의 위치, 정중시 등을 비롯한 모든 자료들을 수록하고 있는 천문력

2. 관측자의 자오선에 일치하는 시각을 자오선 정중시라고 하며, 이 때 천체의 고도를 측정하면

관측 지점의 정확한 위도를 구할 수 있다.

3. 천측력의 주표

1) 왼쪽 란에 기재된 것 : GMT, 일자 및 요일, Aries(춘분점 본초시각), 혹성의 GHA 및 Dec, 혹성의 등급, 혹성의 천체마다 시각의 시간당 평균 변화량과 d(l시간 동안 적위의 변화량), 57개 항성의 SHA 및 Dec, 혹성의 본초자오선 극상정중시와 항성시각이 GMT로 표시 됨.

2) 오른쪽 란에 기재된 것 : GMT, 일자 및 요일, 태양의 GHA, Dec, SD(겉보기 반지름), 달의 GHA, Dec 매 시간에 대한V와 d값 HP(수평시차) SD(달의 매일 겉보기 반지름), 박명시 및 일출몰시가 LMT로 기재되어 있다. 태양의 GMT 00시와 12시에 대한 시차(Eq·T)와 자오선 정중시(Mer·Pass)가 LMT로 표시되어 있고, 달의 극상 및 극하 정중시가 LMT로 표시되어 있으며 달의 위상 및 월령 등.

4. 증분 및 개정표: 천측력의 후반부에 있는 색종이로 본초시각 및 적위의분, chdop 대한 증분과 개정량을 구할 때 쓰이는 보간표이다.

5 천체의 고도

육분의에 측정된 고도는 시수평을 기준으로 한 고도이므로, 이를 진수평에 대한 고도로 개정하여야 한다. 육분의의 고도 개정 요소로서, 빛의 굴절에 의한 기차, 안고차, 시차, 겉보기 반지름 및 위상 등이 있으며, 천측력의 A_2, A_3 및 A_4의 해당란에서 구한다. 단, 육분의 기차는 직접 구해야 한다.

1. Sextant 고도 (Sextant altitude:hs) : Sextant로 천체를 측정하여 구한 고도

2. 관측 고도 (Observed altitude:Ho) : 지구 중심에 있어서 진수평권에서 천체 중심까지의 고도, 즉 육분의 고도에서 모든 개정요소를 가감한 후의 고도.

3. 계산고도 (Computed altitude:Hc) : 항해 삼각형을 계산으로 풀어서 얻은 천체의 계산고도

4. 시고도 (App. alt:hr) : Sextant 고도에 육분의 기차와 안고차를 가감한 고도로 겉보기 고도라고도 한다

5. 기차 (Refraction. Ref) : 천체에서 빛이 굴절하여 관측자의 눈에 들어오기 때문에 생기며 지상기차와 천문기차가 있다. 고도가 낮을수록 증대하므로 고도 개정시는 항상 개정을 해야 한다.

6. 시차 (Parallax. P) : 지구표면에서 본 천체의 방향(고도)과 지구중심에서 본 천체의 방향(고도)과의 차를 말하며 관측고도 개정시 항상 + 이다. 시차는 고도가 증가하면 감소하고 고도가 90°이면 0이 된다.

6 천측 위치선의 계산과 작도

가정 위치, 고도차 및 계산 방위를 천측 위치선의 3 요소라 한다. 천측 계산에는 항공용 천측 계산표(Table 249)나 천측용 계산기를 이용한다. 천측 위치선의 작도법은 고도차의 기호가 'T'이면 가정 위치에서 천체의 계산 방위 쪽으로 고도차를 잡고, 'A'이면 반대 방위 쪽으로 고도차를 잡아 그 끝점을 지나면서 천체의 방위선과 직교하는 직선을 긋는다. 태양 광선이 비치지 않더라도, 일출 전 및 일몰 후 얼마 동안은 하늘이 밝은데 이 현상을 박명이라 하고, 항성이나 행성을 관측하기 가장 적합한 시기가 항해 박명시이다. 항공용 천측 계산표를 활용하면, 관측하고자 하는 시각에서의 관측 가능한 항성을 알 수 있다.

천체의 방위각을 관측하여 Compass error를 구하는 방법은 다음 4 가지가 있다.

1. 출몰 방위각법 (Amplitude method)
   천체의 중심이 수평권상(진수평)에 있을 때 즉 진출몰시의 방위각을 산출하는 방법

2. 시진방위각법 (Time azimuth method)
   천체의 방위를 Compass로 측정할 때 시진의 시(GMT)를 알고 계산한 천체의 시각(t), 적위(d), 추측 위도(L)의 3요소를 사용하여 천체의 진방위를 산출해서 Compass 방위와 비교하는 방법

3. 고도방위각법 (Altitude azimuth method)
   임의의 시각에 천체의 고도와 나침방위를 측정하고 추측위도 적위(또는 극거) 및 고도를 요소로 하여 계산한 진방위와 나침방위를 비교하여 나침의 오차(자차)를 측정하는 방법

4. 북극성 방위각법 (Azimuth by Polaris)
   북극성의 시각과 위도를 알고 그 진방위각을 구하는 방법으로 북극성은 낮이나 남반구에서 전혀 볼 수 없고 북반구도 고위도 지방은 고도가 높아 방위측정이 곤란하다.

7 천체 고도 및 각종 계산표를 이용하는 계산법

1. 항공용 천측 계산표(Table 249)를 이용하여 천체의 계산 고도와 방위를 계산함으로써 위치선을 얻을 수 있다.

2. 북극성을 이용하여 위도 및 컴퍼스 오차를 계산할 수 있다.
3. 태양 출몰 방위각표를 이용하여 컴퍼스의 오차를 구할 수 있다.
4. 천측력을 이용하여 각종 박명시를 계산하여 천체 관측에 활용할 수 있다.
5. 태양의 정중시 계산으로 정오의 위도를 계산할 수 있다.

8 항해 삼각형(위치삼각형, 천문삼각형, 구면삼각형, Astronomical triangle or Position triangle)의 요소

1. 3정점: 정점 (천정), 동명극, 천체
2. 3변: 극거, 정거, 여위도
3. 3각: 자오선각, 방위각, 위치각

* 위치 삼각형의 용도
    1) 위치선 항법에서 위치선을 구할 때
    2) 색성법에서 미지의 천체를 식별하려 할때
    3) 나침의 오차 측정
    4) 대권항법에서 두 지점의 경도를 알고 대권방위와 대권항정을 구할 때

9 위도 측정법

1. 자오선 고도위도법 (Latitude by meridian altitude) : 천체가 관측자의 자오선에 정중할 때, 즉 자오선각이 0° 되는 시기의 천체의 고도를 자오선고도라 하며 자오선고도를 관측하여 위도를 결정하는 방법

2. 근오고도위도법 (Latitude by ex-meridian altitude) : 자오선 정중시에 천체가 구름 안개 등의 이유로 자오선 정중고도를 관측할 수 없을 때는 자오선 고도위도법을 이용하지 못한다. 이때 자오선각이 작은 범위내에서 자오선 근방(자오선 정중 조금 전·후)에 있는 천체의 고도

(근오고도)를 측정해 위도를 구하는 방법

3. 북극성위도법 (Latitude by polaris) : 천의 극 고도는 그 지점의 위도가 같다. 그러므로 천의 극에 아주 가까운 북극성(Polaris)의 고도를 측정하고 약간 개정하면 극의 고도가 된다. 실제 해상에서는 북위 10° 이상 되어야 관측할 수 있다.

4. 태양의 자오선고도위도법 : 시정오위도법. 항해중 매일 정오의 선위 측정.

CHAPTER 03 해도 및 항로표지

Part1. 항해

[CHAPTER 3-1] 해도

항해시 필요한 정보가 기재되어 있는 지도로 수로서지를 포함하여 수로도지라 한다.

❶ 해도 도법상의 분류

1. 점장도
   항정의 선이 직선으로 표시되도록 고안된 도법. 항해용 해도로 가장 많이 사용
   1) 특징
      ① 항정선이 직선으로 표시
      ② 자오선과 거등권이 직교 (자오선은 남북방향과 평행, 거등권은 동서방향과 평행)
      ③ 짧은 거리일 때, 거리의 측정 및 방위선 기입이 용이하고 정확
      ④ 고위도가 될수록 면적이 확대되고 대권거리 구할 수 없음. 70° 이하에서 사용

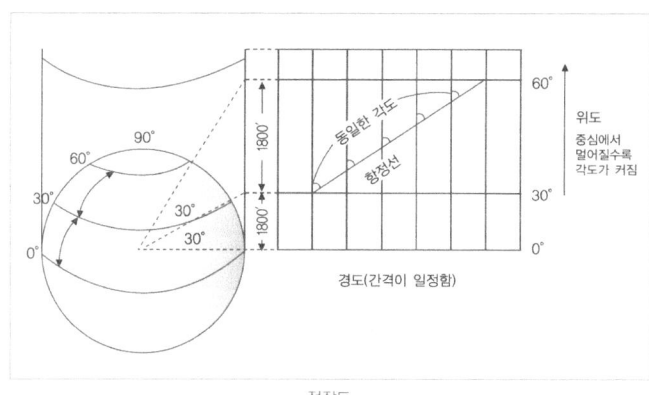

점장도

2. 대권도법
   투영도법. 지구 중심에서 지표면에 빛을 투영했다고 가정하여 만든 도법.
   1) 특징
      ① 장거리 대권항해시 대권거리 구할 때 사용
      ② 적도 이외의 모든 거등권은 곡선. 자오선은 부채살 모양

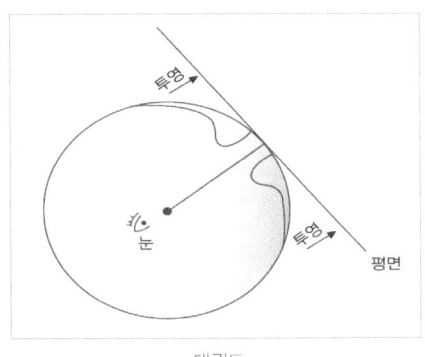

대권도

대권도상에서의 대권과 항정선

3. 평면도법
지구표면의 한정된 일부분을 평면으로 간주하고 그린 도법. 축적비가 가장 큰 도법으로 항박도, 분도 등

1) 해도의 사용목적에 따른 분류

기호	의미	내용
총도	1/4,000,000 이하	장거리 항해 및 항해계획 수립에 사용
항양도	1/1,000,000 이하	장거리 항해 및 원양의 수심, 주요 외양등대, 육표 등 도시
항해도	1/300,000 이하	육지와 떨어져 항해할 때 사용
해안도	1/50,000 이하	소형선박의 연안 항해시 주로 사용
항박도	1/50,000 이상	항만, 협수도, 묘지 등을 상세히 그린 평면도

2) 해도 도식 : 해도에 사용되는 양식, 기호 및 약자 등의 총칭

Part 1. 항해 / 43

CHAPTER 03 해도 및 항로표지   Part1. 항해

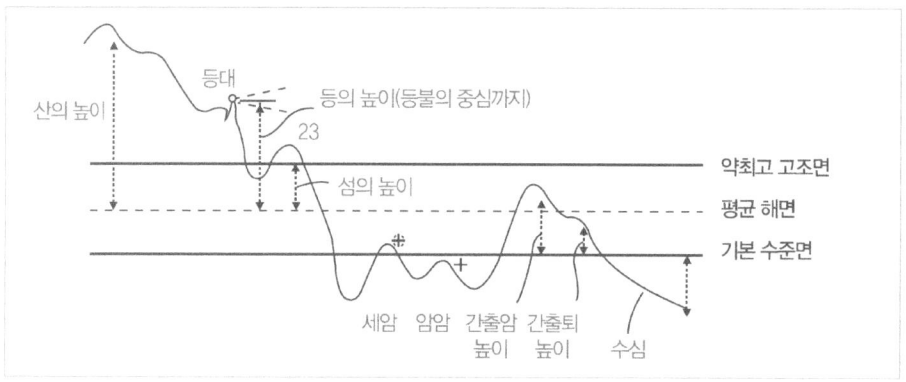

물표 높이 및 수심의 기준면

- 간출암 (⨯) : 저조시에는 수면 위에 나타나는 바위 → 기본 수준면에서 높이

- 세암 (⁝⁝) : 저조일 때 수면과 거의 같아서 해수에 봉우리가 씻기는 바위

- 암암 (┼) : 저조일 때도 수면 위에 나타나지 않는 바위

- 해조류 도식 : ① 창조류(⫸3➤)

　　　　　　② 낙조류(―3.5➤)

　　　　　　③ 해류(⫸2➤)

　　화살표 방향은 조류의 방향이고 날개 위의 숫자는 조류의 속도를 표시한 것인데 노트(kt)을 뜻한다.

- 기본수준면 : 춘추 2대 조시처럼 일년 중 가장 낮은 해면의 평균치 → 약최저저조면

주요 해도 도식

(1) 안선(해안의 형태) The Coastline(Nature the of Coast)		
1. 미측안선	5. 자갈 해변	11.c 간출 해변(돌)
2. 급경사 해안	6. 모래 해변	11.d 간출 해변(바위)
2.a 평탄 해안	7. 홍수림	11.e 간출 해변(모래, 펄 혼합)
3. 절벽 해안	(Aa) 수풀 해안	11.f 간출 해변(모래, 돌 혼합)
3.a 암석 해안	8. 기측안선	11.g 간출 해변(산호초)
4. 모래 언덕	11.a 간출 해변(펄)	12. 해변의 쇄파
(Aa) 군석	11.b 간출 해변(모래)	14. 미측 구역의 한계

(2) 육 지　The Land (Natural Features)

1. 등고선	5.c 야자수	11.a 일반 수림지
1.a 개략 지형선	5.d 니파 야자	11. 수림의 높이
2. 모익 선영	6. 경작지	12. 용암류
2.a 간격이 일정하지 않은 지형선	6.a 초 원	13. 강, 개울
3. 빙하	7. 논	14. 간헐천
4. 염 전	8. 관목숲	15. 호 수
5.a 낙엽수	9. 낙엽수림	17. 늪지, 습지
5.b 침엽수	10. 침엽수림	20. 폭 포

(3) 항 만

1.	⚓	대형선 묘지	*Anchorage for large vessels*
2.	⚓⚓	소형선 묘지	*Anchorage for small vessels*
2.a	○	묘박지 (숫자 또는 문자)	*Anchorage berth*
3.	Hbr	항	*Harbour*
4.	Hn.	항, 피박지	*Haven*
5.	P	항	*Port*
6.	Bkw	방파제	*Breakwater*
6.a		항	*Dyke ; Dike*
7.		방파제	*Mole*
8.		돌제	*Jetty*
8.a		돌제(소축척)	*Jetty(Small scale)*
8.b		잠제	*Submerged Jetty*
9.		잔교	*Pier*
10.		모래톱	*Spit*
11.		방사제	*Groin ; groyne*
12.	✖	투묘 금지구역	*Anchorage Prohibited*
12.	QUAR ANCH	검역 묘지	*Quarantine anchorage*
13.	SPOIL AREA	토사 사장	*Spoil ground*
13.	DUMPING GROUND	오물 투하장	*Dumping Ground*
14.		어책	*Fisheries ; Fishing stakes*
14.a		정치망	*Fish-trap ; fish-weirs*
Ga	○	어초	*Fishing reef*
15.a	OYS	굴 양식장	*Oyster bed*
Gb	PEARL	진주 양식장	*Pearl bed*
18.		선창, 안벽	*Wharf*
20.a	○	지형 묘박지	*Anchoring berth*
20.b	4	묘박지 번호	*Berth number*
21.	● Dol	돌핀	*Dolphin*
24.		기중기 고정	*Crane*
Ge.		기중기(이동식)	*Shifting crane*
26.	○	검역소	*Quarantine*
20.a	Hr.Off	항무관실	*Harvour-master's office*
20.b	captian		*(Captain of the Port Office)*
21.	Cus. Ho	세관	*Custom house*
35.		독	*Dock*
36.		건(乾)독	*Dry-dock*
37.		부(浮)독	*Floating dock*
39.		선가대	*Patent slip ; Marine railway*
40.		수문, 갑문	*Lock*
44.		보건소	*Health officer's office*
45.		폐선	*Hulk*
46.	PROHIB AREA	금지 구역	*Prohibited area*
46.a	⑦	호출 지점	*Calling-in points for vessel traffic control*
49.	UNDER CONSTRUCTION	공사 중	*Work in progress*
50.		공사 중	*Under construction*

⊙ 주요도식 – 묘박지, 항구, 잔교, 검역묘지, 어책, 정치망, 굴 양식장, 투묘 금지구역, 어초, 폐선, 공사중 등의 그림 및 기호

(4) 위험물

1. 노출암 — Rock which does not cover
2. 간출암 — Rock which covers and uncovers
3. 세 암 — Rock awash at the level of chart datum
4. 암 암 — Sunken rock dangerous to surface navigation
5. 고립암상의 얕은 수심 — Shoal sounding on isolated rock
6. 암암(위험하지 않은 것)
6.a 소해로 빍혀진 수중 위험물 — Sunken danger with depth cleared by wiredrag
7. Reef 불명확한 넓은 암초 — Reef of unknown extent
8. Vol. 해저 화산 — Submarine volcano
8.a. Smt. 해 산 — Seamount
9. 변색수 — Discoloured water
10. 산호초 — Coral reef
11. 선체의 일부가 노출된 침선 — Wreck showing any portion of hull or superstructure
12. 마스트만 노출된 침선 — Wreck of which the masts only are visible
13. 침선의 구기호 — Old symbols for wrecks
14. 항해에 위험한 침선 — Sunken wreck dangerous to surface navigation
15. 수심이 확실한 침선 — Wreck over which depth is known
16. 위험하지 않은 침선 — Sunken wreck not dangerous to surface navigation
17.a Foul 험악지 — Foul ground
17. 사 파 — Fou Foul ground Sandwave
18. Tide rips 급류, 파문 — Overfalls, Tide-rips
Oa 적 조 — Tidal race
19. 와 류 — Eddies
20. kelp 해 초 — Kelp ; Sea-weed
21. Bk. 퇴(堆) — Bank
22. Shl 여 울 — Shoal
23. Rf 초(礁) — Reef
23.a 초 맥 — Ridge
24. Le 암 봉 — Legde
25. 파 랑 — Breakers
26. Obst. 장해물 — Obstruction

17.a 석유 개발대
28. WK 침 선 — Wreck
Ob 어 초 — Fishing reef
29. Wks. 침선군 — Wreckage
30. 침수된 파일(위치가 명확) 암 암 — ged piling
침수된 파일(위치가 명확) — Snags ; Submerged Stumps
32. Uncov. 간출된 — Dries
33. Cov. 수몰된 — Covers
34. Uncov. 노출된 — Uncovers
35. Rep. 보고된 — Reported
38. 위험 한계선 — Limiting danger line
39. rky 암반 한계선 — Limit of rocky area
41. (P.A) 개 위 — Position approximate
42. (R.D) 의 위 — Position doubtful
43. (E.D) 의 존 — Existence doubtful
44. (Ppos) 의 위 — Position
45. D 의심스러운 — Doubtful
Ob LD 최저 수심 — Least Depth

주의 :
1. 침선의 노출 정도는 기본 수준면을 기준으로 함.
2. 선형이 불명확한 침선의 위치는 각 기호의 중심이 됨.

⊙ 주요도식 – Bk(퇴), Shl(여울), Rf(초), Le(암봉), ∧(파랑), +(암암), Foul(험악지), ○obst(장해물)

(5) 각종 한계

1.	지도선 Leading line; Range line	10.	어업 구역의 한계 Limit of fishing zone
4.	명호, 분호의 한계 Limit of sector	11.	토사 사장 Limit of dumping ground, spoil ground
5.	추천 항로(지정 표시를 둠) Channel, course, track recommended (Marked by buoys or beacons)	12.	묘지 경계 Anchorage limit
		13.	공항의 경계 Limit of airport
	추천 항로(지정 표시를 두지 않음)	13.a	군사 훈련 구역 Limit of military Practice areas
6.	레이더 유도 항로	14.	주권의 한계(영해) Limit of sovereignty(Territorial waters)
7.	해저선(전신, 전화) Submarine cable (telegraph, telephone, etc)	15.	세관의 한계 Customs boundary
	해저선(전력) Submarine cable(power)	16.	국경 International bounded
7.a	해저선 구역 Submarine cable area	18.	빙의 한계 Ice limit
7.b	폐기 해저선 Abandoned submarine cable	21.	추천 항로 Course recommended (부표, 입표가 없을 때)
8.	해저 수송관 Submarine pipe line	22.	행정 한계 District or province limit
8.a	해저 수송관 구역 Submarine pipe line area	24.	속력 시험 거리 Measured distance
9.	일반 해상 경계 Maritime limit in general		
Pa	항 계 Harbour limit		
Pb	항계(제한 구역)	25.	항행(항박) 금지 구역 Prohibited area

(6) 수 심

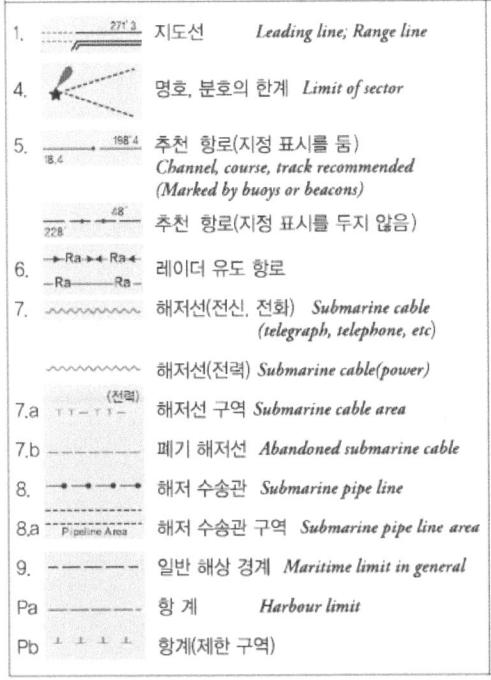

1.	20(S.D) 불확실한 수심 Doubtful sounding	Qc	암초상 소해 수심 Water over rock has been swept to the depth indicated
2.	측연 해저 미달 수심 Not bottom found		탐초 소해(확인된 수심) Depth on rock confirmed by wire drag
3.	20m May 1970 준설한 수로(유지 수심) Dredged channel (with controlling depth indicated)		
6.	준설 구역 Dredged area	10.a	수심의 숫자 Figures for ordinary soundings
8.	간출암의 높이(기본 수준면상) Drying heights		수심 위치의 예 Examples for showing the Position of ordinary sounding
9.	소해 수심 Depth at chart datum, swept by wire drag		사체 숫자 Sloping figures (소축척도 또는 구해도에서 채택된 수심) Soundings taken from Smaller Scale surveys or Older chart
9.a	소해 구역 Swept area, adequately sounded		
Qa	정밀 측심 구역 Densely sounded area		
Qb	침전상 소해 수심 Water over wreck has been swept to the depth indicated		
WK	침전 소해(소해 확인된 수심) Depth on wreck confirmed by wire drag		

● 주요도식 ᴼ̥₆₅ (측정 미달수심), WK (침선), ┼┼┼ (침선기호), 항행금지구역 Prohibited area 항행(항박)금지

(7) 등심선 및 착색 Depth Contours and Tints

	1m	o——	10m	———	1000m
	2m	————	20m	———	2000m
	3m	————	30m	———	3000m
	4m	————	40m	———	4000m
o——	5m	————	50m	———	5000m
	6m	————	60m	———	6000m
	7m	————	70m	———	7000m
	8m	————	80m	———	8000m
	9m	————	90m	———	9000m
	11m	————	100m		
	12m	o———	200m		
	13m	————	300m		
	14m	————	400m		
	15m	————	500m		
	16m	————	600m		
	17m	————	700m		
	18m	————	800m		
	19m	————	900m		

o 印의 것을 주로 사용하고 기타는 필요한 경우에 사용한다.
海圖의 착색 : 주용한 항만 수도의 해도는 수심 0~5m 범위를 수색으로 하고 간출부분은 육지색과 수색의 합성색으로 표시함.

(8) 저 질 Quality of the Bottom

1	Grd	해 저	Ground	23	Sh	조개껍질	Shells	47a	grd	해저(조개)	Ground(Shell)
2	S	모 래	Sand	24	Oys	굴	Oysters	48	rt	부패한	Rotten
3	M	뻘	Mud	25	Ms	섭조개	Mussels	49	Str	줄이 있는	Streaky
4	Oz	연 니	Ooze	26	Sp	해 면	Sponge	50	Sk	얼룩진	Speckled
5	Ml	이회암	Marl	27	K	대형의 해초	Kelp	51	gty	잔모래	Gritty
6	Cl	점 토	Clay	28	Wd	해 초	Sea-weed	52	dec	부패됨	Decayed
(Sa)	Gr	가는자갈	Granule	29	Stg	다시마류	Sea-tangle	53	fly	수석질	Flinty
7	G	자 갈	Gravel	31	Spi	해면골침	Spicules	54	ga	빙하의	Glacial
8	Sn	조약돌	Shingle	32	Fr	유공충	Foraminifera	55	ten	점착력이 강한	Tenacious
9	P	둥근자갈	Pebbles	33	Gl	방추충	Globigerina	56	w	백 색	White
10	St	돌	Stone	34	Di	규조	Diatoms	57	bl	흑 색	Black
11	Rk rky	바 위	Rock Rocky	35	RD d	방산충	Radiolaria	58	vi	자 색	Violet
11a	Blds	표 석	Boulders	36	Pt	익족류	Pteropods	59	b	청 색	Blue
12	Ck	백 아	Chalk	37	Po	태충류	Polyzoa	60	gn	녹 색	Green
12a	Ca	석회질	Calcareous	38	Cir	만각류	Cirripedia	61	Y	황 색	Yellow
13	Qz	석 영	Quartz	38a	Fu	해초류	Fucus	62	Or	오렌지색	Orange
13a	Sch	편 암	Schist	38b	Ma	해초류	Matles	63	rd	홍 색	Red
14	Co	산 호	Coral	39	tne	가 는	Fine	64	br	갈 색	Brown
15	Mds	석산호	Madrepores	40	C	거 친	Coarse	65	ch	쵸코렛색	Chocolate
16	V	화산질	Volcanic	41	So	연 한	Soft	66	gy	회 색	Gray
17	Lv	용 암	Lava	42	h	굳 은	Hard	67	lt	밝은	Light
18	Pm	속 돌	Pumice	43	Sf	딱딱한	Stiff	68	d	어두운	Dark
19	T	응회암	Tufa. Tuff	44	Sml	작 은	Small	70	vard	가지각색	Varied
20	Sc	화산암찌꺼기	Scoriae	45	lrg	큰	Large	71	unev	평탄치않음	Uneven
21	Cn	화산분	Cinders	46	Sy	점착질	Sticky	76		해저용수	Fresh water
22	Mn	망 간	Manganese	47	bk	부서진	Broken	Sb	fB	험악물76	Foul bottom

⊙ 주요 등심선 : ···(2m), ——(5m), - - -(10m), -··-(20m), -·-·-(200m)
주요저질 - 모래(s), 펄(M), 자갈(G), 바위(Rk), 조개껍질(sh), 점토(cl), 산호(co), 굴(oys)

4. 해도의 기준면
　1) 수심 : 연중 해면이 그 이상으로 낮아지는 일이 거의 없다고 생각되는 수면. 기본 수준면 또는 약최저저조면
　2) 물표의 높이 : 평균 수면으로부터의 높이
　3) 조고와 간출암 : 기본 수준면을 기준으로 측정
　4) 해안선 : 약최고고조면에서 수륙의 경계선으로 표시

5. 해도 사용시 주의사항
　1) 해도를 해도대의 서랍에 넣을 때에는 반드시 펴서 넣어야 하며, 부득이 접어야 할 때에는 구겨지지 않도록 주의
　2) 해도는 현재의 상태와 맞아야 하므로, 최신의 해도 선택 또는 항행통보에 의하여 완전히 개정된 것 선택
　3) 해도에는 필요한 선만 긋도록 하며, 여백에 낙서금지
　4) 해도 사용 연필은 B용, 끝은 납작하게 깎아야 한다.
　5) 연안 항해시에는 가능한 한 축척이 큰 해도 사용

[CHAPTER 3-2] 항로표지

1 야간 항로표지

항해하는 배의 지표가 되는 시설로 교통량이 많은 항로, 만, 항구, 해협 또는 암초가 많은 곳을 항해 할 때, 등대나 부표, 음향표지, 무선표지 등을 사용하여 선박의 안전 항해에 도움을 주는 시설물을 항로표지라 한다.

1. 구조에 의한 분류
　1) 등대 : 야간표지의 대표적인 것. 규모가 크다.
　2) 등주 : 주로 항내나 협수로에 설치. 쇠, 콘크리트 등으로 만든 간단한 구조
　3) 등입표 (등표) : 항로, 암초, 항행 금지 구역 등에 설치. 좌초를 방지하고 항로 인도
　4) 등부표 : 해저 일정한 지점에 체인으로 연결하여 떠있는 부표

2. 사용목적에 의한 분류

　　1) 도등 : 통항이 곤란한 협수도, 항구 입구 등에 설치. 항로를 인도

　　2) 부등 : 본 등대에 부설되어 설치. 등대부근의 위험구역 비추는 것

　　3) 가등 : 등대 고장이나 신축시 임시방편으로 가설

　　4) 임시등 : 선박이 자주 출입하는 계절만 점등

3. 등질

　　1) 부동등 (F : Fixed) : 등색이나 밝기가 일정하게 유지되면서 켜져 있는 등화

　　2) 섬광등 (Fl : Flashing) : 일정간격으로 켜지고 꺼지고를 반복하는데 꺼져 있는 시간이 켜져 있는 시간보다 긴 등화

　　3) 명암등 (Oc : Occulting) : 섬광등과 반대. 켜져 있는 시간이 꺼져 있는 시간보다 길거나 같은 등화

　　4) 호광등 (Al : Alternating) : 등광은 꺼지지 않고 등색만 교체되는 등화

4. 광달거리

　　야간표지의 광원에서 나오는 빛을 처음 볼 수 있는 거리. 마일(M)로 표시.

　　예) Gp.Fl (2) 3. 25m. 15 M : 군섬광등(Group Flashing)으로서 짝은 2군이고 주기는 3초(3초마다 2번 깜빡), 등대높이는 25미터, 광달거리는 15마일이다.

등질 해설도(등색이 변하지 않는 것)

부 동 등 FIXED	────────	부동백광	F.
섬 광 FLASHING	Period 5 s	섬 백 광	Fl. 5 s
군 섬 광 GROUP FLASHING	Period 20 s	군 섬 백 광	Fl. (3) 20 s
급 섬 광 QUKICK FLASHING		급 섬 백 광	Q. Fl.
단속급섬광 INTERRUPTED QUKICK FLASHING	Period 10 s	단 속 급 섬 백 광	I. Q.F l. (5) 10 s
명 암 OCCULTING	Period 5 s Period 20 s	명 암 백 광 명 암 백 광	Oc. 5 s OC. 20 s
군 명 암 GROUP OCCULTING	Period 15 s Period 20 s	군명암백광 군명암백광	Gp. Oc. (2) 15 s Gp. Oc. (2) 15 s
연 성 부 동 섬 광 FIXED & FLASHING	Period 20 s	연 성 부 동 섬 백 광	F. Fl. 20 s
연 성 부 동 군 섬 광 FIXED & GROUP FLASHING	Period 20 s	연 성 부 동 군 섬 백 광	F. Fl. (2) 20 s

등질 (1)

CHAPTER 03 해도 및 항로표지

등질 해설도(등색이 변하는 것)

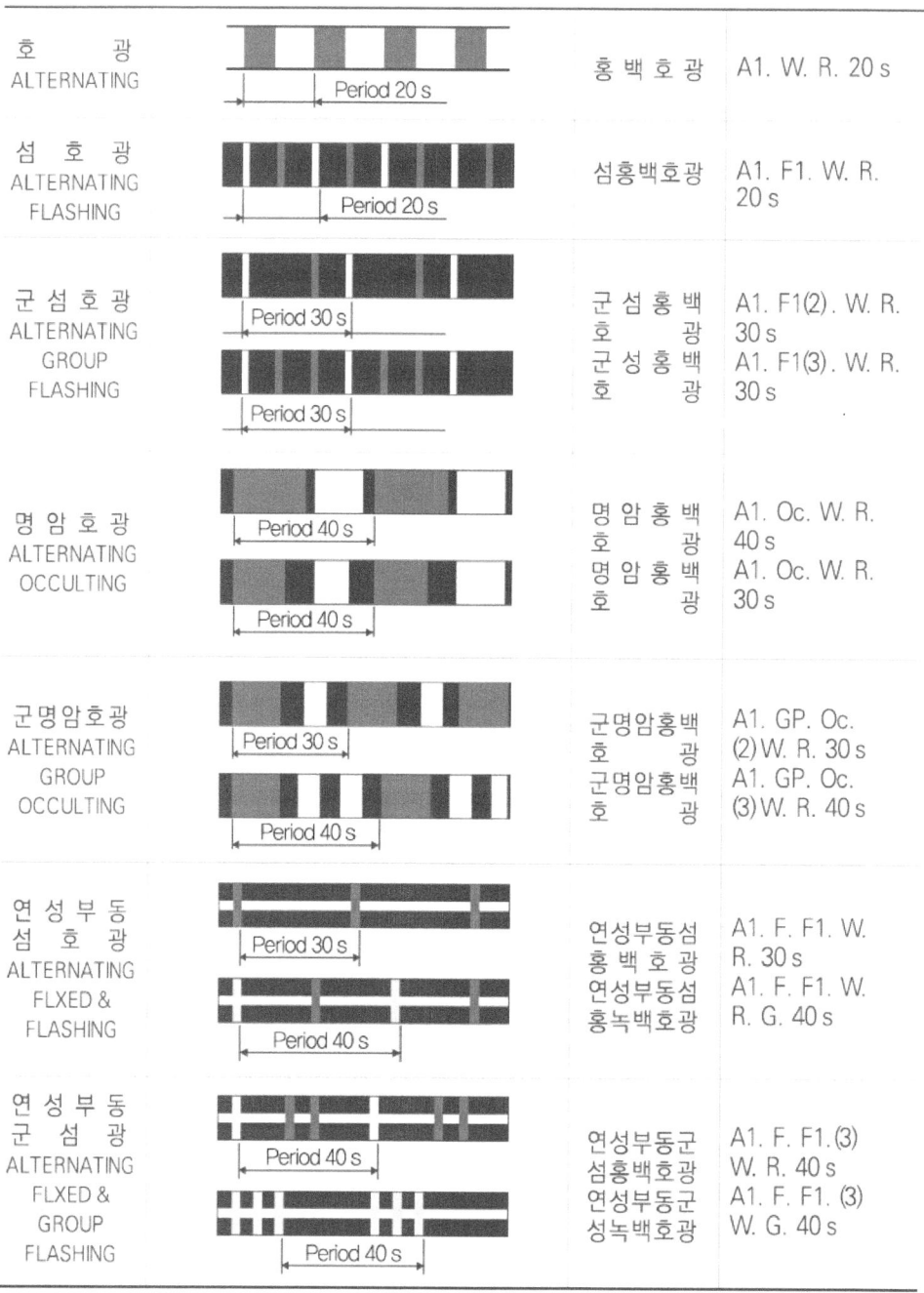

등질 (2)

② 주간 항로표지

주간에 운항 목표나 선위 결정 시 이용되는 목표물이지만 야간표지가 주간에 모양이나 색깔을 나타냄으로써 겸용되는 것이 많다.

1. 종류
    1) 입표 : 암초, 노출암 등의 항행금지구역을 표시하는 경계표
    2) 부표 : 통항이 곤란한 협수도나 항만의 유도표지로서 항로를 따라 설치
    3) 육표 : 암초나 얕은 사주 등에 입표 설치가 곤란할 경우, 부근의 육지에 대신 간단한 항로표지를 건설하여 주표로 사용
    4) 도표 : 야표의 도등과 같은 역할. 수로의 만곡부나 만의 입구 등에 주로 설치하여 항로 인도

2. 국제해상부표방식
    전 세계를 A와 B의 두 지역으로 구분하여 측방표지를 하는데, 우리나라는 B지역 방식을 따른다.

    1) 측방표지
       수로의 좌, 우측 한계를 표시하기 위한 표지. 좌현표지, 우현표지, 좌현항로 우선표지, 우현항로 우선표지 등
    2) 우선항로표지
       항로의 분기점에서 충돌을 방지하기 위하여 좌현 또는 우현으로 향하는 선박에게 우선권을 준다.
    3) 방위표지
       방위표시 및 항로나 분기점 위험물 방향을 표시. 북 방위표지, 동 방위표지, 남 방위표지, 서 방위표지

해상부표식등

종류		구분				등질	
		등부표	부표	등표	입표	등색	점멸방식
측 방 표 지	좌현표지					녹	섬광 군섬광 (예) 2섬광 모르스 부호광 (예) A
	우현표지					홍	초급섬광 (예) 단속 또는 급섬광 (예) 단속
분기점표시	좌현항로우선					홍	복합군섬광 매7초에 2섬광과 1섬광 ← 7초 →
	우현항로우선					녹	
방 위 표 지	북방위표지					백	연속 초급섬광 또는 연속급섬광
	동방위표지					백	군초급섬광 매5초에 3섬광 ←5초→ 또는 군급섬광 매10초에 3섬광 ←10초→
	남방위표지					백	군초급섬광 매10초에 6섬광과 1장섬광 ←10초→ 또는 군급섬광 매15초에 6섬광과 1장섬광 ←15초→
	서방위표지					백	군초급섬광 매10초에 9섬광 ←10초→ 또는 군급섬광 매15초에 9섬광 ←15초→
고립장애표지						백	군섬광 매5초 또는 10초에 2섬광 ←5초→ 또는 10초
안전수역표지						백	등명암광 모르스 부호광 A 또는 장섬광 매 10초에 1섬광 ←10초→
특 수 표 지						황	섬광(장섬광 매 10초에 1섬광) 군섬광(2섬광과 3섬광 제외) (예) 4섬광 또는 모르스 부호광 (A와 U를 제외) (예) D

[그림1 부표식과 등광]

IALA 해상 부표 방식(주간)

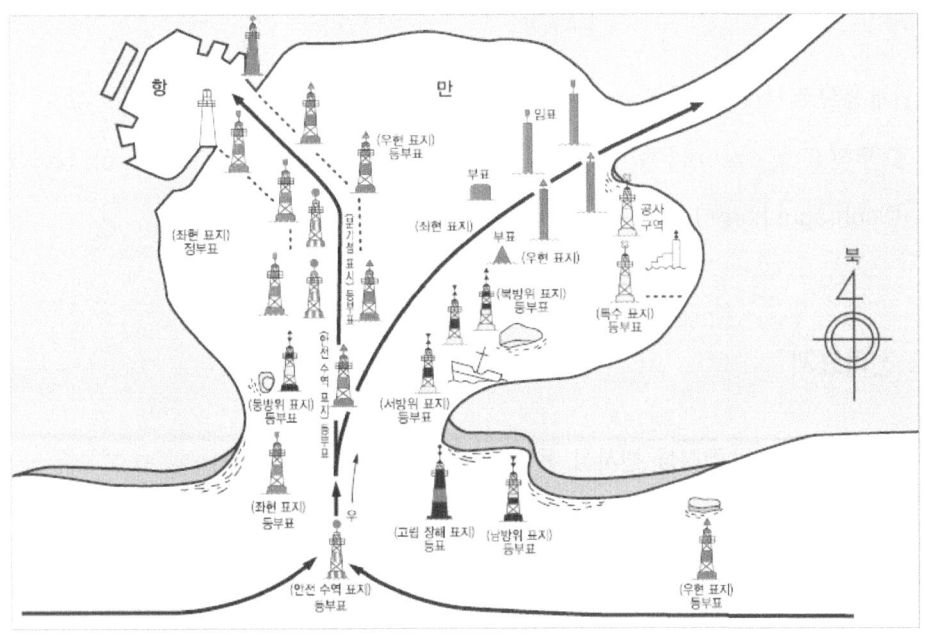

IALA 해상 부표 방식(야간)

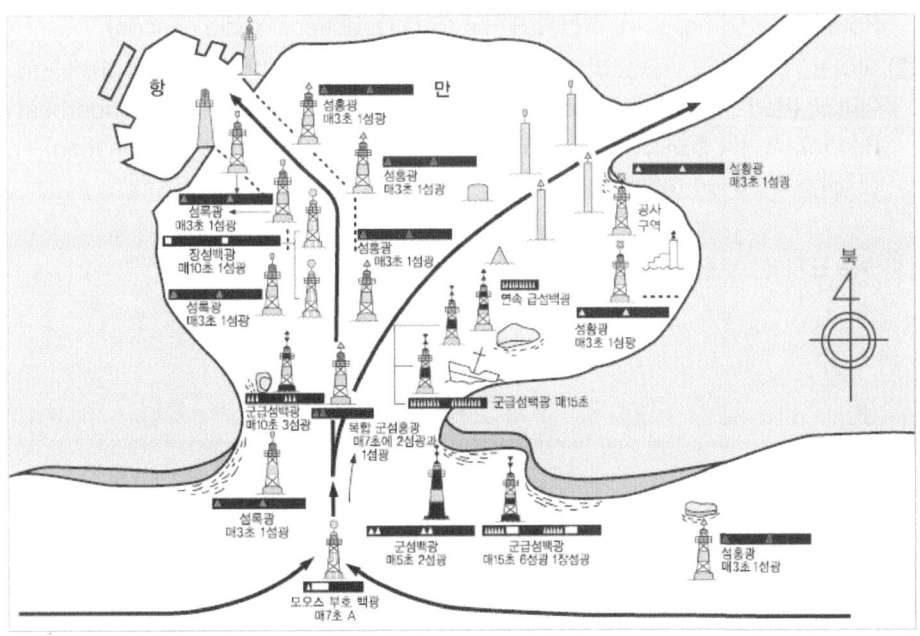

해상부표식 상 : 주간 항로표지(주표), 하 : 야간 항로표지(야표)
IALA 해상 부표식(B대역)

③ 음향표지(무중신호)

안개 등으로 시계가 제한될 때 사용.

예) 무적 (Fog siren), 무종 (Fog bell), 무포 (Fog gun), 다이어폰 (Diaphone), 다이어프램 혼 (Diaphragm horne) 등

④ 전파표지

전파의 3가지 특성인 직진성, 반사성, 등속성을 이용하여 선박 위치 파악

1. 무선방향탐지국 (R.D.F)

2. 무선 표지국 (Radio Beacon)
    1) 중파 표지국 : 무지향식 표지국 (R.C:Circular radio beacon), 지향식 표지국 (R.W : Rotating radio beacon), 회전식 표지국 (R.D:Directional radio beacon)
    2) 마이크로파 표지국 : 유도 비컨 (Course beacon), 레이더 반사기 (Radar reflector), 레이마크 (Radar marker beacon : Ramark), 레이콘 (Radar Transponderbeacon : Racon), 레이더 트랜스폰더 (Radar transponder), 토킹 비콘 (Talking beacon), 소다비전 (Shore-based radar television) 등

3. 항법용 표지국 : 로란-C국, 데카 (Decca), GPS 등

CHAPTER 04 기상 및 해상

❶ 기상 요소

보편적으로 사용되는 기상요소로는 기압, 기온, 습도, 풍향풍속, 구름, 강수, 시정 등의 물리적 변화량이 기상관측의 주대상이 된다.

1. 기압

 대기의 압력을 기압이라 하는데, 대기도 무게가 있으므로 압력을 가지고 있으며, 지상기압은 1㎠의 밑면적에 대한 수직방향의 공기의 무게라 할 수 있다.

 1) 기압의 단위
  ① mmHG : 1mmHG는 표준 중력하에서 기온 0°C일때, 높이 1mm 수은이 단위면적에 누르는 압력으로 760mmHg의 압력을 1기압이라 한다.
  ② mb~1mb는 1㎠의 면적에 1,000dyne의 힘이 미치는 압력이며, 1,013.25mb가 1기압이다.
  ③ hPa(헥토파스칼) : 1㎡의 면적에 1N의 힘이 작용할 때, 이를 1Pa라고 한다. mb와의 관계는 1mb=100Pa=1hPa이다. 예를 들어, 1013mb는 1013hPa이다. 현재 많이 사용되는 단위이다.

 2) 기압계의 종류
  ① 수은 기압계 ② 아네로이드 기압계 ③ 자기 기압계
  선박에서는 아네로이드 기압계를 주로 사용한다.

 3) 기압의 변화
  대기는 항상 운동하므로 시시각각으로 기압도 변한다. 그러나 대체로 하루 동안에는 오전 9시와 오후 9시경에 가장 높고, 오전 3시와 오후3시경이 낮다.

2. 기온

 대기의 온도를 기온이라 하며, 일반적으로 기온이란 지상에서 1.5m 높이의 온도이다. 해상 기온은 선박 위에서 측정하므로 해면상에서 약 10m 높이의 대기온도이다.

 1) 기온의 측정단위
  ① 섭씨온도 (°C) : 어는점을 0도, 끓는점을 100도로 하여 그 사이를 100등분하고 0도 이하에도 같은 간격으로 만든 눈금온도로서 우리나라 및 세계 각국에서 많이 사용된다.
  ② 화씨온도 (°F) : 어는점을 32도, 끓는점을 212도로 하여 그 사이를 180등분한 것으로

미국, 영국 등에서 주로 사용한다. 양 온도 사이에는 $C=\frac{5}{9}(F-32)$, $F=\frac{9}{5}C+32$ 관계가 성립한다.

2) 기온의 일변화

해가 뜨는 시각에는 일사량이 거의 없고 복사열의 손실이 밤새 일어나므로 기온이 낮고 점차 기온이 올라가 오후 2시경에는 최고기온이 된다. 1일중 최저기온과 최고기온의 차를 일교차라 한다.

3. 습도

공기중에 포함된 수증기의 양, 즉 공기의 건습정도를 나타내는 것을 습도라고 한다.

1) 상대습도 : 대기 중의 수증기량과 그 때의 온도 하에서 포화수증기량과의 비를 백분율로 나타낸 것

2) 절대습도 : 1m³의 공기 중에 포함된 수증기의 g수를 표시한다.

3) 습도의 변화 : 해상의 습도는 일반적으로 육상보다 높으며, 평균 80% 정도이다. 상대습도는 기온과 반대로 이른 아침에 가장 높고, 오후 2시경에 가장 낮아진다.

4. 바람

바람이란 공기의 수평적인 운동을 말하며 풍향과 풍속으로 표시한다. 대기의 운동은 매우 복잡하여 기상관측에서는 어느 시간 내의 평균적인 풍향 풍속을 관측할 때가 많지만, 목적에 따라서는 순간적인 풍향 풍속 등을 관측할 때도 있다.

1) 풍향

풍향이란 바람이 불어오는 방향을 말한다. 풍향은 끊임없이 변하므로 대체로 정시관측 시간 전 1분간의 평균적인 방향을 풍향으로 한다.

2) 풍속

풍속은 정시관측 시간 전 10분간의 풍속을 평균하여 구한다. 즉, 8시의 풍속이란 7시 50분에서 8시까지의 평균풍속을 말한다. 순간순간의 풍속을 순간풍속이라 하며, 기록시간내의 최대의 순간풍속을 최대풍속이라 한다.

풍속의 단위는 주로 m/sec를 쓰지만, 노트(knot), km/h, mile/h 등도 사용된다. 이들 단위는 다음 관계가 있다.

1m/sec=1.9424knot

대체로 m/sec를 2배하여 노트값으로 하면 된다. 그리고 풍속계가 없는 선박의 육안관측을 위하여 0~17까지 18계급으로 구분한 보퍼트 풍력계급이 있으나, 보통은 0~12까지 13계급을 측정한다.

5. 구름
대기중의 수증기가 응결 또는 빙결하여 상공에 떠있는 것이 구름이다.

1) 운량
운량의 표시는 0~10까지 나타내며, 이 숫자는 하늘 전체를 10으로 보았을 때, 구름이 차지한 부분의 넓이가 하늘전체의 어느 정도를 차지하는지를 나타낸다.

2) 운형
① 상층운 : 권운, 권적운, 권층운
② 중층운 : 고적운, 고층운, 난층운
③ 하층운 : 층적운, 층운
④ 수직으로 솟은 구름 : 적운, 적란운

6. 강수
대기 중에서 수증기가 응결하여 비나 눈의 형태로 지표에 낙하한 것을 강수라 한다.

7. 시정
시정은 대기의 혼탁정도를 나타낸 것으로, 정상적인 육안으로 멀리 떨어진 목표물을 인식할 수 있는 최대의 거리를 말한다. 시정 장애를 일으키는 가장 중요한 요소는 안개이며, 그밖에도 연무, 박무, 연기, 먼지폭풍, 황상현상 등이 있다.

② 고기압, 저기압, 전선, 기압골, 계절풍 등의 특징

1. 고기압과 저기압
주위보다 기압이 상대적으로 높은 곳을 고기압, 낮은 곳을 저기압이라 한다. 그러므로 고기압 주위에는 저기압이, 저기압 주변에는 고기압이 항상 위치하게 된다.

1) 고기압
고기압에서는 중심으로부터 저기압 쪽으로 바람이 불어나가는데 북반구에서는 그림 〈고기압〉처럼 시계방향으로 공기의 흐름이 돌아나가게 된다. 고기압 중심부에서는 상층으로부터 하강기류가 생겨 날씨가 비교적 좋다.
① 한랭고기압 : 겨울철에 대륙의 지표면이 냉각되어 이에 접한 공기가 냉각되어 형성되는 고기압으로 한 장소에 오래 머문다. 우리나라 겨울철 날씨를 지배하는 정체성이 가장 큰 시베리아 고기압이 전형적인 한랭고기압이다.
② 온난고기압 : 주로 중위도지방의 아열대 해양에서 형성되는 고기압으로 중심부근의 기온이 높기 때문에 온난고기압이라 한다. 우리나라 여름철 남동~남서 계절풍의 주원인이 되

는 북태평양 고기압이 그 대표적인 것이다.
③ 이동성고기압 : 한랭, 온난 고기압과 대체로 한곳에 머물러 있는 정체성 고기압이지만, 편서풍의 영향으로 서에서 동으로 이동하는 소규모의 고기압을 이동성 고기압이라고 한다. 이 기압의 통과 전에는 날씨가 좋으나 통과 후에는 저기압이 접근하기 때문에 날씨가 나빠진다.

2) 저기압

저기압에서는 그림 〈저기압〉과 같이 주위의 고기압으로부터 바람이 불어 들어오는 방향이 전향력의 영향으로 북반구에서는 반시계방향으로 된다.

① 온대저기압 : 일반적으로 말하는 저기압이며 일기도에 나타나는 대부분의 저기압이다. 온대저기압은 대개 온난전선과 한랭전선을 동반하고 있다.
② 열대저기압 : 북위 5~25°사이에 열대해상에서 발생하는 저기압으로 이 저기압은 발달되어감에 따라 폭풍우를 동반하므로 중위도 지방을 내습하면 막대한 피해를 준다. 열대저기압은 중심부근의 풍속이 34~63노트일 때 열대성 폭풍이라 하고, 64노트 이상일 때를 태풍이라 한다. 태풍은 북반구에서는 6~10월에 남반구에서는 12~4월에 주로 발생한다. 반지름은 주로 300~400km인 것이 대부분이나 때로는 1,000km 이상의 대규모인 것도 있다. 태풍은 발생지역에 따라 서인도제도 부근에서 발생하는 것을 허리케인, 인도양에서 발생하는 것을 사이클론, 뉴질랜드와 오스트레일리아를 지나는 윌리윌리가 있다.

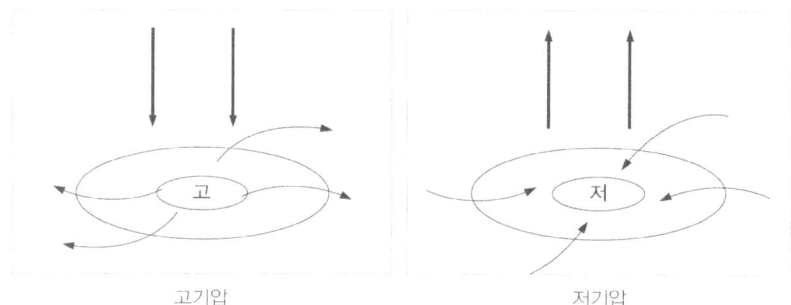

고기압   저기압

2. 전선

성질이 다른 두 기단(공기덩어리)의 지표부근의 경계를 전선이라 한다.

이 전선부근에서는 기온, 습도, 풍향, 기압 등이 급변하며, 구름이 발생하고 비나 눈이 오는 등 날씨가 나빠지는 경우가 대부분이다.

1) 온난전선 : 온난기단이 한랭한 기단 쪽으로 이동해 갈 때 따뜻한 공기가 찬공기 위로 올라갈 때 형성되는 전선으로 온난전선이 접근해오면 기압은 하강하고 바람은 남동풍이 불고 넓은 지역에 지속적인 약한 비가 내린다.

2) 한랭전선 : 한랭기단이 온난기단 쪽으로 이동해 가서 밑으로 쐐기처럼 파고 들어가 접촉부의 따뜻한 공기를 강제적으로 상승시킬 때 생기는 불연속선을 한랭전선이라 한다. 한랭전선이 접근해오면 기압은 하강하고 소낙비가 자주 내리고 때때로 돌풍과 뇌우를 동반한다. 통과후 기온 급강하, 기압 상승.

3) 폐색전선 : 저기압이 점차 발달하면 한랭전선의 진행속도가 온난전선 진행속도보다 빨라져서 두 전선이 겹치게 될 때를 말한다. 구름이 많이 생기고 큰 비를 오게 하는 수가 있다.

4) 정체전선 : 남북에서 온난기단과 한랭기단이 동시에 확장하고 그 세력이 비슷하여 이동하지 않고 머물러 있을 때를 정체전선이라 한다. 이 전선의 부근에서는 나쁜 날씨가 지속적으로 계속된다. 대표적인 예가 우리나라 초여름 오호츠크해 기단과 북태평양 기단 사이에 생기는 장마전선이다.

3. 계절풍과 특징

동계에는 대륙에서 해양으로, 하절기에는 해양에서 대륙으로 그 방향을 바꾸어 부는 바람을 계절풍이라 한다. 그 이유는 여름에는 대륙이 먼저 가열되어 저기압이 되고, 겨울에는 먼저 냉각이 되어 고기압이 되기 때문이며, 바람은 고기압에서 저기압으로 불게 된다. 우리나라의 여름에는 대륙의 하층에 저기압이 형성되어 주로 해양으로부터 덥고 습한 남동계절풍이 불어오고, 겨울에는 시베리아 고기압이 형성되어 차고 건조한 북서계절풍이 불어온다. 계절풍이 가장 현저히 발달하는 지역은 극동과 인도지역이다.

3 일기도 분석 및 일기예보

1. 일기도 분석

시시각각으로 변하는 대기의 상태, 즉 지상과 대기 상층에서 관측한 각종 기상요소를 종합하여 이를 자세히 나타낸 지도가 일기도이다.

일기도는 일반적으로 3시, 9시, 15시, 21시에 관측한 자료에 의하여 6시간마다 하루에 4번 작성한다.

1) 지상일기도 분석

① 등압선 분석 : 등압선이란 기압이 같은 곳을 연결한 선을 말한다.

가) 등압선은 1000m³ 등압선을 기준으로 2mb 또는 4mb 간격의 흑색 실선으로 분석한다.

나) 등압선은 반드시 폐곡선이 되든지 일기도 연변에서 끝나게 된다.
다) 하나의 등압선이 도중에서 두 갈래로 분리되거나 또는 두 등압선이 하나로 합쳐지지 않으며, 도중에 끊어지지도 않는다.
라) 기압치가 다른 두 등압선은 서로 교차하지 않는다.
마) 대칭적인 두 고기압이나 두 저기압 사이에는 같은 기압치의 두 등압선이 마주보지만, 바람의 방향은 반대를 나타낸다.
바) 특별히 풍속차가 없을 대 등압선의 간격은 일정하게 그려진다.
사) 북반구에서 고기압은 바람이 중심부에서 시계방향으로 불어나가고, 저기압은 중심부를 향하여 반시계방향으로 불어 들어오게 된다.
아) 고기압의 중심은 H로 표시하고, 저기압의 중심은 L로 표시한다.

② 전선의 분석

가) 온난전선

온난전선은 대체로 저기압 동쪽에 위치한다. 전선의 후방에서는 남서풍이고, 전방에서는 남동풍인 경우가 많다. 기온이 급변하여 전선의 전방에서는 기온이 낮고, 후방에서는 상승한다. 구름이 상층운으로부터 천천히 낮아져서 지속적인 비가 내리는 곳의 후반에 위치한다.

나) 한랭전선

한랭전선은 저기압의 남쪽에 위치한다. 전선 후방에서는 북서풍이 강하게 불고, 전방에서는 남서풍이 분다. 기온이 급변하는 곳으로 전선의 전방에는 높고, 후방에서는 기온이 급강하여 기온의 불연속이 있는 곳이다.

다) 폐색전선

남북으로 길게 형성된 저기압에서 폐색전선이 위치한다. 전선의 전방에서는 남동풍, 후방에서는 북서풍이 분다. 비교적 넓은 범위에서 강한 비가 내린다.

라) 정체전선

특성이 온난전선과 비슷하다. 약한 저기압이 동서로 여러 개 줄을 지어 있을 때에는 대체로 정체전선으로 연결된다. 동서로 뻗힌 기압골에서 정체전선이 있는 경우가 많다.

③ 일기도 해설

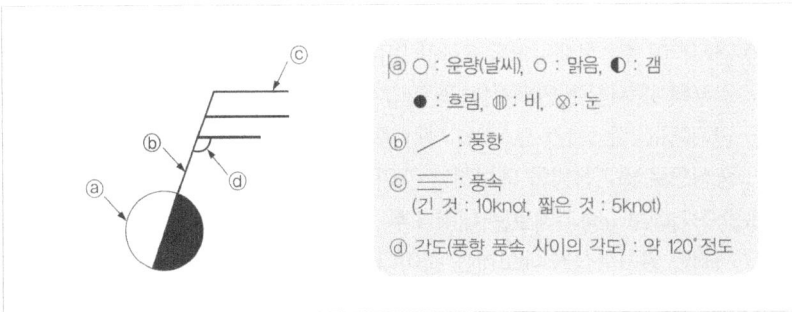

기상 전문 실황 기입도

가) 운량 (날씨)
나) 풍향
다) 풍속 (긴 것 : 10knot, 짧은 것 : 5knot)
라) 각도 (풍향 풍속 사이의 각도) : 약 120°정도

각 전선의 일기도 표시 부호

종 류	일기도에 그리는 부호	
	단 일 색	다 색
한 랭 전 선	▲　▲　▲	─────────── 청 색
발생하는 한랭전선	▲·▲·▲	· · · · · · · 청 색
소멸하는 한랭전선	▲+▲+▲	///////// 청 색
온 난 전 선	⌒　⌒　⌒	─────────── 붉은색
발생하는 온난전선	⌒·⌒·⌒	· · · · · · · 붉은색
소멸하는 온난전선	⌒+⌒+⌒	///////// 붉은색
폐 색 전 선	▲⌒▲⌒▲⌒	─────────── 자 색
정 체 전 선	⌒▼⌒▼⌒	─────────── 적·청 교대
발생하는 정체전선	⌒·▼·⌒·▼	· · · · · · · 적·청 교대
소멸하는 정체전선	⌒+▼+⌒+▼	///////// 적·청 교대

2. 일기예보
   1) 예보의 종류
      ① 단시간예보 : 현재로부터 6시간 또는 12시간까지의 예보를 말하는 것으로, 현재 시각으로부터 12시간 동안의 전선과 기압계의 변화를 예상하여 일기상황을 예보하는 것이다.
      ② 단기예보 : 24시간 또는 48시간 후의 전선과 기압계의 예상위치를 나타내는 일기도를 중심으로 일기상황을 예보하는 것이 단기예보이다.
      ③ 중장기예보 : 중기예보는 대략 1주, 장기예보는 한 달 또는 한 계절, 심지어 1년 앞의 대체적인 일기특성을 예보하는 것이다.
   2) 기상주의보와 경보
      폭풍, 호우, 대설 등으로 비교적 작은 피해가 예상될 때 주의를 환기시키기 위하여 기상대가 특별히 발표하는 예보를 기상주의보라 하고, 중대한 지해가 예상될 때는 기상경보를 발표한다.
      ① 태풍주의보와 경보
         중앙기상대는 한국전역 또는 특정지역에 태풍의 내습으로 인한 25m/sec 미만의 강풍이 예상될 때는 주의보, 25m/sec 이상의 강풍이 예상될 때는 36시간 전부터 6시간 간격으로 태풍경보를 발표한다.
      ② 폭풍주의보와 경보
         평균 최대풍속이 14~20m/sec이고, 이러한 상태가 3시간 이상 계속될 것이 예상될 때는 폭풍주의보, 평균 최대풍속이 21m/sec 이상이고 이러한 상태가 3시간 이상 예상될 때와 순간 최대풍속이 26m/sec 이상이 예상될 때는 폭풍경보를 발표한다.
      ③ 대설 및 호우 주의보와 경보
         신적설량이 10cm 이상일 때 대설주의보, 30cm 이상일 때 대설 경보를 발표한다. 24시간 강우량이 80mm 이상의 호우와 이로 인한 다소의 피해가 예상될 때 호우주의보, 24시간 강우량이 150mm 이상의 호우와 이로 인한 상당한 피해가 예상될 때는 호우경보를 발표한다.
      ④ 파랑 주의보 및 경보
         폭풍현상이 없이 해상의 파도가 3m 이상이 예상될 때는 파랑주의보, 6m 이상이 예상될 때는 파랑 경보를 발표한다.

CHAPTER 05 항해계획

1 항해계획의 개념

1. 항해계획의 의의
   항해계획이란, 안전한 항해를 위하여 사전에 목적지까지의 항로를 분석, 검토하여 안전하고 효율적인 항로를 계획하는 것이다.

2. 항해계획 구성요소와 안전항해
   1) 항해검토 (appraisal)
      해도, 수로지, 기상정보, 본선의 흘수 그리고 회사가 제공하는 정보 등을 종합적으로 평가하고 분석하는 단계이다.
   2) 항로계획 (planning)
      선박에서 일반적으로 사용하는 항해계획서를 작성하고 해도에 항로, 피험선 그리고 추가정보 등을 작도, 기입하는 단계이다.
   3) 항해실행 (execution)
      항해 개시 전 또는 항해 중의 특별한 상황 조우 전 최종적으로 항해가 시작되거나 지속될 수 있는지를 점검하는 단계이다.
   4) 항로감시 (monitoring)
      항해 계획, 선장지시서, 국제해상충돌예방규칙, SOLAS chapter 5장 항해안전, 회사의 항해관련 절차 그리고 그 외 각종 국제규정에 따라서 안전한 항해를 수행하는 단계이다.

2 해도의 이해

1. 신뢰성과 오류
   해도는 항로선택에서 가장 중요한 정보이다. 각 국가의 수로국에서 제공되는 정보가 정확하도록 많은 노력을 하고 있으나, 다음과 같은 이유로 해도정보가 완벽하지 못하다는 것을 이해하여야 한다.
   1) 해도정보의 신뢰성에 영향을 미치는 요소
      ① 해도정보의 신뢰성
      ② 해도 소개정

③ 정보의 불완전성
④ 축척
⑤ 수심

2. 측지계와 오래된 측량오류

1) 측지계

위치를 측정하기 위한 기준으로 알려진 측지계(datum)는 종류가 다양하고, 해도상의 물체들은 측지계 종류만큼 많은 지리적 위치를 가진다.

동일한 물표라도 각 국가별로 해도를 제작할 때 다양한 측지계가 사용되어 서로 다른 위치정보를 가지고 있고, 측량장비의 오차, 측정하는 사람들의 개인차 등의 다양한 오류까지 포함되어 물표의 위치가 표시된다. 이런 위치정보의 오류요소들로 해도와 GPS위치에 차이가 있을 수 있어, 해기사가 GPS에만 의지하여 항해한다면 심각한 사고가 발생할 수도 있다.

2) 오래된 측량의 오류

위치측정을 위하여 정밀한 측량장치가 사용된 것을 불과 최근의 일이다. 이는 오래된 측량의 정보에 오류가 있을 수 있다는 말이다. 따라서 연안을 항해하는 선박은 가까운 곳에 있는 물표를 활용하여 위치를 확인할 필요가 있다. 즉, 육안관측, 레이더거리 등 실제물표를 사용한 위치측정방법이 GPS로 인한 위치측정보다 더 나은 결과를 보인다.

3 항로검토

1. 항로검토의 목적과 고려사항

1) 항로검토의 목적

항해가 시작되기 전에 항해구역에 관련된 위험요소들을 수집, 조사하여 위험성을 평가하고 안전성과 효율성의 균형을 이룰 수 있는 계획을 수립해야 한다. 항해계획의 가장 중요한 부분이라고 할 수 있다.

2) 고려사항
① 선박의 상태와 사정, 복원성, 선박장비
② 항만과 수로상 허용 흘수, 보험, 선박 조종 데이터
③ 화물의 특성, 선박 적재시 화물창별 분배, 적화, 고박
④ 선박, 장비, 선원, 여객, 화물 관련 증서와 문서의 최신화
⑤ 최신 해도, 수로지, 무선항행 경보 및 관련 항로 고시
⑥ 자격을 갖춘 휴식을 충분히 한 선원

2. 각종정보의 활용

   1) 수로도서지 목록

   2) 해도

   3) 수로서지

   ① 대양항로지 : 대양항로, 해양학 및 조류에 대한 정보제공

   ② 항로지정해도 (Pilot charts) : 대양항로, 해류, 바람, 유빙한계 그리고 다양한 기상에 관한 정보를 월별로 제공

   ③ 항로지

   ④ 등대 및 무신호표 : 각 지역별 높이 8m 또는 그 이상의 등대들과 등부선, 무중신호소 그리고 중요항로 등화의 목록을 제공

   ⑤ 조석표 : 각 항구와 수로의 고조, 저조의 시간과 높이의 일일 예측이 표시

   ⑥ 조류표

   ⑦ 항행통보 : 해도와 수로지에 대한 최신화 정보 제공

   ⑧ 쉽루팅

   ⑨ 라디오 시그널 : 연안무선국, 시간대, 기상서비스, 도선서비스, 선박통항서비스 및 항만 등의 정보를 제공

   ⑩ 로드라인 해도 : 흘수선 적용 지역의 정보를 제공

   ⑪ 거리표 : 대양과 연안의 항로별 거리정보를 제공

   4) 무선연안경보

   항로표시변경에 관한 최신정보는 무선연안경보에서 얻을 수 있다. 해기사들은 검토와 계획에 이런 정보들을 반영할 책임이 있다.

   5) 선박의 흘수

   항해 중 목적지의 예상되는 흘수와 트림은 천수역에서의 선저여유수심을 계산하기 위해 알아야 할 필요가 있다.

   6) 선주, 대리점, 항만국 등의 정보

   선주들로부터의 보완적인 정보, 대리점으로부터의 정보, 항만국 정보와 규정 등의 정보는 필요할 때 검토해야 한다.

   7) 개인 기항경험

   8) 마리너스 핸드북

   해도와 수로지 및 항해장비에 대한 이해를 돕는 내용이 포함되어 있다.

3. 항로 수역별 검토사항

   1) 연안항로

① IMO가 채택한 통항분리수역
② 해협이나 수로 사용 여부, 도선 필요 여부
③ 해안선과 위험물로부터 떨어져야 하는 거리
④ 조류 등 지역적 특성
⑤ 해당 국가와 회사 규정

2) 대양항로
① 기상 조건
② 흘수선 규칙
③ 대양 해류
④ 거리, 연료, 선용품
⑤ 보험상의 항해 제한 수역
⑥ 최단 거리

3) 항해계획검토
짧은 연안 항해든, 대양항해든, 계획된 항해를 검토하면 선장은 항로선택을 결정할 것이고, 항해사 한 사람에게 항해를 계획하도록 위임할 것이다.

4 항로계획

1. 항로 계획 작성 절차

   1) 항로 계획시 고려 요소
   안전속력, 조종특성, 선박흘수와 흘수 증가, 최소 여유수심, 해류 및 조류, 변침점, 위치 확인 방법과 주기, 보고 시스템, 해상 교통관제 서비스, 비상대응

   2) 항로 계획 수행
   해도 준비, 항해금지수역 설정, 안전을 위한 여유 설정, 항로 작도, 변침을 위한 조타지점 설정, 피험선 설정, 위치 측정 방법과 주기, 명확한 위치 확인 지점 표시, 추가 정보

   3) 항로 계획 기록과 승인
   항해 계획의 명시, 항해 계획의 기록, 계획의 변경 검토, 최종 승인, 항해사관 숙지

2. 항로계획 수행
   항해하고자 하는 모든 지역의 해도를 모아 사용하는 순서대로 정확히 정리한다.

   1) 항해금지구역

항로를 설정하기 전 연안, 협수로 그리고 강 어구 지역의 해도에는 선박이 항행할 수 없는 지역에 대해 항해금지수역을 설정해야 한다.

항해금지수역 예

2) 안전을 위한 여유

항로를 해도에 작도하기 전에 통항금지구역으로부터의 여유거리를 고려할 필요가 있는데, 이를 '안전을 위한 여유'라고 한다.

① 요소 : 선박의 크기와 조종 특성, 항법 시스템의 정확도, 조류

② 설정범위의 증가 : 해도 측정이 오래된 곳, 신뢰할 수 없는 수역의 경우. 선박이 롤링(rolling)이나 피칭(pitching) 운동을 하는 경우 선체 침하 가능성.

③ 안전을 위한 여유수역 확인 : 안전수역 범위 내 항로 설정, 선위를 빠르고 명확하게 확인. NLT(not less than), NMT(not more than)

3. 항로

1) 충분한 거리

항로는 선박이 항상 안전한 수역내에 있도록 사고의 가능성을 최소화할 수 있는 여유를 두고 설정해야 한다.

2) 선저 여유수심

선저여유수심을 가지지 못하는 곳을 항해하는 경우, 그에 따른 계획이 수립되어야 하며 이러한 사실을 명확히 표시해 두는 것이 중요하다.

3) 선체 침하

선체침하는 천수구역에서 선박이 항진할 때 일반적으로 일어나는 침하와 트림변화의 합성작용이다. 이는 선속이 빠를수록, 수심 대 흘수 비율이 낮을수록 증가한다.

4. 평행 방위선법

평행방위선법(parallel indexing)은 시정이 나쁠 때나 좋을 때 모두 선박이 침로에서 벗어나는 경향을 감시하는 유익한 방법이며, 선박의 통항량이 많아 선위확인에 집중할 수 없는 수역에서도 유용하다.

1) 작도순서
 ① 물표에 접하는 선을 항로와 평행하게 작도한다.
 ② 안전항로 수역의 끝단과 접하는 선을 항로와 평행하게 작도한다.
 ③ 명확한 물표에 접하는 선과 안전항로 수역의 끝단 선의 최단거리를 NLT(not less than)와 함께 기입한다.

2) PI의 활용과 전자장비
 물표와의 거리는 육안으로 확인이 어려워 해도에 PI가 설정된 지역에서는 반드시 레이더나 엑디스 등의 전자장비와 병행하여 사용한다.

5. 침로의 변경과 조타지점

변침을 위한 조타지점(wheel of point)은 경험이 있는 선장, 도선사가 판단하여 결정하며, 계획된 변침 명령 장소는 선박 조종특성자료를 이용하여 결정한다.

6. 항해중지선과 비상대응

1) 항해 중지선
 입항 중 항내 급박한 사정으로 항해 중지 요청을 받을 경우 자력으로 회항이 가능한지를 구분하는 수역을 설정하는 기준선이다.

2) 비상대응
 비상대응 계획은 계획단계에서 수립되어야 하며, 해도상에 명확히 표시하여 필요시 조치해야 할 비상대응이 무엇인지를 찾아보고 즉시 시행한다.

7. 위치측정방법과 주기

1) 위치측정방법
 모든 항해사는 각 장비들이 정상 작동 중인지 확인하고, 지정된 방식으로 선위를 점검하여 위험성을 줄여야 한다. 대양항해시 GPS를 1차 측정으로 하고, 천측을 2차 측정으로 한다. 연안항해시 육안방위관측 또는 레이더 거리 등이 1차 측정이고, GPS는 2차 또는 확인하는 방법으로 사용한다.

2) 위치측정주기
3) 규칙적인 위치측정의 중요성

8. 중시선

　중시선은 해도상에 그려지는 선으로, 관측자는 2개의 식별 가능한 물표를 하나의 선으로 볼 수 있으며, 당직항해사가 그 위치를 신속히 식별할 수 있도록 하는 데 사용된다.

5 항해실행

1. 계획실행의 의미와 고려사항

　1) 계획실행의 의미
　　계획이 작성되고 논의 및 승인되었으므로 이제부터 계획의 실행이 결정되어야 한다는 말이다.

　2) 고려사항
　　조석과 조류. 선교 준비. 도착 예정시간. 선박 통항량. 계획 수정. 피로도. 추가 당직자. 브리핑. 항차 준비

2. 항해준비와 실행

　1) 항해준비
　　감항성을 확인하는 절차로, 담당사관들이 점검표를 활용하는 것이 일반적이다.

　2) 점검표
　　관리의 기본 원칙 중 하나는 선교에서 일어나는 일을 위해 준비되고 있는지를 확인하는 것이다. 이를 위해 필요한 것이 점검표이다.

　3) 선교준비
　　① 해도들이 정렬되고, 해도 테이블 도구가 준비되어야 한다.
　　② 모든 항해 통신장비 (레이더, ECDIS, 오토파일럿, 자이로, 선박자동식별장치, 선박항해기록장치 등)가 준비되어야 한다.
　　③ 모든 조명장치가 적절히 작동되는지 확인하고, 항해등과 신호등을 확인한다.
　　④ 텔렉스, 팩스, 나브텍스상에 해당하는 새 정보가 없다는 것을 확인한 후 선교의 항해준비가 되었다고 선장에게 보고한다.

6 항해감시

1. 항해감시의 의미와 세부사항
    1) 항해감시의 의미
        감시는 선박이 항해계획에 따르고 있는지 확인하는 것으로 당직항해사의 기본 업무이다.
    2) 항해감시 세부사항
        ① 위치측정방법 : 연안이나 대양에 따라 위치측정법이 달라진다.
        ② 위치측정빈도
        ③ 규칙적인 선위확인과 예상위치 : 예상위치와 실측위치의 비교는 선위의 문제를 명확히 알려줄 수 있다.
        ④ 측심 : 음향측심기로 측심한다. 해도상의 수심과 일치하지 않는 경우 문제를 인식해야 한다.
        ⑤ 계획항로이탈 : 선박이 계획항로를 벗어나고 있다면 그 이탈로 선박이 위험해질 수 있으므로 이에 대처할 행동을 취해야한다.
        ⑥ 충돌을 예방하기 위한 국제규칙 : 어떤 선박도 국제해상충돌예방규칙의 준수를 벗어날 수 없다.
        ⑦ 시간관리 : 도착예정시간(ETA)를 잘 확인하고 선장에게 통보한다.
        ⑧ 견시 : 당직사관의 주위상황 파악력은 선위를 구하여 수정을 하는 것과 시각적 견시 뿐 아니라 이용 가능한 모든 수단을 사용한 주위환경의 관찰에 의해 증대될 것이다.
        ⑨ 변침점 : 예정된 위치에 변침점이 존재하지 않으면, 해도를 확인하고 문제를 수정해야 한다.

적중예상문제

01. 자침방위가 069°이고, 그 지점의 편차가 9°E일 때 진방위는 몇 도인가?

가. 060° 나. 069°
사. 070° 아. 078°

✓ 편차, 자차, 나침의 오차 및 방위

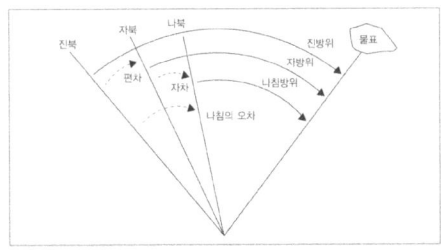

02. 다음 중 자차에 대한 설명으로 맞는 것은?

가. 선수가 180°일 때 자차가 최대가 된다.
나. 선수가 360°일 때 자차가 최대가 된다.
사. 선수 방향에 따라 자차가 다르다.
아. 선수가 090°또는 270°일 때 자차가 최소가 된다.

03. 해도에서 "S"라 표시되는 저질은?

가. 펄 나. 자갈
사. 조개 껍질 아. 모래

✓ M : 펄   G : 자갈   Sh : 조개껍질
　 S : 모래

04. 선박의 진행방향과 같은 방향으로 흐르는 조류는?

가. 순조 나. 역조
사. 와류 아. 창조류

✓ · 와류 : 조류가 강한 협수도 등에서 물이 빙빙 돌며 흘러가는 흐름
　· 창조류 : 창조때 유속이 가장 빠른 방향으로 흐르는 조류
　· 낙조류 : 낙조때 유속이 가장 빠른 방향으로 흐르는 조류

05. 연안 항해에서 많이 사용하는 방법으로 뚜렷한 물표 2, 3개를 이용하여 선위를 구하는 방법을 무엇이라 하는가?

가. 수심 연측법 나. 교차 방위법
사. 3표 양각법 아. 4점 방위법

✓ · 교차방위법 : 해도에 기재된 2개 이상의 물표를 이용하여 선위를 구하는 방법
　· 3표양각법(수평협각법) : 뚜렷한 3개의 목표를 선정하고 육분의를 사용하여 중앙의 물표와 좌우각 물표 사이의 수평협각을 측정하여 선위를 구하는 방법
　· 4점방위법 : 선수배각법의 특수한 경우로서 연안 항해 중 가장 자주 이용되는 방법, 전측의 선수각을 4점(45°)으로 후측의 선수각을 8점(90°)으로 하여, 즉 정횡으로 볼 때 자선은 표로부터 그동안의 항정만큼 떨어져 있는 것을 활용하여 선위를 구하는 방법

06. 선체의 예비부력을 결정하는 침수되지 않는 부분의 높이를 무엇이라고 하는가?

가. 흘수 나. 건현 사. 트림 아. 톤수

✓ · 흘수 : 물 속에 잠긴 선체의 깊이
　· 트림 : 선체 전후의 균형으로 선수흘수와 선미흘수의 차로 표시
　· 톤수 : 배의 크기를 나타내는 단위

07. 항주하는 선박에서 그 속력과 ( )를 측정하는 계기를 선속계라 하는데 괄호 안에 알맞은 것은?

가. 수심 나. 높이 사. 방위 아. 거리

✓ · 깊이를 측정하는 계기 : 측심기

- 방위를 측정하는 계기 : 마그네틱컴퍼스, 자이로컴퍼스
- 속력 또는 항정(거리)을 알기 위한 계기 : 측정의(=선속계 =Log)
- 선위를 알기 위한 계기 : 육분의, 방향탐지기, GPS, 레이더, 로란 등

08. 해도의 저질을 잘못 설명하고 있는 것은?

가. S-자갈 나. M-개펄
사. Rk-바위 아. Co-산호

✓ G : 자갈

09. 조석표를 이용하여 임의 항만의 조고를 구하기 위해서는 어떻게 하여야 하는가?

가. 표준항의 조고에서 인근항의 평균해면을 뺀 값에 조고비를 곱하고 그 값에 임의 항만의 평균해면을 더한다.
나. 표준항의 조고에서 표준항의 평균해면을 뺀 값에 조고비를 곱하고 그 값에 임의 항만의 평균해면을 더한다.
사. 인근항의 조고에서 인근항의 평균해면을 뺀 값에 조고비를 곱하고 그 값에 임의 항만의 평균해면을 더한다.
아. 인근항의 조고에서 표준항의 평균해면을 뺀 값에 조고비를 곱하고 그 값에 임의 항만의 평균해면을 더한다.

10. 조류의 빠르기를 나타내는 단위는?

가. 미터(m) 나. 킬로미터(km)
사. 센티미터(cm) 아. 노트(knot)

11. 가장 정확한 선위로 볼 수 있는 것은?

가. 추측위치
나. 추정위치
사. 실측위치

아. 전위선을 이용한 위치

✓ · 실측 위치 : 지상의 물표나 천체의 물표를 이용하여 실제로 선박의 위치를 구한 것
· 추측 위치 : 최근의 실측 위치를 기준으로 하여 그 후에 조타한 침로나 항정에 의하여 구한 위치
· 추정 위치 : 항해 중에 받은 바람, 해조류 등 외력의 영향을 추정하여 이를 추측위치에서 수정하여 얻은 위치

12. 선박이 얕은 곳을 항행할 때 일어나는 현상 중 틀린 것은?

가. 속력이 감소한다.
나. 선체가 침하한다.
사. 보침성이 좋아진다.
아. 조종성이 나빠진다.

✓ 수심이 얕은 곳(천수)에서 영향 : 선체의 침하현상, 속력의 감소, 조종성의 저하

13. 자북이 진북의 오른쪽에 있을 때 이를 무엇이라 부르는가?

가. 편서편차 나. 편동자차
사. 편동편차 아. 편서자차

✓ · 편동편차 : 자북이 진북의 오른쪽
· 편서편차 : 자북이 진북의 왼쪽
· 편동자차 : 나북이 자북의 오른쪽
· 편서자차 : 나북이 자북의 왼쪽

14. 해도상 두 지점간의 거리를 잴 때 기준 눈금은?

가. 경도 눈금
나. 위도 눈금
사. 나침도 눈금
아. 위도나 경도의 눈금

15. 우리 나라에서 조석 간만의 차가 가장 심한 곳은?

가. 동해   나. 남해
사. 서해   아. 제주도 근해

16. 어떤 선박이 30분 동안에 5마일 항해하였다면 선속은 몇 노트인가?

가. 15   나. 12   사. 10   아. 3

✓ 노트(Knot) : 한 시간에 항해하는 마일 수.
따라서, 30분 : 5마일 = 1시간:10마일

17. 진침로는 070°이고 그 지점에서의 편차가 9°W, 자차가 6°E일 때 정침해야 할 나침로는?

가. 067°   나. 073°   사. 076°   아. 079°

✓ 편차, 자차, 나침의 오차 및 방위

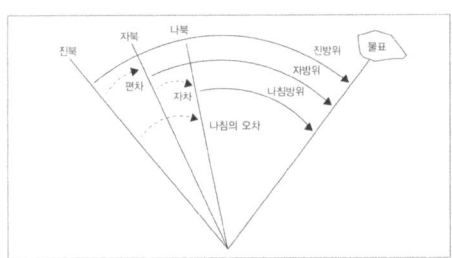

18. 색깔이 다른 종류의 빛을 교대로 내는 등은 어느 것인가?

가. 부동등   나. 명암등
사. 호광등   아. 섬광등

✓ 호광등 : 등의 색깔이 번갈아 바뀌지만 암간은 없다.

19. 등화의 주기를 나타내는 단위는?

가. 일   나. 시   사. 분   아. 초

✓ 등화의 주기 : 등질이 반복되는 시간간격. 초(sec)로 나타낸다.

20. 해수의 수직 방향의 운동은 무엇인가?

가. 조석   나. 조류   사. 인력   아. 해류

✓ · 조석 : 해수의 수직방향의 운동.
· 조류 : 해수의 수평방향의 운동

21. 수심으로 선위를 결정할 때 꼭 있어야 하는 것은?

가. 망원경   나. 해도
사. 컴퍼스   아. 조석표

✓ 수심에 의한 위치선 : 직접 측정하여 얻은 수심과 해도와 비교하여 구할 수 있다.

22. 자차 3°E, 편차 6°W이다. 컴퍼스 오차는 얼마인가?

가. 9°E   나. 9°W   사. 3°E   아. 3°W

✓ 편차, 자차, 나침의 오차 및 방위

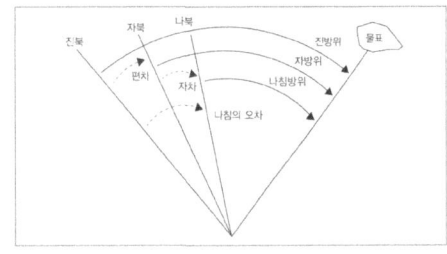

23. 다음 중 야간 항로 표지가 아닌 것은?

가. 등대   나. 등주   사. 등부표   아. 육표

✓ · 야간 항로 표지 : 등대, 등주, 등표, 등선, 등부표
· 주간 항로 표지 : 입표, 부표, 육표, 도표

24. 특수한 기호와 약어를 사용하여 해도상에 여러가지 사항을 표시하는 것을 무엇이라 하는가?

가. 해도 표제 나. 해도 제목
사. 수로 도지 아. 해도 도식

25. 해수의 수직 방향의 운동은 무엇인가?

가. 조석   나. 조류   사. 인력   아. 해류

✓ · 조석 : 해수의 수직방향의 운동
· 조류 : 해수의 수평방향의 운동

26. 선위결정시 물표선정에 관한 주의사항이다. 올바른 것은?

가. 해도상의 위치가 명확하고 뚜렷한 물표를 선정한다.
나. 가까운 물표보다는 가능한 한 먼 물표를 선택한다.
사. 물표 상호간의 각도는 작을수록 좋다.
아. 관측하는 물표의 갯수가 적을수록 선위의 정확도는 높아진다.

✓ · 선위결정시 물표선정 주의사항
-먼 물표보다는 가까운 물표 선정
-두 물표의 위치선 교각이 90°에 가까운 것이 좋고 30°이하인 것은 피할 것
-3 물표 선정 시 상호각도가 30~150°인 것을 선정

27. 항로표지를 식별하는데 이용되지 않는 것은?

가. 등광   나. 형상   사. 크기   아. 등색

✓ · 항로표지 : 등광, 색깔, 음향, 전파 등을 사용하여 선박의 안전항행에 도움을 주는 인위적 시설물

28. 야간 표지의 대표적인 것으로 선박의 물표가 되기에 알맞은 장소에 설치된 탑과 같이 생긴 구조물은?

가. 등선 나. 등표 사. 등대 아. 등주

✓ · 등주 : 주로 항내 또는 협수로 등에 설치. 쇠, 콘크리트 등으로 만든 단단한 구조
· 등표 : 항로, 암초, 항행 금지구역 등에 설치
· 등선 : 등대 설치가 곤란한 곳에 정박

29. 어느 기준 수심보다 더 얕은 위험 구역을 표시하는 등심선은?

가. 피험선   나. 경계선
사. 중시선   아. 위치선

30. 축척이 1/50,000이하로서 연안항해에 사용하는 것이며, 연안의 상황을 상세하게 그린 해도는?

가. 항박도 나. 해안도 사. 항해도   아. 총도

✓ · 총도 : 1/4,000,000 이하. 장거리 항해 및 항해계획 수립에 사용
· 항양도 : 1/1,000,000 이하. 장거리 항해 및 원양의 수심, 주요 외양등대, 육표 등 도시
· 항해도 : 1/300,000 이하. 육지와 떨어져 항해할 때 사용
· 해안도 : 1/50,000 이하. 소형선박의 연안 항해시 주로 사용
· 항박도 : 1/50,000 이상. 항만, 협수도, 묘지 등을 상세히 그린 평면도

31. 자기 컴퍼스 취급시 주의사항이다. 틀린 것은?

가. 방위를 측정할 때는 자차만 수정하면 된다.
나. 보울(bowl) 내의 기포는 제거해 주어야 한다.

사. 기선이 선수미선과 일치하는지 점검한다.
아. 비너클(binnacle)내의 수정용 자석의 방향이 정확한지 점검한다.
  ✓ 편차와 자차를 수정해야 함

32. 등화의 중시선을 이용하여 선박을 인도하는 등화는?
가. 도등   나. 부등
사. 부동등   아. 섬광등

  ✓ · 도등 : 통항이 곤란한 협수도 운하, 좁은 만구 등에 설치. 중시선을 이용하여 선박을 인도
  · 부등 : 본 등대에 부설되어 설치. 등대 부근에 특별히 위험물 있는 구역만 비춤
  · 가등 : 등대 개축시 긴급조치로 가설
  · 임시등 : 선박출입이 빈번치 않는 항만, 하구 등에 선박출입이 빈번해지는 계절에만 임시로 점등

33. 해도상에서 두 지점간의 거리를 구하려고 할 때, 디바이더로 잰 두 지점간의 간격을 해도의 어느 부분에 대어 측정하는가?
가. 두 지점의 위도와 가장 가까운 위도의 눈금 부분
나. 두 지점의 위도와 가장 먼 위도의 눈금 부분
사. 두 지점의 경도와 가장 가까운 경도의 눈금 부분
아. 두 지점의 경도와 가장 먼 경도의 눈금 부분

34. 대체로 해상에서 수심을 측정하여 해도에 기입된 것과 비교하면?
가. 똑같다.
나. 더 깊다.
사. 더 얕다.
아. 주간에는 더 깊고 야간에는 더 얕다.

35. 항해중 배가 바람이나 조류에 떠밀려서 그 항적이 선수미선과 이루는 교각을 무엇이라 하는가?
가. 조시   나. 조류
사. 조석   아. 풍압차

  ✓ · 풍압차 : 선박이 항행중 바람에 떠밀려 생기는 선수미선과 항적이 이루는 각
  · 유압차 : 선박이 항행중 조류에 떠밀려 생기는 선수미선과 항적이 이루는 각
  · 조석: 해수의 수직방향의 운동
  · 조류: 해수의 수평방향의 운동

36. 선체 상부에서 양측 늑골과 연결하여 갑판을 부착하고 지지하는 구성재는 무엇인가?
가. 갑판보 나. 갑판   사. 외판   아. 늑골

  ✓ · 갑판보(비임) : 양현의 늑골을 연결해주는 수평기둥
  · 갑판(데크) : 갑판보 위에 설치되어 있는 수평 외판
  · 외판: 선체의 외곽을 이루어 수밀을 유지하고 부력을 유지
  · 늑골: 선체의 좌우 선측을 구성하는 뼈대

37. 자기컴퍼스가 사용되는 목적에 해당되지 않는 것은?
가. 선박의 침로유지에 사용
나. 타선의 방위변화를 확인하는 데 사용
사. 물표의 방위측정에 사용
아. 선박의 속력을 측정하는 데 사용

  ✓ · 선박의 방위를 측정하는 계기

38. 시계가 나빠서 등화의 발견이 어려울 경우 사용하는 음향 표지는?
가. 야간 표지   나. 주간 표지

사. 등부표　　　아. 무신호

✓ 무신호 : 시계가 나쁠 때만 사용

39. 우리나라에서 좌현 항로 표지의 색은?

가. 백색　　나. 적색　　사. 녹색　　아. 황색

✓ 좌현 항로 표지 : 녹색 우현 항로 표지 : 홍색

40. 해도상 위도 1분의 길이는 얼마인가?

가. 1마일(해리)　　나. 10마일(해리)
사. 5마일(해리)　　아. 0.5마일(해리)

41. 우리나라의 경우 만조시에서 다음 만조시까지 걸리는 대략의 시간은?

가. 6시간 12분　　나. 9시간 30분
사. 12시간 25분　　아. 25시간

42. 선박의 위치를 구할 수 있는 방법이 아닌 것은?

가. 1개 물표의 방위를 측정하고 위치선을 긋는다.
나. 2개 이상의 물표의 방위를 측정하고 방위선을 긋는다.
사. 3개의 물표를 선정하고 중앙 물표와 좌우 물표 사이의 협각을 측정하고 이들 두 각을 품는 원둘레의 교점을 구한다.
아. 중시선과 다른 물표의 방위를 그어 교점을 구한다.

43. 자차측정시 주의사항으로 맞지 않는 것은?

가. 컴퍼스 보울(bowl) 내에 기포가 있으면 기포를 제거한 뒤 컴퍼스 액을 보충한다.
나. 보울의 중심이 비너클(binnacle)의 중심선과 일치하는지 확인한다.
사. 컴퍼스 기선이 선수미선과 일치하는지 점검한다.
아. 통상의 항해시에 사용하는 컴퍼스 주변의 자성체를 모두 치우고 자차를 측정한다.

44. 해도상에 표시되어 있는 등질 표시 중 Fl (3)20sec란 무슨 뜻인가?

가. 군섬광으로 3초간 발광하고 20초간 쉰다.
나. 군섬광으로 20초간 발광하고 3초간 쉰다.
사. 군섬광으로 3초에 20회 이하로 섬광한다.
아. 군섬광으로 20초 간격으로 연속적인 3번의 섬광을 반복한다.

✓ Fl : 군섬광, (3) : 3회 깜빡, 20sec : 20초 간격

45. 국제해상부표식에서 방위표지의 두표(top mark)로 사용하는 것은?

가. 흑색원추형 2개　　나. 흑색원통형 2개
사. 흑색구형 2개　　아. 적색구형 2개

✓ 방위표지의 두표 : 흑색 원추형 2개

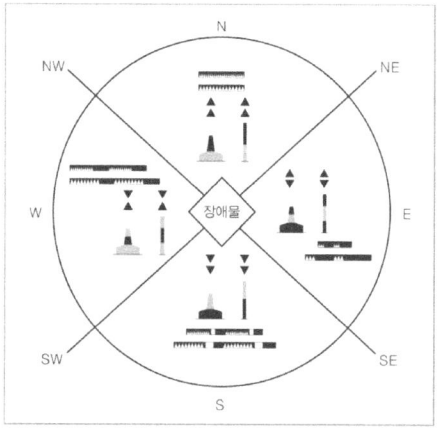

46. 해도상에서 개략적인 위치를 나타내는 영문 기호는?

가. cov　　나. uncov　　사. Rep　　아. PA

✓ ·Cov. : 수몰된 ·Uncov. : 간출된
·Rep. : 보고된 ·PA : 개위

47. 두 물표가 일직선상에 겹쳐 보일 때 구해지는 위치선은 무엇인가?

가. 전위선　　　　　나. 항정선
사. 중시선　　　　　아. 수평선

✓ 중시선 : 두 물표가 일직선상에 겹쳐 보일 때 구해지는 위치선

48. 암초나 침선의 존재를 알리는 고립장해표지의 도색은?

가. 흑색바탕에 적색 띠
나. 적색바탕에 흑색 띠
사. 흑색바탕에 백색 띠
아. 백색바탕에 흑색 띠

✓ 고립장해표지 : 흑색 바탕에 적색 띠

49. 자기 자오선과 진 자오선의 교각을 무엇이라 하는가?

가. 자차　나. 편차　사. 경선차　아. 위차

✓ ·편차 : 진북과 자북이 이루는 교각
·자차 : 자북과 나북의 교각

50. 우리나라 근해의 해류에 대한 설명 중 맞지 않는 것은?

가. 우리나라에 크게 영향을 주는 해류는 쿠로시오 해류와 리만해류이다.
나. 겨울철 동해 북부에서는 리만해류가 발생한다.
사. 서해의 해류는 그 세력이 아주 미약한 편이다.
아. 서해에서는 조류보다 해류의 영향이 훨씬 크다.

51. 진북(진 자오선)과 자북(자기 자오선)이 일치하지 않아서 생긴 교각은?

가. 자차　　　　　나. 편차
사. 자침로　　　　아. 나침로

✓ ·편차 : 진북과 자북이 이루는 교각
·자차 : 자북과 나북의 교각

52. 해상부표방식 중 특별한 구역 또는 특별한 시설을 표시하는 특수표지의 두표 색상은?

가. 흑색　나. 적색　사. 녹색　아. 황색

✓ 특수표지의 두표색상 : 황색, 두표는 X형 (황색)

53. 주로 등대나 다른 항로표지에 부설되어 있으며, 시계가 불량할 때 이용되는 항로표지는?

가. 야간표지　　　나. 주간표지
사. 음향표지　　　아. 전파표지

✓ ·주간표지 : 점등 장치가 없으며 모양과 색깔로 주간에 선박위치 결정할 때 이용. 암초, 침선 등을 표시하여 항로 유도하는 역할
·야간표지 : 등화에 의해서 그 위치를 나타내며 주로 야간의 목표가 되는 항로 표지
·음향표지 : 시계가 나빠 육지나 등화를 발견하기 어려울 때 부근의 항해하는 선박에게 본선의 위치를 경고할 목적으로 설치
·전파표지 : 전파의 3가지 특징인 직진성, 반사성, 등속성을 이용하여 선박의 위치를 파악하기 위해 만들어진 표지. 기상과 관계없이 항상 이용가능. 넓은 지역을 걸쳐서 이용

54. 다음 중 가장 축척이 큰 해도는 어느 것

인가?

가. 총도 나. 항양도
사. 항해도 아. 항박도

✓ · 총도(1/4,000,000 이하) : 세계전도 같이 넓은 구역 나타낸 것
· 항양도(1/1,000,000 이하) : 긴 항해에 쓰이며, 주요 등대 및 먼 거리에서 보이는 육상의 물표 등을 표시
· 항해도(1/300,000 이하) : 육지 바라보면서 항해할 때 사용되는 해도. 육상 물표, 등대, 등표 등이 비교적 상세히 표시
· 해안도(1/50,000 이하) : 연안항해에 사용. 연안의 상황이 상세히 표시
· 항박도(1/50,000 이상) : 항만, 정박지, 협수로 등 좁은 구역 세부까지 상세히 그린 평면도

55. 어느날 고조시가 오후 6시25분이면, 다음 날 오전 고조시는 대략 몇 시 몇 분인가?

가. 6시 00분 나. 6시 25분
사. 6시 50분 아. 7시 25분

✓ 우리나라의 조석의 주기는 대략 12시간 25분이다.

56. 교차방위법의 올바른 물표 선정에 있어서 적합하지 못한 것은?

가. 해도상 위치가 명확한 물표를 선정할 것
나. 고정 물표를 선정할 것
사. 2개 보다 3개를 선정할 것
아. 물표의 상호 각도는 150~300°일 것

✓ 교차방위법에서 3 물표 선정할 때는 상호 각도가 30~150도 인 것을 선정한다. 두 물표만을 선택할 때는 90도에 가까운 것이 좋고 30도 이하인 것은 피할 것

57. 육안으로 물표의 방위를 측정하는데 쓰이는 계기는?

가. 컴퍼스 나. 쌍안경
사. 로란 아. 무선방향탐지기

58. 등화의 중시선을 이용하여 선박을 인도하는 야간표지는?

가. 도등 나. 부등
사. 부동등 아. 섬광등

✓ · 도등 : 통항이 곤란한 협수도 운하, 좁은 만구 등에 설치. 중시선을 이용하여 선박을 인도
· 부등 : 본 등대에 부설되어 설치. 등대부근에 특별히 위험물 있는 구역만 비춤

59. 야간표지에 사용되는 등화의 등질이 아닌 것은?

가. 부동등 나. 명암등
사. 섬광등 아. 교차등

✓ 등질의 종류 : 부동등, 섬광등, 명암등, 호광등

60. 해도상에 표기되어 있는 ⊕은 무엇을 나타내는 것인가?

가. 노출암
나. 항해에 위험한 암암
사. 난파물
아. 항해에 위험한 세암

61. 우리나라의 경우 만조시에서 다음 만조시까지 걸리는 대략의 시간은?

가. 6시간 12분 나. 9시간 30분
사. 12시간 25분 아. 25시간

✓ 우리나라의 조석의 주기는 대략 12시간 25분이다.

62. 선위결정 시 방위측정에 관한 주의사항으로 적당한 것은?

가. 방위변화가 빠른 물표를 제일 먼저 측정한다.
나. 선수미방향의 물표를 먼저, 정횡방향의 물표를 나중에 측정한다.
사. 방위측정은 신중히 하고 천천히 측정한다.
아. 선위결정 후 관측자의 성명과 관측시각을 기입한다.

✓ 교차방위법으로 선위를 구하고자 할 때에는, 방위변화가 빠른 물표는 뒤에 잰다. 즉 정횡방향의 물표를 나중에 측정

63. 해저의 일정한 지점에 체인으로 연결되어 해면상에 떠 있는 구조물로서 등광을 발하는 것을 무엇이라고 하는가?

가. 등대 나. 등부표 사. 등주 아. 입표

✓ · 등대 : 야간표지의 대표적인 것. 규모가 크다.
· 등주 : 주로 항내나 협수로에 설치. 쇠, 콘크리트 등으로 만든 간단한 구조
· 등입표(등표) : 항로, 암초, 항행 금지 구역 등에 설치하여 좌초를 방지하고 항로 인도
· 등부표 : 해저 일정한 지점에 체인으로 연결하여 떠있는 부표

64. 등화에 이용되는 색을 등색이라 하는데 다음 중 그 종류가 아닌 것은?

가. 백색 나. 적색 사. 녹색 아. 청색

✓ 등색 : 백색, 적색, 녹색, 황색 등이 있다

65. 위도 1분의 길이는 몇 미터인가?

가. 1,000미터   나. 1,545미터
사. 1,852미터   아. 2,142미터

66. 해류에 관한 설명으로 옳은 것은?

가. 하루에 두 번 해면의 승강작용이 있다.
나. 하루에 두 번 방향이 바뀐다.
사. 달의 인력과 관계가 있다.
아. 해수의 흐름이 일정 방향으로 흐르는 것이다.

✓ 가, 나, 사는 조석에 관한 설명이다

67. 조류의 방향은 어떻게 표시되는가?

가. 흘러가는 쪽의 방향
나. 흘러오는 쪽의 방향
사. 해면이 높아지는 방향
아. 해면이 낮아지는 방향

68. 바람이나 조류가 없을 때 40마일 거리를 5시간 걸려서 항해했다면 속력은?

가. 8마일   나. 8노트
사. 8리   아. 8킬로

✓ 노트(Knot) : 한 시간에 항해하는 마일 수. 따라서, 40마일/5시간 = 8마일/1시간 = 8노트

69. 자석을 이용한 컴퍼스를 무슨 컴퍼스라 하는가?

가. 마그네틱 컴퍼스   나. 자이로 컴퍼스
사. 광 자이로 컴퍼스   아. 리피터 컴퍼스

✓ · 자기 컴퍼스(마그네틱 컴퍼스)
지구가 띠고 있는 자석의 성질을 이용하여 방위를 잴 수 있도록 만든 컴퍼스

70. 등고는 ( )에서 등화의 중심까지의 높이를 말한다. 괄호에 알맞은 것은?

가. 평균고조면   나. 약최고고조면
사. 평균수면   아. 기본수준면

71. 해도상에서 침선을 나타내는 영문기호는?

가. Bk   나. Wk   사. Sh   아. Rf

> ✓ · Bk : 퇴   · Wk : 침선
> · Rf : 초   · Sh : 조개껍질

72. 조석표를 이용하여 임의 항만의 조시를 구하기 위해서는 어떻게 하는가?

가. 그날의 표준항의 조시에 조시차를 부호대로 가감하여 구한다.
나. 그날의 표준항의 조시에 조시차의 부호를 반대로 하여 가감하여 구한다.
사. 가장 인접한 항구의 조시에 조시차를 부호대로 가감하여 구한다.
아. 가장 인접한 항구의 조시에 조시차의 부호를 반대로 하여 가감하여 구한다.

73. 조석에 관한 용어 중 "게류" 또는 "쉰물"이라고 하는 것은?

가. 조류가 잠시 정지한 상태
나. 주류와 반대방향의 흐름
사. 해면이 가장 높아진 상태
아. 해면이 가장 낮아진 상태

> ✓ · 게류 : 조류의 방향이 바뀌기 직전 수평 방향의 운동이 거의 정지된 상태
> · 반류 : 전박적인 조류의 흐름과 반대되는 흐름
> · 고조 : 해면이 가장 높아진 상태
> · 저조 : 해면이 가장 낮아진 상태

74. 피험선이나 컴퍼스 오차를 측정하고자 할 때 가장 적당한 것은?

가. 교차 방위에 의한 위치선
나. 수평 협각에 의한 위치선
사. 중시선에 의한 위치선
아. 수심 측정에 의한 위치선

75. 자기컴퍼스가 선체나 선내 철기류 등의 영향을 받아 생기는 오차는?

가. 자차   나. 편차
사. 기차   아. 수직차

> ✓ · 편차 : 진북과 자북이 이루는 교각
> · 자차 : 자북과 나북의 교각

76. 국제 해상 부표 방식의 종류가 아닌 것은?

가. 우현표지   나. 특수표지
사. 교량표지   아. 고립장해표지

> ✓ 국제해상부표방식 : 측방표지, 방위표지, 고립장애표지, 안전수역표지, 특수표지 등

77. 다음 중 해도를 취급할 때의 주의사항으로 가장 알맞은 것은?

가. 연필 끝은 둥글게 깎아서 사용한다.
나. 필요하면 여백에 낙서를 해도 무방하다.
사. 연안항해에는 될 수 있는 대로 축척이 큰 해도를 사용한다.
아. 반드시 해도의 소개정을 할 필요는 없다.

> ✓ · 해도의 관리
> - 해도용 연필은 2B나 4B를 사용하되 끝은 납작하게 깎아야 한다.
> - 연안 항해시에는 가능한 축척이 큰 것을 사용한다.
> - 가장 최근에 간행되거나 항로고시를 통해 완전히 개정된 것을 사용한다.

78. 물의 상하 수직 방향의 운동과 해수의 수평방향의 주기적 운동 즉 조석과 조류를 일으키는 힘에 영향을 미치는 천체 중에서 영향이 큰 것부터 바르게 나타낸 것은?

가. 태양 – 달 – 별   나. 달 – 태양 – 별
사. 별 – 달 – 태양   아. 혹성 – 달 – 태양

✓ · 조석의 원인
달과 태양의 인력 및 지구의 자전에 의한 원심력의 상호작용. 달〉태양〉별의 순으로 영향을 크게 미침

79. 선박에서 위치선 측정시 가장 정확한 위치선이라 할 수 있는 것은?

가. 물표의 나침의 방위에 의한 위치선
나. 중시선에 의한 위치선
사. 천체의 관측에 의한 위치선
아. 수심에 의한 위치선

✓ · 중시선에 의한 위치선
두 물표가 서로 겹쳐 보일 때 관측자는 중시선상에 있게 되므로 위치선이 되며 측정
기구가 필요 없는 가장 정확한 위치선. 자차 측정, 조타목표, 피험선 등에 사용

80. 선체 경사 시 생기는 자차는 무엇인가?

가. 지방자기 나. 경선차
사. 선체자기 아. 반원차

✓ 경선차 : 선체의 경사시 생기는 자차

81. 등화의 광달거리를 나타내는 단위는?

가. 노트 나. 해리 사. 미터 아. 피트

✓ 광달거리는 해도상에는 해리(M)로 표시

82. 등색, 광력이 바뀌지 않는 등광을 무엇이라고 하는가?

가. 부동등 나. 섬광등 사. 호광등 아. 명암등

✓ · 부동등 : 등색이나 밝기가 일정하게 유지되면서 켜져 있는 등화
· 섬광등 : 일정간격으로 켜지고 꺼지고를 반복하는데 꺼져 있는 시간이 켜져 있는 시간보다 긴 등화
· 명암등 : 섬광등과 반대. 켜져 있는 시간이 꺼져 있는 시간보다 길거나 같은 등화
· 호광등 : 등광은 꺼지지 않고 등색만 교체되는 등화

83. 다음 중 부산항과 같이 작은 지역을 상세하게 표시하는 대축척해도는 ?

가. 총도 나. 항양도
사. 항해도 아. 항박도

✓ · 총도(1/4,000,000 이하) : 세계전도 같이 넓은 구역 나타낸 것
· 항양도(1/1,000,000 이하) : 긴 항해에 쓰이며, 주요 등대 및 먼 거리에서 보이는 육상의 물표 등을 표시
· 항해도(1/300,000 이하) : 육지를 바라보면서 항해할 때 사용되는 해도. 육상 물표, 등대, 등표 등이 비교적 상세히 표시
· 해안도(1/50,000 이하) : 연안항해에 사용. 연안의 상황이 상세히 표시
· 항박도(1/50,000 이상) : 항만, 정박지, 협수로 등 좁은 구역의 세부까지 상세히 그린 평면도

84. 해저의 기복 상태를 알기 위해 같은 수심인 장소를 연속하는 가는 실선으로 나타낸 것을 무엇이라 하는가?

가. 등심선 나. 경계선
사. 피험선 아. 해안선

✓ · 등심선 : 해저의 지형, 즉 기복 상태를 판단할 수 있도록 수심이 동일한 지점을 가는 실선으로 연결하여 표시
· 해안선 : 약최고고조면에서의 물과 육지의 경계선

85. 자침방위가 069°이고, 그 지점의 편차가 9°E일 때 진방위는 몇 도인가?

가. 060°   나. 069°
사. 070°   아. 078°

✓ · 편차, 자차, 나침의 오차 및 방위

86. 다음 중 항해에 위험한 침선을 나타내는 해도도식은?

가. ⊕   나. ⊬⊦
사. ⊬⊦ [15]   아. ⊬⊦

✓ (가) : 암암, (나) : 항해에 위험한 침선, (사)와 (아) : 소해로 밝혀진 수중 위험물

87. 12노트로 10시간 항해하면 항해거리는 몇 마일이 되는가?

가. 60 마일   나. 80 마일
사. 96 마일   아. 120 마일

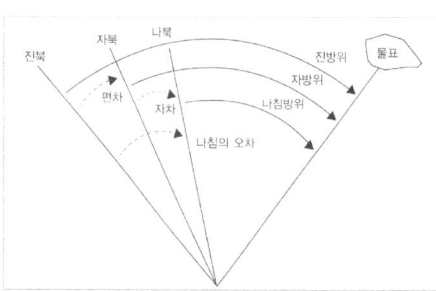

✓ 12노트 = 1시간에 12마일 항주한 속력. 따라서, 12마일/1시간 × 10시간 = 120 마일

88. 우리나라 측방표지 중 수로의 우측 한계를 나타내는 부표의 색깔은?

가. 녹색   나. 적색   사. 흑색   아. 황색

✓ · 우리나라는 B지역

· 좌측한계 부표 : 녹색, 우측한계 부표 : 적색

89. 암초나 사주 위에 설치하여 선박의 좌초를 예방하는 표지는?

가. 등대   나. 등표   사. 가등   아. 등선

✓ · 등대 : 대표적인 야간표지
· 등표 : 항로, 암초, 항행 금지 구역 등에 설치하여 좌초를 방지하고 항로 인도
· 등선 : 등대 설치가 곤란한 곳에 정박하여 야간에는 등화, 주간에는 색체 형상물 등으로 나타냄

90. 등광은 꺼지지 않고 등색만 교체되는 등화를 무엇이라고 하는가?

가. 부동등   나. 섬광등
사. 명암등   아. 호광등

✓ · 부동등 : 등색이나 밝기가 일정하게 유지되면서 켜져 있는 등화
· 섬광등 : 일정간격으로 켜지고 꺼지고를 반복하는데 꺼져 있는 시간이 켜져 있는 시간보다 긴 등화
· 명암등 : 섬광등과 반대. 켜져 있는 시간이 꺼져 있는 시간보다 길거나 같은 등화
· 호광등 : 등광은 꺼지지 않고 등색만 교체되는 등화

91. 하루에 연달아 일어난 고조와 저조 때의 해면의 차를 무엇이라 하는가?

가. 조석   나. 조류   사. 조차   아. 조령

✓ 조차 : 고조와 저조 때의 해면 높이차

92. 다음 중 물표의 동시관측에 의하여 선위를 구하는 방법은?

가. 선수배각법　　　나. 4점 방위법
사. 양측 방위법　　　아. 교차 방위법

93. 진침로는 070°이고 그 지점에서의 편차가 9°W, 자차가 6°E일 때 정침해야 할 나침로는?

가. 067°　　　나. 073°
사. 076°　　　아. 079°

94. 선박의 레이더에서 발사된 전파를 받은 때에만 응답전파를 발사하는 전파표지는?

가. 무선방향탐지기(RDF)
나. 레이마크(Ramark)
사. 레이콘(Racon)
아. 토킹 비콘(Talking beacon)

✓ · 무선방향탐지기(RDF) : 선박에서 발사한 전파의 방위를 육상에서 측정하여 다시 선박에 통보해주는 무선국
· 레이마크(Ramark) : 레이더 등대. 일정 지점에서 레이더파 계속 발사. 송신국의 방향이 휘선으로 나타나도록 전파가 발사
· 레이콘(Racon) : 선박의 레이더에서 발사된 전파를 받은 때에만 응답
· 토킹 비콘(Talking beacon) : 음성 신호를"003", "006"과 같이 방송. 선박의 레이더에서 발사한 전파를 받은 때만 응답 신호

95. 해도상에 표시된 대부분의 정보는 ( )와(과) 약어로 되어있다. ( )에 알맞은말은?

가. 색인　나. 목록　사. 기호　아. 축척

96. 해도상의 ( )은 약 최고 고조면에서 바다와 육지의 경계선을 표시한다.( )안에 알맞은 것은?

가. 해안선　　　나. 경계선
사. 피험선　　　아. 기본 수준면

✓ · 해안선 : 약최고고조면에서의 육지와 바다의 경계선
· 기본수준면 : 약최저저조면

97. 10노트(knot)의 속력으로 30분을 항해하였을 때 항주한 거리는?

가. 2.5마일　　　나. 5마일
사. 7.5마일　　　아. 10마일

✓ 10노트 = 1시간에 10마일 항주한 속력. 따라서, 1h:10마일 = 0.5h(30min) : 5마일

98. '선박의 물에 대한 속력'을 무엇이라 하는가?

가. 평균속력　　　나. 최저속력
사. 대지속력　　　아. 대수속력

✓ · 대지속력 : 대지 위를 움직이는 속력
· 대수속력 : 물 위를 움직이는 속력

99. 선수미선과 선박을 지나는 자오선이 이루는 각은?

가. 방위　나. 침로　사. 자차　아. 편차

✓ · 편차 : 진북과 자북이 이루는 교각
· 자차 : 자북과 나북의 교각
· 침로 : 선수미선과 선박을 지나는 자오선이 이루는 각
· 방위 : 어느 기준선과 관측자를 지나는 대권이 이루는 교각. 북을 000도로 하여 시계방향으로 360도까지 측정한 것

100. 연중 해면이 그 이상으로 낮아지는 일이 거의 없다고 생각되는 수면을 무엇이라

고 하는가?
가. 평균수면   나. 기본수준면
사. 일조부등   아. 월조간격

✓ · 기본수준면 : 약최저저조면
· 일조부등 : 하루 2회 일어나는 고조 또는 저조가 같은 날이라도 그 높이가 같지 않은현상
· 월조간격
  1) 고조간격 - 달의 정중시로부터 실제 고조가 될 때까지의 시간 간격
  2) 저조간격 - 달의 정중시로부터 실제 저조가 될 때까지의 시간 간격

101. 교차 방위법에 의한 선위 결정 시 가장 정확한 선위를 얻을 수 있는 두 물표의 각도는?
가. 30도   나. 60도
사. 90도   아. 120도

소형선박조종사 [PART 1. 항해] 정답

1	아	11	사	21	나	31	가	41	사
2	사	12	사	22	아	32	가	42	가
3	아	13	사	23	아	33	가	43	아
4	가	14	나	24	아	34	나	44	아
5	나	15	사	25	가	35	아	45	가
6	나	16	사	26	가	36	가	46	아
7	아	17	나	27	사	37	아	47	사
8	가	18	사	28	사	38	아	48	가
9	나	19	아	29	나	39	사	49	나
10	아	20	가	30	나	40	가	50	아

51	나	61	사	71	나	81	나	91	사
52	아	62	나	72	가	82	가	92	아
53	사	63	나	73	가	83	아	93	나
54	아	64	아	74	사	84	가	94	사
55	사	65	사	75	가	85	아	95	사
56	아	66	아	76	사	86	나	96	가
57	가	67	가	77	사	87	아	97	나
58	가	68	나	78	나	88	나	98	아
59	아	69	가	79	나	89	나	99	나
60	나	70	사	80	나	90	아	100	나
								101	사

Part

2
운용

CHAPTER 01 선체·설비 및 속구

CHAPTER 02 구명설비 및 통신장비

CHAPTER 03 선박조종 일반

CHAPTER 04 황천시의 조종

CHAPTER 05 비상제어 및 해난방지

이론편 ▶▶ 문제편

CHAPTER 01 선체 · 설비 및 속구

Part2. 운용

1 선박의 크기 및 흘수와 건현

1. 선박의 치수

   선박의 길이, 폭, 깊이를 선박의 주요 치수라고 부른다. 이러한 치수들은 선박의 조종, 선박의 크기 비교, 선체정비 등에 필요하다.

   1) 선박의 길이
      ① 전장 : 선체에 고정되어 있는 돌출물을 포함하여 선수 최전단으로부터 선미 최후단까지의 수평거리이다. 부두접안이나 입거 등과 같은 선박의 조종에 필요한 길이이다.
      ② 수선간장 : 계획만재흘수선상의 선수재 전면에서 타주(러더포스트)의 후면까지 수평거리이다. 일반적으로 사용되는 선박의 길이이다.
      ③ 수선장 : 선체가 물속에 잠겨있는 부분의 수평거리를 말하며 이는 배의 저항, 추진력 계산 등에 사용된다.
      ④ 등록장 : 선수재 전면에서 선미재 후면까지를 상갑판 보상에서 잰 수평거리로 선박원부에 등록되는 길이이다.
   2) 선박의 폭
      ① 전폭 : 선체의 가장 넓은 중앙부에서 외판의 외면에서 맞은편 외판의 외면까지 수평거리로서 선박조종에 필요한 선체의 폭이다.
      ② 형폭 : 늑골의 외면에서 맞은편 외면까지의 길이로서 전폭보다 외판의 두께만큼 짧은 길이이며 선박에 대한 법규 등에 사용된다.
   3) 선박의 깊이

      선체길이의 중앙에서, 용골 상면으로부터 상갑판 보의 상면까지를 수직으로 잰 거리로서 형심이라고도 하며, 만재 흘수선 규정이나 선박법 등에서 사용되는 깊이이다.

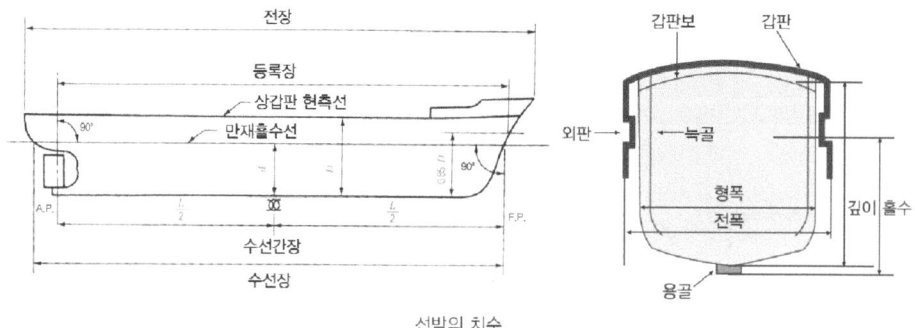

선박의 치수

2. 트림

선체 전후의 균형을 트림이라 하며, 전후부의 흘수차로 표시한다.

① 선미트림

선미흘수가 선수보다 깊은 경우이며 항해중에는 약간의 선미트림 상태가 보통이다. 이는 선수부가 높아서 파장의 침입이 적고 선미가 깊게 잠겨 타효가 좋으며, 속력의 증대에도 효과적이다.

② 선수트림

선수흘수가 선미보다 깊은 것을 말하며 바람의 영향은 적게 받지만, 파도의 영향을 많이 받고 속력이 저하되고 황천시에는 추진기의 공전이 일어날 수 있다.

③ 등흘수

전후의 흘수가 거의 같은 것이며 얕은 하천을 통과할 때 흘수가 낮아서 좋고, 또한 도크에 들어갈 때도 이 등흘수를 유지해야 한다.

3. 톤수

1) 용적톤수

① 총톤수 : 외판의 내측에서 내측까지의 전용적을 말하는 것으로 이는 과세, 각종 통계 등에서 선박의 크기를 나타내는 기준이 된다.

② 순톤수 : 순톤수는 화물이나 여객을 운송하는데 실제로 이용되는 용적을 구하여 얻는 것으로 입항세 등의 산정 기준이 된다.

2) 중량톤수

① 배수톤수 : 선박이 물에 잠김으로 배제된 물의 무게를 배수량이라고 하여 선박의 무게에 해당된다. 이 배수량에 톤수를 붙인 것을 배수톤수라 하는데, 화물, 연료, 청수 등을 적재하지 않은 경하 배수톤수와 만재 배수톤수가 있고 주로 군함의 크기를 나타내는데 사용한다.

② 재화 중량톤수 : 선박이 적재할 수 있는 최대 무게를 나타내는 톤수인데 이는 만재 배수량과 경하 배수량의 차가 된다. 화물선에서 보통 사용되는 톤수로 상선의 매매와 용선료 산정의 기준이 된다.

4. 흘수 및 만재 흘수선

1) 흘수

① 흘수 : 물속에 잠긴 선체의 깊이를 흘수라 한다. 용골 하면에서부터 수면까지의 수직높이인 용골흘수와 용골 상면에서부터 수면까지의 수직높이인 형흘수가 있다. 일반적으로 흘수란 용골흘수를 가리키며 선박조종이나 재화중량을 구하는데 사용 된다.

② 흘수표 : 흘수는 선수와 선미 양쪽에 표시하며, 중, 대형선에서는 선체의 중앙부 양쪽에도 표시한다. 미터단위로 나타낼 때는 높이 10cm의 아라비아 숫자로서 20cm 간격, 즉 10cm 크기의 글자와 10cm의 공간을 비워두고 표시한다. 피터단위에서는 6인치의 아라비아숫자나 로마숫자로서 1피트 간격으로 표시한다.

2) 만재흘수선

선박의 안전항행이 허용되는 최대 흘수선을 만재흘수선이라 한다. 선체의 중앙부 양면에 만재 흘수선표를 하여야 한다. 만재흘수선은 계절, 해역 및 선박의 종류에 따라 구별하여 만재 흘수선표에 나타낸다.

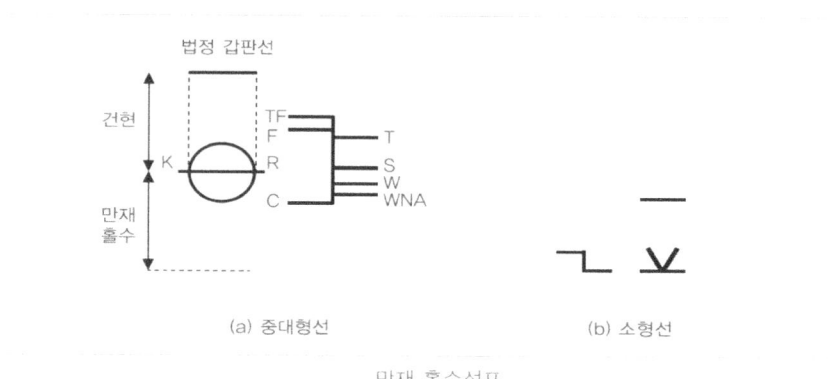

만재 흘수선표

② 선박의 구조와 설비의 취급 및 보존

1. 선박의 구조

  1) 선체의 형상과 명칭

   ① 선체 : 연돌, 마스트, 키 등을 제외한 선박의 주된 부분이다.
   ② 선수 : 선체의 앞쪽부분을 선수라 하며, 정선수방향을 ahead라고 한다.
   ③ 선미 : 선체의 뒤쪽 끝부분을 선미라 하며, 정선미방향을 astern이라고 한다.
   ④ 현호 : 건현갑판의 현측선이 휘어진 것을 말한다. 선체 중앙부에서 가장 낮고 선수와 선미를 높게하여 파도를 막고 선체의 미관을 좋게 한다.
   ⑤ 캠버 : 갑판의 중앙부가 높고 가장자리 쪽이 낮도록 원호를 이루는 것이 배수를 잘할 수 있게 한다.
   ⑥ 용골 : 선체 최하부의 중심선에 있는 종강력 구성재로 선체의 기초이다.
   ⑦ 외판 : 선체의 외곽을 이루어 수밀을 유지하고 부력을 유지하는데, 선체의 강도, 특히 종

강력을 구성하는 재료이다.
⑧ 늑골 : 늑골은 선체의 좌우 선측을 구성하는 뼈대이며 횡강력 구성재이다.
⑨ 보(beam) : 양현의 늑골을 연결해주는 수평기둥을 말하며, 보와 갑판 또는 내저판 사이를 떠받치는 수직받침대를 기둥이라 한다.
⑩ 갑판 : 갑판보 위에 설치되어 있는 수평 외판으로 선체의 수밀을 유지해주는 중요한 종강력 구성재이다.
⑪ 격벽 : 상갑판하의 공간을 선저에서 상갑판까지 종방향, 횡방향으로 나누는 벽을 격벽이라 하물이 새지 않게 한 것을 수밀격벽이라 한다.
⑫ 선창 : 선저판, 외판, 갑판 등에 둘러싸인 공간으로 화물 적재에 이용되는 공간이다.

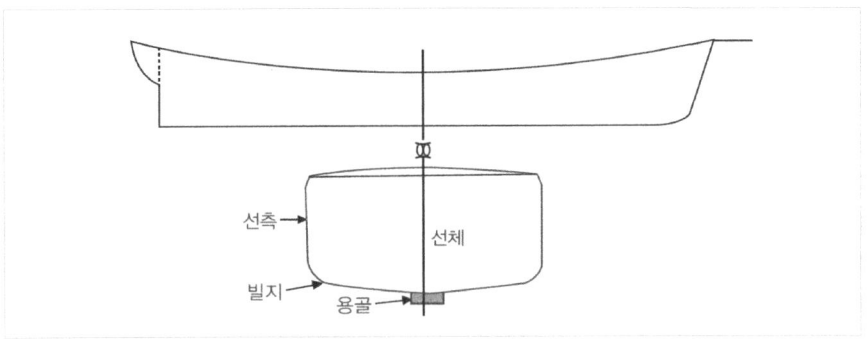

선체의 명칭

2) 선체의 구성재
① 종강력 구성재 : 용골, 빌지용골, 종격벽, 내저판, 상갑판, 외판 등
② 횡강력 구성재 : 늑골, 갑판보, 횡격벽, 갑판 등
③ 국부강력 구성재 : 보, 기둥, 선수재, 선미재 등

2. 선박의 설비
1) 닻과 앵커체인 : 닻은 정박 뿐 아니라 좁은 수역에서 선박을 회전시키거나 긴급한 감속을 위한 보조수단으로 사용된다.
① 닻의 종류와 명칭
(1) 스톡앵커(닻채가 있는 것) : 스톡이 있는 닻으로 파주력은 크지만 격납이 불편하여 주로 소형선에서 사용된다.
(2) 스톡리스앵커 : 스톡이 없는 닻으로 스톡앵커보다 파주력은 떨어지지만 투묘 및 양묘 시 취급이 쉽고 닻과 닻줄이 엉키지 않고 수심이 얕은 곳에서 닻 팔에 의해서 선저를 손상시키는 일이 없으므로 주로 대형선에서 널리 쓰이고 있다.
② 앵커체인
앵커체인은 철 주물의 사슬이며, 그 길이의 기준이 되는 1절 길이는 25m이다. 화물선

은 보통 8~12섀클을 장비하고 있다.

2) 양묘기(윈드라스) : 양묘기는 닻을 감아 올리거나 투묘작업 및 선박의 부두에 접안시킬 때 계선줄을 감는데 사용된다.

3) 캡스턴 : 캡스턴은 계선줄이나 앵커체인을 감아올리기 위한 갑판기기로서 윈드라스는 수평축을 중심으로 회전하는데 반하여, 캡스턴은 수직축을 중심으로 회전한다.

CHAPTER 02 구명설비 및 통신장비

Part2. 운용

해상에서 조난자가 발생했을 때 보다 효율적으로 수색과 구조를 하기 위하여, 국제해사기구에서 지침서를 만들었는데 이를 수색 구조지침이라 하며, 구조선과 조난선의 조치 등이 명시되어 있다.

① 조난선과 구조선이 취할 조치

1. 조난선이 취할 조치
   1) 조난선의 조난송신 주파수
      ① 500kHz (무선전화)
      ② 2182kHz (무선전화)
      ③ 156.8MHz (VHF 채널 16)
      ④ 단파통신
   2) 조난통보의 내용
      ① 필수정보 : 선박의 식별(선종, 선명, 호출부호, 국적, 총톤수, 선박소유자 주소 성명), 위치, 조난의 성질 및 필요한 원조의 종류, 기타 필요한 정보를 통보한다.
      ② 추가정보 : 현장부근의 기상 및 해상, 선체표류 시각, 잔류인원 및 중상자의 수, 구명정 종류와 수, 수중에서 위치표시방법, 침로와 속력의 변경 등
      ③ 최초에 모든 정보를 송신하는 것은 불가능하므로 단문통신만 하고 차례로 추가시킨다.
      ④ 육상국이나 타선박에 방향을 탐지할 수 있도록 10~15초간의 장음 2회와 호출부호를 일정간격으로 되풀이하여 송신한다.
      ⑤ 상황이 변하여 원조가 필요 없게 되면 즉시 조난통보를 취소해야 한다.

2. 구조선이 취할 조치
   조난통보를 수신한 선박은 신속히 다음의 조치를 해야 한다.
   1) 수신했음을 조난선에 알리고, 상황에 따라서는 조난 통보를 재송신 한다.
   2) 조난선에게 자선의 식별, 위치, 속력 및 도착예정시각 등을 송신한다.
   3) 조난 주파수로 청취당직을 계속한다.
   4) 레이더를 계속하여 작동한다.
   5) 조난 장소 부근에 접근하면 견시원을 추가로 배치한다.
   6) 조난현장으로 항진하면서 다른 구조선의 위치, 침로, 속력, 도착예정시각, 조난현장의 상황 등의 파악에 노력한다.

7) 현장도착과 동시에 구조작업을 할 수 있도록 필요한 준비를 한다.

② 인명구조

선박이 조난을 당했거나 부주의로 사람이 물에 빠졌을 경우 최선을 다하여 인명을 구조하여야 한다.

1. 조난선으로부터의 인명구조
  1) 구명정을 이용한 인명구조
     구조선은 조난선의 풍상 측에서 접근한다. 풍하현의 구명정을 내려서 조난선의 풍하 쪽 선미 또는 선수에 접근하여 충분한 거리를 유지하면서 계선줄을 잡은 다음 구명부환의 양단에 로프를 연결하여 조난선의 사람을 옮겨 태운다.
  2) 표류중인 조난자의 구조
     ① 부표를 이용하는 법 : 굵은 로프 약 200m 정도로 하여 구명동의, 구명부환 등을 달고 끝에는 구명별 또는 드럼통을 단다. 구조선은 조난자의 풍하 측에서 풍상 측으로 한바퀴 선회하면서 구조한다.
     ② 구조선을 표류시키는 방법 : 그림처럼 현측에 로프나 그물을 내려 풍상 측에서 표류자 쪽으로 떠내려 오면서 구조하는 방법이다.

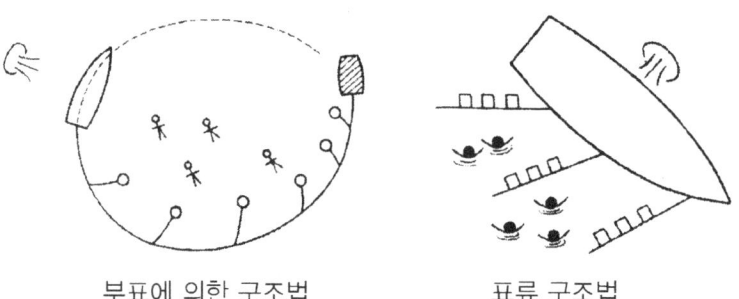

부표에 의한 구조법   표류 구조법

2. 익수자의 구조
  항해 중 사람이 물에 빠졌을 때에는 큰소리로 '우현(좌현)에 사람이 빠졌다'라고 외쳐 선교당직자에게 알리는 동시에 구명부환 등의 부유물을 던져준다. 당직 항해사는 즉시 기관을 정지하고, 사람이 빠진 쪽으로 전 전타하여 스크류 프로펠러에 빨려들지 않게 조종하며 자기점화등,

발연부신호가 부착된 구명부환을 던져서 위치표시를 한 다음 선내비상소집을 하여 구조작업을 한다.

1) 물에 빠진 사람이 보일 때 : 반원 2회 선회법이나 지연 선회법을 이용하는데 반원 2회 선회법을 설명하면 그림처럼 빠진 현으로 전타함과 동시에 기관을 정지시키고, 익수자가 선미를 벗어나면 전진하여 180도 선회하면 정침하여 가다가 물에 빠진 사람이 정횡 후 30도 근방에 보일 대 최대타각으로 선회하여 원침로에 오면 기관을 정지하고 전진하면 익수자 부근에 오게 된다.

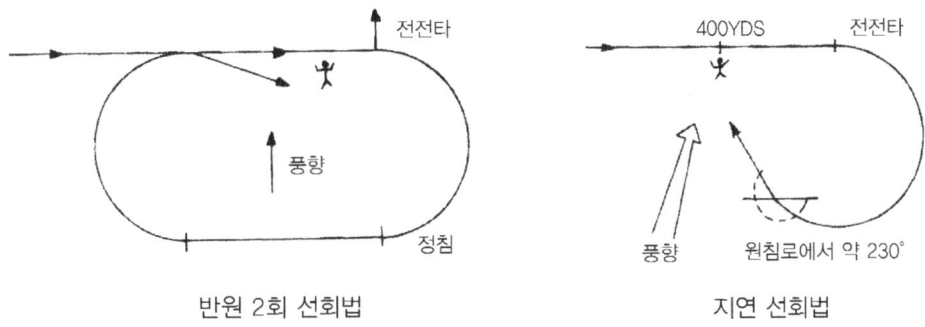

반원 2회 선회법   지연 선회법

2) 물에 빠진 시간을 모를 때 : 왔던 침로를 다시 되돌아가는 조정법으로, 어느 한쪽으로 전타하여 원침로에서 60도 선회하면 다시 반대쪽으로 전전타하여 원침로의 반대가 되었을 때 정침하면 왔던 침로로 되돌아가게 된다. 견시원을 배치하여 탐색한다. 이를 윌리암슨 선회법이라 한다.

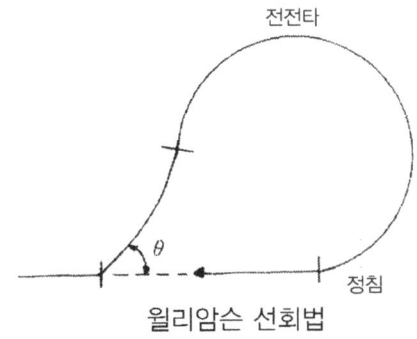

윌리암슨 선회법

3. 조난시의 생존기술

1) 체온유지

물에 뛰어든 조난자가 사망하는 주원인은 체온상실에 의해서다. 체온이 섭씨 35도 이하가 되는 것을 저체온 상태라 하고, 힘이 빠지고 나른해 진다. 31도 이하로 떨어지면 기억상실,

근육경직, 맥박수 저하 등이 나타나고, 섭씨 30도 이하가 되면 가사상태에 이르러 사망하게 된다. 따라서 체온 유지 방법은 다음과 같다.
① 퇴선 시에는 가능하면 옷을 많이 입어야 하며, 겉에는 방수 방한복을 입는 것이 좋다.
② 반드시 구명동의를 입는다.
③ 물속에서는 불필요한 수영을 하지 말고 체력소모를 줄일 것.
④ 될 수 있는 한 수중에 있는 시간을 줄여야 하며, 젖었을 경우에는 빨리 건조시키고 따뜻하게 감싸야한다.

2) 음료수와 식량

생존유지를 위해서는 식량보다 음료수가 더 중요하다.
① 퇴선 후 24시간 이내에는 물을 지급하지 않아야 한다. 물이 충분하지 못하면 탄수화물 계통의 식량만 먹는다.
② 구명정이나 구명뗏목 탑승시는 멀미약 복용 - 구토로 인한 탈수방지를 위하여
③ 불필요한 운동을 피하고 안정을 취한다. - 땀나는 것 방지, 갈증 방지
④ 더울 때는 옷을 적시거나 천막 위에 물을 끼얹는다.
⑤ 부상은 속히 치료하여 출혈을 막는다.
⑥ 해수를 마시지 말 것
⑦ 추가 음료 확보를 위한 노력 - 빗물 모으기, 탈염식수장치 활용

③ 해상통신

1. 조난, 긴급, 안정통보에 관한 무선전화 사용법

 1) 조난신호

조난신호는 선박이 중대하고 급박한 위험에 처하여 즉시 구조를 요구한다는 것을 표시하는 것으로 조난호출의 앞에 송신하여야 한다.
① 모스 전신의 조난신호 - SOS(···---···) 의 3회 반복
② 무선전화의 조난신호 - 음성신호 "MAYDAY"어의 3회 반복

 2) 긴급신호

긴급신호는 선박의 안전, 또는 사람의 안전에 관한 긴급한 통보를 전송하고자 하는 것을 표시한다.
① 모스 긴급신호 "XXX"(-··- -··- -··-)집합의 3회 반복
② 무선전화의 긴급신호 - 음성신호 "PAN PAN"어의 3회 반복

3) 안전신호

안전신호는 무선국이 중요한 항행경보 또는 중요한 기상경보를 포함하는 통보를 전송하고자 하는 것을 표시한다.

① 모스 전신의 안전신호 "TTT" (- - -) 집합의 3회 반복
② 무선전화의 안전신호 - 음성신호 "SECURITE" 어의 3회 반복으로 구성된다.

2. 휴대용 비상 통신기

휴대용 무선 통신기를 조난 통신을 하기 위해서는 모든 승무원은 무선 통신에 관한 간단한 지식을 갖추고 통신기를 조작할 수 있어야 한다.

1) 조난통신에 사용하는 주파수는 500kHz, 8364kHz(무선전신), 2182kHz(무선전화)를 사용한다.
2) 먼저 비상 통신기에 부착되어 있는 자동경보 신호 단추를 누른다.
3) 약 1분후에 전건을 사용하여 $\overline{SOS}$3회, DE(-···) 1회와 본선의 호출 부호 1회에 의한 호출을 하고, 응답이 있으면 위치, 조난의 상황 등을 통보한다.
4) 무선전화에 의한 조난통신도 자동경보신호 송신 후 '메이데이' 3회 '디스이즈' 1회, 본선의 호출부호 또는 선명 3회로 호출되고 무선전신에서는 통보하는 내용과 같게 음성으로 통보한다.

CHAPTER 03 선박조종 일반

Part2. **운용**

① 키 및 추진기의 작용

1. 키의 작용

   1) 키에 작용하는 압력 : 선박이 항진 중에 키를 돌리면 수류가 키판에 부딪쳐서 키판을 미는 힘이 작용하고 이 힘은 키판에 직각방향으로 작용하므로 직압력이라 하며, 직압력의 크기는 키판의 면적, 키판이 수류를 받는 각도, 선박의 전진속도에 따라 변화한다. 이와 같이 키를 돌렸을 때 선회운동을 일으키는 것을 타효라 한다.

2. 추진기

   1) 추진원리와 수류

   스크류 프로펠러가 회전하면서 물을 뒤로 밀어내고 그 반작용으로 선체를 앞으로 미는 추진력이 된다. 이때 추진기가 한바퀴 회전시 전진거리를 1pitch라 한다. 스크류의 종류에는 고정피치 프로펠러와 추진기 날개의 피치각을 변경할 수 있는 가변피치 프로펠러(CPP)가 사용되고 있다.

   추진기의 회전에 따른 수류로는 추진기가 밀어내는 배출류와 추진기 앞쪽에서 빨려드는 흡입류가 생기고 선체가 전진할 때 생기는 빈 공간을 매우기 위해 수면상의 물이 선체를 따라 들어오는 흐름을 반류라고 한다.

   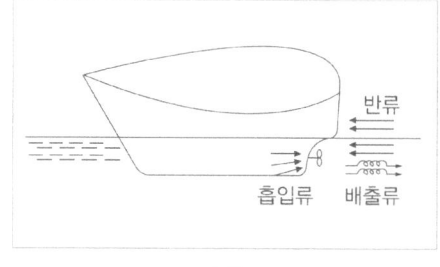

   수류

   2) 추진기의 방향
      ① 배출류의 작용 : 전진시는 그림처럼 배출류가 키의 하면을 좌편으로 밀기 때문에 선수가 우편된다. 추진시에는 좌측의 배출류는 그냥 흘러가고 우측의 배출류가 우현 측 선미에 강하게 부딪쳐서 측압을 형성한다. 이것을 측압작용이라 하며 아주 현저하게 나타나기 때문에 선미를 좌편시켜 선수를 오른쪽으로 회두시킨다.

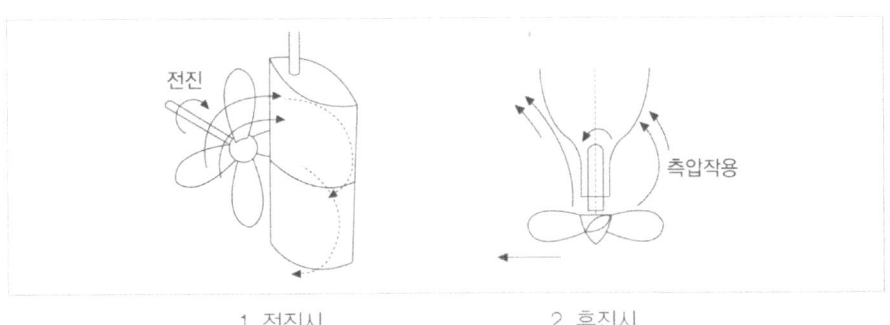

1. 전진시　　　　　　　　2. 후진시

3. 키와 추진기의 종합작용
   1) 정지에서 전진
      ① 키중앙 : 초기에는 횡압력작용으로 선수좌편, 전진속력이 증가하면 배출류가 강해져서 결국 선수는 우편 시키는 힘이 작용
      ② 우타각 : 횡압력과 배출류가 서로 반대이나 배출류가 강하여 선수 우전
      ③ 좌타각 : 횡압력과 배출류가 함께 오른쪽으로 선미를 밀어서 선수 좌전이 된다.
   2) 정지에서 후진
      우선 추진기를 후진시키면 횡압력과 측압작용이 모두 선미를 현저하게 좌편 시킨다. 이때 타각도 좌현으로 해주면 흡입류가 선미를 또 좌편 시켜주므로 쉽게 선미가 좌편 된다. 그러므로 우선 단추진기선은 부두에 선박을 계류할 때 좌현계류가 용이하다.

4. 선회운동과 그 영향
   1) 선회운동 : 직진하다가 타각을 주면 선미가 원침로에서 밀리면서 회두를 시작하고 전진속력이 차츰 떨어진다. 원침로에서 약 90도 정도 선회하면 일정한 각과 속도로 선회를 계속하는데 이를 정상 선회운동이라고 하며, 이때 선체의 무게중심이 그리는 항적을 선회권이라 한다.
   2) 선회운동의 용어
      ① 종거(advance) : 90도 회두했을 때 원침로 상에서 전진한 거리
      ② 횡거(transfer) : 180도 회두했을 때 원침로에서 직각방향으로 잰 거리를 선회경, 90도 회두시 직각방향으로 잰 거리를 횡거라 한다.
      ③ 최종 선회경 : 배가 360도 정도 돌아 정상선회를 할 때 생기는 작은 선회경
      ④ 킥 현상 : 선회초기에 선수는 선회권 안쪽으로 선미는 바깥쪽으로 밀리는 운동이 일어나는데, 이 선미를 바깥쪽으로 밀어내는 양을 킥이라 한다. 사람이 물에 빠졌을 때 빠진 쪽으로 전타하면 킥 현상을 이용하여 프로펠러에 사람이 빨려드는 것을 막을 수 있다.

⑤ 전심 : 선체의 회전중심
⑥ 신침로 거리 : 전타위치에서 신구침로의 교점까지 원침로 상에서 잰 거리

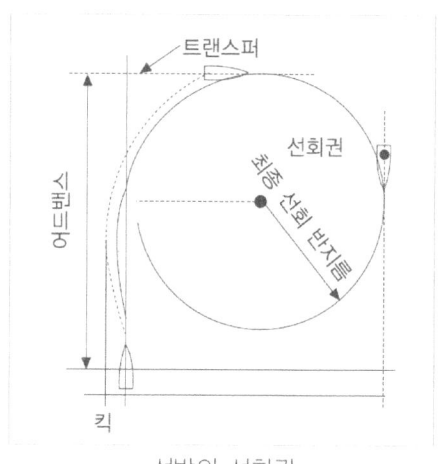

선박의 선회권

3) 선회중의 선체경사

전타한 직후에는 내방경사(전타현측)가 일어나고, 선회를 계속하면 선체는 일정한 각속도로 정상 선회운동을 하는데 이때는 원심력이 바깥쪽으로 작용하여 외방경사(비전타현측)를 일으킨다.

4) 선회권의 크기에 영향을 주는 요소
① 선체의 길이 : 길이가 긴 선박이 짧은 선박보다 선회권이 커진다.
② 선체의 폭 : 같은 길이의 선박은 폭이 클수록 선회권은 작아진다.
③ 타각 : 타각이 클수록, 전타시간이 짧아져 선회권이 작아진다.
④ 흘수 : 선수트림은 선회권을 작게 하고, 선미트림은 크게 한다.
⑤ 수심 : 수심이 얕은 곳에서는 키의 효과가 나빠져서 커진다. 이 밖에 용골의 종류, 적하상태, 추진기 회전방향 등이 영향을 준다.

❷ 조종에 영향을 주는 요소

1. 조선상의 속력

1) full speed : 계속 항해가 가능한 최대속력으로 한동안은 이보다 더 높은 속력을 낼 수 있는 여유 있는 속력이다.

2) half speed : 대략적으로 전속기관 회전수의 3/4 정도로 좁은 수역에서 감속하여 운항할 때 사용
3) slow speed : 전속기관 회전의 1/2정도
4) dead slow speed : 부두에 접근할 때나 좁은 운하 등을 항해할 때 사용되는 것으로 대략 상용출력의 20% 이하의 속력

2. 조선상의 타력

운동의 제 1법칙과 같이 운동하는 물체는 계속 운동하려는 관성이 있는데 선박도 현 상태에 변동을 주면 가속도운동이 생기는데 이때 원상태를 지속하려는 힘을 타력이라고 한다.

1) 발동타력 : 정지중인 선박에 전속을 걸었을 때 실제로 전속력에 이를 때까지의 타력을 말 한다.
2) 정지타력 : 전진 중인 선박에 기관 정지시로부터 선체운동이 수면에 대하여 정지할 때까지의 타력을 말한다.
3) 회두타력 : 전타 중 키를 중앙으로 돌린 후부터 회두운동이 정지할 때까지의 타력을 말한다.
4) 반전타력 : 전진 중 전속후진을 걸어서 실제로 선박이 정지할 때까지의 타력이다.
  * 최단정지거리 : 반전타력에서 기관후진 후 선체가 정지할 때까지의 진출거리를 말하는 것으로 조선상 매우 중요한 의미를 갖는다.

3. 선체가 받는 저항

1) 마찰저항 : 선체와 물의 마찰에 의한 것으로 저속일 때의 저항은 대부분을 차지하나, 고속이 되면 조파저항이 커져 비율이 떨어진다.
2) 조파저항 : 선박이 수면 위를 달릴 때 파도를 일으켜서 생기는 저항
3) 조와저항 : 선박이 항주중 선체후부에 요란한 와류를 일으켜 나타나는 저항
4) 공기저항 : 풍력이 강할 때는 큰 부분을 차지하게 된다.

❸ 조종에 미치는 외력의 영향

1. 수심이 얕은 곳(천수)에서의 영향

1) 선체의 침하현상 : 수심이 얕아지면 선저부와 해저부 사이의 유속이 증가되어 물의 압력이 감소되므로 선체가 침하한다. 또한 흘수가 늘고 마찰저항이 커지며 속력과 타효가 떨어지고 선체가 진동을 하게 된다.
2) 속력의 감소 : 선체가 침하된 상태에서 흘수가 늘어 마찰저항이 커지면서 속력도 감소하게

된다.
3) 조종성의 저하 : 선체침하와 해저형상에 따른 와류 때문에 키의 효과가 나빠진다.

2. 수로 둑의 영향

 폭이 좁은 수도의 중앙을 항행할 때는 좌우의 수압분포가 일정하여 별 영향을 받지 않는다. 그러나 수로의 한쪽으로 선박이 치우치면 둑에서 가까운 선수부근은 수압이 높아서 밀어내고 선미부는 압력이 낮아서 둑으로 끌어당기게 된다. 이것을 둑 밀어냄(쿠션), 둑 당김(색션)현상이라 하는데, 이를 막기 위해 저속항행을 하고 될 수 있는 한 수로의 중앙을 항해한다.

3. 두 선박간의 상호작용

 두 선박이 서로 가깝게 마주치거나 한 선박이 추월하는 경우에 두 선박 사이에는 당김, 밀어냄, 회두작용이 생긴다. 이를 상호 간섭작용 또는 흡인작용이라 한다. 이러한 작용은 충돌의 원인이 되기도 하는데 두선박의 속력이 빠를수록, 가까울수록, 배수량이 클수록, 수심이 얕을수록 크게 나타난다.

④ 입출항 및 항내조종

1. 출입항

 출입항시에는 많은 선박들이 정박 및 이동하고 있는 항내에서 바람, 조류 등의 외력을 받으며 선박을 조종하게 되므로 선위측정과 상대선의 동태를 자세히 파악할 수 없어서 순간적인 판단으로 조종해야할 때가 많다. 출입항 전에 미리 항내의 물표, 위험물 등에 대하여 조사해 둔다.

1) 출항준비
  ① 선내 이동물의 고정(라싱)
  ② 수밀장치의 밀폐
  ③ 각종 기기의 시운전
  ④ 선교 및 해도실의 정비
  ⑤ 각 탱크의 측심
  ⑥ 싱글 업 상태로 준비
  ⑦ 스텐바이 앵커
  ⑧ 총원점호, 선내순시
  ⑨ 각종 서류
  등의 준비가 되었는지 확인한다.

2) 입항준비

목적항에 도착하면 입항과 동시에 하역작업이 진행될 수 있도록 대리점에 입항수속, 하역수배, 묘지지정 등을 의뢰한다. 기관실에 입항 예정시각을 통보하고 입항 1시간 전에 각 부서장에게 알리고, 필요한 기류신호, 계선 및 하역준비, 승하선용 사다리 및 입항서류 등을 준비하여 둔다.

5 안벽 계류 및 이안 조종

1. 계선줄의 종류와 역할

선수줄(bow line), 선수 옆줄 (forward breast line), 선수뒷줄(back spring line), 선미 앞줄(aft spring line), 선미 옆줄(aft breast line), 선미줄(stern line)이라 한다.

선수줄과 선미앞줄은 선체의 후방운동을 억제하고, 선수 뒷줄과 선미줄은 선체의 전진운동을, 선수 옆줄과 선미 옆줄은 선체의 외방운동을 억제해준다.

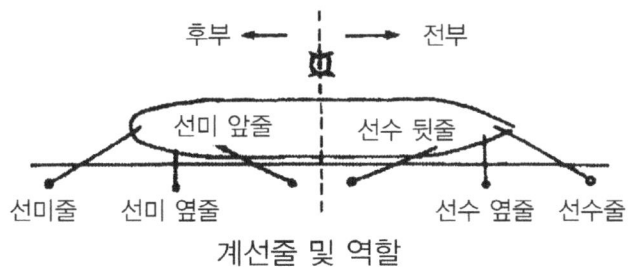

계선줄 및 역할

6 묘박 및 묘지의 선정

1. 파주력과 묘쇄의 신출량

닻을 투하하면 닻은 해저에 박히고, 닻줄은 해저에 깔리게 된다. 해저에 박힌 닻과 해저에 깔린 앵커체인이 선박을 붙들어 주는 힘을 파주력이라 한다. 파주력은 닻과 닻줄의 수중무게에 파주계수를 곱한 것으로 나타낸다.

묘박시의 파주력 = (닻의 수중무게*닻의 파주계수) + (닻줄의 수중무게*닻줄의 파주계수)

안전한 정박은 파주력이 선체에 작용하는 외력의 영향보다 커야한다. 닻의 파주력은 일정하므로 바람이 세어지면 앵커체인을 더 내어 주어서 파주력을 크게 해 주어야 한다. 상용되는 앵커

체인의 신출길이는 보통 3D+90m이고, 거친 날씨인 경우 4D+145m이다. 여기서 D는 그곳의 수심이다.

2. 묘박법의 종류

  1) 단묘박 : 한쪽현의 선수 닻을 내려서 정박하는 방법으로 투묘, 양묘작업이 쉬워서 많이 이용되는 방법이나 조류나 바람에 의해 360°선체가 돌기 때문에 교통량이 적고 넓은 수역에서 행한다.

  2) 쌍묘박 : 선수 양현 닻을 적당한 간격으로 투하하여 선박을 그 중간에 위치시키는 묘박법이다. 쌍묘박은 선체의 선회면적이 작기 때문에 좁은 수역, 선박의 출입이 많은 곳에서 사용된다. 쌍묘박은 성회면적이 작고 파주력을 크게 할 수 있는 장점이 있지만 닻작업이 어렵고 양쪽의 체인이 꼬일 경우가 많다.

  3) 이묘박 : 강풍이나 파장을 이길 목적으로 강한 파주력을 얻고자 할 때 택하는 묘박법이다. 선수 양현 닻을 한쪽 현으로 모아서 투묘해 줌으로써 파주력이 2배가 되게 하는 방법과 한쪽은 길게 한쪽은 수심의 2배 정도로 하여 파주력도 증대시키고 선체의 진회를 억제시키는 방법이 있다.

3. 닻 투하시의 조종

  1) 전진투묘법 : 전진타력으로 저속 접근하다가 예정묘지에 닻을 투하하는 방법으로 시간이 적게 걸리고 정침할 수 있는 장점이 있으나 앵커체인이 선체에 마찰을 일으켜 손상을 줄 염려가 있으므로 긴급시 외에는 잘 사용하지 않는다.

  2) 후진투묘법 : 예정 투묘지점에 이르러 후진하면서 닻을 투하하는 방법인데 앵커의 파주상태가 좋고 선체에 무리를 주지 않기 때문에 대개의 투하법은 이 방법을 사용하지만 조류가 강할 때는 정침이 어렵다.

  3) 심해투묘법 : 정박지의 수심이 25m이상이 되면 배를 정지시켜 윈드라스를 역전시켜서 해저 10m 가까이 되면 투하해 준다. 이는 닻과 체인이 너무 과한 속도로 투묘되는 것을 방지하기 위함이다.

❼ 협수도 및 내해에서의 항법

협수도나 내해에서는 수로 폭이 좁고 수심이 낮으므로 조류가 강하며, 굴곡이 심하여 견시가 어려우므로 항행하기가 어렵다. 따라서 이러한 수역을 항행하기 위해서는 미리 해도나 수로지를 보고 수로의 조사, 항행계획, 관련법규 등을 확인하고 전원을 부서 배치하여 철저히 감시하면서 신중하게 항행한다.

1. 협수도 통항법

   조류의 유속은 수로의 중앙부가 강하고 육안에 가까울수록 약하다. 만곡부에서는 외측이 강하고 내측의 유속은 약한 특성이 있다.

   1) 선수미선과 조류의 유선이 일치되도록 조종한다.
   2) 한 번에 대각도 변침을 피하고 여러 번 소각도 변침을 한다.
   3) 타효가 날 수 있는 속도로 감속한다. 그러나 대략 유속보다 3~4노트 빠른 속도가 좋다.
   4) 추월을 가능하면 피하고 추월시에는 추월신호 이행
   5) 역조시가 조종이 잘되기 때문에 굴곡이 많은 수도는 순조시 통행을 삼간다.
   6) 필요시에는 기관의 사용이나 투묘를 주저하지 말 것.

2. 하강 항행시 유의사항

   1) 수심, 항로부표 등이 변하기 쉬우므로 해도를 너무 믿지 말 것.
   2) 바다에서 강으로 들어가면 비중 차에 의하여 흘수 증가에 유의
   3) 얕은 곳을 잘 넘어갈 수 있도록 등흘수(even keel)가 좋다.
   4) 강에는 부유물이 많으므로 키나 추진기의 손상에 유의한다.

3. 통항분리 항법

   1) 통항분리 항법 용어
      ① 통항로 : 일방통행이 정해진 한정수역
      ② 로터리 : 반시계방향으로 돌아나감으로써 교통이 분리되는 지역
      ③ 연안 통항대 : 분리통항대의 육지 쪽 경계와 해안사이의 지정수역
      ④ 경계수역 : 특히 주의하여 항행해야 하는 교통분리점 등

CHAPTER 03 선박조종 일반　Part2. 운용

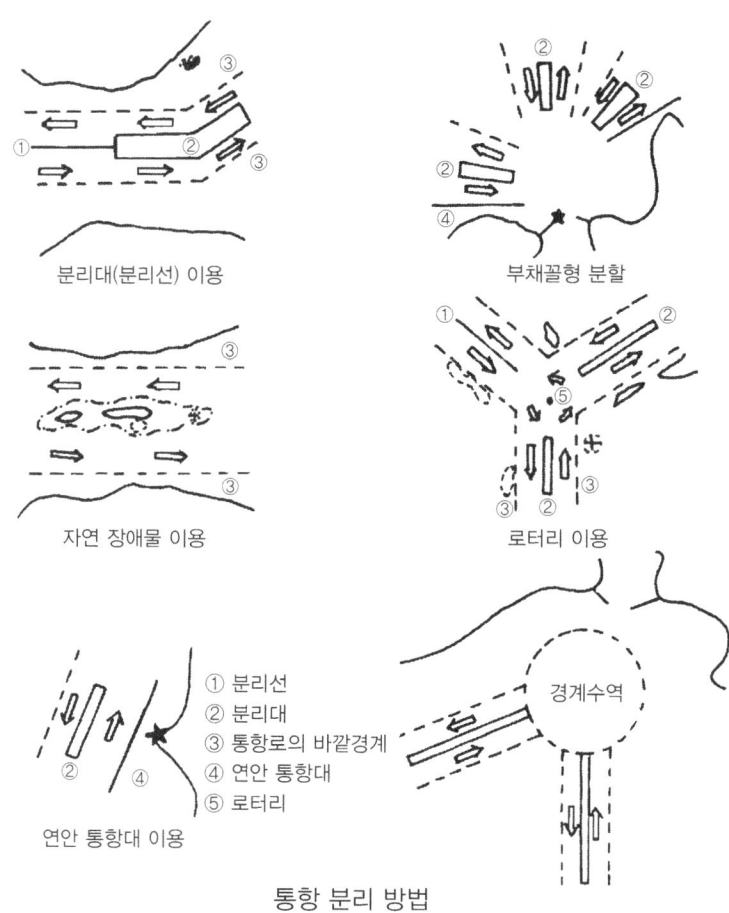

분리대(분리선) 이용

부채꼴형 분할

자연 장애물 이용

로터리 이용

① 분리선
② 분리대
③ 통항로의 바깥경계
④ 연안 통항대
⑤ 로터리

연안 통항대 이용

통항 분리 방법

2) 통항항법

통항로 내에서는 반대방향의 침로를 택해서는 안된다. 통항로를 진행할 때는 분리대에서 떨어져서 항행하며 우측 경계선에 너무 붙지 말 것. 통항로를 출입할 때는 가능한 소각도로 하고 분리통항대를 항행하지 않을 때는 분리통항대에서 가급적 떨어져 항행한다.

CHAPTER 04 황천시의 조종

Part2. 운용

1. 협시계 항해시의 주의사항

    안개, 폭설, 폭우 등으로 인하여 시계가 제한된 상태를 협시계라 한다.
    협시계가 되면 즉시 선장에게 보고하고, 무중신호를 행한다. 레이더 등의 항해계기를 활용하고 엄중한 견시로서 안전운항에 만전을 기한다.

    1) 기관부 당직자에게 주의를 환기하고 적절한 속력으로 항행
    2) 레이더 활용
    3) 엄중한 견시
    4) 선내정숙
    5) 선등의 점등 및 조명
    6) 철저한 선위확인
    7) 닻 투하준비
    8) 측심

    선위 확인이나 항행에 자신이 없으면 시계가 회복될 때까지 가박하여 대기하도록 한다.

2. 황천을 예측하는 법

    1) 기압계의 일변화에 큰 차이가 나거나 전일 기압보다 변화가 클 때
    2) 구름에 의한 방법 : 권운(새털구름)이 선상이 되어 수평선상에 모일 때
    3) 스웰(너울)이 나타날 때, 특히 바람의 방향과 다른 방향에서 올 때
    4) 바람의 세기와 그 방향의 변화를 추측
    5) 기운이 점차 높아지고 습기가 많아질 때
    6) 급히 소나기가 때때로 닥쳐올 때

    상기의 방법은 일기예보를 접하지 않고 스스로 예측할 수 있는 방법들이다. 황천이 예상되면 황천과 만나지 않도록 적절한 방법을 강구하여야 한다.

3. 황천에 대한 준비

    1) 정박 중의 황천준비
        ① 하역중이면 하역을 중지하고, 개구부의 밀폐, 이동물의 고정
        ② 기관을 사용할 준비, 투묘 중이면 양묘준비를 한다.
        ③ 상륙자는 전원 귀선시킨다.

④ 태풍의 진로를 예상하여 안전한 곳으로 이동하여 정박한다.
⑤ 투묘 중 그 자리에서 피항 가능하면 풍력증가에 따라 앵커체인을 더 내어준다.
⑥ 닻이 끌리면 양묘하여 재투묘 하던가 시간이 없으면 끊고 외해로 도피한다.

2) 항해중의 황천준비
① 선체의 동요에 대비하여 선내 이동물의 고정작업(라싱)을 한다.
② 침수 및 파랑의 충격에 대한 준비 → 개구부 밀폐
③ 배수시설을 정비하여 배수를 원활하게 한다.
④ 인명의 안전을 확보하기 위한 준비 → 갑판상에 라이프 라인을 친다.
⑤ 조타장치의 고장방지를 위한 준비 → 러더에 태클이나 보강재 설치

4. 황천항해
 1) 황전 피항법
  ① 풍향이 일정할 때 (저기압 전면)
   풍향은 변화가 없고 풍력이 강해지면서 기압이 내려가면 자선은 폭풍의 진로 상에 있으므로 우현선미에 풍랑을 받으면서 가항반원으로 대피한다.
  ② 풍향이 우전변화할 때 (위험반원)
   이때는 북반구에서 위험반원이므로 풍랑을 우현선수에 받으면서 중심으로부터 멀어지게 항행한다. 이와 같이 바람이 우전(R)변화하면, 우반원(R)에 있으므로, 우현(R)선수에 풍랑을 받고 피항하라는 뜻으로 RRR법칙 또는 3R 법칙이라 한다.
  ③ 풍향이 좌전변화할 때 (가항반원)
   이때는 북반구에서 가항반원이므로 풍랑을 우현선미에 받으면서 중심으로부터 멀어지게 항해한다. 이상은 북반구이므로 남반구에서는 정반대가 된다.

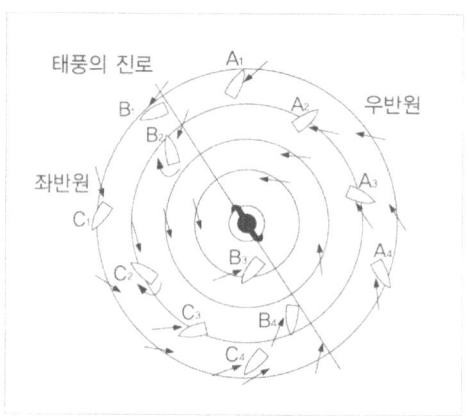

태풍 피항 조종

2) 중심에 접근되었을 때의 운용법

항해중의 해역이 태풍의 발생지가 되거나 조선을 잘못하여 중심에 접근하게 되었을 대는 어떻게 해서라도 선수를 풍랑쪽에 세워서 선박의 전복을 막아야 한다. 이 방법 중 하나는 속력을 최소로 낮추어 겨우 조타만 할 수 있도록 하여 풍랑을 우현선수에 받으면서 이겨내는 Heave to 항법과 해묘나 앵커를 투하하여 닻을 끌고 가면서 선수를 풍랑 쪽에 세우는 라이 투 항법이 있다.

CHAPTER 05 비상제어 및 해난방지

Part2. 운용

❶ 좌초 및 이초

1. 좌초시의 조치 및 임의 좌주(비칭)

   1) 좌초시의 조치

   선박이 암미로 선체가 해저에 얹힌 것을 좌초라 한다.

   ① 즉시 기관을 정지한다.
   ② 손상 부위와 손상 정도를 파악한다.
   ③ 침수가 있으면 적극 배수하면서 손상 부위의 응급 조치를 취한다.
   ④ 본선 기관을 사용하여 이초가 가능한가를 판단한다.
   ⑤ 판단 없이 후진하면 선체의 손상이 확대되거나 선체가 회전하여 상황이 어려워질 수도 있고, 모래, 뻘 등이 순환 펌프를 막히게 하는 수도 있다는 점에 유의하여야 한다.

   2) 선체의 그 자리 고정 작업

   자력 이초가 불가능하거나 시간이 오래 걸린다고 생각되면 선체의 전복 위험이나 손상의 확대를 막기 위하여 그 자리 고정 작업을 행한다.

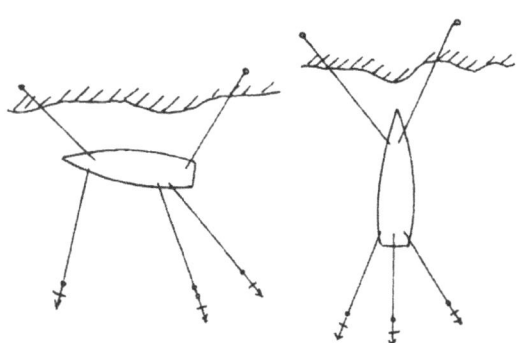

그림 7-1. 선체를 고정시키는 방법

① 해안에서 직각으로 선수가 좌초된 경우는 풍상측 또는 선미를 들고 고정시키고 다음에 반대쪽을 고정시킨다.
② 해안선에 평행하게 좌초된 경우에는 선수와 선미에서 닻을 선수미선과 약 45도 방향에 투하한다. 다음은 바다쪽, 육지쪽 순서로 고정한다.

3) 임의좌주 방법과 장소의 선정

항만 부근이나 연안을 항해할 때 심한 해난을 입어 심한 침수로 인하여 배수작업이 불가능하게 되어 침몰의 위험이 있을 때에는 최악의 상태인 침몰을 막기 위하여 적당한 곳에 좌주시키는 것을 임의좌주(비칭)라 한다.

① 좌주할 때 주의사항

　가. 키와 추진기의 손상을 우려하여 좌주시기를 놓치지 말 것.
　나. 선저나 탱커에 해수를 채워서 흘수를 깊게 하여 좌주시키고, 이초시에 배수한다.
　다. 해안에 직각으로 비칭시키고, 선체가 돌아가지 않도록 고정작업을 한다.

② 좌주장소의 선정

　가. 파도가 가려지는 곳, 외해와 직항하지 않은 내만 등이 좋다.
　나. 구조작업이 쉽도록 조류의 영향이 적은 곳
　다. 수심은 상갑판이 수면에 가미는 정도가 좋고 30m 이상은 구조가 어렵다.
　라. 저질은 모래, 자갈, 진흙, 단단한 펄 등이 좋고 파도가 없는 고슨 암반도 이용가능하나 무른 연니저질은 피하는 것이 좋다.

2. 이초 방법

1) 자력 이초법

자선의 윈들라스(양묘기)나 윈치를 감아들이면서, 기관을 사용하여 빠져 나오는 방법을 자력 이초라 한다.

① 고조 직전에 시도하고 바람이나 파도, 조류의 영향을 이용한다.
② 중량 경감을 작업 직전에 행한다.
③ 기관의 회전수를 천천히 높이고 반출한 앵커체인을 감아 들인다.
④ 암초에 얹혔을 때는 얹힌 부분의 흘수를 줄인다.
⑤ 선수부가 얹힌 경우는 선수흘수를 작게, 선미의 경우는 키와 추진기에 손상이 가지 않도록 선미흘수를 줄인 뒤 기관을 사용한다.
⑥ 개펄에 얹힌 경우는 선체를 좌우로 흔들면서 기관을 사용하면 효과적이다.
⑦ 조석 간만의 차가 큰 곳에서는 반출한 선묘를 팽팽하게 당기고 있으면 저절로 이초된다.

2) 구조선을 이용한 이초 : 자력 이초가 불가능하면 구조선의 도움을 받아서 이초를 시도한다. 좌초선과 구조선은 강한 와이어 로프로 연결하고 구조선도 닻을 투하하여 감아 들이면서 빠져 나오도록 한다.

❷ 충돌시의 조치 및 방수작업

1. 충돌시의 조치

   불가피한 상황으로 충돌의 위험에 직면하면 최선의 회피 동작을 취하고 타력을 줄이고 충돌 후에는 당황하지 말고 다음 조치를 취한다.

   1) 손상을 조사하여 자선과 타선에 급박한 위험이 있는지 판단한다.
   2) 양선의 인명구조에 최선을 다한다.
   3) 침수 시에는 방수 배수 작업을 하되, 침수량이 많다고 배수를 중단하지 말 것
   4) 급박한 위험이 있을 때는 부근 선박이나 육지에 구조를 요청한다.
   5) 급히 침몰할 염려가 있으면 배수를 계속하면서 얕은 곳에 임의 좌주시킨다.
   6) 충돌시각, 위치, 상대선의 선명 및 소유자 등 자료와 기상 상태 등을 일지에 기록한다.
   7) 한 선박이 다른 선박의 선복에 돌입한 경우에는 후진하지 말고 미속 전진하면서 인명 구조 및 조치 시간을 연장해야 한다.
   8) 퇴선 시에는 중요서류를 반드시 지참한다.

2. 침수시의 조치 및 방수작업

   1) 침수시의 조치
      ① 침수를 발견하면 그 원인과 침수 공의 크기, 깊이 수량 등을 확인한다.
      ② 긴급히 방수조치를 취하고 전력을 다하여 배수한다.
      ③ 침수가 한 구역에 한정되도록 수밀문의 폐쇄
      ④ 인명, 선체, 적재화물의 안전을 위한 조치
   2) 방수법
      ① 수면 위 아래에 작은 구멍이 생겼을 때-구멍을 나무 쐐기로 막고 시멘트 틀을 짜서 시멘트와 모래, 건조제 등을 섞어 넣어서 응고시킨다.
      ② 수면 하 큰 구멍이 생겼을 때
         가. 선체 외판에 방수 매트를 내려서 대량 침수를 막는다.
         나. 방수판을 붙이고 콘크리트 작업을 한다.
         다. 지주로서 방수판을 지지시킨다.
      ③ 인접 구역의 보강 : 파손이 너무 커서 침수가 많아지면 수압을 받아 격벽이나 수밀문이 손상을 입게 되므로 지주를 받쳐 보강 작업을 한다.

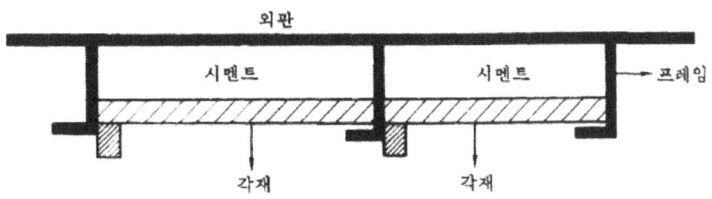

그림 7-2. 시멘트 틀 짜는 법

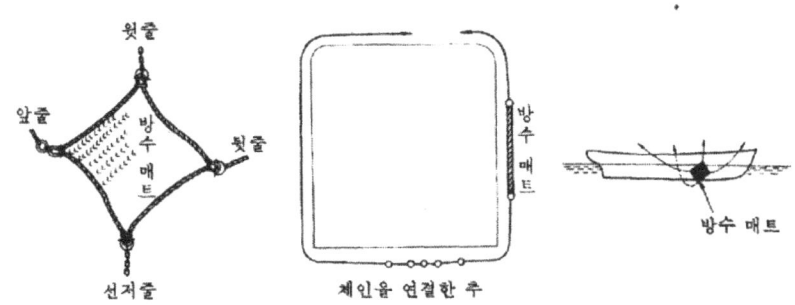

그림 7-3. 방수 매트 설치하는 방법

3 선박 화재에 대한 조치 및 비상 조타

1. 화재

불이 붙기 위해서는 가연성 물질, 산소, 열이 있어야 하는데 이를 불의 3요소 도는 화재 삼각형이라 한다. 소화 작업은 이들 3가지 가운데 하나 이상을 차단함으로써 이루어진다.

1) 화재의 원인
   ① 담뱃불
   ② 자연발화 : 기름이나 페인트가 묻은 걸레 등이 밀폐된 곳에 방치될 때
   ③ 전기설비 : 과부하, 누전
   ④ 화물창 : 위험화물의 관리소홀, 항해 중 화물의 이동에 의한 발화
   ⑤ 화기작업 부주의

2) 화재 발생 시의 조치
   화재가 발생하면 비상벨을 울려서 각자의 임무에 충실하고 신속하게 진화작업을 해야 한다.
   ① 화재구역의 통풍과 전기를 차단한다.
   ② 타고 있는 물질이 무엇인지 알아내어 적절한 소화방법을 강구

③ 소화 작업자의 안전에 유의-유독가스 확인, 호흡구 준비
④ 작업자를 구출할 기구의 준비 및 대기
⑤ 화재의 확산 방지에 노력한다.

3) 소화 시 선박의 조종

소화작업 중에는 화재의 확산을 막도록 상대 풍속이 0이 되도록 조종하는 것이 원칙이다. 즉 선수 화재 시는 선미에서 바람을 받도록 하고 선미 화재시는 선수에서, 중앙부 화재 시는 정횡에서 바람을 받으면서 소화하도록 한다.

4) 화재의 종류와 소화제
① A급 화재 : 연소 후 재가 남는 고체 물질의 화재. 즉, 목재·의류·로프·플라스틱 등의 화재를 말하며 물, 포말 소화제로 진화한다.
② B급 화재 : 타고난 후 재가 남지 않는 가연성 액체 화재. 즉, 기름·페인트 등의 화재. 소화제는 분무형의 물, 이산화탄소, 포말, 분말 소화제
③ C급 화재 : 전기에 의한 화재를 말한다. 이산화탄소, 분말 소화제
④ D급 화재 : 가연성 금속화재로서 마그네슘, 알루미늄 등의 화재인데, 금속과 반응을 일으키지 않는 분말 소화제 사용
⑤ E급 화재 : LPG, LNG, 아세틸렌 등의 가스 화재를 말한다. 소화 방법은 먼저 가스를 차단하고 이산화탄소 등을 이용하는 B급 화재의 소화 방법과 같다.

2. 비상 조타

항해 중 심한 파도의 충격이나 해상 부유물과의 충돌로 키가 손상되어 선박의 조종이 불가능할 경우에, 예인선의 도움을 받을 수 없을 때 선내에서 응급키를 제작하여 비상조타를 하여야 한다.

1) 응급키의 조건
① 보침성 및 선회성을 유지할 수 있어야 한다.
② 선체의 저항을 너무 크게 주지 않아야 한다.
③ 선내 재료로 제작 가능하고 설치가 간단할 것.
④ 조타나 조종이 간편할 것.
⑤ 스크류 프로펠러에 손상을 주지 않을 것.
⑥ 견고하여 풍랑에도 견딜 수 있을 것.

2) 응급키의 종류
① 고정식 응급키 : 데릭붐에 두꺼운 판을 붙여 키를 만든 다음 체인으로 선미를 고정하여 보통키와 같이 사용
② 예항식 응급키 : 마닐라 로프를 여러 가락 묶어 그 끝에 조종할 로프를 연결하여 끌고 가면서 조종로프를 끌어 당겨 선회하도록 한다.
③ 해묘식 응급키 : 캔버스나 드럼통 등을 양쪽에 설치하여 끌고 가면서 양쪽의 길이를 조절

하여 선회시키는 방법

③ 비상시 여객과 승무원의 조치 및 선체포기

1. 비상시 여객과 승무원의 조치

   선박에 해난이 발생하여 승객의 안전에 문제가 발생하였을 때는 비상체제의 특별 부서의 운용으로 승객이나 승무원의 안전을 확보해야 한다. 그러므로 평소에 이러한 훈련을 실시하도록 SOLAS 규약에 규정되어 있는데, 500톤 이상의 선박과 여객선은

   a. 소방훈련과 구명훈련, 그 밖의 비상시에 대비한 훈련을 여객선은 매주 실시해야 한다.

   b. 여객선의 선장은 여객이 비상시에 대비할 수 있도록 비상신호의 위치, 구명 기구의 비치 장소를 선내에 명시하고, 피난요령 등을 보기 쉬운 곳에 걸어두며, 구명 기구의 사용법과 여객이 알 고 있어야 할 필요한 사항에 대하여, 출항 1시간(국제항해시 4시간)이내에 여객에게 주지시켜야 한다.

   c. 선장의 당해선박의 해원 1/4 이상이 교체된 때에는 출항 24시간 이내에 선내 비상훈련을 실시해야 한다.

   d. 선장은 구명훈련을 3개월에 한번씩 구명정을 바다에 띄워 놓고 훈련을 실시해야 한다.

   e. 비상 신호법은 기적 또는 사이렌에 의한 연속 7회의 단음과 1회의 장음으로 한다.

   등으로 되어 있다.

   1) 선박 충돌 및 좌초 시는 좌초시의 조치 및 임의 좌주를 행한다.
   2) 선박 화재 시는 승객을 안전한 곳으로 유도하고 소화작업을 행하고 소화가 불가능할 때는 다음에 나오는 퇴선 방법에 따른다.
   3) 인명구조법에 따라 인명구조를 실시한다.
   4) 승무원은 평소의 경험과 교육훈련을 바탕으로 침착하게 행동하여 승객을 정신적으로 안정감을 갖도록 한다.
   5) 선체를 포기할 수밖에 없을 때는 퇴선 명령을 발한다.

2. 선체포기 및 퇴선

   선장은 해난이 발생하여 선체를 포기하지 않으면 안 된다고 판단되는 경우에 퇴선 명령을 발하여 퇴선 신호를 울리게 된다. 퇴선 신호는 기적 또는 선내 경보기를 사용하여 단음 7회에 장음 1회를 울린다.

   1) 퇴선 신호를 듣고 취해야 할 동작
      ① 따뜻한 의복을 되도록 많이 껴입는다.

② 구명동의를 반드시 착용할 것
③ 신속하고 질서 있게 각자의 비상 배치 부서에 가야 한다.
2) 구명정에 탑승할 때의 조치
① 구명정의 경우에는 구명정을 탑승 갑판까지 내리고 전원이 탑승하면 수면에 내린 후 구명정 강하요원은 사다리를 이용하여 탑승한다.
② 구명 뗏목의 경우에는 이탈 장치를 수동으로 조작하여 투하하고 완전히 팽창하면 승정용 사다리를 이용하여 탑승한다.
③ 급박한 상황이 아니면 바로 물에 뛰어들지 말고 사다리나 줄을 이용하여 퇴선한다.
④ 기름에 의하여 해수면이 불타고 있을 때에는 구명동의나 무거운 옷을 벗은 다음 잠수하여 바람이 불어오는 쪽으로 잠영한다.
⑤ 수중 폭발이 일어날 경우에는 수압의 영향을 적게 받도록 가능하면 배영으로 헤엄쳐 나간다.
※ 아래 표 7-1은 퇴선 전후의 기본 조치도이다.

표 7-1. 퇴선 전후의 기본 조치도

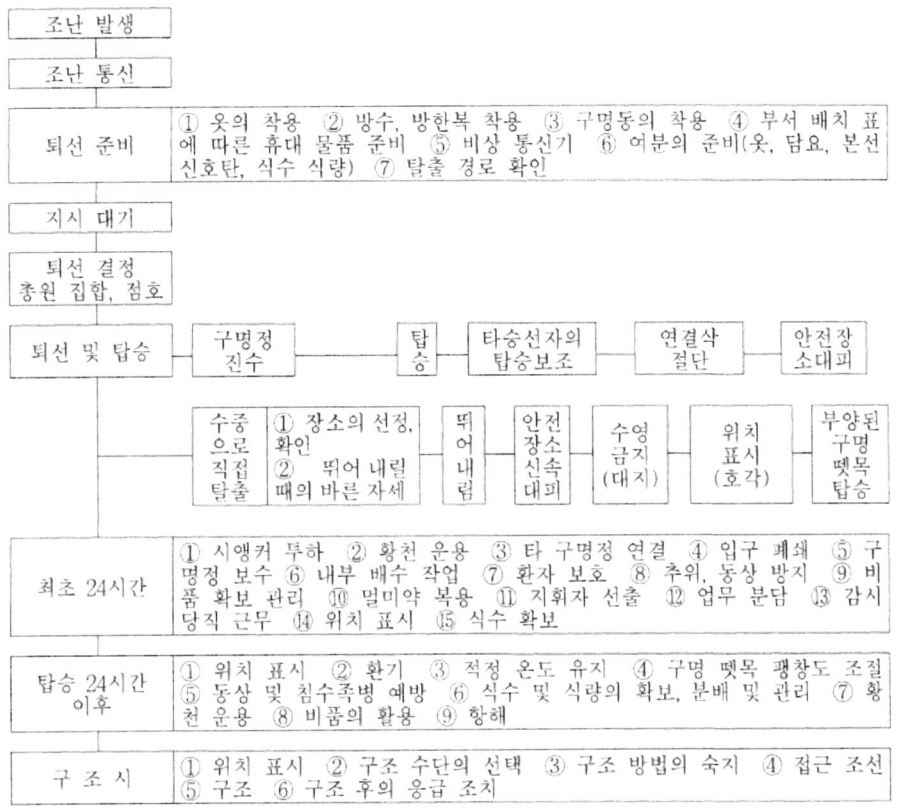

PART 02 적중예상문제

01. 사람이 배 밖으로 떨어지지 않게 하거나 손잡이 역할을 주로 하는 것은?
가. 배수구 나. 대빗
사. 구명줄 아. 핸드레일

✓ 대빗 : 구명정 진수장비

02. 입항시 우선회 단추진기선이 정상적인 환경에서 가장 접안 조종이 쉬운 방법은?
가. 출항자세 좌현접안
나. 입항자세 좌현접안
사. 입항자세 우현접안
아. 출항자세 우현접안

03. 안개가 끼었을 때 행하는 신호이다. 틀린 것은?
가. 기류신호 나. 타종신호
사. 사이렌 아. 기적신호

04. 선박용 페인트의 성질을 설명한 것 중 맞지 않는 것은?
가. 페인트는 전부 독물의 성분이 있다.
나. 도장하기 쉬운 점성이 있으며 빨리 건조된다.
사. 색의 조합이 쉽다.
아. 도장 후 갈라지거나 잘 떨어지지 않는다.

05. 항해 중 안개가 끼어 앞이 안보일 때 본선의 행동으로 적당한 것은?
가. 안전한 속력으로 항행하며 수단과 방법을 다하여 소리를 발생하고, 근처에 항행하는 선박에 알린다.
나. 다른 배는 모두 레이더를 가지고 있으므로 우리 배를 피할 것으로 보고 계속 항행한다.
사. 최고의 속력으로 빨리 항구에 입항한다.
아. 컴퍼스를 이용하여 선위를 구한다.

✓ 협시계 항해시 주의사항 : 무중신호 사용, 레이더 등의 항해계기 활용, 안전한 속력으로 항행.

06. 닻을 감아 올리는 갑판기계는?
가. 윈치 나. 윈드라스
사. 체인스토퍼 아. 비트

✓ · 윈드라스(Windlass) : 닻을 감아올리거나 내리는 갑판기계
· 무어링 윈치(Mooring winch) : 계류삭을 감아올리거나 감아두기 위한 장비
· 볼라드(Bollard) 또는 비트(Bitt) : 선외에서 끌어들인 호저나 와이어 등을 묶어두기 위해 갑판상에 설치한 짧은 기둥 모양의 금속구
· 체인 스토퍼(Chain stopper) : 무어링 라인 등을 윈드라스의 워핑 앤드 또는 윈치 캡스턴 등으로부터 풀어서 볼라드나 비트에 묶을 때 풀리지 않도록 지지하기 위한 것

07. 선박이 물위에 떠 있는 상태에서 외부로부터 힘을 받아서 경사하려고 할 때의 저항 또는 경사한 상태에서 그 외력을 제거하였을 때 원래의 상태로 돌아오려고 하는 힘을 무엇이라고 하는가?
가. 배수량 나. 부력 사. 복원력 아. 중력

✓ 복원력 : 선박이 경사했을 때 원위치로 되돌아가려는 힘.

08. 선박에 화물을 실을 때 유의사항으로 옳은 것은?
가. 흘수선 이상 최대한으로 많은 화물을 싣는다.
나. 화물의 무게분포가 한 곳에 집중되지 않도록 한다.
사. 선수 화물창에 화물을 많이 싣는 것이 좋다.

아. 선체의 중앙부에 화물을 많이 싣는다.

✓ 선박에 화물을 실을 때는 가능한 고르게 배치하여야 한다.
 선체의 길이방향으로 화물을 배치할 때 어떤 곳에 집중 배치하면 과도한 응력이 발생하여 선체가 절단될 위험이 있다.

09. 다음 중 트림의 종류가 아닌 것은?

가. 선수 트림 나. 선미 트림
사. 중앙 트림 아. 등흘수

✓ · 트림의 종류
① 선미트림 : 선미 흘수가 선수보다 깊은 것
② 선수트림 : 선수 흘수가 선미보다 깊은 것
③ 등흘수 : 전후의 흘수가 거의 같은 것

10. 다음 중 강재에 페인트칠을 할 때 유의사항과 관계가 적은 것은?

가. 주위 도장면을 확대해서 칠한다.
나. 녹 제거 후 도장한다.
사. 표면을 평활하게 해서 칠한다.
아. 먼지와 수분을 우선 제거한다.

11. 다음 중 배를 조종할 때 영향을 끼치는 요소가 아닌 것은?

가. 바람 나. 파도 사. 조류 아. 기온

✓ 조선에 미치는 외력의 영향 : 바람, 조류, 파도, 천수, 수로 둑, 두 선박간의 상호작용

12. 경사된 선박이 원위치로 되돌아 가려는 성질을 무엇이라 하는가?

가. 복원성 나. 부력 사. 중력 아. 중심

✓ 복원성 : 선박이 경사했을 때 원위치로 되돌아가려는 성질

13. 배의 운항상 충분한 건현이 필요한 이유는?

가. 수심을 알기 위하여 필요하다.
나. 안전항해를 하기 위하여 필요하다.
사. 배의 조종성능을 알기 위하여 필요하다.
아. 배의 속력을 줄이기 위하여 필요하다.

14. 다음 중 조난신호에 해당되지 않는 것은?

가. 약 1분간을 넘지 아니하는 간격으로 총포 신호
나. 자기발연부 신호
사. 로케트 및 낙하산 신호
아. 지피에스 신호

✓ GPS : 위성항법 장치

15. 태풍의 접근 징후를 설명한 것 중 틀린 것은?

가. 구름이 빨리 흐르며 습기가 많고 무겁다.
나. 털구름이 나타나 온 하늘로 퍼진다.
사. 기압이 급격히 높아지며 폭풍우가 온다.
아. 아침, 저녁노을의 색깔이 변한다.

✓ 태풍 : 열대저기압이 발달되어감에 따라 발생

16. 목선 선저부의 부식 방지법으로 적합하지 않은 것은?

가. 광명단을 칠한다.
나. 해충에 의한 부식이 심하므로 구리판으로 덮어 씌운다.
사. 선저도료를 자주 칠한다.
아. 선저를 타르 불꽃으로 그을린다.

17. 건현을 두는 목적은 무엇인가?

가. 선속을 빠르게 하기 위함이다.
나. 선박의 부력을 줄이기 위함이다.

사. 화물의 적재를 용이하게 하기 위함이다.
아. 예비 부력을 증대시키기 위함이다.

✓ 건현 : 물에 잠기지 않는 선체 부분의 높이. 예비 부력은 건현에 의해 결정.

18. 트림(Trim)에 대한 설명으로 옳은 것은?

가. 선수 흘수와 선미 흘수의 합
나. 선수 흘수와 선미 흘수의 차
사. 선수 흘수와 선미 흘수의 곱
아. 선수 흘수와 선미 흘수의 비

✓ 트림(Trim) : 선체 전후의 균형. 선후 흘수와 선미 흘수 차로 표시.

19. 자선의 선수방위를 기준하여 좌우현 180도 까지로 표시하는 것은?

가. 상대방위 나. 진방위 사. 자침방위 아. 나침방위

✓ · 방위
① 진방위 : 진북과 물표를 잇는 선과의 교각
② 자침방위 : 자북과 물표를 잇는 선과의 교각
③ 나침방위 : 나북과 물표를 잇는 선과의 교각
④ 상대방위 : 자선의 선수를 0°로 하여 좌우현 180°까지 측정.

20. 선박이 전진중에 바람을 횡방향에서 받으면 선체는 선속과 풍력의 합력방향으로 나가면서 선수는 어느 방향으로 편향되는가?

가. 선속에만 영향을 미치고 선수는 좌우로 흔들린다.
나. 선수 편향에 전혀 영향을 받지 않는다.
사. 바람이 불어 가는 쪽으로 선수는 편향된다.
아. 바람이 불어 오는 쪽으로 선수는 편향된다.

21. 전진 전속중에 기관을 후진 전속으로 걸어서 선체가 물에 대하여 정지 상태가 될 때까지 진출한 최단 정지거리와 관계있는 타력은?

가. 반전 타력
나. 정지 타력
사. 회두 타력
아. 발동 타력

✓ · 타력
① 발동타력 : 정지 중인 선박에 전속을 걸었을 때 실제 전속력에 이를 때까지의 타력
② 정지타력 : 전진 중인 선박에 기관이 정지시로부터 선체운동이 수면에 대하여 정지 할 때까지의 타력
③ 회두타력 : 전타중 키를 중앙(미드쉽)으로 돌린 후로부터 회두운동이 정지 할 때까지의 타력
④ 반전타력 : 선박이 전진중 전속후진을 걸어서 실제로 선박이 정지할 때까지의 타력

22. 안개가 끼었을 때 행하는 신호로 옳지 않은 것은?

가. 기류신호
나. 타종신호
사. 사이렌
아. 기적신호

23. 선수트림이 조선상 불리한 이유로 옳지 않은 것은?

가. 스크루 프로펠러의 공전이 심하다.
나. 속력이 빠르고 침로유지가 쉽다.
사. 타효가 나빠진다.
아. 침수사고가 일어날 수 있다.

✓ · 선수트림
바람의 영향은 적게 받지만 파도의 영향을 많이 받고 속력이 저하되고 황천시에는 추진기의 공전이 일어날 수 있다.

24. 국제신호서의 문자신호 "B"의 의미는 무엇인가?

가. 사람이 물에 빠졌다.
나. 나는 위험물을 하역중 또는 운송중이다.
사. 나는 도선사를 요구한다.
아. 그렇다.

- ✓ · 사람이 바다에 빠졌다 : O
  · 본선은 위험물 하역 중 또는 운송 중임 : B
  · 나는 도선사를 요구한다 : G
  · 그렇다 : C

25. 다음 설명 중에서 섬유로프 취급시 주의사항으로 틀린 것은?

가. 항상 건조한 상태로 보관한다.
나. 마찰이 심한 곳에는 마찰포나 캔버스를 감아서 보호한다.
사. 로프에 기름이 스며들면 강해지므로 그대로 둔다.
아. 산성이나 알칼리성 물질에 접촉되지 않도록 한다.

- ✓ 식물성로프가 물에 젖거나 기름이 스며들면 강도가 약 1/4 정도 약해진다.

26. 선박의 속력에서 전속의 약 3/4에 해당하는 것은?

가. 반속   나. 미속   사. 극미속   아. 저속

- ✓ · 전속 : 계속 항해 가능한 최대속력
  · 반속 : 전속의 약 3/4
  · 미속 : 전속의 약 1/2
  · 극미속 : 상용출력의 약 20% 이하

27. 다른 선박과 마주쳤을 때의 항법으로 틀린 것은?

가. 양 선박이 거의 정면으로 마주치면 서로 왼쪽으로 변침한다.
나. 양 선박이 서로 지나칠 때는 충분한 거리를 유지한다.
사. 필요할 때는 언제든지 기관과 기적신호를 사용할 수 있다.
아. 기본적인 항법 규칙을 철저히 이행한다.

- ✓ 양 선박이 정면으로 마주치면 서로 우현으로 변침한다.

28. 정박지로서 가장 좋은 저질은 어느 것인가?

가. 모래   나. 모래와 자갈
사. 펄 또는 점토   아. 자갈

- ✓ 닻이 잘 꽂힐 수 있는 진흙이나 펄이 좋고 자갈, 암초 등은 피한다.

29. 다음 중 복원력의 크기에 가장 영향을 적게 미치는 것은?

가. 선폭의 크기   나. 건현의 크기
사. 배수량의 크기   아. 프로펠러의 크기

30. 선박에서 흘수를 조사하는 이유는?

가. 항행이 가능한 수심을 안다.
나. 해수의 침입을 방지하기 위해서
사. 풍랑을 선미에서 받을 수 있다.
아. 날씨의 변화를 조사하기 위하여

31. 야간 항해시 항법과 관계가 적은 사항은?

가. 기본적인 항법규칙을 지킨다.
나. 양 선박이 마주치면 우현 변침한다.
사. 기적과 기관을 사용해서는 안된다.
아. 다른 선박의 등화를 발견하면 확인하고 자선의 조치를 취한다.

32. 선박의 동력추진 방식으로 가장 많이 사용하는 것은?
가. 제트 분사 장치　　나. 수차
사. 돛　　아. 스크류 프로펠러

33. 시계가 양호한 주간에만 실시할 수 있으며 자선의 상태를 장시간 계속적으로 표시하는 경우에 적합한 신호는?
가. 기류 신호　　나. 발광 신호
사. 음향 신호　　아. 수기 신호

34. 해상에서 사용되는 신호 중 시각 통신에 해당하지 않는 것은?
가. 수기 신호　　나. 기류 신호
사. 발광 신호　　아. 기적 신호

✓ 기적 신호 : 청각 통신

35. 선수에서 선미에 이르는 갑판의 만곡을 무엇이라 하는가?
가. 현호　　나. 선체 중앙
사. 선미 돌출부　　아. 우현

✓ ・현호
선수에서 선미에 이르는 갑판의 만곡. 선체 중앙부가 가장 낮고 선수와 선미를 높게 하여 파도를 막고 선체를 보기 좋게 한다.

36. 선박이 항행할 때 수심이 얕은 수역은 선속에 어떤 영향을 끼치는가?
가. 조파저항이 작아지고 선체의 침하로 저항이 감소되어 선속이 빨라진다.
나. 조파저항이 커지고 선체의 침하로 저항이 증대되어 선속이 감소한다.
사. 수심이 깊은 수역에서와 다를 게 없다.
아. 공선시에는 선속이 감소하나 만선시에는 빨라진다.

✓ ・천수의 영향
선체의 침하현상. 조파저항이 커지고, 선체침하로 저항이 증대되어 선속이 감소한다.

37. 선체는 선회 초기에 원침로에서 타각을 준 바깥쪽으로 약간 밀리는데 이러한 원침로 상에서의 횡방향으로 벗어나는 것을 무엇이라고 하는가?
가. 선회종거　　나. 킥
사. 선회횡거　　아. 전심

✓ ・선회종거(어드밴스) : 90도 회두했을 때 원침로상에서 전진한 거리
・선회횡거(트랜스퍼) : 90도 회두했을 때 원침로에서 직각방향으로 잰 거리
・킥 현상 : 선회초기에 선수는 선회권 안쪽으로, 선미는 바깥쪽으로 약간 밀리는 현상
・전심 : 선체 회전의 중심

38. 저기압의 특징으로 틀린 것은?
가. 주위로부터 바람이 불어 들어온다.
나. 상승기류가 있어 구름과 비를 가져온다.
사. 중심으로 갈수록 기압경도가 커져서 바람이 강하다.
아. 하강기류로 날씨가 맑다.

✓ 고기압의 중심부에서는 상층으로부터 하강기류가 생겨 날씨가 비교적 좋다.

39. 선박의 복원력에 대한 설명으로 옳은 것은?
가. 선체가 튼튼하면 복원력이 없어도 안전하다.
나. 항해중에는 복원력이 필요 없다.
사. 선박의 안전성을 판단하는 것과는 관계없다.

아. 복원력이 너무 작으면 선박에 위험을 초래하게 된다.

40. 국제기류신호 "G"기는 무슨 의미인가?

가. 사람이 물에 빠졌다.
나. 나는 위험물을 하역중 또는 운송중이다.
사. 나는 도선사를 요구한다.
아. 나를 피하라, 나는 조종이 자유롭지 않다.

- ✓ · 사람이 물에 빠졌다 : O
- · 나는 위험물을 하역중 또는 운송중이다 : B
- · 나는 도선사를 요구한다 : G
- · 나를 피하라, 나는 조종이 자유롭지 않다 : D

41. 물속에 잠긴 선체의 깊이를 무엇이라 하는가?

가. 건현
나. 흘수
사. 트림
아. 수선장

- ✓ · 수선장 : 선체가 물속에 잠겨있는 부분의 수평거리
- · 건현 : 만재흘수선에서 건현 갑판의 선측상단까지의 수직거리
- · 흘수 : 물속에 잠긴 선체의 깊이
- · 트림 : 선체 전후의 균형

42. 선박의 안전운항에 있어 가장 중요한 것은?

가. 적절한 경계
나. 측심
사. 등화
아. 속력 측정

43. 예정 정박지를 향하여 저속의 전진 타력으로 접근하다가 예정 투하지점을 지날 때 후 진 기관을 사용하여 후진 타력이 생기면 앵커를 투하하는 방법은?

가. 슬리핑 앵커법
나. 전진투묘법
사. 후진투묘법
아. 심해투묘법

- ✓ · 전진투묘법 : 전진타력으로 저속 접근하다가 예정묘지에 닻을 투하
- · 후진투묘법 : 예정 투묘지점에 이르러 후진하면서 닻을 투하
- · 심해투묘법 : 정박지 수심이 25m 이상이 되면 배를 정지시켜 윈드라스를 역전시켜서 해저 10m 가까이 되면 투하

44. 대기는 무게를 가지며 작용하는 압력은 지표면에서 크고, 고도가 증가함에 따라 감소한다. 이것은 무엇에 관한 설명인가?

가. 습도
나. 안개
사. 기압
아. 기온

45. 안전한 선박 운항이 되기 위해서는?

가. 배의 무게중심을 위로 오도록 해야 한다.
나. 선박을 안정상태로 유지할 필요가 있다.
사. 선수흘수를 크게 하는 것이 필요하다.
아. 가능한 한 청수, 연료유는 적게 싣고 다닌다.

46. 조타장치에 대한 다음 설명 중 옳지 않은 것은?

가. 자동조타장치에서도 수동조타를 할 수 있다.
나. 대형선에는 동력을 이용하여 키(러더)를 동작 시키는 조타장치가 필요하다.
사. 동력조타장치는 브릿지의 조타륜이 키(러더)와 기계적으로 직접 연결되어 비상조타를 할 수 없다.
아. 인력조타장치는 소형선이나 범선 등에서 사용되어 왔다.

47. 날개의 피치각을 자유롭게 조절할 수 있도록 한 프로펠러는 무엇인가?

가. 고정피치 프로펠러
나. 우현피치 프로펠러

사. 가변피치 프로펠러
아. 좌현피치 프로펠러

✓ 가변피치 프로펠러 : 날개의 피치각을 자유롭게 조절할 수 있는 스크류

48. 안전속력을 결정하는데 고려하여야 할 사항과 관계가 먼 것은?

가. 시정의 상태　　나. 교통의 밀도
사. 본선의 최단 정지거리　아. 해수의 염분농도

✓ · 안전속력 결정요소
시계 상태, 해상 교통량, 조종 특성, 항해 장애물 근접 여부, 레이더 특성, 해상과 기상 상태 등

49. 파랑중의 위험 현상에 관한 사항을 잘못 설명한 것은?

가. 선체가 횡동요중 옆에서 파도를 받으면 위험하다.
나. 선박은 공선시 선수의 충격이 크다
사. 선체의 횡동요 주기와 파도의 주기가 일치하도록 조종한다.
아. 공선 항해시 프로펠러의 공회전 현상이 일어난다.

50. 저속선에서 가장 큰 비중을 차지하는 저항은?

가. 조파저항　　나. 마찰저항
사. 공기저항　　아. 조와저항

51. 물에 떠 있는 선체에서는 배의 무게만큼의 중력이 어느 쪽으로 작용하는가?

가. 상방　　나. 하방
사. 왼쪽　　아. 오른쪽

✓ 물에 떠 있는 선체는 배의 무게 만한 중력이 아래로 작용

52. 다음 조난신호 용구 중에서 시인거리가 가장 먼 것은 어느 것인가?

가. 호각　　나. 신호홍염
사. 낙하산신호　아. 기류신호

✓ 낙하산신호 : 공중에 발사되면 낙하산이 펴져 천천히 내려오면서 멀리까지 불꽃을 볼수 있는 야간용 조난신호

53. 청수, 기름 등의 액체가 탱크 내에 가득 차 있지 않을 경우 선체 동요시에 그 액체들이유동하면 복원력은 어떻게 되는가?

가. 증가한다.
나. 증가하는 경우가 많다.
사. 감소한다.
아. 아무런 영향을 받지 않는다.

54. 다음 신호 중 물에 떠서 오렌지색의 연기를 내는 것은?

가. 낙하산신호　나. 자기 발연신호
사. 신호홍염　　아. 전등

✓ · 신호 홍염 : 야간용 조난신호. 손잡이를 잡고 불을 붙이면 붉은색 불꽃을 낸다.
· 낙하산신호 : 공중에 발사되면 낙하산이 펴져 천천히 내려오면서 멀리까지 불꽃을 볼 수 있는 야간용 조난신호
· 자기 발연신호 : 자기 점화등과 같은 목적의 주간신호. 물에 던지면 자동적으로 오렌지색 연기를 낸다.

55. 유압 펌프가 기름을 송출하지 못하는 원인으로서 적당치 못한 것은?

가. 원동기의 회전 방향이 반대다.
나. 흡입 필터가 막혔다.

사. 흡입관에서 공기가 흡입된다.
아. 기름의 점도가 낮다.

56. 선박이 여객이나 화물을 싣고 안전하게 항행할 수 있는 최대한의 흘수를 무엇이라 하는가?

가. 선수 흘수 나. 선미 흘수
사. 중앙 흘수 아. 만재 흘수

✓ 만재흘수 : 선박의 안전 항행이 허용되는 최대 흘수

57. 강풍이나 파랑이 심하거나 조류가 강한 수역에서 강한 파주력을 가질 필요가 있을 때 행하는 투묘법은?

가. 단묘박 나. 쌍묘박
사. 이묘박 아. 선수미 묘박

✓ · 단묘박 : 교통량이 적고 넓은 수역에서 사용
· 쌍묘박 : 좁은 수역, 선박의 출입이 많은 곳에서 사용
· 이묘박 : 강풍이나 파랑이 심해 강한 파주력을 얻고자 할 때 사용

58. 야간 항행시의 주의사항에 대하여 옳지 않은 것은?

가. 레이더 등의 전파 항해 계기를 함께 이용하여 선위측정을 한다.
나. 멀리 돌아가더라도 안전을 우선으로 하는 침로를 선택한다.
사. 어둡기 때문에 야간 표지를 발견하려고 노력할 필요는 없다.
아. 등화를 발견하면 등화의 종류와 그 동정을 확인한다.

59. 다음 중 합성 섬유가 아닌 것은?

가. 마닐라 로프 나. 나일론 로프
사. 폴리프로필렌 로프 아. 폴리에틸렌 로프

✓ · 식물 섬유로프 : 마닐라 로프
· 합성 섬유로프 : 나일론 로프, 폴리프로필렌 로프, 폴리에틸렌 로프

60. 선박의 정박 중 황천을 만난 경우의 조치로 틀린 것은?

가. 공선시 밸러스팅을 하여 흘수를 증가시킨다.
나. 앵커체인의 길이는 되도록 짧게 한다.
사. 육안에 계류 중이면 떼어서 정박지로 이동한다.
아. 상륙자는 전원 귀선시킨다.

✓ 투묘중 그 자리에서 피항 가능하면 풍력 증가에 따라 앵커체인을 더 내어준다

61. 전진중인 선박을 가장 빨리 정지시키는 방법은 어느 것인가?

가. 전속후진 나. 반속후진
사. 미속후진 아. 기관정지

62. 좁은 수로(항내 등)에서 조선중 주의해야 할 사항이 아닌 것은?

가. 속력은 조선에 필요한 정도로 저속 운항하고 과속 운항을 피해야 한다.
나. 전후방, 좌우방향을 잘 감시하면서 운항해야 한다.
사. 충돌의 위험시는 조타, 기관조작, 투묘하여 정지 시키는 등 조치를 취해야 한다.
아. 타 선박과 충돌의 위험이 있다 해도 우선 조타만 잘하면 된다.

63. 앵커 체인이 많이 꼬여 풀리지 않을 때의 조치사항으로 가장 옳은 것은?

가. 체인을 절단하여 푼다.
나. 체인을 양묘기에서 떼어서 모두 버린다.

사. 시간이 얼마나 걸리더라도 풀기를 계속 한다.
아. 해양경찰에게 신고한다.

64. 선저부의 중심선에 있는 배의 등뼈로서 선수미에 이르는 종강력재를 무엇이라 하는가?

가. 외판   나. 종통재   사. 늑골   아. 용골

✓ · 용골 : 선체 최하부의 중심선에 있는 종강력재
· 늑골 : 선체의 좌우 선측을 구성하는 뼈대. 용골에 직각으로 배치. 횡강력재.
· 외판 : 선체 외곽을 이루어 선체 수밀 유지 및 부력 형성

65. 다음 내용에 해당하는 통신 설비는?

[초단파를 이용한 근거리용 통신 설비로 선박상호간 또는 출·입항시 선박과 항만 관제소와의 교신에 주로 사용된다.]

가. 무선전신
나. 팩시밀리
사. 에스에스비(SSB) 무선 전화
아. 브이에이치에프(VHF) 무선 전화

✓ · 용무선전신 : 모스 부호로 교신
· 팩시밀리 : 전송사진 원리에 의해 천기도, 도면 서류 등 수신
· SSB 무선전화 : 단파를 이용한 장거리용 무선전화
· VHF 무선전화 : 초단파를 이용한 근거리용 무선전화. 선박상호간 또는 입출항시 선박과 항만 관제기관과의 교신에 주로 이용

66. 야간에 항해등을 켜고 항해할 때 브릿지 앞쪽으로 새어 나오는 선내의 불빛은 어떻게 해야 하는가?

가. 그대로 둔다.
나. 다른 선박이 분명히 볼 수 있도록 조치한다.
사. 커튼으로 차단시킨다.
아. 어떻게 조치하든 상관없다.

67. 제한시계 항행시의 조종과 관계가 없는 것은?

가. 항상 앵커 투하 준비
나. 항해등을 포함한 모든 등을 점등한다.
사. 기관을 즉시 사용할 수 있도록 한다.
아. 선내 정숙을 기한다.

68. 키(rudder)의 역할에 맞지 않는 사항은?

가. 보침성이 좋아야 한다.
나. 선회성이 좋아야 한다.
사. 저항이 작고 충격에 강해야 한다.
아. 충분히 크고 마찰이 커야 한다.

69. 항해 중 흘수가 변하는 경우는?

가. 바다에서 강으로 항해할 때
나. 선박의 설비가 고장 난 때
사. 주기관을 사용했을 때
아. 출 · 입항 준비를 완료했을 때

70. 다음 저기압에 관한 설명 중 옳은 것은?

가. 기압이 1013 헥토파스칼 이하
나. 주위와 비교하여 기압이 낮은 곳
사. 기압이 1000 헥토파스칼 이하
아. 우리나라 여름철에는 온대성 저기압이 자주 온다.

✓ 저기압 : 주위보다 기압이 상대적으로 낮은 곳

71. 선체의 길이 중 가장 긴 것은?

가. 전장 나. 수선간장
사. 수선장 아. 등록장

✓ · 전장 : 선수 최전단으로부터 선미 최후단까지의 수평거리
· 수선간장 : 계획 만재흘수선상의 선수재 전면에서 타주(러더포스트)의 후면까지의 수평거리
· 수선장 : 선체가 물속에 잠겨 있는 부분의 수평거리
· 등록장 : 선수재 전면에서 선미재 후면까지를 상갑판 보상에서 잰 수평거리

72. 우선회 단추진기 선박에서 외력이 없을 때 정지상태에서 후진을 걸면 일반적으로 선수의 편향은?

가. 선수 직후진 나. 선수 좌회두
사. 좌로 평행이동 아. 선수 우회두

✓ 우선회 단추진기선에서 정지 중 후진하면 선미가 좌편시킨다. 즉 선수 우회두.

73. 야간 항해시 다른 선박과 횡단하는 자세로 마주치면 어떻게 해야 하는가?

가. 큰 배가 피한다.
나. 작은 배가 피한다.
사. 홍등을 보이는 쪽이 피한다.
아. 홍등을 보는 쪽이 피한다.

✓ 두 선박이 횡단상태일 때, 타 선박의 홍등(좌현)을 보는 선박이 피항선

74. 키를 중앙으로 되돌리라는 조타 명령은?

가. 스타보드(starboard) 나. 포트(port)
사. 미드십(midships) 아. 스테디(steady)

✓ · 조타 명령
 - 스타보드 : 우현으로 회전
 - 포트 : 좌현으로 회전
 - 미드십 : 타각 중앙
 - 스테디 : 선수를 현침로로 유지하라.

75. 다음 설명 중 스톡리스 앵커에 해당하는 것은?

가. 대형선에서 많이 사용되고 있다.
나. 스톡 앵커에 비해 투묘 및 양묘시 취급이 불편하다.
사. 앵커가 해저에 있을 때 앵커 체인과 잘 엉킨다.
아. 스톡이 있는 앵커이다.

✓ · 스톡앵커 : 스톡(닻채)이 있는 닻. 파주력 크지만 격납 불편. 소형선에 주로 사용
· 스톡리스 앵커 : 스톡이 없는 닻. 파주력은 떨어지지만 투묘 및 양묘 취급이 쉽다. 닻과 닻줄이 엉키지 않고 수심이 얕은 곳에서 닻에 의해서 선저를 손상시키는 일이 없다. 대형선에 주로 사용.

76. 선저와 선측을 연결하는 만곡부를 무엇이라 하는가?

가. 빌지 나. 현호
사. 선저 경사 아. 이중저

✓ · 빌지(선저만곡부) : 선저와 선측을 연결하는 만곡부
· 현호 : 선수에서 선미에 이르는 현측선의 휘어짐
· 이중저 : 선저 외판의 만곡부에서 만곡부까지 내저판을 설치하여 선저를 2중으로 한 구조

77. 선박이 부두에 접안한 상태로 황천에 견디려면 계선줄을 어떻게 조정 하는 것이 좋은가?

가. 바짝 당긴다
나. 계선줄을 추가로 잡는다.

사. 그대로 둔다.
아. 조금 당긴다.

78. 선박의 황천항해 준비사항 중 맞지 않는 것은?

가. 선내의 이동물을 고박한다.
나. 구명뗏목을 로프로 고박시킨다.
사. 선창 등 개구부를 밀폐시킨다.
아. 배수구를 청소한다.

79. 다음 중 앵커 체인의 관리에 적합하지 않는 것은?

가. 체인이 평균 지름의 12% 이상 마멸되면 체인을 교환해야 한다.
나. 앵커의 움직이는 부분에 대하여 정기적으로 이상 유무를 확인한다.
사. 앵커를 감아들일 때는 안전을 위해 체인에 묻은 펄을 제거하지 않는다.
아. 입거시에는 전체적인 손상 및 마멸을 확인한다.

✓ · 닻과 닻줄의 관리
· 부식과 마모가 심하여 평균지름의 10% 이상 마멸되면 교체
· 닻의 움직이는 부분은 때때로 그리스 주입
· 닻을 감아들일 때 체인에 묻은 펄을 씻어주고 격납
· 입거시에는 섀클 표시를 다시 한다.

80. 다음 중 협시계라고 할 수 없는 것은?

가. 무중   나. 폭설이 내릴 때
사. 폭우가 쏟아질 때 아. 교통이 혼잡할 때

81. 화물선에서 복원성을 확보하기 위한 방법으로 볼 수 없는 것은?

가. 선체의 길이 방향으로 화물을 배치한다.
나. 선저부의 탱크에 밸러스트를 적재한다.
사. 가능하면 높은 곳의 중량물을 아래쪽으로 옮긴다.
아. 연료유나 청수를 공급 받는다.

✓ · 선체의 길이방향으로 화물을 배치할 때에 어떤 곳에 집중 배치하면 과도한 응력이 발생하여 선체가 절단될 위험이 있다.

82. 화물을 선창에 실을 때 주의사항으로 볼 수 없는 것은?

가. 무거운 것은 밑에 실어 무게중심을 낮춘다.
나. 화물의 이동에 대한 방지책을 세워야 한다.
사. 먼저 양하할 화물부터 싣는다.
아. 갑판 개구부의 폐쇄를 확인한다.

83. 선체의 횡요를 경감시킬 목적으로 설치된 것은?

가. 빌지킬   나. 용골 익판
사. 현측 후판   아. 빌지웨이

84. 현호의 성능이 아닌 것은?

가. 예비부력 증대 나. 배수 원활
사. 능파성 증대   아. 미관상 좋음

✓ 현호 : 건현 갑판의 현측선이 휘어진 것

85. 정박중 앵커가 끌리지 않도록 예방하기 위해서 바람이나 파도가 강해지면 어떻게 하는 것이 좋은가?

가. 앵커 체인을 감아서 장력을 크게 한다.
나. 앵커 체인 감기와 풀기를 반복한다.
사. 앵커 체인을 더 내어 주어서 파주력을 보강한다.
아. 그대로 둔다.

86. 기압경도가 클수록 일기도의 등압선 간격은 어떠한가?

가. 등압선의 간격이 넓다.
나. 등압선의 간격이 좁다.
사. 등압선의 간격이 일정하다.
아. 계절 및 지역에 따라 다르다.

87. 계절에 따라 풍향이 바뀌는 풍계를 무엇이라 하는가?

가. 무역풍   나. 계절풍
사. 편서풍   아. 극도풍

88. 조타장치 취급시의 주의사항 중 옳지 않은 것은?

가. 조타기에 과부하가 걸리는지 점검한다.
나. 작동중 이상한 소음이 발생하는지 점검한다.
사. 유압 계통은 유량이 적정한지 점검한다.
아. 오손을 막기 위해 작동부의 그리스 주입은 분해 수리시에만 한다.

89. 닻의 중요 역할이 아닌 것은?

가. 침로유지에 사용된다.
나. 선박을 임의의 수면에 정지 또는 정박시킨다.
사. 좁은 수역에서 선회하는 경우에 이용된다.
아. 선박의 속도를 급히 감소시키는 경우에 사용된다.

✓ 닻의 주요역할 : 좁은 수역에서 선박 회전, 긴급 감속을 위한 보조수단

90. 다음 신호 중 야간에 사용할 수 없는 것은?

가. 낙하산신호   나. 신호홍염
사. 전등   아. 발연부신호

91. 두 척의 선박이 충돌의 위험성이 있는 상태에서 서로 상대선의 양쪽 현등을 보면서 접근하고 있으면 어떤 상태인가?

가. 횡단하는 상태   나. 마주치는 상태
사. 추월하는 상태   아. 통과하는 상태

✓ 상대선의 양현등과 마스트등이 동시에 보이는 경우는 정면으로 마주치는 상태이다.

92. 조타륜을 왼쪽으로 돌려 타를 좌현으로 회전 시키라는 조타 명령어는?

가. 스테디   나. 미드십
사. 포트   아. 스타보드

✓ · 조타 명령
- 스타보드 : 우현으로 회전
- 포트 : 좌현으로 회전
- 미드십 : 타각 중앙
- 스테디 : 선수를 현침로로 유지하라

93. 황천 항해중에 스크루 프로펠러의 공회전을 방지하기 위한 조치가 아닌 것은?

가. 선미흘수를 증가시킨다.
나. 핏칭을 줄일 수 있도록 침로를 변경한다.
사. 기관의 회전수를 줄인다.
아. 선수 흘수를 증가시킨다.

94. 보통 수심에서의 투묘 작업으로 적당한 것은?

가. 양묘기를 역전시켜 앵커를 수면 부근까지 내린 상태에서 앵커 무게에 의해 저절로 낙하되도록 한다.
나. 양묘기를 역전시켜 앵커를 해저까지 내린다.
사. 양묘기를 사용하지 않고 처음부터 앵커무게에 의해 저절로 낙하하도록 한다.
아. 수면 부근까지 앵커 무게에 의해 저절로 낙하되도록 한 다음 양묘기를 역전시켜 내린다.

95. 본선 가까운 곳에서 "메이데이"라는 무선 신호를 청취하였다. 이것은 무슨 신호인가?

가. 안전신호　　　나. 긴급신호
사. 조난신호　　　아. 경보신호

　✓ · 조난신호 : MAYDAY
　　· 긴급신호 : PAN PAN
　　· 안전신호 : SECURITE

96. 선박에 게양된 국제기류신호 "H(에이치)" 기는 무슨 의미인가?

가. 나는 잠수부를 내렸다.
나. 나는 위험물을 하역중 또는 운송중이다.
사. 나는 도선사를 요구한다.
아. 나는 도선사를 태우고 있다.

　✓ · A : 나는 잠수부를 내렸다
　　· B : 나는 위험물을 하역중 또는 운송중이다
　　· G : 나는 도선사를 요구한다
　　· H : 나는 도선사를 태우고 있다

97. 다음 중 넓고 여유있는 수역에서 충돌을 피하기 위한 가장 효과적인 동작은?

가. 속력 변경　　　나. 기관 후진
사. 신호 게양　　　아. 침로 변경

소형선박조종사 [PART 2. 운용] 정답

1	아	11	아	21	가	31	사	41	나
2	나	12	가	22	가	32	아	42	가
3	가	13	나	23	나	33	가	43	사
4	가	14	아	24	나	34	아	44	사
5	가	15	사	25	사	35	가	45	나
6	나	16	가	26	가	36	나	46	사
7	사	17	아	27	가	37	나	47	사
8	나	18	나	28	사	38	아	48	아
9	사	19	가	29	아	39	아	49	사
10	가	20	아	30	가	40	사	50	나

51	나	61	가	71	가	81	가	91	나
52	사	62	아	72	아	82	사	92	사
53	사	63	가	73	아	83	가	93	아
54	나	64	아	74	사	84	나	94	가
55	아	65	아	75	가	85	사	95	사
56	아	66	사	76	가	86	나	96	아
57	사	67	나	77	나	87	나	97	아
58	사	68	아	78	나	88	아		
59	가	69	가	79	사	89	가		
60	나	70	나	80	아	90	아		

Part 3 기관

CHAPTER 01 내연기관 및 추진장치

CHAPTER 02 보조기기 및 전기장치

CHAPTER 03 기관고장 시의 대책

CHAPTER 04 연료유 수급

이론편 ▶▶ 문제편

CHAPTER 01 내연기관 및 추진장치

Part3. 기관

내연기관(Internal Combustion Engine)이란 기관 내부에서 연료를 연소시켜 이때 발생하는 고압 고열의 가스를 직접 작용케 하여 동력을 발생시키는 기관이다.

1) 장점
　가. 열손실이 낮아 열효율이 높다.
　나. 외연기관과 달리 보일러가 없어 기관 전체의 중량과 부피가 작다.
　다. 시동 준비 시간이 짧고, 기관의 감속 조정이 쉽다.
　라. 고체 연료를 사용하지 않아 완전연소에 가깝고 비교적 매연이 적다.

2) 단점
　가. 압력의 변화가 심해 충격과 진동이 크다.
　나. 저속운전이 어렵고, 자력 기동이 어렵다.
　다. 연소 시간이 짧아 연료사용에 제한이 있다.

1 내연기관의 분류

1. 사이클에 의한 분류
　가. 2사이클 기관 : 1사이클을 피스톤 2가지 행정 즉, 크랭크축의 1회전으로 끝나도록 만든 기관(크랭크축 1회전, 캠축 1회전)
　나. 4사이클 기관 : 1 사이클의 4가지 작용을 피스톤 4행정 즉, 크랭크축의 2회전으로 끝나도록 만든 기관 (크랭크축 2회전 , 캠축 1회전)

1) 4행정 디젤 기관의 장단점
　가. 장점
　　ㄱ. 4행정 작동 행정은 단 1회이므로 실린더가 받는 열응력이 적다. 그러므로 압축 압력을 높일 수 있으며, 열효율이 높고, 연료 소비율이 적다.
　　ㄴ. 흡입행정과 배기 행정이 구분되어 있고 피스톤에 의해 배기를 배출하므로, 용적효율이 높고 환기 작용이 완전하여 고속 기관에 적합하다.
　　ㄷ. 실린더, 피스톤의 냉각이 잘 되어 기관의 수명이 길다.
　나. 단점
　　ㄱ. 흡기밸브, 배기밸브와 그 구동 장치가 있어 구조가 복잡하며, 실린더 헤드에 고장이 생기기 쉽다.
　　ㄴ. 크랭크 2회전에 한번 폭발하므로 회전력의 변화가 크다. 따라서 실린더 수가 적을 때는 원활한 운전을 위해서 큰 플라이 휠이 필요하다.

ㄷ. 동일한 출력을 낼 때 기관의 부피와 무게는 2행정 기관 보다 크다. 즉 마력 당 부피와 중량이 크다. 따라서 대형 선박용 기관에는 2행정 기관이 좋다.

2) 2행정 디젤 기관의 장단점

가. 장점

ㄱ. 흡, 배기 밸브가 없어 구조가 간단하다.

ㄴ. 회전이 균일하다.

ㄷ. 마력 당 중량이 가볍다.

ㄹ. 역전이 가능하다.

ㅁ. 출력이 2배이다.

나. 단점

ㄱ. 체적효율이 낮다.

ㄴ. 소기펌프가 필요하다.

ㄷ. 유효행정이 작아 유효일량이 적다.

ㄹ. 연료와 윤활유 소비량이 많다

2. 피스톤 로드 유무에 의한 분류

1) 트렁크 피스톤형 기관 : 피스톤 로드가 없으며, 피스톤 핀에 의해 커넥팅 로드를 직접 피스톤에 연결시키는 기관이다. 소형 기관에서 주로 사용한다.

2) 크로스헤드형 기관 : 피스톤과 커넥팅 로드 사이에 피스톤 로드가 크로스 헤드에 의하여 연결되는 기관이다. 저속 대형 디젤 기관에서 사용된다.

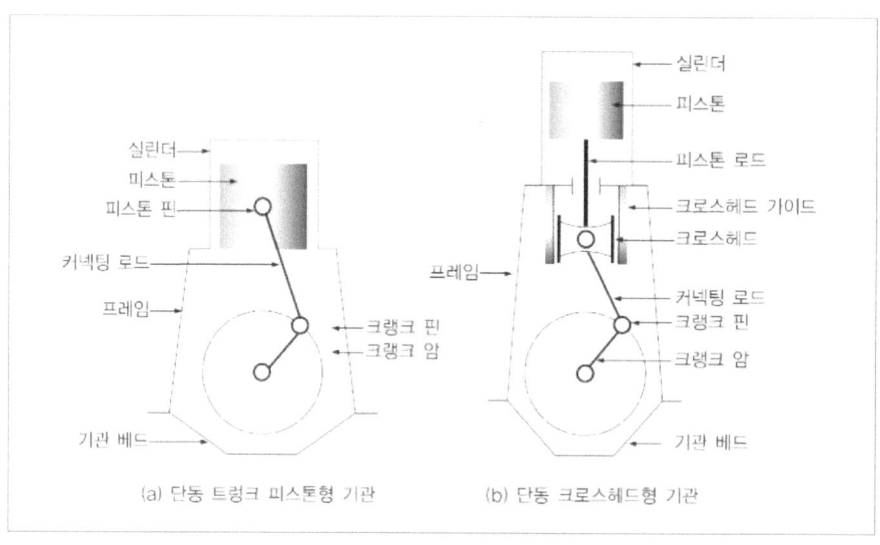

〈피스톤 로드 유무에 의한 분류〉

3. 기관속도와 출력에 의한 분류

  1) 회전속도에 의한 분류

   가. 고속기관 : 1000rpm 이상, 평균 피스톤 속도 9 m/s이상
   나. 중속기관 : 500~1000 rpm, 평균 피스톤 속도 6~9 m/s 이하
   다. 저속기관 : 500rpm 이하, 평균 피스톤 속도 6m/s이하

  2) 출력에 의한 분류

   가. 대형기관 : 1000ps 이상 또는 실린더 안지름 500mm 이상
   나. 중형기관 : 100~1000ps 또는 실린더 안지름 200~500mm
   다. 소형기관 : 100ps 이하 또는 실린더 안지름 200mm 이하

4. 열역학적 분류

   가. 정적사이클 기관 : 오토 기관이라고도 하며 일정한 용적하에 연소가 이루어진다. 가솔린, 가스, 석유 기관이다.
   나. 정압사이클기관 : 일정한 압력하에 연소가 이뤄지며 공기분사식 디젤기관이 있다.
   다. 복합사이클 기관 : 사바테사이클 기관, 연소의 일부는 정적, 나머지는 정압에서 이뤄지는 기관으로 무기 분사식 디젤기관이 있다.

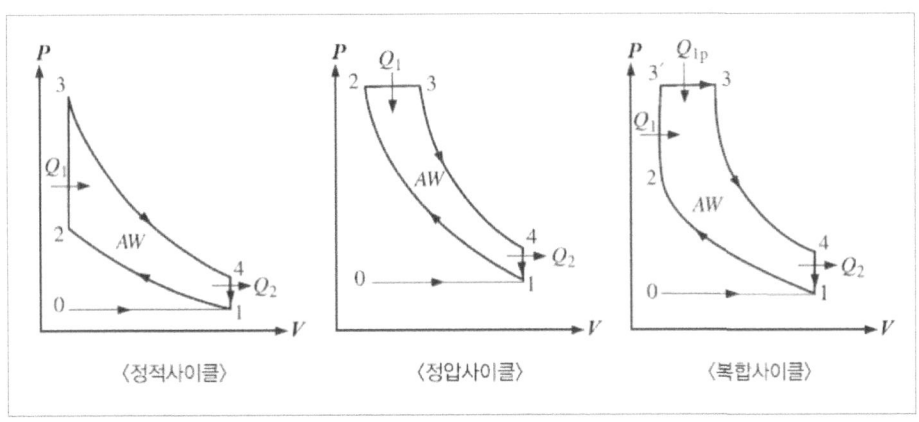

〈각종 사이클〉

2 내연기관의 작동원리

1) 4행정 디젤기관의 작동

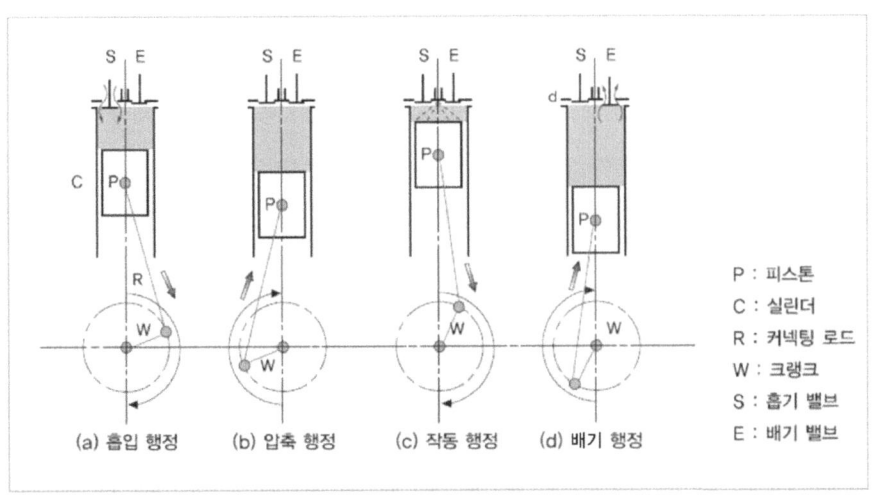

〈4행정 기관 작동 원리〉

가. 흡입 행정: 배기 밸브가 닫힌 상태에서 흡기 밸브가 열리고, 피스톤은 사점에서 하사점으로 내려가는 동안 외부에서 실린더 내로 공기가 들어온다.

나. 압축 행정: 개방된 흡기 밸브가 닫히며, 피스톤이 하사점에 상사점으로 상승함에 따라 실린더 내의 흡입된 공기는 압축된다.
다. 작동 행정: 피스톤이 상사점에 도달하기 바로 직전 연료 밸브에서 연료가 분사된다. 고온의 압축 공기에 발화되어 연소되고, 연소가스의 높은 압력으로 피스톤이 아래로 내려가며 크랭크를 회전시킨다.(팽창 행정)
라. 배기 행정: 팽창된 연소 가스는 배기 밸브를 통해 배출되고, 아래로 내려간 실린더가 상승하면서 남은 가스를 배출시키면서 상사점에 도달한다.

2) 2행정 디젤기관의 작동

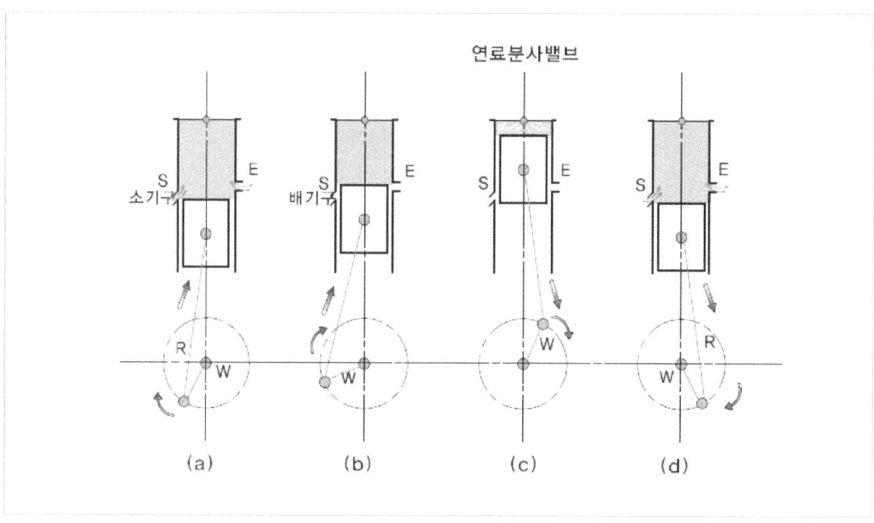

<2행정 기관 작동 원리>

가. 제1행정(소기와 압축 작용)
   피스톤이 아래에 있을 때 소기구와 배기구가 열려 있게 되어, 소기 펌프로 압축된 소기가 실린더 내부로 들어오며 배기를 배출 시킨다.(a)
   피스톤이 상승하면서 소기구가 닫히고, 배기구도 닫히면서 압축이 되면서 온도와 압력이 상승한다.(b)
나. 제2행정(작동(팽창), 배기와 소기 작용)
   피스톤이 상사점에 도달하면 압축된 실린더 내에 연료가 분사되며, 발화와 폭발이 이루어진다. 높은 압력으로 피스톤은 아래로 밀려 내려가며 크랭크를 회전시킨다.(c)
   피스톤이 내려오면 배기구가 열리며 연소가스가 배출되고, 피스톤이 더 내려가면 소기구가 열려 소기가 들어와 잔류 가스를 내보낸다.(d)

3) 밸브개폐시기
   흡기밸브와 배기밸브를 열고 닫는 시기를 밸브개폐시기라고 한다.

가. 흡기밸브의 열림: 배기행정 말에 열리는 것은 흡기 기간을 충분히 주기 위한 것으로 흡기관의 압력에 따라 배기가스가 흡기관으로 흐르는 역류와 흡기가 배기 쪽으로 나가는 단락 손실이 일어날 수 있다.
나. 흡기밸브의 닫힘: 피스톤이 하사점을 지나 압축행정 초 까지 열어 놓아야 충분한 흡기를 할 수 있다. 흡기 밸브나 배기 밸브가 상사점 후에 닫히는 것을 밸브 늦음(lag)라고 한다.
다. 배기밸브의 열림: 하사점 전에 열린다. 이와 같이 밸브가 하사점 전에 열리는 것을 밸브 앞섬 혹은 리드(lead)라고 한다.
라. 배기밸브의 닫힘: 상사점 후에 닫혀야 연소가스가 충분히 빠져 나갈 수 있다. 밸브가 늦게 닫혀 흡기가 배기밸브로 빠져나가는 경우 단락손실이라 한다.

③ 기관성능

1) 지압기와 지압 선도
  가. 지압기의 종류 : 기계식, 광학식, 전기식, 압전식 지압기로 나뉜다.

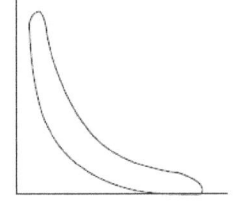 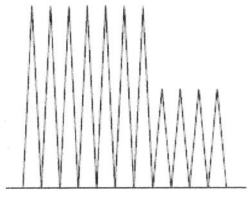 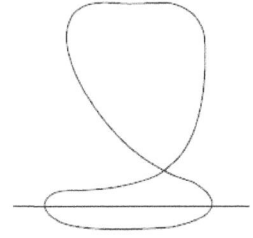

(a) PV선도　　　(b) 연속압력선도　　　(c) 약 스프링선도
〈지압선도의 종류〉

나. PV 선도 : 기관의 1사이클 중의 가스의 압력과 피스톤 운동에 따른 실린더 용적의 변화를, 피스톤 행정 변화를 알 수 있는 장치에 의해서 기록된 것으로, 그의 면적이 실린더 내의 일을 표시하기 때문에 선도로부터 행정 중의 피스톤에 가한 압력을 구하고 그의 평균 유효 압력을 계산해서 각 실린더의 지시마력을 계산 할 수 있다.
다. 수인 선도 : 연료의 분사 이후 연소의 과정 부분을 확대하여 기록한 것으로 연소에 관련된 일련의 과정을 알아 볼 수 있는 선도 이다.
라. 연속 최대 압력 선도 : 실린더 내에 최고 압력을 연속해서 기록하여 일정기간동안의 기관의 상태를 간단하게 파악 할 수 있다.
마. 약 스프링 선도 : 보통의 인디케이터 선도로서는 배기 밸브 열림이라든지 공기를 흡입할

때와 같은 압력이 낮은 부분은 분명히 기록하기 힘들기 때문에 저압 상태를 보기 위해서 약한 스프링으로 교체 하여 기록하는 선도 이다.

2) 지압선도로 알 수 있는 것
   가. 실린더 최고 압력
   나. 착화시기
   다. 평균 유효압력
   라. 연료분사밸브의 개폐시기
   마. 흡배기밸브의 개폐시기
   바. 평균유효압력과 도시마력의 계산

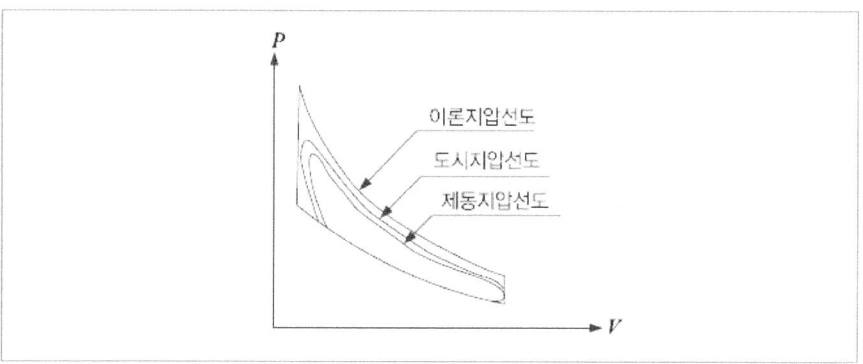

3) 열평형선도: 사용연료의 발열량이 축마력으로 이용되기까지 열소비의 내역을 나타낸 선도.

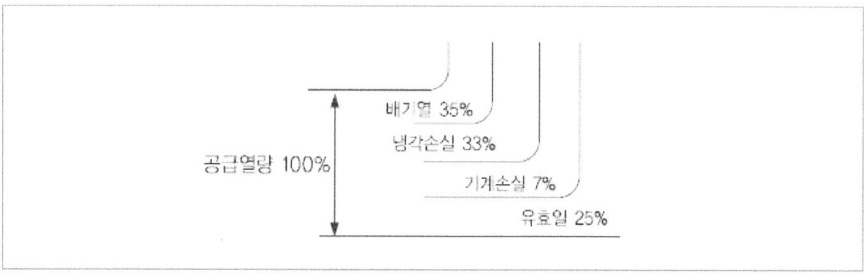

〈상키선도〉

4 출력의 표시

마력: 기관이 발생하는 동력을 나타내는데 사용되는 공정의 실용단위
1마력(HP) = 4,500 kg·m/분=75 kg·m/분

1) 도시마력 (실마력: Indicated Horse Power): 실린더 내의 압력으로 피스톤을 밀어서 일이 이루어지는 것으로 계산한 공정

도시마력(Indicated Horse Power. IHP) = (P x A x L x R)/4500 x Z

(P:평균유효압력(kg/cm2) A:피스톤의 넓이(cm2) L:스트로크(m) Z:실린더의 수)

2) 축마력(정미마력: Brake Horse Power): 실제로 축을 유효하게 회전시킨 마력

BHP = (W X 2 X L X π X N)/4,500

3) 도시마력과 축마력의 관계: 도시마력은 실린더 내에서 연료로부터 발생한 열에너지의 일부분이 동력으로 변한 것이며, 기계가 연료로부터 받아들인 마력이다. 축마력은 그 도시마력부터 피스톤 링, 피스톤 핀 메탈, 크랭크 핀 메탈, 주축소, 동 밸브 기구, 편심기 등 마찰부에서 마찰로 소비되는 마력과 펌프류, 또는 실제로 유효하게 크랭크 축을 회전시킨 마력이다.

BHP = IHP-(마찰손실마력 + 펌프류의 구동동력)

4) 추진효율: 축마력에 대한 유효마력의 비율

추진효율 = 유효마력/축마력

선박의 추진효율은 보통 45-60%이며, 기관종류와는 관계가 없다. 추진효율이 크다는 뜻은 그 선체의 구조, 프로펠러의 구조, 피치, 기관의 회전수 등이 서로 균형이 잘 잡혔다는 것을 말한다.

5 구조

1. 실린더 커버: 고급 주철로 만든 원형으로, 중앙에 분사 밸브를 장치하는 구멍이 있다. 4사이클 기관에서는 그 구멍 주위로 흡기 밸브, 배기 밸브, 시동 밸브 등의 취부공이 있으며 기타 안전 밸브, 지압기 등도 장치되어 있다. 그리고 중공부에는 냉각수 재킷으로 되어 있다. 실린더 와의 접합면은 동 패킹을 넣어서 4~8개의 스터드 볼트로 조이도록 하였다. 재킷부에는 스케일이 부착되거나 전기 작용으로 부식되므로 커버 측면에 소제공을 만들고 여기에 뚜껑이 있어 분해하여 소제 할 수 있게 되어 있다. 이들의 안쪽에 아연판을 매달아두면 전기 작용으로 인한

부식을 예방하는 효과가 있다.

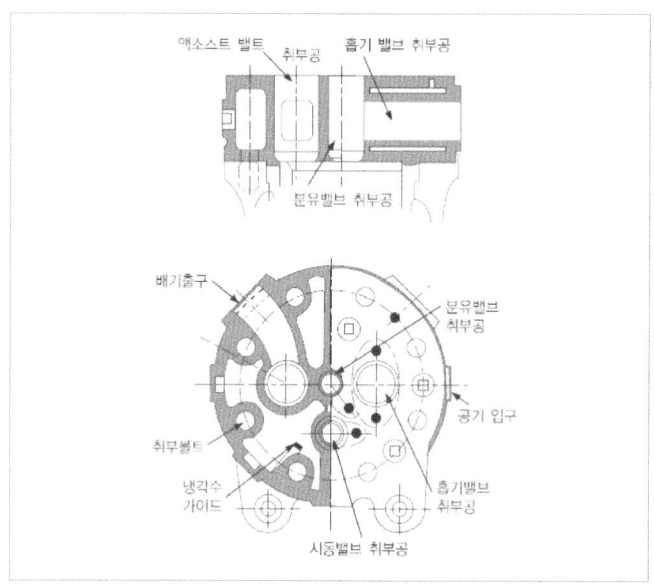

〈실린더 커버〉

2. 크랭크 케이스와 크랭크실

 1) 크랭크 케이스: 기관대와 실린더 사이에 설치한 틀로, 상면은 실린더 하면과, 하면은 기관대 상면과 볼트로 연결하였다. 기관대에서 크랭크 케이스를 거쳐 실린더 상면까지 관통한 수개의 인장 볼트로 조인 것도 있다.

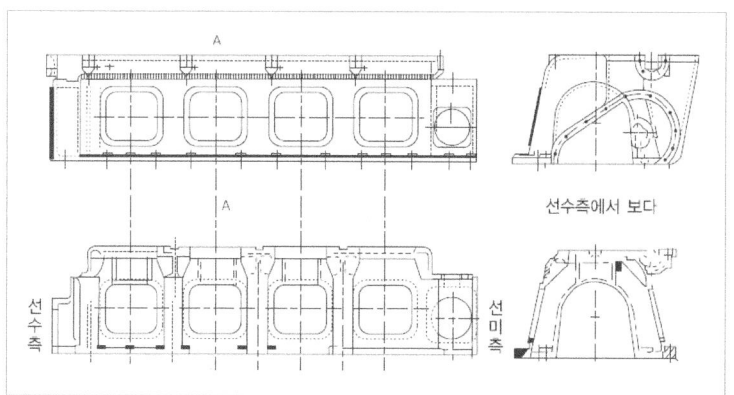

2) 크랭크 실: 크랭크 케이스와 기관대로 형성되며 하방은 윤활유가 고이도록 되어 있고 크랭크 축이 크랭크 실을 나오는 곳에 뚜껑을 달며 펠트의 패킹으로 눌러 놓았다. 또 그 뚜껑은 내측 주위로 화이트 메탈을 넣고 여기에 크랭크 축의 회전방향과는 반대로 나사형 홈을 만들어 크랭크 축이 회전하면 크랭크 실의 내부로 기름이 되돌아가게 된 것도 있다.

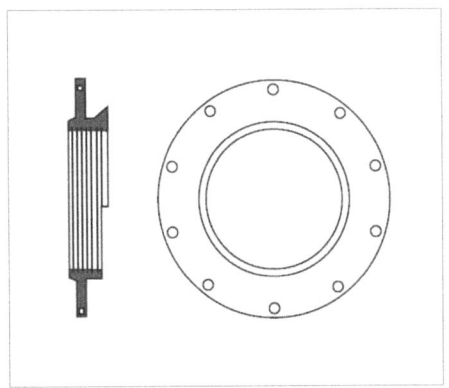

3. 캠: 배기밸브, 흡기 밸브, 시동 밸브, 분사 펌프 등을 움직이는 역할을 하며 특수강제로 만들어졌다. 표면은 담금질한 원반으로서 기본 원부와 돌기부로 형성되고, 캠 축에 수 축 끼워맞춤하여 키로 고정하였다. 그 형상은 각 밸브의 개폐시기에 정확히 맞추어 만들어 졌으며 캠축 기어 톱니바퀴 수가 크랭크축 기어의 톱니바퀴 수의 2배로 되어 있다.

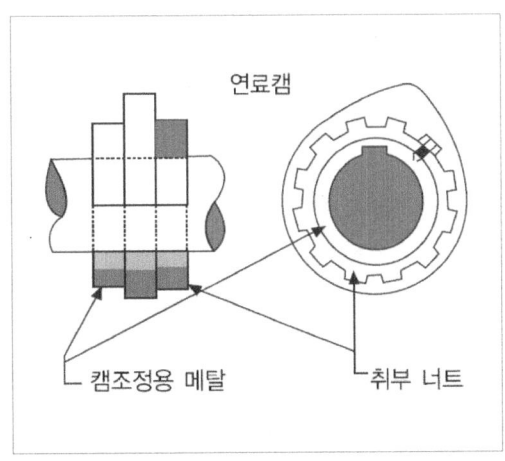

4. 배기 밸브와 흡기 밸브

구조 : 배기 밸브와 흡기 밸브의 구조는 같다. 밸브, 밸브 박스, 스프링, 안내부 등으로 구성되어 있다. 밸브 동체는 특수강으로 만든 밸브 헤드와 밸브 스핀들로 형성된다. 밸브 시트는 따로 통형으로 만든 것으로 밸브 상자의 하부에 끼워 실린더 커버와의 사이에 동패킹을 넣어 밸브 상자를 누르도록 되어 있다. 배기 밸브는 스핀들의 가이드 외주를 냉각수로 식히도록 되어 있다.

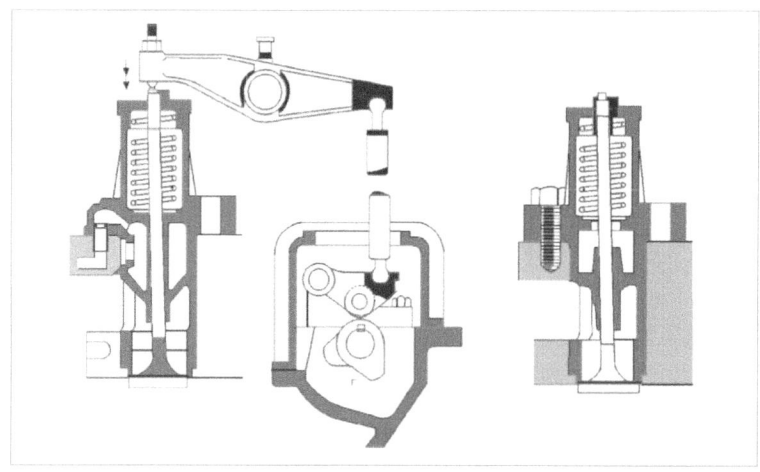

이 밸브들은 레버 끝에 있는 조정나사의 아래쪽 끝으로 스핀들 상단을 밀고 연다. 레버는 캠으로 밀어 올리는 로커 암과 푸시로드의 작용으로 움직인다. 캠이 롤러를 밀어 올리지 않고 있는 동안은 레버와 스핀들 사이에 빈틈이 있게 만들어져 있다. 이틈을 롤러 클리어런스라 한다. 이 밸브 틈을 가감하여 밸브의 개폐시기를 조정할 수 있다. 그러나 어느 정도 이하로 작게 하면 스핀들이 밑으로 쳐져 밸브가 완전히 닫히지 않으므로 주의해야 한다.

5. 시동 밸브

1) 종류: 캠 롤러, 푸시로드, 레버 등의 작용으로 열리는 것과 파일럿 밸브의 작용으로 압축공기가 자동적으로 열리는 것 2종류가 있다.

2) 구조 : 대체로 흡기 밸브와 비슷하나 구동장치가 다르다. 즉 일반적으로 시동밸브는 시동때만 움직이고, 운전 중에는 캠과 관계가 단절되도록 되어 있다.
   - 시동시 외에는 푸시 로드와 롤러를 캠의 동기 이상으로 끌어 올려 두는 법
   - 시동시 외에는 시동캠을 이동하여 롤러로부터 떼어놓는 법

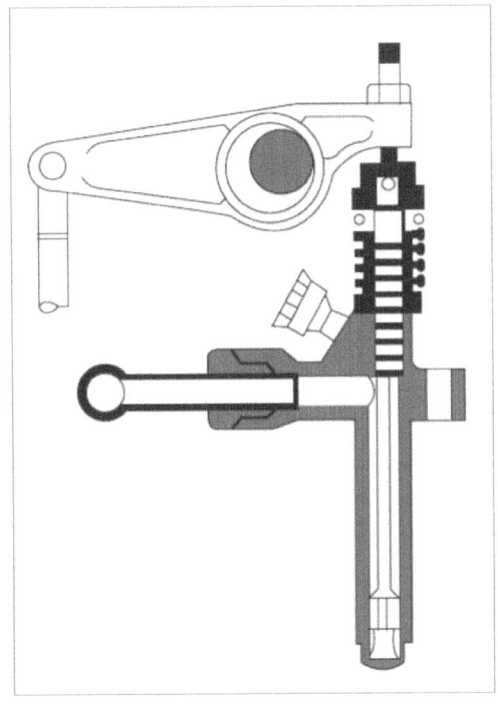

〈시동밸브〉

3) 주의
　가. 시동밸브는 운전 중에 작동하고 있지 않더라도 다른 밸브와 같이 고착, 누설의 유무를 점검하여 고장이 없도록 주의한다.
　나. 시동밸브는 기관조종 중 기관을 정지했을 때 실린더 커버의 온도가 너무 올라 고착하여 조종하는데 지장을 가져오기 쉬우므로 냉각수의 상황을 주의한다.
　다. 고장이 없더라도 1000시간 마다 1회의 비율로 분해 점검하여 밸브 면을 다듬질한다.
　라. 공기 관제장치의 경우 파일럿 밸브도 동시에 분해 정비하고 수선한다.

6. 분사 펌프
　1) 종류 : 스필 밸브식과 보시식으로 나뉜다.
　　가. 스필밸브식 분사펌프 : 펌프 몸체, 배럴, 플런저, 플런저 스프링, 플런저 구동용 캠, 롤러 장치, 흡입 밸브, 토출 밸브, 스필, 밸브 구동용 레버, 프시로드, 편심봉 장치 등의 요소로 구성되어 있다.

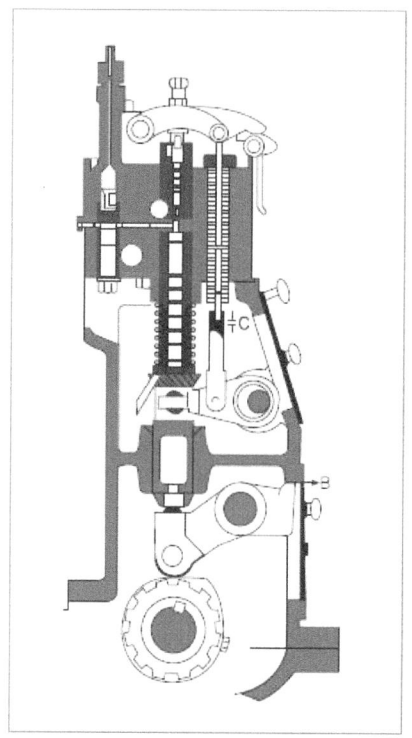

　스필밸브는 플런저와 함께 운동하는 편심봉에 붙은 커플링에 끼워 넣은 푸시로드로 레버를 들어 올려 열게 되어 있다. 또 따로 스필밸브 개방핸들이 있고, 필요한 때 그 핸들을 수동으로 레버를 올려 스필밸브를 열 수도 있게 해 두었다. 그리고 이 밸브가 열리면 펌프실에서 300 kg/cm2이상으로 압축되어 있는 기름이 펌프 본체내의 측로를 지나 흡입측으로 빠지므로 유압이 내리고 연료분사가 멈춘다.

　편심봉 지점은 연료 조정핸들 또는 조속기를 작동하는 횡축이 편심이 되어 연료 조정핸들 또는 조속기의 작용으로 횡축이 회전하면 편심봉의 지점이 상하로 이동하여 스필 밸브의 푸시로드와 편심봉과의 커플링 간극이 증감하고 플런저 행정에 대하여 스필 밸브가 빨라지거나 늦어져서 연료 분사종료 시기가 조정된다.

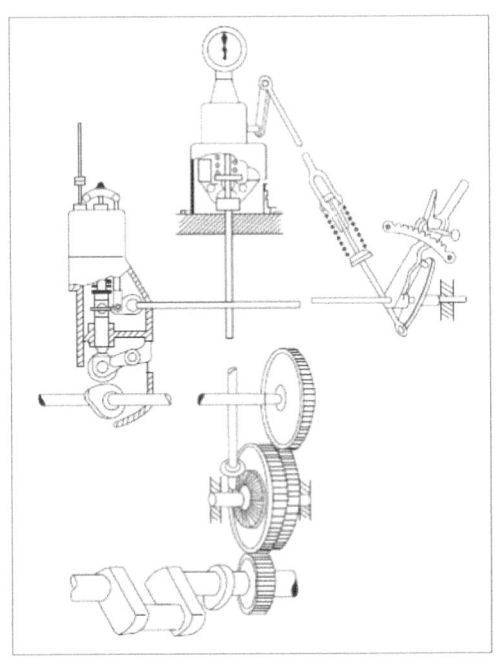

7. 분사밸브: 밸브 본체, 니들 밸브, 노즐, 밸브 스핀들, 가이드, 스프링의 구조로 되어 있다. 밸브 본체의 끝에는 노즐이 어셈블리 너트로 조립된다. 노즐 내부에 니들 밸브를 끼우며, 하부는 밸브 시트이며 니들 밸브면과 밀착되고 주위에 다수의 팁공이 있다. 그 상부는 가이드로 되어 있다. 니들 밸브 상단은 밸브 스핀들의 하단까지 자유로이 꽂히고, 밸브 스핀들을 미는 스프링의 힘이 밸브 시트로 밀어 붙이고 있으나 유압으로 열 때에는 밸브 스핀들과의 사이에 50/100mm 정도의 밸브 리프트가 생긴다. 밸브 스핀들을 미는 스프링의 강도를 조정너트로 가감하고 밸브가 여는 압력을 적당히 조정하도록 되어 있다. 기타 세구 여과기, 프라이밍 밸브, 검진봉 등이 있다.

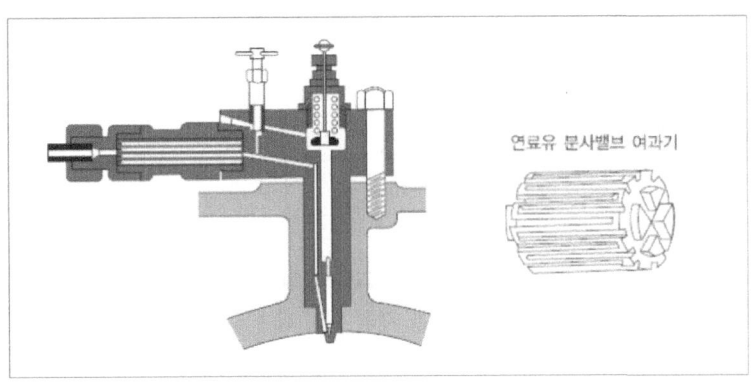

8. 실린더 : 실린더 블록, 실린더 라이너, 실린더 헤드로 나뉘며 주철로 만들며 외통과 내통을 일체로 주조하여 그 사이에 워터 재킷으로 한 것과 라이너를 끼운 것 2종이 있다.

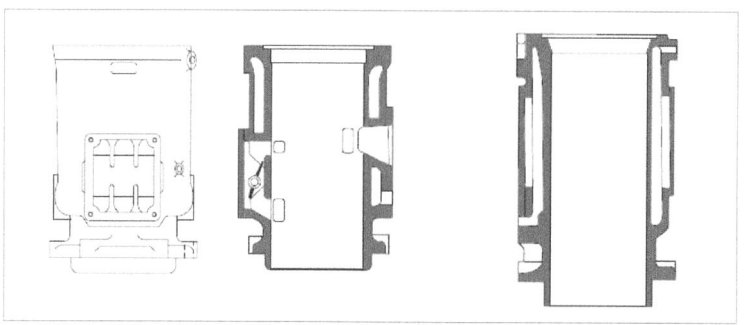

〈소구기관의 실린더〉　　　〈디젤기관의 실린더〉

1) 실린더 헤드: 실린더의 뚜껑 역할을 하는 부분. 실린더 피스톤과 더불어 연소실을 형성한다. 실린더와 헤드 사이에는 구리판이나 고무재질로 된 개스킷을 사용하여 연소가스가 새는 것을 막아준다.

2) 실린더 라이너: 내통으로 일체로 만들면 안팎으로부터 열을 받는 양에 큰 차가 있으므로 부동팽창에 의한 열상이 일어나기 쉽다. 그러므로 라이너만 고급재료로 만들어 마모를 적게 할 수도 있다. 또 마모된 경우에는 라이너만 예비품과 교환하면 되므로 비용이 적게 들고 시간이 절약되며 피스톤을 다시제작 할 필요가 없다. 그러나 구조가 다소 복잡해지므로 제조비가 비싸다.

3) 실린더 마모에 의한 장애
　① 압축 불량이 되고, 출력이 감소하며 연료 소비량이 증가
　② 연료가 불완전 연소하여 밸브면의 마모, 안내부의 고착, 노즐공의 막힘, 실린더 마모
　③ 가스 누설, 윤활유 오염.
　④ 소제공기 오염(소구기관)

4) 실린더 마모의 원인
　① 불량한 윤활유 사용시
　② 윤활유의 주유량이 적당하지 않을 때
　③ 실린더 온도가 너무 높을 때
　④ 피스톤 링의 장력이 너무 강하거나 재질이 강할 때
　⑤ 불순물을 제거하지 않은 채 운전을 계속 했을 때
　⑥ 크랭크 메탈, 주축수 등이 중심부정인 채 운전을 계속 했을 때

⑦ 회분 또는 유황분 등 불순물이 많은 저질연료를 사용했을 때

9. 피스톤: 주철제로 소구기관의 피스톤은 두부에 에어 가이드를 설치하여 둥근 볼록형으로 만들며, 디젤 기관의 피스톤은 밸브가 여닫히는데 방해가 되지 않도록 둥근 오목형으로 만들어져 있다.

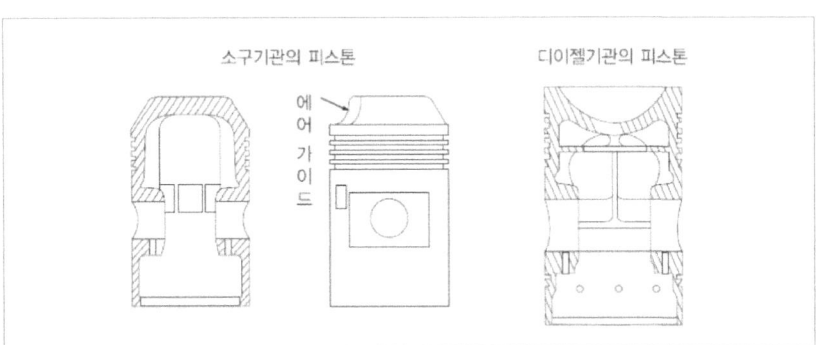

10. 피스톤 링: 압축 링(기밀 링)과 오일 링으로 구성되어 있다. 기밀 링은 실린더와 피스톤의 틈에서 공기나 가스가 새는 것을 방지하고 피스톤의 고열을 실린더로 옮겨, 피스톤의 과열을 방지한다. 오일 링은 실린더면에 부착하는 윤활유를 긁어내어 실린더 상부로 올라가지 못하게 한다. 오일 링이 없으면 피스톤의 상승에 따라 고열에 의하여 변질할 뿐만 아니라 연료와 함께 연소하여 소비량이 많아진다.

   1) 블로우 바이와 플래터 현상
      가. 블로우 바이 : 피스톤 링의 고착, 절손, 옆 틈이 적당하지 않을 때, 실린더 라이너의 불규칙한 마모나 상하로 흠집이 발생하였을 때 등의 경우에서 연소과정에서 발생된 폭발 가스가 피스톤링과 실린더 라이너 사이를 통해서 크랭크 실로 유입되는 현상으로 압축비를 얻을 수 없고 출력, 열효율을 저하시키게 된다.
      나. 플래터 현상 : 기관의 회전수가 고속이 되면 관성력이 크게 되고, 링이 링 홈에서 진동을 일으켜 실린더 벽, 도는 홈의 상·하면으로부터 뜨는 현상으로 가스누설이 급격히 증가하며 윤활유 소비량이 증가하게 된다.

11. 커넥팅 로드(연접봉): 피스톤의 동력을 크랭크로 전달하고 그 경사운동에 의하여 피스톤의 직선운동을 크랭크의 회전운동으로 바꾼다. 단강제 또는 고급 주강제로 제조되며, 위에 피스톤 핀 메탈, 아래에 크랭크 핀 메탈을 단다.

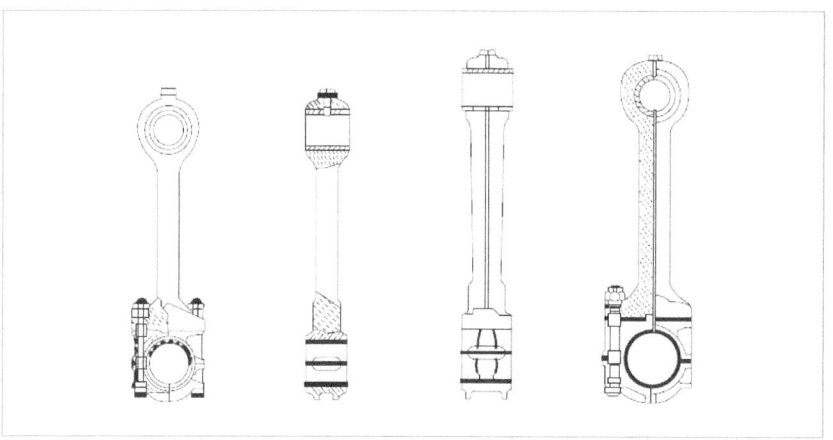

〈크랭크 구조〉

12. 크랭크축: 피스톤의 왕복운동을 크랭크축 회전운동으로 바꿔 동력을 외부로 전달한다.
  1) 크랭크축 절손 원인
      가. 메인 베어링의 부동마모에 의한 암의 개폐작용
      나. 추력축수의 마모, 조정 불량에 의한 암의 개폐작용
      다. 메인 베어링간극 과대, 기관대 변형 등에 의한 암의 개폐작용
      라. 노킹, 급회전 등을 반복하여 자연히 재질의 피로를 빠르게 한다.
      마. 비틀림 진동(Torsional Vibration)이 큰 위험 회전수로 운전하여 재질의 피로를 빠르게 한다.
  2) 비틀림 진동과 위험회전수: 축이 회전하는 동안 비틀리거나 풀리거나 하여 재료는 일종의 진동을 하고 있다. 이것이 어느 회전수일 때 특히 큰 진동이 되어 축에 무리한 영향을 미칠 때의 회전수를 위험회전수라 한다.

13. 플라이 휠(세차): 축과 함께 회전하는 바퀴, 축을 회전시키는 기관 동력이 증감해도 일정한 속도로 회전하려는 관성을 이용한 것으로 연소행정에서 피스톤의 발생 동력으로 생기는 회전력을 세차 속에 축적해 두고 다음 각 행정에서 회전력이 약해 졌을 때 세차의 관성으로 회전속도를 유지한다.
  1) 플라이휠의 역할
      가. 크랭크 축의 회전력을 균일하게 한다.
      나. 저속 회전을 가능하게 한다.
      다. 기관의 시동을 쉽게 해 준다.
      라. 밸브의 조정이 쉽다.

14. 평형추(밸런스 웨이트)

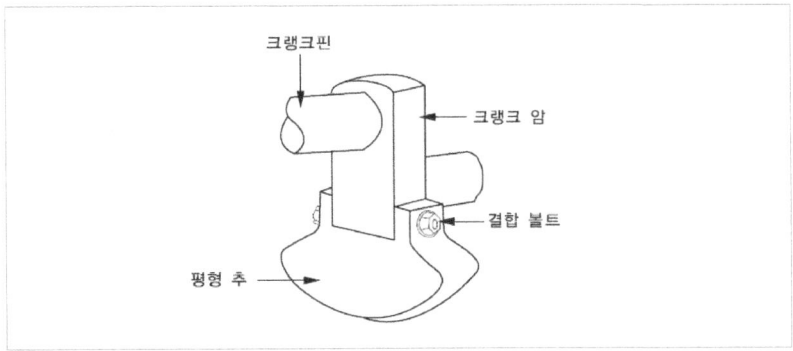

크랭크 축에 설치된 암과 핀 등은 축이 회전할 때, 원심력의 불 균일 현상을 일으켜 축이 진동하는 원인이 되기 때문에 이를 방지하기 위하여 크랭크 암의 반대쪽에 무게추를 설치하여 축의 평형을 유지하는 장치로 크랭크 메인 베어링의 마찰 감소, 출력 증가, 연료소비율 감소의 효과가 있다.

15. 메인 베어링(주축수) : 크랭크축을 지지하고 실린더 중심선과 직각되는 위치에서 축을 회전시킨다.

1) 메인 베어링의 발열
   가. 메인 베어링 중심의 부정
   나. 크랭크축심의 부정
   다. 선체 또는 기관대의 변형과 굽힘
   라. 윤활유의 부족
   마. 메인 베어링의 조정불량
   바. 과부하운전

6 디젤기관의 연소

1. 디젤기관의 연소기간

1) 착화지연기간
연료가 분사 되어도 자연발화 되기까지는 약간의 시간적 지연이 생기며 이것을 발화지연이라 한다. 이것이 길어지면 발화전의 연료량은 많아지고 혼합가스가 농후해져서 착화가 될 때 다량의 연료가 한꺼번에 폭발하므로 최고압력은 급격히 높게 되어 디젤 노킹의 원인이 된다.

2) 폭발적 연소기간

착화지연기간에 쌓였던 연료와 이 기간 동안에 분사되는 연료가 연소하여 발화와 동시에 폭발적으로 압력이 급상승 할 때를 말하며 이 기간 동안에는 외부로부터 제어가 어렵기 때문에 무 제어 연소기간이라고도 한다.

3) 제어 연소기간

연소실의 압력과 온도가 충분히 상승하여 분사 되어진 연료가 차례로 연소하고 압력의 상승 정도도 분사연료의 가감에 의하여 제어 가능한 기간이다.

4) 후 연소기간

분사를 마친 다음에 연소하고 남은 연료가 계속해서 타게 되는 기간, 이 기간이 길어지면 배기온도가 높아지며 배기 색은 나빠지고 효율이 떨어진다.

2. 디젤기관의 노킹

연소기간 중 착화지연이 길어지면 착화 전에 축적된 연료의 양이 많아지게 되고 이것이 일시에 연소하면 급격한 압력상승을 일으켜서 원활한 운전이 되지 않으며 토크 변동이 커지고 진동음을 발생시키는 노킹 현상을 일으킨다.

1) 디젤기관의 노킹이 발생시키는 장해

　가. 실린더 내의 최대 압력과 최대 온도가 이상으로 높기 때문에 각부에 무리한 응력이 가하여져 균열, 소손 등의 원인이 된다.
　나. 이상 진동과 충격으로 각 메탈 취부 볼트의 재질을 피로하게 하여 절손의 원인이 된다.
　다. 각 실린더의 출력이 균일하지 않게 된다.

2) 디젤기관의 노킹 방지법

　가. 분사초기에 흡입압력을 높이면 압축온도가 높아지고 착화지연을 짧게 한다.
　나. 착화성이 좋은 세탄가가 높은 연료를 사용한다.
　다. 분사시기를 늦게 한다.
　라. 공기와류를 크게 하여 분사하면 착화지연을 짧게 한다.
　마. 흡기, 냉각수 온도, 연소실 온도를 높인다.

3. 고온부식과 저온부식

1) 고온부식

연료 중의 회분 속에 포함되어 있는 바나듐은 제거하기가 어렵고 이것이 연소하면 고온에서 오산화바나듐으로 되어 금속 표면에 용융 부착해 보호 피막을 깨뜨려 산화를 가속 시키는 현상

2) 저온부식

연료 중의 유황분이 연소에 의해 산화하여 무수황산이 만들어지고, 150℃ 이하 저온부에서 연소 가스 속의 수증기와 화합, 응축하여 황산을 생성하고, 저온 전열면에 부착하여 이 부분을 부식시키는 현상

7 추진축계

주기관으로부터 동력을 전달 받아 추진기의 회전에 의하여 발생된 추력을 선체에 전달하는 장치

1. 프로펠러

1) 피치: 날개가 비틀린 방향으로 변화하지 않고 축 주위를 따라 1회전 했을 때 날개의 일부가 축의 길이 방향으로 진행하는 거리

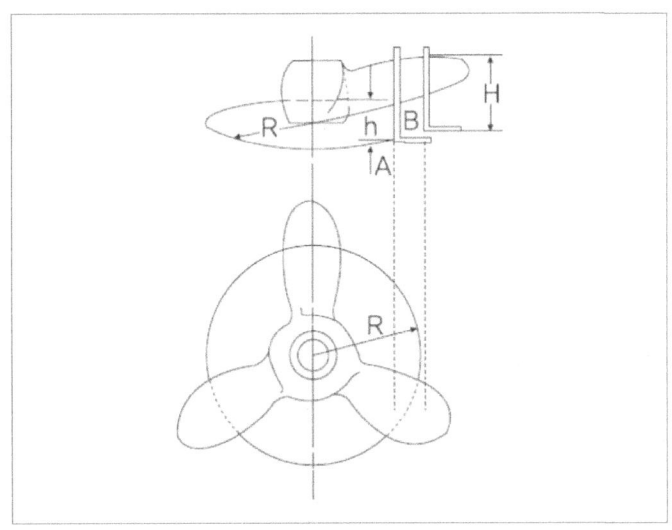

〈프로펠러 피치 측정〉

$$\text{피치} = \frac{2 \times R \times \pi}{\text{A와 B사이의 원호의 길이}} \times \text{양 에지의 높이 차}$$

2) 프로펠러에 관한 명칭

　가. 지름: 날개의 끝이 돌면서 그린 원의 지름

나. 커팅 에지(Cutting Edge): 프로펠러가 전진방향으로 회전했을 때 날개의 가장자리 중 먼저 물을 베는 가장자리
다. 팔로잉 에지(Following Edge): 커팅에지의 반대쪽
라. 프로펠러의 원판넓이: 날개 끝이 그리는 원의 넓이
마. 프로펠러의 전개넓이: 프로펠러의 넓이, 각 날개의 겉넓이를 합계한 것
바. 투영넓이: 프로펠러축에 직각인 평면에 투사한 날개의 넓이를 합계한 것

2. 선미관: 선체의 선미재를 후방으로 관통하여 설치한 주강 또는 포금제 관으로, 프로펠러축을 지지하고 수밀을 유지하는 일을 한다. 선내 측에는 스터핑 박스(Stuffing Box)가 있고 관내 전후방으로 축수를 두며 지면재로서의 리그넘바이티(Lignumvitae)가 들어있다.
 - 리그넘바이티: 남미산 단단한 목재로 해수로 침식 되거나 부풀거나 마모되지도 않으며 유분을 많이 갖고 있으므로 주유할 수 없는 선미관의 축수지면재로 가장 적당하다.

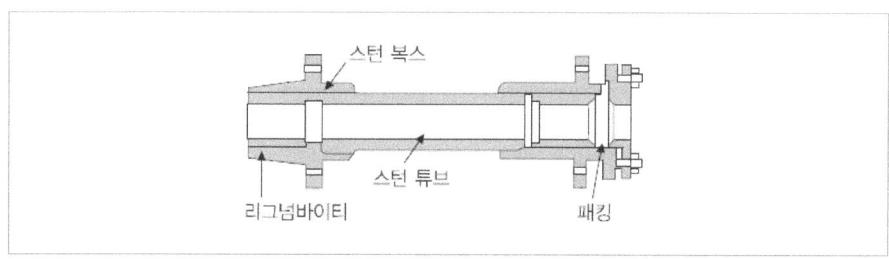

〈선미관〉

3. 추력축수(Thrust Bearing): 프로펠러 회전에 의하여 생기는 추력을 선체로 전달하여 배를 진행시키는 일을 한다.
 - 마모시 발생하는 장애
    가. 크랭크 핀 메탈 또는 주축수 전후의 가장자리가 크랭크 암과 접촉하고 또는 펌프의 편심 내륜이 외륜의 측면에 부딪혀 마모하며 발열한다.
    나. 피스톤이 실린더 내에서 비스듬히 부정운동을 하게 되어 압축불량이 되거나 실린더의 마모를 촉진한다.
    다. 크랭크 암이 개폐작용을 일으켜 크랭크축 절손의 원인이 된다.

8 감속장치

선박용 증기터빈은 무게와 부피를 경감시키는 것이 필요하므로 일반적으로 감속 단계를 적게 하며 효율을 높이기 위해서는 회전속도를 크게 하여야 한다.

그러나 증기터빈의 회전수를 높이면 프로펠러의 회전속도가 크게 되어 공동현상이 일어나고 효율도 떨어지게 되므로 터빈과 프로펠러 사이에 감속장치를 두어 회수를 떨어뜨리지 않으면 안된다.

(1) 감속기어장치: 잇수가 다른 기어를 조합하여 기계적으로 감속하는 장치
(2) 전기추진장치: 터빈으로 발전기를 돌리고 이때 발생한 전력을 저속 전동기에 공급하여 직접 또는 간접으로 프로펠러를 돌리는 장치
(3) 수력전동장치: 주 기관으로 유압 펌프를 작동하여 유압펌프 또는 유압 터빈을 돌리는 간접적 감속장치

9 역전장치

간접, 직접 역전장치 2종이 있다. 간접 역전 장치에는 미이츠 앤 바이스식과 유니언식 및 가변 피치 프로펠러식이 있다.

1. 가변 피치 프로펠러: 기관과 프로펠러를 일정한 방향으로 회전시키면서 프로펠러의 날개 방향만을 바꾸어 배를 전진 또는 후진시킬 수 있는 것이다. 날개의 방향을 완전히 정반대로 하지 않고 임의의 기울기로 하면 프로펠러의 피치가 변하므로 기관의 회전수가 일정해도 배의 속력을 임의로 증감하거나 정지하게 할 수 있다.

   1) 특징
      가. 기관을 풍랑의 상태에 적당한 프로펠러의 피치로 운항 할 수 있으므로 프로펠러의 효율이 좋고 연료 소비가 적다.
      나. 브리지에서 간단히 조종할 수 있다.
      다. 주기에 역전기를 필요로 하지 않는다.
      라. 선체는 정지중에도 기관을 정지할 필요가 없으므로 소형어선과 같이 주기로 발전기를 운전하는 것이 편리하다.

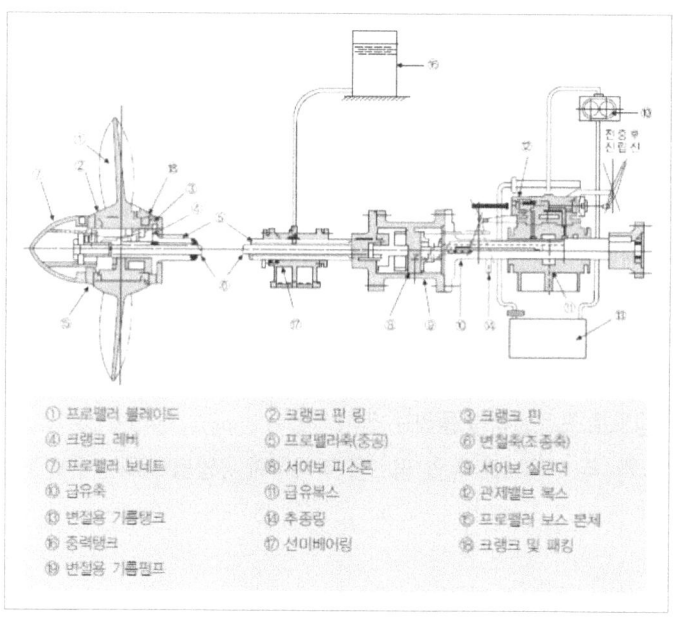

〈가변피치프로펠러〉

2. 직접 역전장치의 구조: 소구기관과 같이 특별한 장치 없이 단지 연료 핸들로 과조점화를 일으켜 노킹 or 고장이 나는 것도 있으나 디젤 기관의 경우 약 300 마력 이상의 기관은 캠 이동식과 롤러 이동식이 있다.

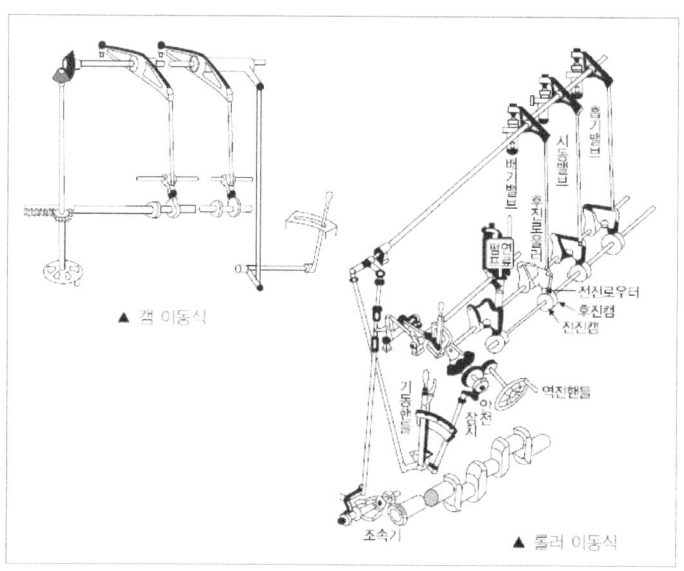

CHAPTER 02 보조기기 및 전기장치

Part3. 기관

1 펌프

펌프는 압력의 차에 의해 낮은 위치에 있는 물을 높은 위치로 끌어올리는 것으로 압력 작용을 이용하여 관을 통해 유체를 수송하는 장치이다.

1. 왕복 펌프 : 피스톤 또는 플런저의 왕복 운동에 의하여 유체에 압력을 주어서 왕복체의 배제용 적만큼의 유체를 이송하는 것.

    1) 분류

        가. 왕복 운동체의 형상의 의한 분류 : 피스톤 펌프, 플런저 펌프, 버킷 펌프
        나. 송출 행정수에 따른 분류 : 단동 펌프, 복동 펌프, 차동 펌프
        다. 운동체의 동력 전달 방법에 따른 분류: 증기 직동 펌프, 플라이휠 펌프, 크랭크 펌프

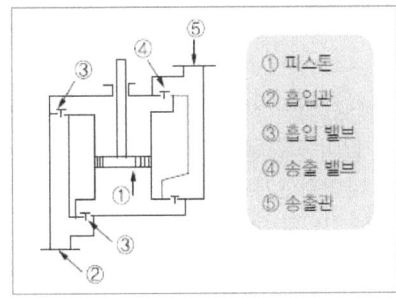

피스톤 펌프   버킷 펌프

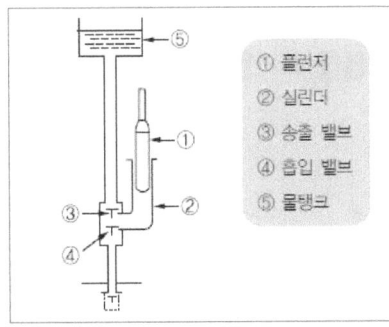

플런저 펌프

    2) 특징

        가. 흡입 성능이 우수하다.

나. 용량은 작지만 압력이 높은 곳에 사용하기 적합하다.

다. 무리한 운동에도 잘 견디며 값이 싸다.

3) 공기실: 왕복 펌프의 배출량은 왕복 운동체가 실린더 내의 상사점, 하사점 사이를 계속 운동하고 있으므로 그 위치에 따라서 송출량이 항상 균일하게 될 수는 없다. 따라서 공기실을 송출측의 실린더 가까이 설치하여 펌프에서 강하게 밀어낼 때에는 송출되는 유체로서 공기실의 공기를 압축하고 압력이 약하게 될 때에는 공기실의 압력으로 유체를 밀어내게 하여 항상 일정한 양의 유체가 송출되도록 해준다.

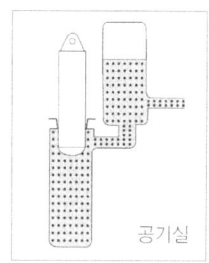

공기실

4) 밸브

가. 원판 밸브(디스크 밸브): 원판 밸브의 대표적인 킹 혼 밸브를 나타낸 것으로 스프링, 밸브 덮개 등이 있다. 밸브 판은 그림과 같이 직경을 달리하는 두께 1.5~3.0mm의 포금 판으로 되어 있고 최상부를 제외하고 나머지 2개의 원판에는 직경이 다른 원주상에 작은 구멍이 있어 3개가 겹칠 때는 완전한 기밀을 유지할 수 있도록 되어 있다.

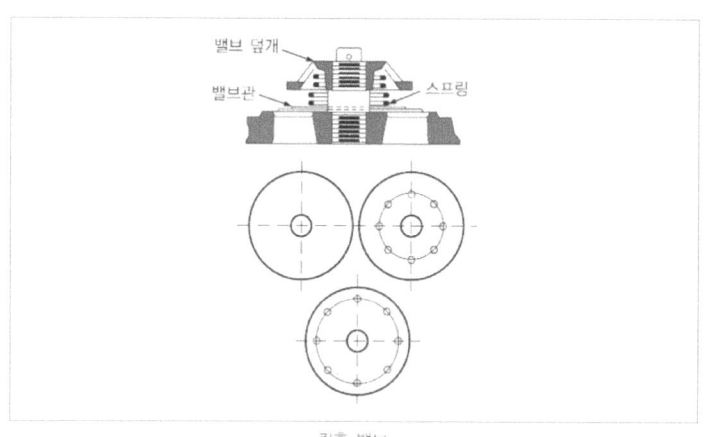

킹혼 밸브

나. 원뿔 밸브(코니컬 밸브): 밸브와 밸브 시트와의 접촉면이 그림과 같이 원뿔로 되어 있으

며, 3~4개의 날개에 의하여 바른 위치를 유지하면서 상하운동을 행한다. 재료는 포금 또는 모넬메탈을 사용한다.

다. 볼 밸브: 밸브가 방향에 관계없이 밀착할 수 있는 장점이 있으며, 중유나 윤활유와 같이 점도가 높은 액체에 적합하나 밸브의 래핑이 곤란하므로 고압용으로는 부적당하다.

라. 링 밸브: 1~3개의 동심원의 홈을 판 밸브 시트에 대하여 링 모양의 유통로가 있는 밸브를 배치한 것으로서 주로 대형 펌프의 밸브에 사용되며, 양정이 작은 이점이 있다.

마. 집합 밸브: 밸브의 지름이 커지면, 밸브의 중량이 무거워지고 양정도 커져서 밸브의 개폐가 늦어지거나 밸브와 밸브 시트와의 충격이 커지는데 이것을 방지하기 위하여 직경이 큰 밸브 1개 대신 작은 밸브 여러 개를 사용한다. 이러한 밸브를 집합 밸브라 하며 집합 밸브의 수를 N개라 하면, 양정은 밸브가 1개의 경우에 비해 $1/\sqrt{N}$ 배로 된다. 즉 지름이 작은 밸브 4개를 사용하면 큰 밸브 1개를 사용한 것에 비해 양정을 1/2로 줄일 수 있다.

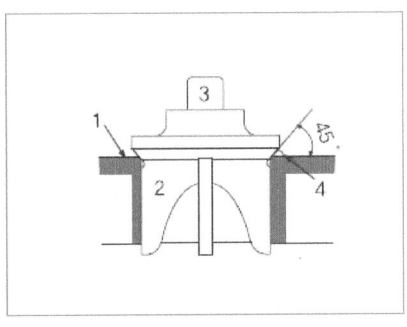

원뿔 밸브

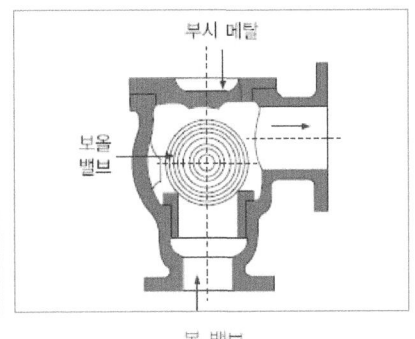

볼 밸브

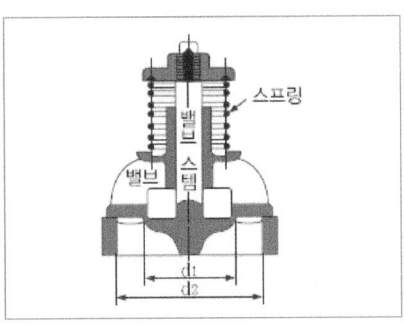

링 밸브

2. 원심 펌프 : 임펠러를 회전시켜 유체에 속도에너지를 주어 외부로 이송시키는 것으로 송출량과 송출 압력이 항상 일정하며 사용 범위도 매우 넓다. 다음 그림은 원심 펌프의 일반적인 구조를 나타낸 것으로 바이패스 밸브는 호수 (Priming: 시동하기 전에 펌프에 물을 채워 펌프를

진공으로 만드는 일) 할 때 또는 탱크의 물을 펌프 측에 역류 시킬 필요가 있을 때 설치하는 것이며, 그 반대로 체크 밸브는 탱크의 물이 펌프로 역류되지 않도록 하기 위해 설치한다. 이 펌프는 시동하기 전에 호수 밸브를 통하여 물을 채우면, 펌프 내의 공기는 공기 빼는 에어 콕으로 빠져 나가 진공이 형성되며 펌프가 운전 중일 때에는 하단에 설치되어 있는 풋 밸브가 항상 열려 있어서 흡입구로 물이 들어오나, 정지 시에는 닫혀서 펌프 내의 물이 흡입구로 빠져나가는 것을 막아 시동할 때마다 물을 채우지 않아도 되도록 하고 있다.

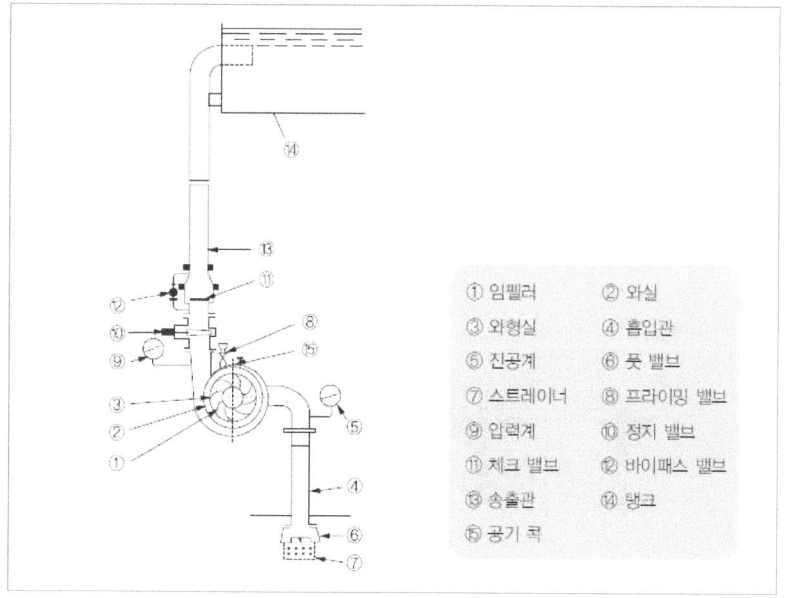

원심 펌프와 그 부속장치

1) 시동순서
    가. 각 주유부에 주유한다.
    나. 회전을 시켜 각부의 이상 유무를 조사한다.
    다. 흡입관의 밸브를 열고, 송출관의 밸브를 잠근다.
    라. 펌프내의 공기를 뺀다.
    마. 펌프를 시동하여 규정속도까지 올라간 후에 송출 밸브를 연다.
2) 스터핑 박스(Stuffing box): 펌프의 축이 펌프 케이싱을 관통하는 부분의 누설을 방지하기 위해 스터핑 박스를 설치해 준다. 특히 공기가 침입될 염려가 있는 곳에는 랜턴 링을 이용하여 여기에 물을 채우고 앞뒤로 패킹을 하여 누설을 방지한다. 이와 같이 압력 측의 액을 스터핑 박스 내에 보내어 공기가 침입하는 것을 막도록 한 것을 봉수라고 한다.

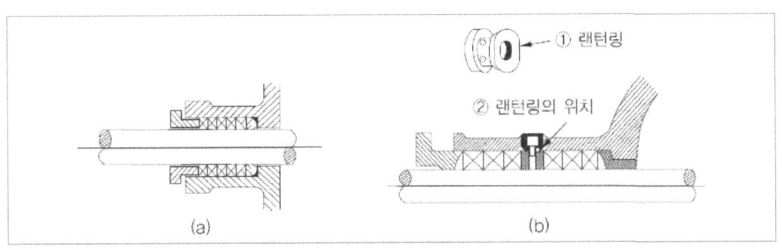

스터핑 박스

3) 종류
   가. 안내 날개(Guide Vane)의 유무에 따라
      ㉠ 터빈 펌프: 안내 날개가 있으며 높은 양정에 적합
      ㉡ 볼루트 펌프 : 안내 날개가 없으며 낮은 양정에 적합
   나. 단수(Stage)에 따라
      ㉠ 단단 펌프: 임펠러가 한 개만 있으며 주로 낮은 양정에 사용
      ㉡ 다단 펌프: 임펠러가 2개 이상 있으며 터빈 펌프는 주로 이 형식을 취한다.
   다. 흡입구의 수에 따라
      ㉠ 편구 흡입 펌프: 임펠러의 한쪽으로만 흡입하는 형식
      ㉡ 양구 흡입 펌프: 임펠러의 양쪽으로 흡입하며, 추력(임펠러가 운전 중 한쪽으로 밀리려고 하는 힘)을 방지하기에 적합하다.

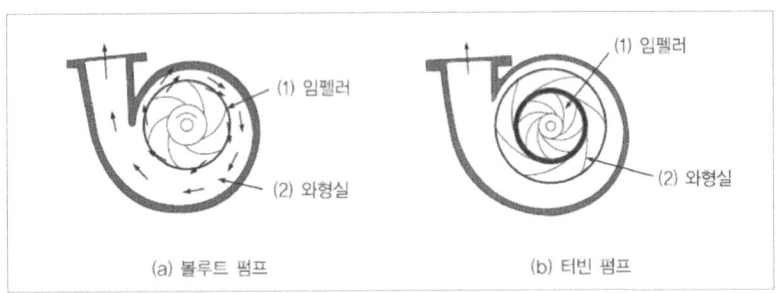

임펠러 및 안내 날개

4) 호수 방법: 시동하기 전에 펌프 케이싱 내에 물을 채워 펌프를 진공으로 만드는 방법
   가. 임펠러는 항상 흡입 수면 하에 있도록 한다.
   나. 풋 밸브를 설치하고 호수 밸브에 의해 물을 채우는 방법
   다. 진공펌프나 제트 펌프를 이용하여 물을 채우는 방법
5) 축 추력 방지법
   가. 양구 흡입형의 임팰러를 사용한다.
   나. 균형공(Balancing hole)을 설치한다.

다. 스러스트 베어링(Thrust bearing)을 설치한다.
라. 균형원판을 설치한다.
마. 다단식의 경우, 임펠러의 배치를 조절하여 추력이 균형되게 한다.

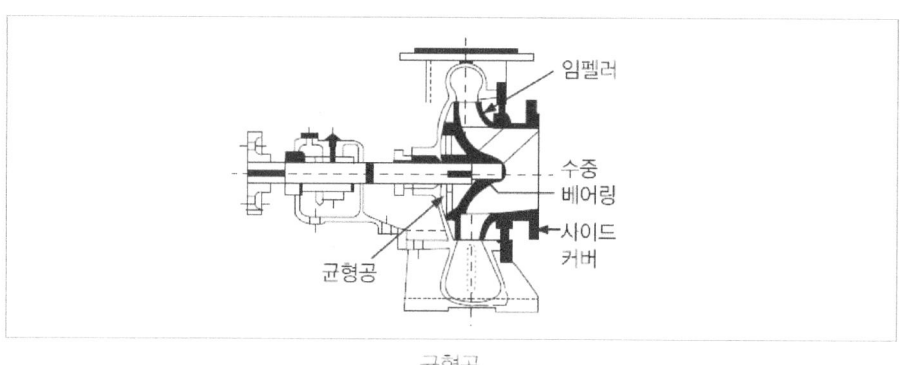

균형공

3. 축류 펌프: 와형실이 없고, 프로펠러 모양의 임펠러를 회전시켜 물을 축 방향으로 보내는데, 프로펠러형 임펠러에 의해서 방출된 물은 선회 운동을 하므로 안내 날개를 사용하여 이것을 바로 잡아 뒤쪽에서 물이 뒤엉키지 않도록 해준다. 안내 날개의 중앙부에는 리그넘바이티나 고무를 사용한 내부 베어링을 설치하여 진동을 방지 하고 있다. 임펠러의 수는 고속의 경우 2~3매, 저속의 경우 4~5매를 사용한다.

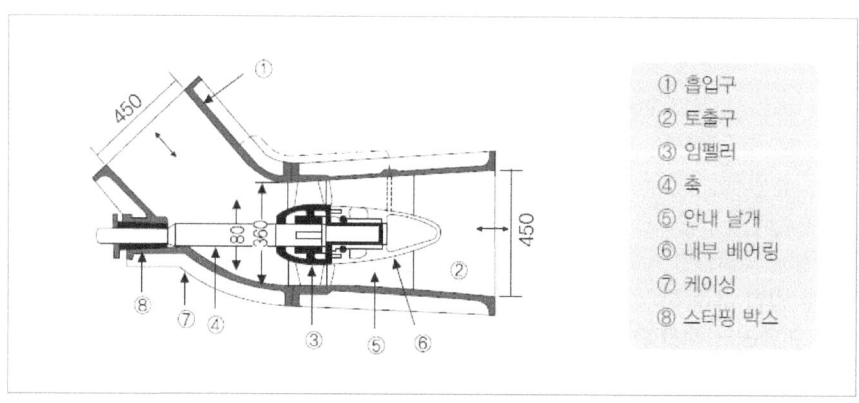

축류 펌프

1) 특징
　가. 형태가 작으며 설치면적이 작아도 된다.

나. 구조가 간단하다.
다. 비교적 고속도의 운동기에 직결할 수 있다.
라. 양정의 변화에 따른 효율의 저하가 적다
마. 대량의 물을 송수 할 수 있다.

4. 회전펌프
   1) 기어 펌프 : 모양과 크기가 같은 2개의 기어가 케이싱과 아주 작은 간극을 유지하면서 회전한다.

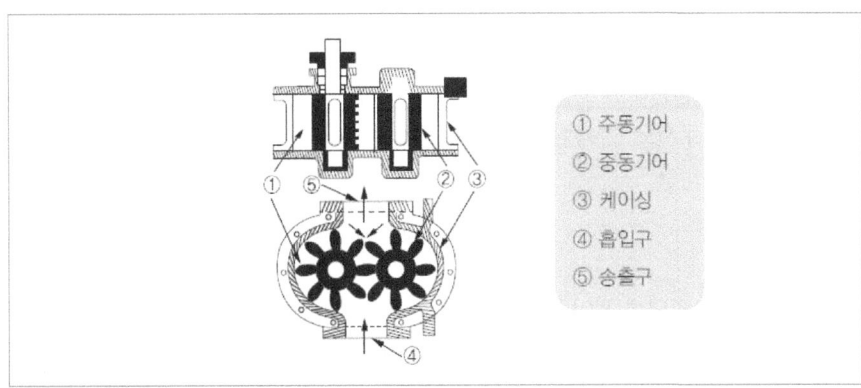

기어 펌프

가. 장점
   ㉠ 밸브가 필요 없으므로 고속 운전이 용이하다.
   ㉡ 소형이면서도 송출량이 많다.
   ㉢ 점도가 높은 유체의 이송에 적합하다.
   ㉣ 시동하기 전에 물을 채울 필요가 없다.
   ㉤ 다른 펌프에 비해 진동이 적다.
나. 단점
   ㉠ 송출측의 유체가 흡입측으로 샐 염려가 있으므로 압력을 무제한으로 높일 수 없다.
   ㉡ 기어가 물릴 때 소음이 크다.
   ㉢ 톱니가 마멸되면 누설의 염려가 있다.

2) 스크류 펌프: 나사가 패여 있는 회전자가 케이싱 안에 1개, 2개 혹은 3개 있는 세 종류가 있다.

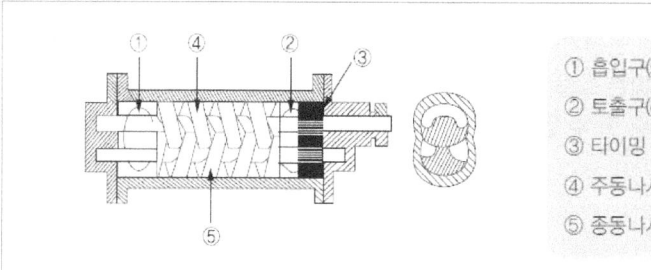

스크류 펌프

　가. 특징
　　㉠ 복잡한 밸브가 필요 없다.
　　㉡ 구조가 간단하고 고압에 적합하다.
　　㉢ 소형으로서도 큰 용량을 얻을 수 있고 효율도 좋다.

5. 펌프의 각종현상
　1) 공동현상
　　수중에서 임펠러의 회전이 빨라지면 날개 배면에 저압부가 생겨 진공상태에 가까워지고 그 부분의 물이 증발하여 수증기가 되고, 수중에 녹아있던 공기도 더해져서 날개면의 일부에 공동을 형성한다. 기포 중의 산소는 통상의 공기에 비하여 비율이 크므로 금속에 대한 부식 작용이 크게 되고 고압을 발생시켜 금속표면을 침식한다. 공동현상이 발생하면 소음과 진동이 발생하고 양정이 급격하게 저하한다.
　2) 공동현상의 방지책
　　가. 배관을 완만하고 짧게 설치한다.
　　나. 규정 이상으로 회전수를 올리지 않는다.
　　다. 펌프의 설치 위치를 낮추어 흡입 양정을 작게 한다.
　　라. 마찰 저항이 작은 흡입관을 사용하여 흡입관 손실을 줄인다.
　3) 수격 현상
　　관로 속을 흐르는 유체의 속도가 급격히 변화하면 관성에 의해 관로 속에는 급격히 압력이 높아지는 부분이 생기게 되고 이 부분은 관로 속을 반복하여 왕복하게 되는데 이를 수격 현상 이라 한다. 수격 현상은 소음과 진동을 일으키고 심하면 저압 부분은 관의 밖으로부터 파손되고 고압 부분은 압력 때문에 파열하게 된다.
　4) 수격 현상의 방지
　　가. 공기실을 설치한다.
　　나. 관의 지름을 크게 한다.

다. 관 내의 유속을 낮게 한다.
라. 밸브를 펌프의 송출구 가까이에 설치한다.

❷ 청정기

윤활유, 연료유를 장시간 사용하게 되면 각종 불순물과 수분 등이 혼입될 수 있으므로 이것이 그대로 연소계통에 들어가면 연소상태의 불량은 물론 실린더 라이너의 마모, 연료 분사 밸브의 손상 등을 초래 하므로 청정을 해주지 않으면 안 된다.

1. 청정의 방법
   가. 중력에 의한 침전 분리법
   나. 여과기에 의한 청정법
   다. 원심식 청정법
   라. 중력 분리와 원심 분리를 모두 이용하는 방법
   마. 윤활유의 경우 알칼리제(5~10%의 수산화나트륨 사용)를 사용하는 방법

2. 원심식 유청정기의 종류
   1) 수동 소제식 유청정기: 원통형의 분리통을 무한 벨트로서 구동하는 샤플렉스과 수직 회전축에 분리판이 있는 스파이럴 치차 구동의 드라발식이 있다.

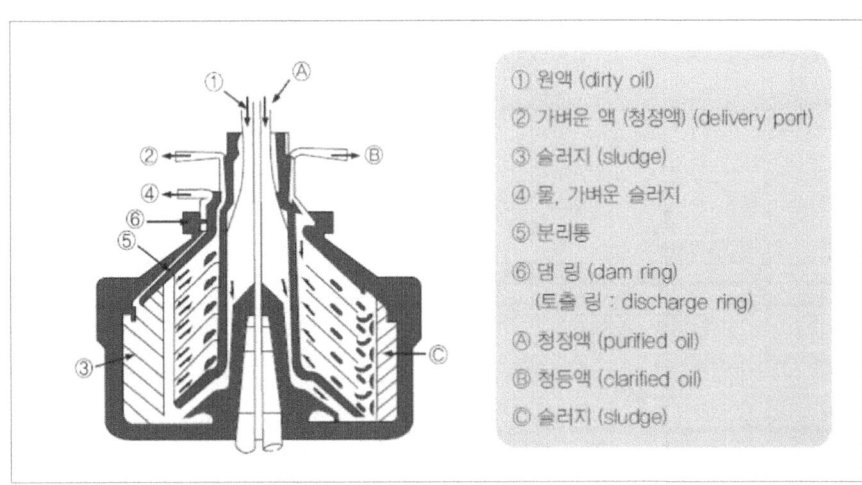

드라발식 유청정기

2) 자동 소제식 유청정기
  가. 셀프 이젝트 유청정기 : 슬러지의 배출이 자동적으로 이루어지며 배출 조작이 빠르므로 운전중지로 인한 처리 능력의 저하가 적다. 퓨리파이어, 클래리파이어의 2단 운전을 하므로 슬러지의 자극 작용에 의한 분리 효과가 증대된다.

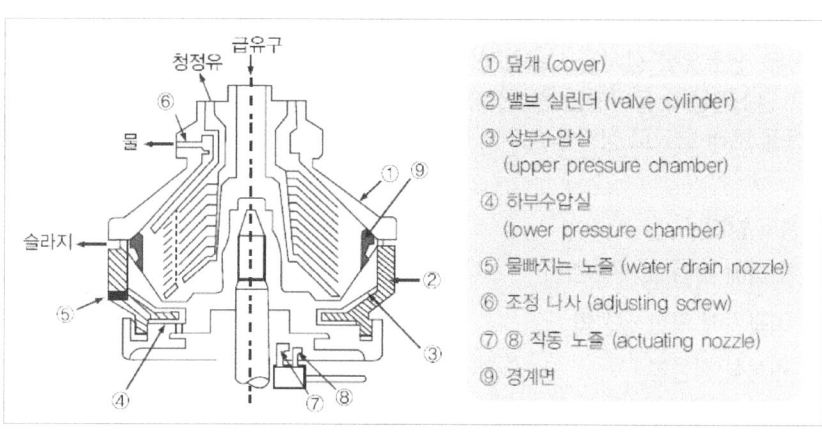

셀프 이젝트 유청정기

  나. 그래비트롤 유청정기: 퓨리파잉어와 클래리 파이어의 양쪽 성격을 갖춘 1단 청정기로, 슬러지의 자극 작용이 없기 때문에 분리가 약간 나쁜 결점이 있다.

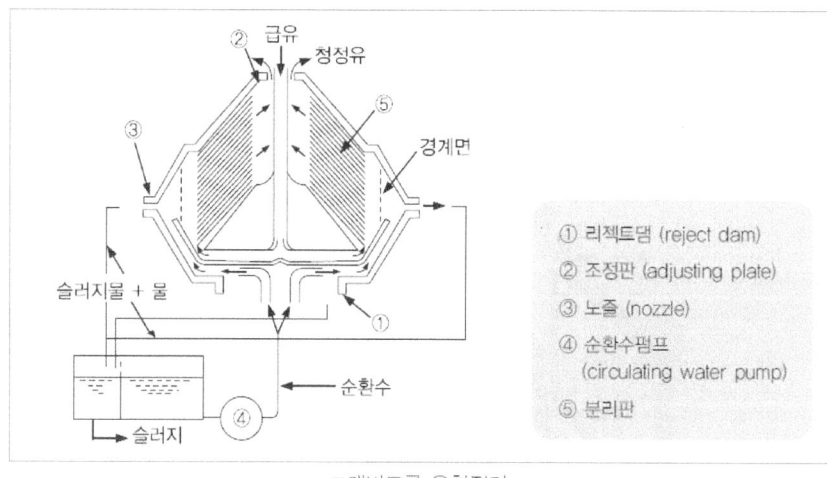

그래비트롤 유청정기

3. 유청정기의 취급

1) 봉수: 운전 초기에 기름이 물의 토출구로 빠져 나가는 것을 방지하기 위하여 운전하기 전에 먼저 기름의 공급 노즐을 거쳐 봉수를 공급해 준다. 봉수는 원통식 청정기에서 공급 밸브와 궁극 노즐간에 설치되어 있는 수직 프라이밍 라인의 밸브를 열어서 공급하는 것이 보통이다.

2) 분리통의 청소: 슬러지나 고형분은 청정기의 원심력에 의해 바깥 부분에 쌓이게 되므로 분리통을 청소해 주지 않으면 고형분이 공급되는 오손유의 통로를 막아서 오손유가 넘쳐 나가게 된다. 청소시에는 특히 분리판에 주의해야 하는데, 분리판을 잘못 다루게 되면 베어링을 과도히 마모시키거나 토출구를 막아서 액분리를 나쁘게 할 수 있다.

3) 오손유의 가열온도: 디젤유의 경우 46℃ 정도로 가열하는 것이 보통이나 저질유인 경우 90℃ 정도로 가열한다. 또 첨가제가 들어 있는 경우 70℃정도로 가열한다. 또한, 탈산을 위하여 윤활유와 온청수를 일정 비율로 혼합시키는데, 온청수의 혼합량은 윤활유의 3~5% 정도이며 온청수는 80~90℃로 가열하여 사용한다.

③ 유수 분리기

기관실 내에서 각종 기기의 운전시 발생하는 드레인이 기관실 하부에 고이게 되는데 이를 빌지(Bilge)라 한다. 이것은 빌지 펌프로 퍼내게 되는데 이때 빌지에 포함된 유분이 해양을 오염시키지 않도록 유수 분리기로 분리한 빌지를 배출해야 한다. 해양 오염 방지를 위한 국제협약이 각 주요 해양국에서 국내법으로 시행됨에 따라 선외로 배출되는 빌지 속에 포함된 유분을 기준 이하로 하기 위해 노력하고 있다.

1. 종류

1) 중력 분리법: 기름과 물과의 비중차에 의하여 분리하는 방법으로 조립화 기구에 따라 구분한다.
   - 가. 협소간극 통과에 의한 조립화: 유수를 협소한 간극에 통과시켜 그 사이에 유립(기름의 입자)을 포착 결합시켜 유경(기름의 크기)을 증대시킨다.
   - 나. 유동변화에 의한 조립화: 유수에 방향변화나 와류 등을 일으켜서 유립을 충돌 결합시켜 유경을 증대시킨다.
2) 여과법: 유수를 여과재에 통과시켜 물 또는 기름만 여과 시켜서 분리한다.
3) 기포부착 부상법: 유수 속에 공기를 취하여 기포 주변에 유립을 부착시켜서 부상 분리한다.

2. 유수분리기의 원리
물과 기름과의 비중차를 이용한 것으로, 여기에 흐름의 속도나 각도를 급격히 변동시키거나 분리용 매체를 통과 시키는 등을 연구하여 기름 입자를 크게 만듦으로서 부력을 크게 하여 쉽게 유류실에 집적되게 하는 장치이다.

입자가 미세하거나 에멀전 상태의 기름을 분리하기는 극히 곤란하다. 그러므로 극히 미세한 간극을 통과시켜야 한다. 그러나 간극이 너무 미세하면 기름이 간극을 막히게 하거나 다량의 기름이 통과할 때에는 저항이 증가해 오히려 분리작용을 악화 시킨다. 간극을 미세하게 하는 것과 저항을 적게 하는 것은 서로 상반되는 작용이다. 따라서 세극은 여과작용보다 유립(기름의 입자)을 집합, 확대시키는데 목적이 있다.

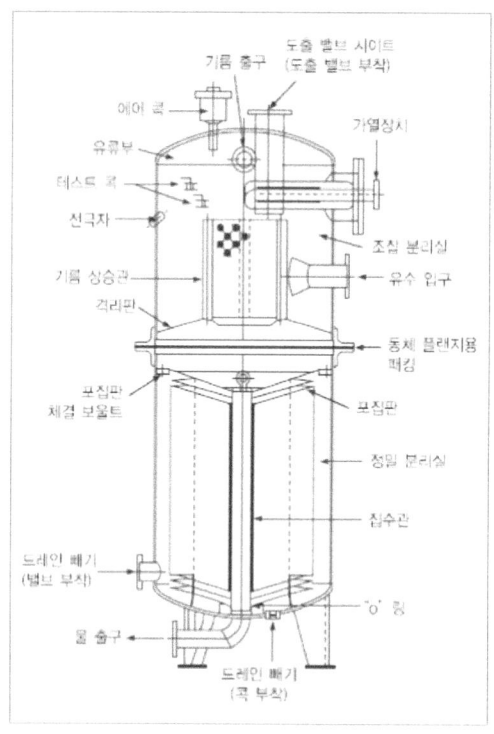

유수 분리기 내부구조 설명도
(사사쿠라 터어블로우 TER-A형 유수 분리기)

1) 주의사항

   가. 운전 전에 반드시 기계내에 청정수를 보충해 둔다.

   나. 운전 중에는 때때로 검유 콕을 열고 분리된 유분의 체류 정도를 확인하여 적당한 시기에 폐유 탱크로 배출한다.

   다. 자동 배출장치나 경보장치가 장비된 형식의 것도 전재 밸브 등이 작동 불량이 되는 수가 있으므로 이들을 손질하고, 동시에 검유 콕이나 간이 유분측정기 등으로 분리 상태가 기준 이하로 되어 있는지 확인하며, 배출구 부근을 잘 살펴본다.

라. 폐유 탱크의 유량을 적당히 검량하여 소각로나 보일러 등에서 처리한다.
마. 네오스와 같은 약제로 처리하여 배출할 경우 빌지 펌프의 여과기가 잘 폐색하므로 주의한다.
바. 연 1회는 분리기를 분해 청소한다. 분리판은 부식하는 일이 많으므로 정기적으로 청소 점검한다.
사. 유수분리기의 구조, 작동 및 원리 등을 잘 이해하고 또한 배관 등도 평소에 잘 알고 있어야 한다. 밸브나 콕의 개폐를 잘못하여 유분이 선외로 배출되어서는 안 된다.
아. 만일 유분이 착오로 인하여 선외로 배출될 경우의 대책을 평소에 고려해 둔다.

④ 오수 처리장치

MARPOL 73/78조약의 부속서 V에 따르면 총 톤수 200톤 이상의 선박 또는 최대 승선 인원 10명을 초과하는 선박은 연안 4해리 이내에서는 모든 생활 오수를 배출할 수 없고, 4해리부터 12해리 이내의 해역에서는 생물 화학적 산소요구량 50ppm 이하, 대장균수 200/100ml 이하로 처리한 오수를 배출할 수 있다.

1. 구조와 원리: 화장실 변기 생활 오수 → 폭기 탱크 → 침전 탱크 → 멸균탱크 → 선외
   1) 폭기 탱크: 부피가 큰 고형물, 화장지 등을 제거한 후 산기기로부터 공급된 공기로 인해 박테리아 번식이 활발해져 오수 속의 오물을 분해 처리 한다.
   2) 침전 탱크: 활성 슬러지가 바닥에 침전된다.
   3) 멸균 탱크: 침전 탱크에서 걸러진 상부의 맑은 물이 흘러 들어간다. 약 20분 동안 머무르면서 대장균등이 제거 된 후 선외로 배출된다.

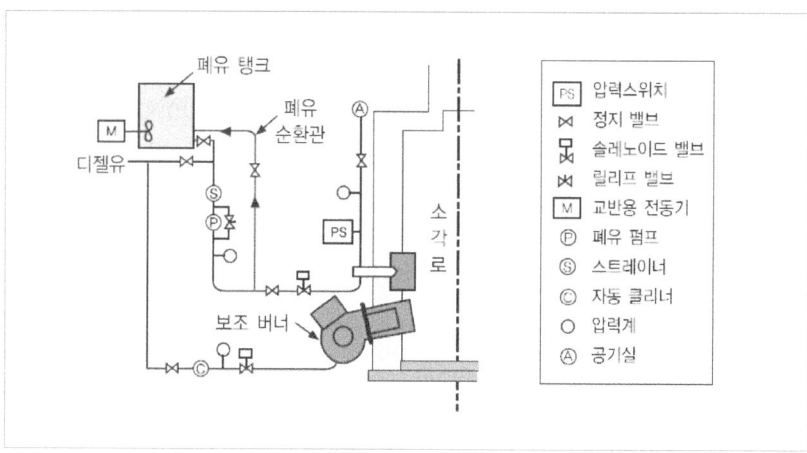

폐유 소각 계통도

2. 생물 화학적 오수처리 장치

　1) 작동 원리: 박테리아에 의한 생물 화학적 분해 원리를 이용한 방식으로 박테리아에 공기를 유입 시켜 번식 시킨 후 오수를 물과 이산화탄소로 분해시킨다.

　2) 일반 사항: 유입수는 변기 오수이며, 방법은 생물 화학적 방식으로, 처리 수질 기준은 생물 화학적 산소 요구량이 50ppm, 대장균수 200개 이하/ 100ml 이다.

　3) 특징과 주의 사항

　　가. 작고 가벼우며 고성능, 신속 정확하게 처리 된다.
　　나. 작동이 쉽다.
　　다. 설치 유지비용이 저렴하다.
　　라. 운전시 소음이 적고 취급이 용이하다.

　4) 작동 절차

　　가. 배수펌프의 배출 밸브를 개방한다.
　　나. 소독 탱크의 배출 밸브를 개방한다.
　　다. 제 1,2 폭기 탱크의 배출 밸브를 잠근다.
　　라. 침전 탱크의 배출 밸브를 잠근다.
　　마. 송풍기 배출 펌프, 투약 펌프 등의 선택 스위치를 자동 위치에 놓는다.
　　바. 오수는 정화한 후 선박 외부로 배출시킨다.

5 냉동기

종류에 따라 가스 압축식, 공기 압축식, 증기 분사식으로 나뉘며, 선박에선 가스 압축식을 많이 사용한다.

1. 냉동사이클
   - 가. 압축: 기체 상태의 냉매를 액화하기 쉬운 고온, 고압의 상태로 만든다.
   - 나. 응축: 고온, 고압의 기체를 냉각하여 저온, 고압의 액체로 액화 시킨다.
   - 다. 팽창: 저온, 고압의 액체를 기화하기 쉽도록 저온, 저압으로 압력을 떨어뜨린다.
   - 라. 증발: 저온, 저압의 액체가 기화하여 주위의 열량을 빼앗아 고온, 저압의 기체가 된다.

2. 냉매: 저온의 물체에서 열을 빼앗아 고온의 물체에 열을 운반해 주는 매체
   1) 직접 냉매: 열을 흡수하거나 방출할 때 잠열을 이용하는 냉매
      예) 암모니아, 탄산가스, 프레온가스
      - 가. 암모니아: 대규모 냉동 장치에 사용된다.
         - ㉠ 증발 압력과 응축 압력, 임계온도, 응고 온도가 냉매로서 적합하며, 증발 잠열이 커 냉동 능력이 우수하다.
         - ㉡ 철은 부식시키지 않지만 수분이 포함되면 구리를 부식시킨다.
         - ㉢ 윤활유를 용해하기 어려우므로 냉매에 섞여서 응축기나 증발기에 들어간 윤활유는 정기적으로 제거해 주어야 한다.
         - ㉣ 냄새가 심하고 독성이 강하다.
         - ㉤ 폭발할 가능성이 있다.
      - 나. 프레온계 냉매
         - ㉠ 화학적으로 안정하며 연소나 폭발 위험이 없다.
         - ㉡ 독성과 냄새가 없어 인체에 해를 끼치지 않는다.
         - ㉢ 고무 성분을 침식시키는 성질이 있어 고무 패킹은 삼가 한다.
      - 다. 프레온 가스의 취급 주의사항
         - ㉠ 습기에 주의한다. 용기가 비어 있더라도 항상 밀폐하여 수분과 습기의 침입을 방지한다.
         - ㉡ 직사광선 또는 고온인 장소에 저장하여 필요 이상으로 압력을 높이지 않는다.
         - ㉢ 냉매는 절대로 용기에 가득 채우지 말고 1할 정도의 여유를 남겨둔다.
         - ㉣ 한랭지에서 냉매 가스를 보급할 때에 온수로 서서히 가열하며 절대로 화기를 사용해서는 안 된다.

2) 간접 냉매: 열을 흡수하거나 방출할 때 감열을 이용하는 냉매
  예) 물, 공기, 브라인(염수) 등
3) 냉매의 조건
  가. 물리적 조건
    ㉠ 저온에서도 증발 압력이 대기압 이상일 것
    ㉡ 응축 압력이 적당히 낮을 것
    ㉢ 임계온도가 충분히 높을 것
    ㉣ 냉매 가스의 비체적이 작을 것
    ㉤ 증발 잠열이 클 것
    ㉥ 응고 온도가 낮을 것
    ㉦ 전열 작용이 양호할 것
    ㉧ 점도가 낮을 것
    ㉨ 비열이 작을 것
4) 화학적 조건
  가. 화학적으로 안정되고 변질되지 않을 것
  나. 장치의 재료를 부식시키지 않을 것
  다. 누설을 발견하기 쉬울 것
  라. 인화성, 폭발성이 없을 것
5) 기타 조건
  가. 가격이 저렴하고 구입하기 쉬울 것
  나. 자동 운전이 가능할 것
  다. 누설되어도 취급자에게 해가 없을 것
  라. 지구 온난화에 영향을 끼치지 않을 것
6) 냉매 부족 현상
  가. 증발기 및 응축기의 압력이 낮아진다.
  나. 수입기의 밑바닥 부분과 액 관로가 평상시 보다 따뜻해진다.
  다. 수액기의 액면이 1/3 이하로 낮아진다.
  라. 팽창 밸브에서 쉬-하는 소리가 난다.
  마. 냉동 작용이 불량하다.
7) 냉매 보충 방법
  가. 응축기에서 냉각수를 충분히 흘려준다.
  나. 수액기 출구 밸브를 잠그고 냉동 장치를 운전하며, 압축기 흡입 압력이 대기압 부근으로 저하 할 때까지 운전을 계속하여 냉매를 수액기로 회수한 후 냉동기를 정지 시킨다.

다. 냉매 충전 밸브에 냉매통의 보급관을 연결한다.
라. 냉동장치를 운전하여 압축기의 흡입 압력이 대기압까지 되지 않도록 주의하면서 충전 밸브를 열어 충전한다.
마. 수액기의 액면이 액면계의 1/2~2/3에 달하면 보충을 끝내고, 냉동장치를 정상시의 운전 조건으로 바꾸어 운전을 계속하면서 운전 상태가 정상인지 확인한다.

6 전기일반

전기가 발생하는 원리는 원자핵과 전자가 견고하게 결합되어 중성상태에 있다가 어떤 원인에 의해 자유전자가 이탈하게 되면 양전기를 띠게 되고, 반대로 외부에서 자유전자가 들어오면 음전기를 띠게 된다. 이렇게 발생되는 전기를 정전기(static electricity)라 하며 동전기(dynamic electricity)는 통상 가정이나 학교에서 사용하는 전기와 같이 어떤 물체를 통해서 이동하는 전기를 뜻한다.

1. 전류
  1) 양전하(전기)를 가진 물질 A와 음전하(전기)를 가진 물질 B를 도선으로 연결하면 B에서 A로 전자가 이동한다.
  2) 전류는 전자의 흐름과 반대인 A에서 B로 흐른다. 양전하가 음전하보다 전위가 높기 때문이다.
  3) 단위는 A(암페어)이고, 영문자 I로 표시한다. 1초간 1쿨롬(C)의 비율로 전하가 통할 때 1 암페어[A]의 전류가 흘렀다고 한다.
  4) 전류의 종류
      가. 직류: 크기와 흐르는 방향이 일정한 전류로 한쪽 방향으로만 흐르는 전류
      나. 교류: 시간에 따라 크기와 방향이 변화하는 전류

2. 옴과 키르히호프의 법칙
  1) 옴의 법칙: 전기 회로의 부하에 흐르는 전류는 부하에 가해준 전압의 크기에 비례하고 부하가 가지고 있는 저항값의 크기에는 반비례하여 흐른다.
$$I = V/R[A] \quad V = IR[V] \quad R = V/I[\Omega]$$
  2) 키르히호프의 법칙
      가. 키르히호프의 제 1 법칙(전류의 법칙): 회로의 접속점에 흘러 들어오는 전류의 합과 흘러 나가는 전류의 합은 같다.

$$I_1+I_2+I_4=I_3$$

나. 키르히호프의 제 2 법칙: 회로망의 어느 폐회로에서도 기전력의 총합은 저항에서 발생하는 전압 강하의 총합과 같다.

$$V_1-V_2=IR_1+IR_2+IR_3$$

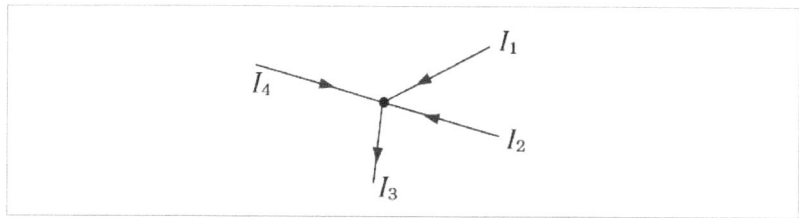

키르히호프 제 1 법칙

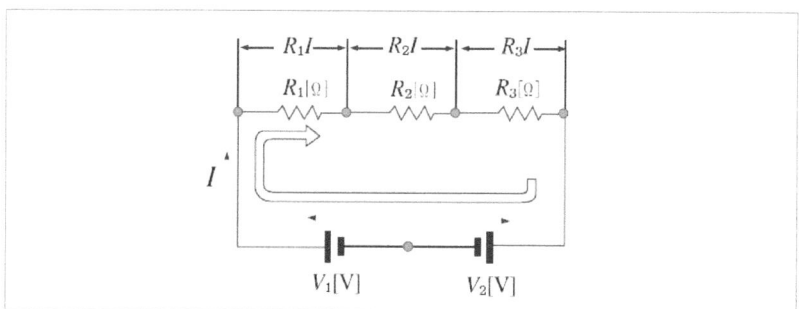

키르히호프 제 2 법칙

3. 도체와 부도체

  1) 도체: 금속이나 구리처럼 전기가 잘 통하는 물질은 원자 내의 가장 바깥쪽에 있는 전자가 어떤 특정한 원자에 속박되어 있지 않고 느슨하게 결합되어 있어서 원자 사이를 이리저리 자유롭게 움직일 수 있는 물질을 도체라 한다.

  2) 부도체(절연체): 유리나 플라스틱 등과 같은 물질 속에 있는 전자는 원자핵에 단단하게 속박되어 있어 다른 원자들 사이로 이리저리 돌아다니기가 힘들다. 이와 같이 자유전자가 거의 없어서 전기를 잘 통하지 않는 물질을 부도체라 한다.

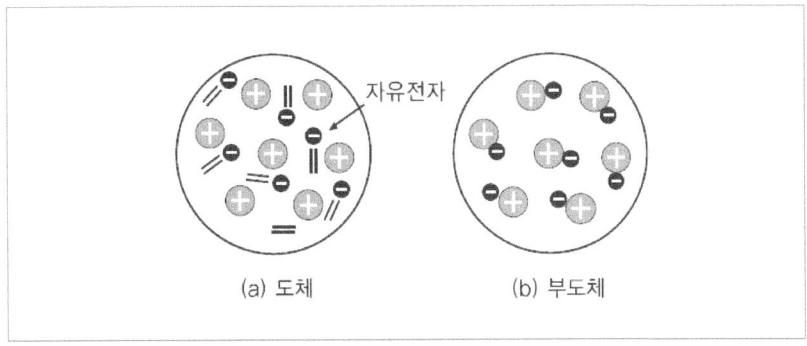

도체와 부도체

4. 반도체: 도체와 부도체의 중간 성질을 갖는 물질로 실리콘 게르마늄이 있다.

5. 전기 저항: 전기가 흐를 수 있는 물체를 도체라 한다. 전기 저항은 이 도체에 흐르는 전류의 흐름을 방해하는 성질을 말한다. 도체의 저항은 선이 길수록 커지며, 굵은 선을 사용하면 저항이 작다. 단위는 옴[Ω]이고 기호는 영문자 R로 표시한다.

전선 속에 전기가 전해지는 것은 그 물질 속에 있는 자유전자의 이동에 의한 것이다. 동선이나 알루미늄을 만들고 있는 원자에 부딪혀서 그 이동이 방해 된다. 따라서 이것이 전기 저항의 원인이 된다.

저항의 크기 R은 재료가 같을 때 길이 l에 비례하고 단면적 A에 반비례한다.

1) 직렬 접속: 길이 증가, 단면적 일정

합성 저항 R= R_1+R_2

서로 다른 저항이 직렬로 접속되어 있을 때의 합성저항은 각각의 저항의 합과 같게 된다.

2) 병렬 접속: 길이 일정, 단면적 증가

합성 저항 $1/R = 1/R_1+1/R_2$

병렬로 접속한 둘 이상의 저항의 합성 저항은 각각의 저항의 역수의 합의 역수와 같다.

3) 전압: 어떤 점 A에서 B까지 일정한 전하(전기량)를 운반하는데 필요한 힘을 A와 B간의 전위차라 한다. 전압이란 바로 두 점간의 전위차를 말한다. 단위는 볼트[V], 기호는 영문자 V로 표시한다.

6. 전력: 전기 회로에 전류가 흘러 단위 시간에 하는 일을 말한다. 단위는 와트[W], 기호는 영문자 W로 표시한다.

7. 전위와 전위차: 전기장 내에 놓은 한 점에서 단위 전하가 가지는 전기적 위치 에너지를 전위라 하고 두 지점간(A-B)의 에너지 차를 전위차라 한다.

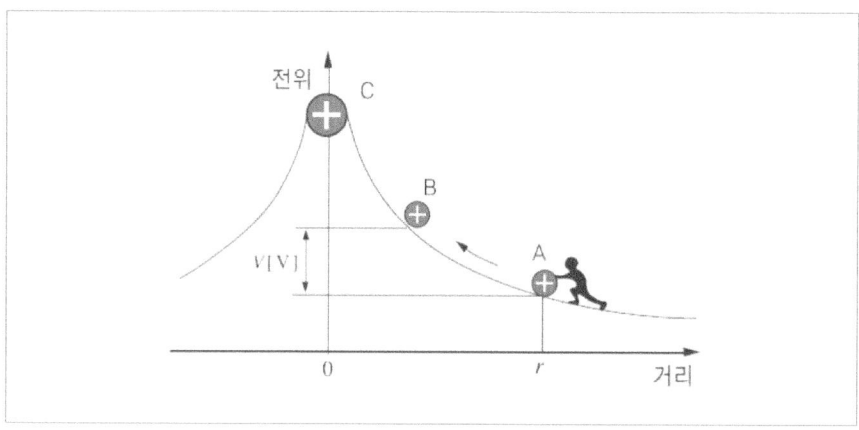

전위와 전위차

8. 전자력과 플레밍 왼손 법칙: 균일한 자기장 내에 있는 직선 도선에 전류를 흘려주면, 도선은 화살표 방향으로 움직이고 이때 생긴 힘 F를 전자력이라 한다. 이 때 F의 방향은 왼손이 세 손가락을 직각으로 펼치고 자속 전류 방향을 맞추면 엄지손가락이 가리키는 방향이다.

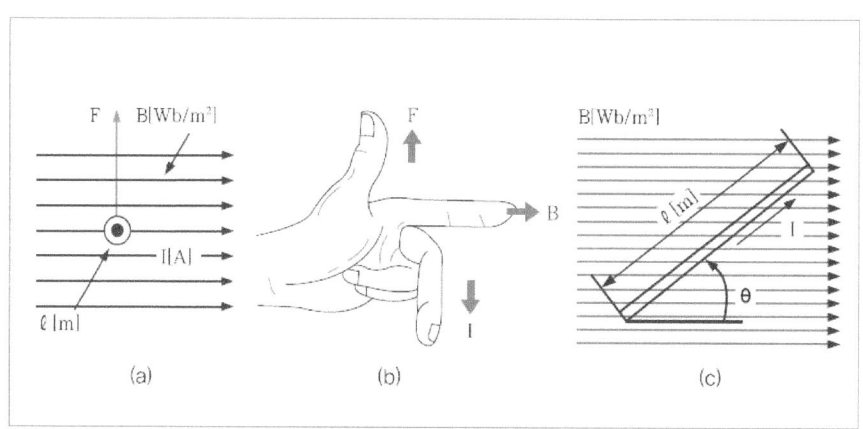

전자력의 발생과 작용 방향

CHAPTER 03 기관고장시의 대책

① 주기관 손상사고 시 응급조치

사고가 발생하면 당황하지 말고 정확하게 판단하여 신속하게 조치해야 한다.

1. 주기관 손상사고 시 조치
   1) 기관을 정지한 후 선교에 보고 한다.
   2) 고장상황을 조사하고 일등 기관사, 기관장에게 보고 하여 지시를 받는다.
   3) 원인 판명이 되면 수리하여 항해를 계속하거나 입항하도록 응급 운전에 모든 수단을 다한다.

2. 기관 손상의 처리
    사고에 대한 응급조처를 한 후 본사에 사고보고서를 제출하고 가장 가까운 해운관청에 항해일지와 기관일지를 해난보고서와 함께 소정사항을 기입하여 제출하여 해난 이였던 사실을 증명 받는다.
   1) 해난
      가. 선박에 손상이 생겼을 때 또는 선박운항과 관련하여 선박 이외의 시설에 손상을 가했을 때
      나. 선박의 구조, 설비 또는 선박 운용과 관련하여 사람에게 사상을 가했을 때
      다. 선박의 안전 또는 운항이 저해되었을 때

② 발전기 정지 시 응급조치

선박의 전원이 정지하면 주기관를 비롯한 주요 보조기계가 정지하므로 결국 운항이 불가능해 중대한 문제가 발생한다. 따라서 발전기 급정지 시에 신속히 조처해야 한다.

1) 휴지 중인 발전기를 시동하고 발전기의 절환 준비를 한다.
2) 주기관 회전수를 낮추거나 또는 일시 정지시킨다.
3) 전동보기의 시동기 중에서 자동적으로 전로가 열리지 않는 구조의 것이 있으면 그 핸들을 정지 위치로 돌려놓는다.
4) 전원을 복구하여 송전한다.
5) 선교로 고장상황을 보고한다.

6) 사용 중이었던 제보기의 운전을 복구한다. 만일 보일러의 전원정지 때문에 소화하는 방식이면 다시 점화한다.
7) 주기 회전수를 높이고 운전 제원을 복구한다.
8) 정상으로 회복하였음을 선교로 보고한다.
9) 급정지한 발전기의 고장원인을 조사한다.
10) 고장부분을 수리하고, 시운전 결과가 양호하면 필요에 따라 절환 하여 사용한다.

CHAPTER 04 연료유 수급

1 선박의 연료

선박의 연료는 원유로부터 경유까지의 유출 분을 증류에 의하여 뽑아내고 증류 솥에 남은 것을 잔사유라고 하는데 이것에 각종 증류유를 첨가한 C 중유를 사용하고 있다.

1) 선박에 사용되는 연료의 조건
    가. 비중, 점도 및 유동성이 좋을 것
    나. 저장 중 슬러지가 생기지 않고 안정성이 있을 것
    다. 발열량이 크며, 발화성이 양호하고, 부식성이 없을 것
    라. 유황분, 회분, 잔류 탄소분, 수분 등 불순물의 함유량이 적을 것

2 연료의 분무특성

1) 무화: 연료의 미립화를 말하며 유립의 가열은 표면적에 비례하고 용적에 반비례하므로 유립의 크기가 작을수록 표면적은 증가하고 화학변화가 일어나는 속도는 크게 되어 착화와 연소가 빨라진다. 즉 배압이 높을수록 공기마찰이 증가하므로 유립은 작게 되고 노즐의 직경이 작으면 유립이 작아진다.
2) 관통: 분유가 실린더 내를 뚫고 나가는 상태이며 완전연소가 신속히 행하여지기 위해서 기름의 미립자가 신선한 공기와 접촉하면서 연소실의 구석까지 도달하는 것을 관통력이라 하고 관통력을 크게 하기 위해서는 유립의 운동량을 크게 하고 유립을 작게 해야 하므로 무화와 관통은 상반되는 조건이 된다.
3) 분산: 분무가 퍼지는 상태, 이 상태가 양호하면 유립은 연소실 전체의 공기와 접촉할 수 있게 된다. 분사의 원추각은 연소실내 및 분사밸브의 양 압력에 비례하여 넓어지게 되므로 분산과 무화는 서로 연관이 있고 관통과는 상반하는 성격이 된다.
4) 분포: 실린더 내 각부에 공급된 연료와 그 부분의 공기와의 혼합비가 균등하게 되어 있음을 나타낸다.

③ 내연기관의 과급

과급은 대기압 이상의 급기를 실린더 내에 공급하여 기관의 행정용적을 증가시키지 않고 흡입공기 밀도를 증가시켜 연소효율을 향상 및 출력을 향상 시키는 것이다.

1) 과급의 이점
   가. 평균유효압력을 증대시켜 기관의 출력이 상승한다.
   나. 연소상태가 좋아져, 저질 중유를 사용할 수 있다.
   다. 단위 출력당 기관의 무게와 부피가 작아 기관의 크기가 작아진다.
   라. 연소가스의 폐열을 이용하므로 열효율이 증가한다.
   마. 부하변동에 따른 흡기 공기량이 조절되어 열효율이 증가한다.

1. 과급기의 서징 현상

과급기 블로워를 일정한 회전속도로 운전하는 경우에 토출 측의 죄임 밸브를 죄여 가면 공기유량은 줄어들고 압력이 높아지는데 어느 정도 이상 죄이면 유량과 압력에 심한 주기적인 변동이 일어나서 공기의 유량은 불안정하게 되고 소음을 일으키며 운전이 불가능 하게 되는 현상을 서징이라 하는데 외부에서 강제진동을 주지 않아도 발생하는 자려 진동의 한 종류라 볼 수 있다.

1) 과급기 서징 현상의 원인
   가. 작동점이 서징 선에 접근한다.
   나. 송풍기 출구압력이 맥동하는 경우
   다. 흡, 배기 밸브 등의 오손이 심한 경우
   라. 프로펠러가 공전하는 경우
   마. 선저의 오손 등으로 추진저항이 커져 주기의 회전이 감소하는 경우
   바. 터빈 노즐에 피스톤 링 등의 이물이 들어가 저항이 증가하는 경우
   사. 고 부하로 배가 선회할 때 기관의 회전수가 저하하고 토크는 증가하며 기관의 평균유효압력이 증가하여 서징 영역으로 들어간다.

2) 과급기 서징 현상의 방지
   가. 송풍기의 저항을 줄인다.
   나. 송풍기의 서징 선을 이동시킨다.
   다. 과급기의 전후에 죄임을 둔다.
   라. 송풍기의 토출 측 공기의 일부 방출

④ 내연기관의 윤활

1) 내연기관의 마찰
   - 가. 고체마찰(건조마찰): 양 물체 간에 전혀 물질이 존재하지 않고 서로 마찰하는 경우
   - 나. 경계마찰: 양 물체간의 매우 엷은 유막이 존재할 때의 마찰, 기관의 시동 시, 갑자기 하중이 증가하여 일어나기 쉽고 고체끼리 마찰되어 소착의 원인이 될 수 있는 불완전윤활상태
   - 다. 액체마찰: 완전윤활, 양 물체가 윤활유 때문에 완전히 분리되었을 때

2) 윤활의 목적
   - 가. 감마 작용: 물체가 접촉하여 운동하면 마찰이 일어나므로 고체마찰을 줄이고 완전 마찰을 유도하여 이를 감소시킨다.
   - 나. 냉각 작용: 마찰이 있는 곳에서는 반드시 열이 생기므로 윤활유로서 열을 제거한다.
   - 다. 기밀 작용: 내연기관 또는 압축기 등의 라이너와 링과의 사이에 유막을 형성하여 가스의 관류를 막는 기밀을 돕는 작용을 행한다.
   - 라. 응력분산 작용: 점이나 선 접촉에 의해서 접촉면에 큰 응력이 생기고 이것이 되풀이 되면 금속이 마모되므로 윤활유를 마찰부 사이에 침투 시켜 압력의 전달면적을 확대하여 집중 압력을 분산 시킨다.
   - 마. 방청 작용: 유막을 형성하여 수분이나 부식성 가스의 침투를 막는다.
   - 바. 청정 작용: 기계의 마찰면에 있어서 미세한 먼지를 운반하고 마찰면 을 청결하게 유지한다.

3) 윤활유 변질의 원인
   - 가. 먼지, 금속마모의 쇳가루에 의한 변질
   - 나. 저장 중 슬러지의 발생
   - 다. 열에 의한 변질
   - 라. 산화
   - 마. 물에 의한 유화
   - 바. 연소가스 누설에 의한 변질

4) 윤활유에 필요한 성상
   - 가. 유성이 클 것
   - 나. 점도가 적당할 것
   - 다. 인화점이 높을 것
   - 라. 응고점이 낮을 것
   - 마. 산화안정성과 탄화 항력이 클 것
   - 바. 항 유화성이 클 것

PART 03 적중예상문제

01. 실린더 안에서 직접 연료를 연소하여 그 연소가스의 팽창으로 동력을 발생시키는 기관은?

가. 내연기관 나. 외연기관
사. 증기기관 아. 터빈기관

✓ · 내연 기관(internal Combustion Engine)
   기관 내부에서 연료를 연소시켜 발생하는 고압고열의 가스를 직접 작용케 하여 동력이 발생되는 기관
 · 외연기관(External Combustion Engine)
   기관과는 별도로 설치된 보일러 내에서 연료를 연소시켜 만든 수증기를 기관에 보내어 동력이 발생되는 기관

02. 다음 중 윤활유 온도의 상승 원인이 아닌 것은?

가. 윤활유 압력이 낮고 윤활유량이 부족한 경우
나. 냉각수의 온도가 낮을 경우
사. 윤활유의 불량 또는 열화가 된 경우
아. 주유 부분이 과열 또는 고착을 일으킨 경우

✓ 윤활유는 온도가 상승하면 점도도 낮아지고 윤활 작용이 나빠질 뿐만 아니라 냉각작용도 나빠지므로 소정의 온도를 유지하기 위하여 냉각기를 갖추어야 한다.

03. 다음 중 연료유의 저장량을 측정하기 위한 곳은?

가. 측심관 나. 주입관
사. 오버플로관 아. 드레인관

04. 기관실내의 물이나 선외에서 침입한 더러워진 물을 배출하는 펌프는?

가. 빌지펌프 나. 냉각수펌프
사. 이송펌프 아. 기름펌프

05. 디젤기관의 냉각수 펌프로 가장 적당한 펌프는?

가. 기어펌프 나. 원심펌프
사. 이모펌프 아. 베인펌프

✓ · 원심 펌프
   임펠러를 회전시켜 유체에 속도에너지를 주어 외부로 이송시키는 펌프. 송출량과 송출 압력이 항상 일정하여 사용범위가 넓다.

06. 전동기의 운전 중 주의사항이 아닌 것은?

가. 전동기의 각부에 손을 대 보고서 발열의 유무를 조사한다.
나. 이상한 소리, 진동, 냄새 등에 주의한다.
사. 전류계의 지시에 주의한다.
아. 절연저항을 측정한다.

07. 소형 기관의 운전 중 기관 자체에서 이상한 소리가 났을 때 가장 먼저 해야 할 일은?

가. 엔진오일을 보충한다.
나. 엔진의 회전수를 내린다.
사. 오일필터를 교환한다.
아. 냉각수 밸브를 잠근다.

08. 다음 중 선박용 기관의 동력전달계통이 아닌 것은?

가. 감속기 나. 축
사. 추진기 아. 과급기

09. 플라이휠의 설치 목적으로서 가장 적합한 것은?

가. 고속회전을 가능케 함
나. 과속도 방지
사. 회전을 고르게 하는 데 이용

아. 소음방지

✓ 플라이 휠(세차)의 효용: 축과 함께 회전하고 있는 바퀴, 축을 회전시키는 기관 동력이 증감해도 일정한 속도로 회전하려는 관성을 이용한 것이다.

10. 다음 중 기관의 윤활유 시스템에 포함되지 않는 것은?

가. 윤활유 펌프 　　　나. 윤활유 냉각기
사. 윤활유 스트레이너　아. 윤활유 가열기

✓ · 윤활유 냉각기 : 원통 안에 냉각관을 배치, 냉각수는 관내 흐르고 기름은 관 외측에 흐르게 해 윤활유를 냉각시킨다.
· 윤활유 여과기(Lubricating Oil Strainer) : 윤활유 펌프의 토출 측에 설치되어 기름을 맑게 한다.

11. 기관이 가장 양호한 상태로 운전될 때 배기가스의 색깔은?

가. 회색　나. 백색　사. 흑색　아. 무색

12. 해수 윤활식 선미관 베어링의 재질은?

가. 청동 　　　　나. 황동
사. 리그넘바이티　아. 고무

✓ · 리그넘바이티의 장점
극히 굳은 목재이며, 해수로 침식되거나 부풀거나 마모되지도 않으며 유분을 함유하고 있어 주유할 수 없는 선미관의 축수 지면재로 가장 적당하다.

13. 열에 의하여 증기를 발생시키는 장치를 무엇이라 하는가?

가. 보일러　나. 기화기
사. 압축기　아. 냉동기

14. 다음 중 배기가스 불량의 원인이 아닌 것은?

가. 연료분사밸브의 불량
나. 기관의 과부하
사. 흡·배기밸브의 불량
아. 윤활유 압력의 저하

15. 다음 중 연소실의 구성요소가 아닌 것은?

가. 실린더 헤드　나. 실린더 라이너
사. 피스톤　　　아. 크랭크

✓ 크랭크의 구성 : 크랭크축, 크랭크 암, 크랭크핀
크랭크 축은 피스톤의 왕복운동을 회전운동으로 바꾸어준다.

16. 선박용 기관의 구비조건이 아닌 것은?

가. 무게나 부피가 작을 것
나. 고장이 적고 안전할 것
사. 역전이 가능할 것
아. 연료 소비량이 클 것

17. 선박용 소형기관의 시동장치로 가장 많이 사용하는 것은?

가. 전기 시동장치
나. 압축공기 시동장치
사. 유체 시동장치
아. 수동 시동장치

✓ 내연 기관 시동 방법 : 압축공기 시동, 전기 시동, 수동 시동

18. 선박에서 부족한 청수를 해결하기 위하여 해수를 청수로 만드는 장치는 무엇인가?

가. 열교환기　나. 냉각기
사. 조수기　　아. 청정기

✓ · 조수기 : 장기 항해시 부족한 청수를 보충

하기 위해 해수를 증류수로 만드는 장치
- 청정기 : 연료유, 윤활유의 장시간 사용에 따른 각종 불순물, 수분 혼합을 막기 위해 분리, 청정시키는 장치

19. 일정량의 연료를 가열했을 때 그 값이 변하지 않는 것은?

가. 점도   나. 부피   사. 질량   아. 온도

20. 납축전지 전해액의 비중은?

가. 0.5   나. 1.2   사. 2.0   아. 3.0

✓ 납축전지의 전해액은 진한 황산 (비중 1.835 - 1.842)과 증류수를 혼합하여 비중1.2 내외로 하여 사용한다.

21. 기관을 정지시켜야 할 경우가 아닌 것은?

가. 전속전진에서 반속전진으로 바꿀 때
나. 운동부에서 이상한 소리가 날 때
사. 윤활유 압력이 급히 떨어지고 즉시 복구하지 못할 때
아. 냉각수 공급이 중단되고 즉시 복구하지 못할 때

22. 대형 선박의 주기관에서 주로 사용되는 연료유의 종류는?

가. 휘발유   나. 경유   사. 석유   아. 중질유

✓ 중유는 석유의 원유를 분류할 때 최종적으로 남는 액체, 석탄에 비해 동일 중량당 발열량은 약 1.3배 이며 내연기관과 보일러 등의 연료로 쓰인다.

23. 디젤기관에서 피스톤과 연접봉을 연결하는 부속장치는?

가. 피스톤 핀   나. 크랭크 핀
사. 크랭크핀 볼트   아. 크랭크 암

✓ 피스톤 핀
피스톤과 연접봉을 연결하는 부속장치로, 피스톤의 받은 힘을 연접봉을 통해 사프트로 전달해 주는 역할을 한다.

24. 내연기관의 연료 공급장치 중 중요부가 아닌 것은?

가. 기름 탱크   나. 여과기
사. 연료 펌프   아. 냉각기

✓ 내연기관의 연료 공급장치는 기름탱크, 여과기, 연료펌프, 연료밸브로 이루어져 있다.

25. 압력의 단위는?

가. $kg/m \cdot s$ 나. kg/cm^2
사. kg/m^3 아. $kg \cdot m/s$

✓ 압력: $1cm^2$의 넓이를 미는 힘 (단위: kg/cm^2)

26. 4행정 사이클 디젤기관에서 실린더 내 압력이 가장 높은 행정은?

가. 흡입   나. 압축   사. 팽창   아. 배기

27. 엔진 오일에 혼입될 염려가 가장 작은 것은?

가. 오일쿨러에서 누설된 수분
나. 연소불량으로 발생한 카본
사. 연료에 혼입된 수분
아. 기계운동부분에서 마모된 금속가루

28. 디젤기관에서 플라이휠(Fly wheel)의 역할이 아닌 것은?

가. 회전력을 균일하게 한다.
나. 회전변동을 작게 한다.
사. 기관의 시동을 쉽게 한다.

아. 기관의 출력을 증가시킨다.

> ✓ 플라이휠
> 축과 함께 회전하고 있는 바퀴, 축을 회전시키는 기관 동력이 증감해도 일정한 속도로 회전하려는 관성을 이용한 것이다. 시동시에는 플라이 휠에 큰 링기어를 부착해서 스타팅 모터로 엔진 시동을 용이하게 한다.

29. 조속기에 대한 설명으로 옳은 것은?

가. 일정한 속도를 유지하기 위해 연료의 공급량을 가감하는 것
나. 온도를 자동으로 조절하는 것
사. 배기가스 온도가 고온이 되는 것을 방지하는 것
아. 기관의 흡입 공기량을 조절하는 것

> ✓ 조속기(Governer)
> 기관의 회전속도가 규정 이상으로 증감하였을 때 연료의 공급량을 자동적으로 조절하여 소정의 회전수를 유지함과 동시에 비정상적 회전에 연료공급을 자동 차단하여 기관의 안전을 도모한다.

30. 실린더 헤드는 다른 말로 ( )(이)라고도 한다. ( )에 알맞은 말은?

가. 피스톤   나. 연접봉
사. 실린더 커버   아. 실린더 박스

31. 다음 중 피스톤 오일링의 주된 역할로 옳은 것은?

가. 윤활유를 실린더 내벽에서 밑으로 긁어 내린다.
나. 피스톤의 고열을 실린더에 전달한다.
사. 피스톤의 회전운동을 원활하게 한다.
아. 폭발가스의 누설을 방지한다.

> ✓ 오일 링(Oil Ring)
> 실린더면에 부착하여 윤활유를 긁어 내고 실린더 상방으로 올라가지 못하게 한다. 오일 링이 없으면 피스톤의 상승에 따라 고열에 의하여 변질될 뿐만 아니라 연료와 함께 연소하여 소비량이 많아 진다.

32. 디젤기관에서 연소실을 형성하는 부품이 아닌 것은?

가. 커넥팅 로드   나. 실린더 커버
사. 실린더 라이너   아. 피스톤

33. 윤활유 펌프는 주로 ( )를 사용한다. ( )에 알맞은 말은?

가. 플런저펌프   나. 기어펌프
사. 원심펌프   아. 분사펌프

> ✓ 기어펌프
> 모양과 크기가 같은 2개의 기어가 케이싱과 아주 작은 간극을 유지하면서 회전한다. 따라서 점도가 높은 유체의 이송에 적합하다.

34. 발전기의 배전반에 부착되는 일반적인 장치에 속하지 않는 것은?

가. 전압계   나. 전류계
사. 개폐기   아. 속도계

35. 4행정 사이클 기관에서 실제로 동력을 발생시키는 행정은 무엇인가?

가. 흡입   나. 압축   사. 팽창   아. 배기

36. 실린더가 마멸되면 나타나는 가장 직접적인 현상은?

가. 압축공기가 누설된다.
나. 피스톤에 작동하는 압력이 증가한다.
사. 윤활유 소비량이 증가한다.

아. 간접 역전장치의 사용이 곤란하게 된다.
  ✓ 실린더 마모에 의한 장애
    ① 압축불량으로 출력 감소, 연료 소비량 증가
    ② 밸브면의 마모, 안내부의 고착, 노즐공의 막힘, 실린더의 마모
    ③ 윤활유 오염

37. 내연기관 연료로서 필요한 조건이 아닌 것은?

가. 발열량이 클 것
나. 찌꺼기가 생기지 않을 것
사. 물이 함유되지 않을 것
아. 점도가 높을 것

  ✓ · 연료유의 조건
    ① 발열량이 클 것
    ② 비중과 점도가 적당할 것
    ③ 발화성이 좋을 것
    ④ 옥탄값이 작지 않을 것
    ⑤ 수분, 회분, 유황분 기타 불순물이 포함되지 않을 것
    ⑥ 슬러지가 생기기 어려울 것
    ⑦ 화재의 위험이 없을 것
    ⑧ 가격이 낮을 것

38. 피스톤이 최상부에 왔을 때의 크랭크 위치를 무엇이라 하는가?

가. 상사점   나. 하사점
사. 행정   아. 사이클

39. 다음 펌프 중에서 지압의 물을 다량으로 공급할 때 가장 적합한 펌프는?

가. 왕복 펌프   나. 원심 펌프
사. 로터리 펌프   아. 분사 펌프

  ✓ · 원심 펌프
    임펠러를 회전시켜 유체에 속도에너지를 주어 외부로 이송시키는 펌프. 송출량과 송출 압력이 항상 일정하여 사용범위가 넓다.

40. 연료유의 적재시 주의할 사항이 아닌 것은?

가. 탱크내의 잔유량을 확인할 것
나. 가능한 한 탱크 가득 적재할 것
사. 반드시 감시자를 배치할 것
아. 화재에 주의할 것

41. "( )(이)란 연료를 연소시켜 생긴 열로 밀폐된 용기 안에 넣은 물을 가열하여 증기를 발생하는 장치이다."( )에 알맞은 말은?

가. 외연기관   나. 절탄기
사. 보일러   아. 증기터빈

42. "( )는 (은) 연료유의 가장 중요한 성질로서 이것이 크면 연류유관 내의 기름이 흐르기 힘들고 분사하는 데 큰 압력을 필요로 한다." ( )에 알맞은 맞은?

가. 발열량   나. 점도
사. 비중   아. 세탄가

  ✓ · 비중 : 어느 물체의 무게와 그것과 부피가 같은 물이 4°일 때 부피와의 비율
  · 발열량 : 연료가 완전히 연소했을 때 내는 열량
  · 세탄가 : 디젤기관의 착화성을 표시하는 값

43. 내연기관의 크랭크축이 하는 역할은?

가. 피스톤의 상하운동을 좌우운동으로 바꾼다.
나. 피스톤의 직선왕복운동을 회전운동으로 바꾼다.
사. 피스톤의 회전운동을 왕복운동으로 바꾼다.

아. 피스톤의 직선운동을 상화운동으로 바꾼다.

44. 4행정 기관의 행정에 해당되지 않는 것은?

가. 흡입   나. 관성   사. 배기   아. 압축

✓ 내연기관의 4작용
급기작용(흡입작용), 압축작용, 연소작용(폭발작용), 배기작용 4작용을 1조로 하여 1 사이클이라 한다.

45. 다음 중 연료유 저장탱크에 연결되어 있지 않는 것은?

가. 측심관   나. 빌지관   사. 주입관   아. 공기관

46. 유압장치에 관한 설명에서 틀린 것은?

가. 유압펌프의 흡입측에 자석식 필터를 많이 사용한다.
나. 작동유는 유압유를 사용한다.
사. 작동유의 온도가 낮아지면 점도도 낮아진다.
아. 작동유 중의 공기를 빼기 위한 플러그를 설치한다.

47. 다음 연료유의 종류에서 인화점이 가장 높은 연료유는?

가. 등유   나. 중유   사. 휘발유   아. 경유

✓ 인화점이 낮은 기름일수록 화재의 위험이 높다. 연료는 90°이상, 윤활유는 150°이상의 것을 사용한다. 휘발유 150°이하, 등유 150℃~200℃, 경유 및 중유 300°이상

48. 다음 중 절연저항을 측정하는 데 사용하는 계기는?

가. 메거   나. 멀티테스터
사. 클램프 미터   아. 타코 미터

✓ ·클램프 미터 : 클램프형 전류계. 회로를 절단하지 않고 전류 측정이 가능하다
·타고 미터 : 회전하는 물체의 속력을 측정하는 장치
·멀티테스터 : 저항, 전류, 전압을 하나의 장치로 측정 가능하게 되어 있다.

49. 선박용 소형 고속 기관 운전 중 기관에서 이상한 소리가 났을 때 가장 먼저 취해야 할조치는?

가. 윤활유를 보급한다.
나. 기관의 회전수를 내린다.
사. 윤활유 필터를 교환한다.
아. 연료를 보충시킨다.

50. 디젤기관의 점화 방식은?

가. 전기점화   나. 기기점화
사. 소구점화   아. 압축점화

✓ ·압축점화기관 : 실린더 내에 흡입된 공기를 압축하여 발화점 이상의 연료에 분사하여 점화하는 기관
·불꽃점화기관 : 전기불꽃장치에 의해 점화하는 기관

51. 크랭크가 1분간에 도는 회전수를 ( )라고 한다. ( )안에 알맞은 말은?

가. 연속 회전수   나. 매분 회전수
사. 피스톤 속도   아. 크랭크 회전수

52. 선박에서 발생되는 폐유, 폐수 등에서 물과 기름을 분리하여 환경오염을 줄이는 장치는?

가. 청정장치   나. 열교환장치
사. 계선장치   아. 유수분리장치

✓ 유수 분리기

물과 기름의 비중차를 이용한 것으로 흐름의 속도나 각도를 변동 시키거나 분리용 매체를 통과시키는 등, 기름 입자를 크게 만듦으로써 부력을 크게 하여 유류실에 집적되게 하는 장치이다. 해양 오염 방지를 위한 국제 협약이 국내법으로 시행됨에 따라 선외로 배출되는 빌지 속에 포함된 유분을 기준이하로 하기 위한 장치이다.

53. 다음 중 전기를 통하는 성질로 도체, 부도체, 반도체가 있다. 도체에 해당하는 것은?

가. 구리　　나. 고무　　사. 유리　　아. 나무

✓ · 절연체(부도체) : 전기의 이동이 어려운 물질
· 도체 : 전기의 이동이 쉬운 물질
· 반도체 : 도체와 절연체의 중간

54. 소형 엔진에서 순환펌프용 V벨트의 장력이 느슨해져 있으면 어떠한 고장이 생기는가?

가. 배기가스중에 청수가 혼입한다.
나. 청수탱크내에 해수가 침투한다.
사. 냉각수 필터가 막힌다.
아. 청수온도가 높아진다.

55. "점화 방법에 의해 분류하면 디젤기관은 ( )이다." ( )에 알맞은 말은?

가. 불꽃 점화기관　　나. 전기 점화기관
사. 소구기관　　　　아. 압축 점화기관

✓ 점화방법에 의한 분류 : 불꽃점화 기관, 압축점화 기관

56. 연료분사조건 중 분사되는 연료유가 극히 미세화되는 것을 무엇이라 하는가?

가. 무화　　나. 관통　　사. 분산　　아. 분포

57. 실린더 내의 연소압력이 피스톤에 실제로 작용하는 동력은 어느 것인가?

가. 정격출력　　나. 최대마력
사. 제동마력　　아. 지시마력

✓ 지시마력 = 도시마력(Indicated Horse Power)
실린더 내의 압력으로 .피스톤을 밀어서 일이 이루어지는 것으로 하여 계산한 공정을 마력으로 나타낸 것

58. 다음 중 기관에서 발생한 동력을 전달하거나 차단시키는 장치는?

가. 클러치　　나. 변속기
사. 추진기　　아. 베어링

59. 다음 중 선박용 배터리의 전압은 주로 몇 볼트[V]인가?

가. 10볼트　　나. 15볼트
사. 20볼트　　아. 24볼트

60. 납축전지의 구성 요소가 아닌 것은?

가. 극판　　나. 충전판
사. 격리판　　아. 전해액

✓ 납축전지의 구조 : 극판군(양극판, 음극판, 격리판)과 전해액으로 구성되어 있다.

61. 디젤기관의 시동 전 준비사항으로 가장 거리가 먼 것은?

가. 기관실의 보온
나. 터닝 후 기관 각 부 이상여부 파악
사. 각 활동부의 윤활유 주입
아. 냉각수 온도 높게 조절

62. 연접봉에 의해 피스톤의 왕복운동을 크랭

크축의 회전 운동으로 바꾸어 동력을 외부로 전달하는 것은?
가. 피스톤 나. 크랭크 축
사. 메인 베어링 아. 피스톤 핀

63. 선박의 주기관으로 가장 많이 이용되는 기관은?
가. 디젤기관 나. 가솔린기관
사. 가스터빈기관 아. 증기터빈기관

64. 윤활유가 열화 변질되는 원인이 아닌 것은?
가. 많은 열을 받았을 경우
나. 피스톤링으로부터 연소가스 누설
사. 윤활유 냉각기로부터 해수의 누설
아. 냉각수 온도가 낮은 경우

✓ · 윤활유의 역할
2개체간 접촉면에 유막을 만들어 마찰을 줄여 마모 발열을 감소시키는 것

65. 운전 중인 기관이 갑자기 정지하였을 경우 그 원인으로 적절하지 않은 것은?
가. 연료의 부족
나. 연료 여과기의 막힘
사. 시동밸브의 누설
아. 조속장치의 고장

✓ 시동밸브에 누설이 있을시 시동 자체가 곤란해진다.

66. 유압 펌프가 기름을 송출하지 못하는 원인으로서 적당치 못한 것은?
가. 원동기의 회전 방향이 반대다.
나. 흡입 필터가 막혔다.
사. 흡입관에서 공기가 흡입된다.
아. 기름의 점도가 낮다.

67. 기관의 과열 원인이 아닌 것은?
가. 냉각수의 부족
나. 장시간 저속 운전할 때
사. 윤활유 불량
아. 과부하 운전

✓ 기관의 과열 원인: 1) 냉각수 부족 2) 윤활유의 결핍 또는 스케일 부착 3) 과부하 운전

68. 디젤기관에서 배기가스 색이 흑색일 때의 원인이 아닌 것은?
가. 불완전 연소 나. 과부하
사. 연료 속의 수분 혼입 아. 공기 부족

69. 실린더 내를 왕복운동함으로 새로운 공기를 흡입하여, 압축하고 연소가스의 압력을 받아 그 힘을 연접봉을 거쳐 크랭크축에 회전력을 전달하는 운동부는?
가. 실린더 헤드 나. 피스톤
사. 평형추 아. 실린더 라이너

70. 스러스트 베어링의 역할에 관한 설명 중 맞는 것은?
가. 축을 지지하는 역할
나. 회전운동을 원운동으로 바꾸는 역할
사. 프로펠러의 추력을 선체에 전달하는 역할
아. 연접봉을 받치는 역할

✓ · 스러스트 베어링의 역할
프로펠러 회전에 의해 생기는 추력을 선체로 전달해 배를 진행시킴.

71. 해수 윤활식 선미관에 끼운 리그넘바이티의 주 역할은?
가. 베어링 역할 나. 전기 절연 역할

사. 선체강도 보강 역할   아. 누설 방지 역할

✓ · 리그넘바이티의 장점
극히 굳은 목재이며, 해수로 침식되거나 부풀거나 마모되지도 않으며 유분을 함유하고 있어 주요할 수 없는 선미관의 축 수지면재로가장 적당하다.

72. 다음 중 변압기의 역할로 옳은 것은?

가. 전압을 증감시켜 사용하기 위함
나. 전류를 증감시켜 사용하기 위함
사. 저항을 조정하여 사용하기 위함
아. 전류를 차단시켜 사용하기 위함

73. 교류 전등 및 동력 회로에 사용하는 우리나라의 표준 주파수는?

가. 50 [Hz]   나. 60 [Hz]
사. 80 [Hz]   아. 120 [Hz]

74. 다음 중 기관의 출력을 나타내는 단위로 옳은 것은?

가. bar   나. rpm   사. kW   아. kg

✓ Revolution Per Minute: 1분당 기관 회전수

75. 기관이 정해진 회전속도보다 증가 또는 감소하였을 때 연료의 공급량을 자동적으로 조절하여 필요한 회전수로 유지시키는 장치는?

가. 플라이 휠   나. 평형추
사. 주유기   아. 조속기(거버너)

✓ · 조속기(Governer)
기관의 회전속도가 규정 이상으로 증감하였을 때 연료의 공급량을 자동적으로 조절하여 소정의 회전수를 유지함과 동시에 비정상적 회전에 연료공급을 자동 차단하여 기관의 안전을 도모한다.

76. 기름 한 드럼은 몇 리터인가?

가. 20리터   나. 60리터
사. 120리터   아. 200리터

77. 프로펠러에 의한 선체 진동의 원인이 아닌 것은?

가. 프로펠러의 날개 절손
나. 프로펠러의 날개수 과다
사. 프로펠러의 수면 노출
아. 프로펠러의 날개 휘어짐

78. 프로펠러가 1회전 하였을 때 프로펠러 날개상의 한 점이 축 방향으로 이동한 거리를 ( )(이)라 한다. ( )에 알맞은 것은?

가. 피치   나. 보스
사. 슬립   아. 프로펠러 지름

79. 다음 중"LPG"는 어떤 종류의 연료를 말하는가?

가. 액화천연가스   나. 액화석유가스
사. 가솔린   아. 등유

✓ · Liquified Petroleum Gas 액화 석유 가스
· Liquified Natural Gas 액화 천연 가스

80. 100[V]의 교류전압을 220[V]로 증가시키고자 할 때 사용되는 전기장치는?

가. 유도 전동기   나. 변압기
사. 직류 발전기   아. 동기 발전기

81. 크랭크축에 대한 설명으로 가장 거리가

먼 것은?

가. 왕복운동을 회전운동으로 바꿈
나. 동력을 프로펠러에 전달
사. 연접봉과 연결되어 있음
아. 피스톤링의 힘이 전달됨

✓ · 크랭크의 구성: 크랭크축, 크랭크 암, 크랭크핀
크랭크 축은 피스톤의 왕복운동을 회전운동으로 바꾸어준다.

82. 다음 중 과급기의 역할로서 옳은 것은?

가. 출력증가   나. 속도조절
사. 연료조절   아. 급수가열

✓ · 과급기(Supercharger)
배기가스를 이용하여 내연 기관의 충전 효율을 증가시킬 목적으로 흡기를 압송하는 장치

83. 디젤기관에서 피스톤링의 역할이 아닌 것은?

가. 피스톤과 실린더 라이너 사이의 기밀을 유지한다.
나. 피스톤과 연접봉을 연결시킨다.
사. 피스톤의 열을 실린더에 전달시켜 냉각시킨다.
아. 피스톤과 실린더 사이에 유막을 형성하여 마찰을 감소시킨다.

84. 디젤기관에서 과부하 운전이란 어떠한 상태인가?

가. 기관회전수가 증가되는 상태
나. 기관회전수가 감소되는 상태
사. 정격출력 이상의 출력으로 운전하는 상태
아. 공기 공급이 증가되는 상태

85. 디젤 기관의 각종 계기 중 기관이 사용하는 연료 사용량을 알 수 있는 계기는?

가. 회전계   나. 온도계
사. 압력계   아. 유량계

86. 다음 중 기관에 윤활유를 사용하는 주요 목적은?

가. 마찰을 적게 한다.
나. 발열을 돕는다.
사. 마모를 촉진한다.
아. 하중이 한 곳에 집중하도록 한다.

✓ 윤활유의 역할은 주로 두 개체의 마찰을 적게함과 동시에 냉각 시키는 일도 한다.

87. 유도 전동기의 부하에 대해 설명한 것 중 틀린 것은?

가. 시동 후 정격속도에 도달한 뒤 부하를 건다.
나. 부하의 대소는 전류계로 판단한다.
사. 부하가 증가하면 전동기의 회전수는 올라간다.
아. 부하가 감소하면 전동기의 온도는 내려간다.

88. 내연기관의 시동방법이 아닌 것은?

가. 수동 시동   나. 전기 시동
사. 열 시동   아. 압축공기 시동

✓ 내연 기관 시동 방법: 압축공기 시동, 전기 시동, 수동 시동

89. 4행정 사이클 기관에서 흡·배기 밸브가 모두 닫혀 있고 피스톤이 상승하고 있는 행정은?

가. 흡입 행정   나. 압축 행정
사. 작동 행정   아. 배기 행정

90. 디젤기관의 연료분사펌프로 많이 사용되는 것은?

가. 보슈식펌프   나. 기어식펌프
사. 원심식펌프   아. 제트식펌프

✓ 디젤기관에 사용되는 분사펌프로는 스필 밸브식과 보슈식 2종이 있다.

91. 다음 중 가스압축식 냉동장치의 계통도가 바르게 된 것은?

가. 압축기 → 응축기 → 팽창밸브 → 증발기
나. 압축기 → 팽창밸브 → 응축기 → 증발기
사. 압축기 → 증발기 → 응축기 → 팽창밸브
아. 압축기 → 증발기 → 팽창밸브 → 응축기

✓ · 가스 압축식 냉동장치의 원리
  액체가 기화하여 증발할 때 기화열과 증발열을 주위의 물질로부터 흡수 함으로써 주위에 물질이 냉각되는 원리를 이용한 것

92. 중·소형 어선에 많이 사용되는 역전장치로 기관의 추진축이 항상 일정한 방향으로만 회전하는 것은?

가. 유압식 역전장치
나. 가변피치 프로펠러
사. 기계식 역전장치
아. 전기식 역전장치

✓ 가변피치 프로펠러
  기관과 프로펠러를 일정한 방향으로 회전시키면서 프로펠러의 날개 방향만을 바꾸어 배를 전진 또는 후진 시킬 수 있다.

93. 다음 중 형광 수은 방전등을 사용하는 것이 좋은 곳은?

가. 조타실   나. 선실
사. 기관제어실   아. 갑판

94. 디젤기관의 운전 중 진동이 많아지는 원인이 아닌 것은?

가. 기관대의 설치 볼트가 이완 또는 절손
나. 각 베어링 틈새가 약간 좁을 때
사. 기관이 노킹을 일으킬 때
아. 기관이 위험회전수로 운전될 때

95. 디젤기관을 바르게 설명한 것은?

가. 공기와 연료를 혼합하여 점화 플러그에 의해 폭발 시키는 것이다.
나. 디젤기관은 모두 2행정 사이클 기관이다.
사. 고온·고압으로 압축된 공기에 연료를 분사하여 자연 발화 연소시키는 것이다.
아. 디젤기관은 모두 4행정 사이클 기관이다.

96. 다음 내용은 4행정 사이클 디젤기관의 어느 행정을 설명한 것인가?

"연소가스의 팽창으로 피스톤이 하강한다."

가. 흡입행정   나. 압축행정
사. 작동행정   아. 배기행정

✓ 내연기관의 4작용
  급기작용(흡입작용), 압축작용, 연소작용(폭발작용), 배기작용 4작용을 1조로 하여 1 사이클이라 한다.

97. 기관의 마력을 증가시키기 위한 방법이 아닌 것은?

가. 회전수를 증가시킨다.
나. 실린더 직경 및 행정을 크게 한다.
사. 과급을 한다.
아. 청수냉각을 해수냉각으로 바꾼다.

98. 기관 운전 중에 확인해야 할 사항이 아닌 것은?

가. 윤활유의 압력과 온도
나. 배기가스의 색깔과 온도
사. 기관의 진동 여부

아. 크랭크실의 내부검사

✓ 윤활유의 역할은 주로 두 개체의 마찰을 적게함과 동시에 냉각 시키는 일도 한다.

99. 기관의 운동부에 공급되는 윤활유가 하는 기능이 아닌 것은?

가. 냉각작용 나. 기밀작용
사. 마멸작용 아. 청정작용

100. 다음 중 온도를 표시하는 단위로 옳은 것은?

가. [℃] 나. [μm] 사. [kcal] 아. [MPa]

101. 기관에 설치되는 평형추의 설치 목적에 대한 설명으로 가장 거리가 먼 것은?

가. 기관의 진동 방지
나. 원활한 회전을 하도록 함
사. 메인 베어링의 마찰 감소
아. 프로펠러의 균열 방지

✓ · 평형추
피스톤과 커넥팅 로드의 중량과 균형을 위해 핀 저널부 반대쪽에 설치되어 크랭크축 상하, 좌우 평형을 유지시키는 추

102. 디젤기관에 사용하는 윤활유의 구비조건 중 틀린 것은?

가. 점도가 적당할 것
나. 온도에 의한 점도 변화가 클 것
사. 응고점이 낮을 것
아. 저장 중 변질되지 않을 것

103. 실린더 라이너에 윤활유를 공급하는 가장 근본적인 목적은?

가. 연소가스의 누설을 방지한다.

나. 실린더 라이너의 마멸을 방지한다.
사. 피스톤의 균열 발생을 방지한다.
아. 불완전 연소를 방지한다.

✓ · 윤활유의 역할
2개체간 접촉면에 유막을 만들어 마찰을 줄여 마모 발열을 감소시키는 것

104. 내연기관의 연료가 아닌 것은?

가. 석탄 나. 경유 사. 등유 아. 중유

105. 디젤기관의 냉각수 펌프로 가장 적당한 펌프는?

가. 기어펌프 나. 원심펌프
사. 이모펌프 아. 베인펌프

✓ · 원심 펌프
임펠러를 회전시켜 유체에 속도에너지를 주어 외부로 이송시키는 펌프. 송출량과 송출 압력이 항상 일정하여 사용범위가 넓다.

· 기어 펌프
모양과 크기가 같은 2개의 기어가 케이싱과 아주 작은 간극을 유지하면서 회전한다. 따라서 점도가 높은 유체의 이송에 적합하다.

106. 다음 중 충격하중이나 고하중을 받는 급유가 곤란한 장소에 주로 사용되는 윤활제는?

가. 그리스 나. 터빈유
사. 기계유 아. 유압유

107. 디젤기관의 시동이 잘 되지 않는 이유로서 적합하지 않은 것은?

가. 실린더내 연료 분사가 잘 되지 않거나 양이 극히 적을 때

나. 실린더내 압축압력이 너무 낮을 때
사. 실린더의 온도가 높을 때
아. 불량한 연료유를 사용했을 때

108. 과급기의 설명으로 옳은 것은?

가. 기관의 운동 부분에 마찰을 줄이기 위해 윤활유를 공급하는 장치
나. 연소가스가 접하는 고온부를 냉각시키는 장치
사. 기관의 회전수를 일정하게 유지시키기 위해 연료 분사량을 자동 조절하는 장치
아. 공기의 압력을 높여 밀도가 높아진 공기를 실린더 내에 공급하는 장치

✓ · 과급기(Supercharger)
배기가스를 이용하여 내연 기관의 충전 효율을 증가시킬 목적으로 흡기를 압송하는 장치

109. 내연기관에 사용하는 연료유의 성질 중 분사특성에 가장 큰 영향을 주는 것은?

가. 점도　　　나. 비중
사. 발화점　　아. 인화점

✓ · 점도 (Viscosity)
유체의 흐름에서 분자간 마찰로 인해 유동하기 어려워지는데 이 어려움의 정도를 나타낸다. 점도가 너무 크면 연료의 유동이 어려워 펌프 동력손실이 커지고, 점도가 너무 작으면 연소 상태가 좋지 않다.
· 비중 (Specific Gravity) : 부피가 같은 기름의 무게와 물의 무게의 비
· 인화점(Ignition Point)
연료에서 발생하는 증기가 공기와 섞여서 혼합기체가 만들어지고 여기에 불꽃을 가까이 했을 때 섬광을 내며 연소하는 온도
· 발화점: 연료를 가열하여 발화하거나 폭발을 일으키는 최저 온도

110. 선박에서 주기관의 높은 회전수를 감속 장치를 설치하여 추진기축이 낮은 회전수로 감속하는 주 이유는?

가. 추진장치의 효율을 좋게 하기 위해
나. 추진기축을 오래 사용하기 위해
사. 주기관의 역전을 용이하게 하기 위해
아. 주기관의 연료소비량을 높이기 위해

111. 다음 중 유체를 일정한 방향으로 흐르게 하며, 역류하는 것을 방지하는 밸브는?

가. 스톱밸브　　　나. 슬루스밸브
사. 체크밸브　　　아. 나비밸브

112. 200마력[PS]은 약 몇 [kW]인가?

가. 120 [kW]　　　나. 147 [kW]
사. 175 [kW]　　　아. 197 [kW]

✓ 1마력[PS] = 75 = 75*9.81 N.m/s²(1kgf = 9.80665 N)
= 735.5 N.m/s = 735.5 W
= 0.7355 KW

113. 다음 중 압력의 단위가 아닌 것은?

가. 파스칼(Pa)　　　나. kgf/㎠
사. bar　　　　　　아. kcal

114. 디젤기관의 운전 중 디젤기관내의 윤활 유량을 검유봉으로 계측해서는 안 되는 주 이유는?

가. 검유봉이 크랭크에 닿으므로
나. 윤활유 양을 정확히 측정할 수 없으므로
사. 크랭크케이스 내에 이물질이 침입하므로
아. 크랭크케이스가 폭발하므로

115. 열이 중간에 다른 물질을 통하지 않고 직

접 이동하는 전열 현상을 무엇이라 하는가?

가. 대류   나. 전도   사. 전이   아. 복사

✓ · 대류 : 액체나 기체 가열시 따뜻해진 부분은 위로 올라가고 찬 부분이 아래로 내려와 전체적으로 데워지는 현상
· 전도: 열이 이동하는 현상
· 복사 : 열이 이동하여 골고루 퍼져 전체적으로 뜨거워지는 현상

116. 1마력(PS)의 크기를 바르게 표시한 것은?

가. 75 [kgf · ㎧]   나. 140 [kgf · ㎧]
사. 280 [kgf · ㎧]   아. 102 [kgf · ㎧]

✓ 1마력[PS] = 75 = 75*9.81 N.m/s²(1 kgf = 9.80665 N)

117. 다음 중 윤활유 온도의 상승 원인이 아닌 것은?

가. 윤활유 압력이 낮고 윤활유량이 부족한 경우
나. 윤활유 냉각기의 냉각수 온도가 낮을 경우
사. 윤활유의 불량 또는 열화가 된 경우
아. 주유 부분이 과열 또는 고착을 일으킨 경우

118. 다음 출력의 종류 중 동일기관에서 가장 큰 값은?

가. 도시마력   나. 제동마력
사. 전달마력   아. 유효마력

✓ · 지시마력
도시마력(Indicated Horse Power) : 실린더 내의 압력으로 피스톤을 밀어서 일이 이루어지는 것으로 하여 계산한 공정을 마력으로 나타낸 것
지시마력(Indicated Horse Power) = (P x A x L x R)/4500 x Z
(P: 평균유효압력(kg/cm2) A: 피스톤의 넓이(cm2) L: 스트로크(m) Z: 실린더의 수)

119. 전기를 띤 물체를 무엇이라 하는가?

가. 대전체   나. 도체   사. 부도체   아. 자석

✓ · 절연체(부도체) : 전기의 이동이 어려운 물질
· 도체: 전기의 이동이 쉬운 물질
· 반도체 : 도체와 절연체의 중간
· 대전체 : 전기를 띤 물체

120. "선박에서 일정시간 항해 시 연료소비량은 선박 속도의 ( )에 비례한다."에서 ( )에 알맞은 것은?

가. 2제곱   나. 3제곱
사. 4제곱   아. 5제곱

121. 선박에 사용하는 납축전지의 용량을 나타내는 단위는?

가. [V]   나. [A]   사. [Ah]   아. [kW]

✓ 납축전지의 용량 : 방전 전류 [A] x 방전 시간[h]

122. 표준 대기압을 나타낸 것 중 다른 하나는?

가. 760 [mmHg]   나. 1,013 [mbar]
사. 14.7 [psi]   아. 3,000 [hPa]

✓ · 표준대기압
온도 0℃에서 중력의 가속도가 980.665 cm/s2인 곳에서 수은주가 높이 760mm를 나타내는 압력
1atm = 760Hg = 1.03322kg/cm2 = 1.01325 bar

소형선박조종사 [PART 3. 기관] 정답

1	가	11	아	21	가	31	가	41	사
2	나	12	사	22	아	32	가	42	나
3	가	13	가	23	가	33	나	43	나
4	가	14	아	24	아	34	아	44	나
5	나	15	아	25	나	35	사	45	나
6	아	16	아	26	사	36	가	46	사
7	나	17	가	27	사	37	아	47	나
8	아	18	사	28	아	38	가	48	가
9	사	19	사	29	가	39	나	49	나
10	아	20	나	30	사	40	나	50	아

51	나	61	가	71	가	81	아	91	가
52	아	62	나	72	가	82	가	92	나
53	가	63	가	73	나	83	나	93	아
54	아	64	아	74	사	84	사	94	나
55	아	65	사	75	아	85	아	95	사
56	가	66	아	76	아	86	가	96	사
57	아	67	나	77	나	87	사	97	아
58	가	68	사	78	가	88	사	98	아
59	아	69	나	79	나	89	나	99	사
60	나	70	사	80	나	90	가	100	가

101	아	111	사	121	사
102	나	112	나	122	아
103	나	113	아		
104	가	114	나		
105	나	115	아		
106	가	116	가		
107	사	117	나		
108	아	118	가		
109	가	119	가		
110	가	120	나		

Part

4
해사법규

CHAPTER **01** 해사안전법

CHAPTER **02** 선박의 입항 및 출항 등에 관한 법률

CHAPTER **03** 해양환경관리법

이론편 ▶▶ 문제편

CHAPTER 01 해사안전법

Part4. 해사법규

> ※ '해사안전법'이 2024년부터 《해사안전기본법》과 《해상교통안전법》으로 분리 됩니다. 따라서 '법규' 내용과 문제에서도 반영되어야하나, 기존 문제에서는 **'해사안전법'으로 표기**되었기에, 출제 당시의 법규 적용에 따라 '해사안전법'으로 표기되었으니 참고하시기 바랍니다.

1. 목적
   선박의 안전운항을 위한 안전관리체계를 확립하여 선박항행과 관련된 모든 위험과 장애를 제거함으로 해사안전증진과 선박의 원활한 교통에 이바지함을 목적으로 한다.

2. 용어의 정리
   1) 선박 : 물에서 항행수단으로 사용하거나 사용할 수 있는 모든 종류의 배 (물 위에서 이동할 수 있는 수상항공기와 수면비행선박 포함)
   2) 수상항공기 : 물위에서 이동할 수 있는 항공기
   3) 수면비행선박 : 표면효과 작용을 이용하여 수면가까이 비행하는 선박
   4) 거대선 : 길이 200m 이상인 선박
   5) 고속여객선 : 시속 15노트 이상으로 항행하는 여객선
   6) 동력선 : 기관을 사용하여 추진하는 선박. 다만, 돛을 설치한 선박이라도 주로 기관을 사용하여 추진하는 경우에는 동력선으로 본다.
   7) 범선 : 돛을 사용하여 추진하는 선박
   8) 어로에 종사하고 있는 선박 : 그물, 낚싯줄, 트롤망, 그 밖에 조종성능을 제한하는 어구를 사용하여 어로작업을 하고 있는 선박
   9) 조종불능선 : 선박의 조종성능을 제한하는 고장이나 그 밖의 사유로 조종을 할 수 없게 되어 다른 선박의 진로를 피할 수 없는 선박
   10) 조종제한선 : 선박의 조종성능을 제한하는 작업에 종사하고 있어 다른 선박의 진로를 피할 수 없는 선박
   11) 흘수제약선 : 가항수역의 수심 및 폭과 선박의 흘수와의 관계에 비추어 볼 때 그 진로에서 벗어날 수 있는 능력이 매우 제한되어 있는 동력선
   12) 통항로 : 선박의 항행안전을 확보하기 위하여 한쪽 방향으로만 항행 할 수 있도록 되어있는 일정 범위 수역
   13) 제한된 시계 : 안개, 연기, 눈, 비, 모래바람 및 그 밖에 이와 비슷한 사유로 시계가 제한되어 있는 상태

14) 항행 중 : 정박, 항만의 안벽 등 계류시설에 매어놓은 상태, 얹혀있는 상태가 아닌 선박의 상태
15) 통항분리제도 : 선박의 충돌을 방지하기 위해 선박이 마주치지 않고 항행 할 수 있도록 통항로를 분리하는 제도
16) 분리선 또는 분리대 : 서로 다른 방향으로 진행하는 통항로를 나누는 선 또는 일정한 폭의 수역
17) 단음 : 1초 정도 지속되는 기적소리
18) 장음 : 4~6초 정도 지속되는 기적소리

3. 항법
  1) 모든 시계에서의 항법
    ① 안전한 속력
      타선박과의 충돌을 피하기 위하여 적절하고 유효한 동작을 취하거나 적합한 거리에서 정선 할 수 있는 안전한 속력으로 항해하여야 한다.
    ② 경계
      주위의 상황 및 타선박과 충돌 위험판단을 위해 시각, 청각 등 당시상황에 적합한 모든 수단을 이용하여 적절한 경계유지
    ③ 충돌을 피하기 위한 동작
      타선박과 충돌을 피하기 위한 동작을 취할 경우 될 수 있는 대로 충분한 시간적 여유를 두고 적절한 운용상의 관행에 다라 적극적으로 취해야 한다.
    ④ 좁은 수로
      수로의 오른편 끝 쪽으로 항행. 길이 20m 미만의 선박은 대형선의 진로방해 금지
    ⑤ 통항분리방식
      분리선 또는 분리대에서는 될 수 있는 한 떨어져서 항행.
      출입구를 통하여 출입. 옆쪽으로 출입하는 경우 통항로에 소각도로 출입.
      횡단 금지. 부득이한 사유로 횡단할 경우 직각에 가까운 각도로 횡단.
  2) 서로 시계 내에 있을 때의 항법
    ① 추월선의 항법
      추월선은 피추월선이 완전히 추월하거나 그 선박에서 충분히 멀어질 때까지 피추월선의 진로를 피하여야 한다.
    ② 마주치는 경우의 항법
      서로 다른 선박의 좌현 쪽을 지나갈 수 있도록 우현변침
    ③ 횡단하는 상태에서의 항법
      타선박을 우현 쪽에 두고 있는 선박이 피항선

④ 피항선의 동작
   미리 큰 동작을 취하여 다른 선박으로부터 충분히 떨어져야 한다.
⑤ 유지선의 동작
   침로와 속력 유지. 그러나 피항선이 적절한 조치를 취하고 있지 아니하다고 판단될 때는 스스로 피항 동작 취할 수 있다.
⑥ 선박사이의 책무
   항행중인 동력선 〉 항행중인 범선 〉 어로에 종사하고 있는 선박 〉 조종불능선, 조종제한선

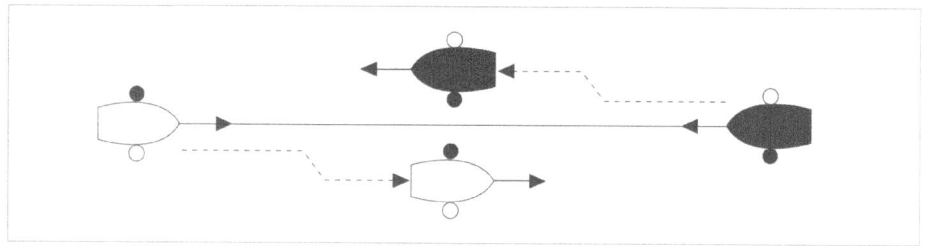

마주치는 경우의 항법

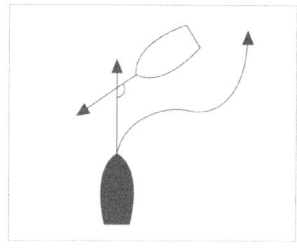 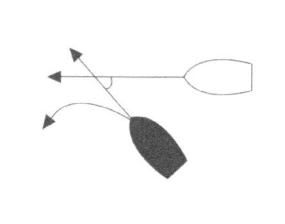 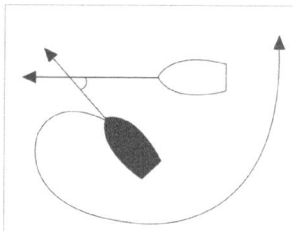

횡단선의 항법(둔각의 경우)   횡단선의 항법(예각의 경우)   적극적인 피항 방법

3) 제한된 시계에서의 항법 : 안전속력 유지, 무중신호

4. 등화와 형상물
  1) 등화의 점등시기 : 일몰시부터 일출시 까지. 제한시계 내
  2) 등화의 종류
    ① 마스트 정부등 : 225도의 수평의 호를 고르게 비추고, 정선수로부터 각기 정횡 후 22.5도까지 비추는 백색등
    ② 현등 : 112.5도의 수평의 호를 고르게 비추고, 정선수로부터 22.5도까지 비춘다. 길이 20m 미만의 선박은 현등을 선수미의 중심선상에 달고 있는 하나의 랜턴 속에 결합가능
    ③ 선미등 : 135도의 수평의 호를 고르게 비추고, 정선미로부터 각 현측에 67.5도를 비추는 백색등

④ 예인등 : 선미등과 똑같은 특성을 가진 황색등
⑤ 전주등 : 360도에 이르는 수평의 호를 비추는 등화

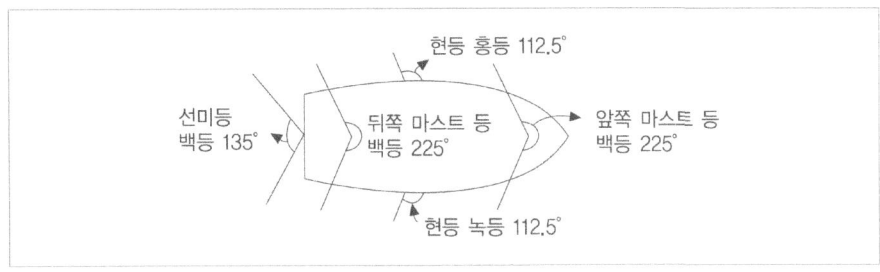

항해등의 사광범위

CHAPTER 02 선박의 입항 및 출항 등에 관한 법률

Part4. **해사법규**

❶ 총칙 및 용어의 정의

1. 목적

   이 법은 무역항의 수상구역 등에서 선박의 입항·출항에 대한 지원과 선박운항의 안전 및 질서 유지에 필요한 사항을 규정함을 목적으로 한다.

2. 용어의 정의

   1) 무역항 : 국민경제와 공공의 이해에 밀접한 관계가 있고 주로 외항선이 입항·출항하는 항만으로서 제3조제1항에 따라 지정된 항만을 말한다.
   2) 선박 : 수상 또는 수중에서 항행용으로 사용하거나 사용할 수 있는 배 종류. 기선, 범선, 부선.
   3) 잡종선 : 부선, 단정 및 총톤수 20톤 미만의 선박과 그 밖에 주로 노와 상앗대로 운전하는 선박을 말한다.
   4) 정박 : 선박이 해상에서 닻을 바다 밑에 내려놓고 운항을 정지하는 것을 말하고, 정박할 수 있는 장소를 정박지라고 한다.
   5) 정류 : 선박이 해상에서 일시적으로 운항을 정지하는 것을 말한다.
   6) 계류 : 선박을 다른 시설에 붙들어 매어놓은 것을 말한다.
   7) 항로 : 선박의 입, 출항 통로로 이용하기 위한 수로를 말한다.

❷ 입출항 및 정박

1. 입출항의 신고

   무역항의 수상구역 등에 출입하려는 선박의 선장은 대통령이 정하는 바에 의하여 해양수산부장관에게 신고하여야 한다. 다만, 전시, 사변 또는 이에 준하는 국가비상상태나 국가안전보장에 필요한 경우에는 대통령령이 정하는 바에 의하여 해양수산부장관 허가를 받아야 한다. 입출항 신고가 면제되는 선박은 총톤수 5톤 미만의 선박, 해난구조에 종사하는 선박, 기타 지방해양수산청장의 허가를 받은 선박.

2. 정박지

   1) 정박 : 무역항의 수상구역 등에 정박하려는 선박(우선피항선은 제외한다)은 톤수, 흘수 또는

적재물의 종류에 따라 지정된 정박지에 정박하여야 한다.
2) 잡종선, 소형선 : 잡종선, 총톤수 20톤 미만의 소형선은 다른 선박의 항해에 방해가 될 장소에 정박, 정류하지 못한다. 그리고 계선 부표 또는 다른 선박에 계류하여서는 아니 된다.
3) 선박의 계선 : 총톤수 20톤 이상의 선박을 무역항의 수상구역 등에 계선시 해양수산부장관에게 신고하여야 하며, 안전을 위하여 필요한 선원의 승선을 명할 수 있다.

3. 항로 및 항법
   1) 항로 사용의 원칙 : 무역항의 수상구역 등 항계 안을 출입하거나 통과하는 잡종선외의 선박은 해양수산부장관이 지정하는 항로를 따라 항행하여야 한다. 다만, 해난을 피하기 위한 경우나 기타 부득이한 사유가 있는 경우는 그러하지 아니한다.
   2) 항로 안의 정박등 금지 : 선박은 다음 각호의 경우를 제외하고는 항로안에 정박 또는 정류하거나 예인되는 선박을 항로안에 방치하여서는 안된다.
      ① 해난을 피하고자 할 때
      ② 운전의 자유를 상실한 때
      ③ 인명 또는 급박한 위험이 있는 선박을 구조할 경우
      ④ 허가된 공사가 항로상에서 시행중인 경우
   3) 항법
      ① 항로 밖에서 항로에 들어오거나, 항로에서 항로 밖으로 나가는 선박은 항로를 항행하는 다른 선박의 진로를 피해야 한다.
      ② 항로 안을 나란히 항행하거나, 항로 안에서 다른 선박을 추월해서는 안된다.
      ③ 항로 안에서 다른 선박과 마주칠 때에는 항로의 오른쪽을 항행하여야 한다.
      ④ 모든 선박은 항로 안을 항해하는 위험물 적재선박 또는 흘수 제약선의 진로를 방해하지 못한다.
      ⑤ 동력선이 항구의 방파제 부근에서 다른 선박과 마주칠 경우에는 입항하는 선박이 출항선의 진로를 피해야 한다.
      ⑥ 속력의 제한 : 항계 안과 부근에 있는 선박은 다른 선박에 위험이 미치지 아니할 정도로 저속으로 항해하여야 한다.
      ⑦ 방파제 부두 부근을 통과하는 선박은 방파제 등을 우현에서 보고 항행할 경우에는 이에 접근하고, 좌현으로 보고 항행할 때에는 멀리 돌아야 한다.
      ⑧ 잡종선은 항계 내에서는 동력선과 범선의 진로를 피하여야 한다.
      ⑨ 항계 내에서 2척 이상의 선박이 운항할 때에는 서로 상당한 거리를 두어야 한다.

4) 예선의 제한
① 예인선의 선수로부터 피예인선의 선미까지의 길이는 200미터를 초과하지 아니할 것. 다만, 다른 선박의 입출항을 보조하는 선박을 예항하는 경우에는 그러하지 아니하다.
② 한꺼번에 3척 이상을 예항하지 아니할 것
③ 지방해양수산청장은 항만의 특수성 등을 감안하여 특히 필요한 경우에는 제 3항의 규정에 의한 예항방법을 조정할 수 있다.

③ 신호 및 위험물

1. 기적제한
무역항의 수상구역 등 항계 안에서 특별한 사유 없이 기적 또는 사이렌을 울려서는 아니 된다.

2. 화재의 경보
무역항의 수상구역 등의 항계 내에서 정박중의 화재가 발생한 때에는 기적 또는 사이렌으로 장음을 5회 울려야 한다. 적당한 간격을 두고 경보를 반복해야 한다.

3. 선박교통관제
선박이 무역항의 수상구역 등 항계 안을 입출항하거나 항계 안에서 이동할 때에는 선박교통관제에 따라야 한다.

4. 폐기물의 투기 금지
무역항의 수상구역 안이나 10km이내 수면에 선박의 안전운항을 해칠 우려가 있는 흙·돌·나무·어구(漁具) 등 폐기물을 버려서는 안된다.

5. 위험물의 반입
위험물을 무역항의 수상구역등으로 들여오려는 자는 해양수산부령으로 정하는 바에 따라 해양수산부장관에게 신고하여야 하며, 위험물운송선박은 해양수산부장관이 지정한 장소에 정박하거나 정류하여야 한다.

CHAPTER 03 해양환경관리법

1 해양환경관리법의 개념

1. 목적
   이 법은 선박, 해양시설, 해양공간 등 해양오염물질을 발생시키는 발생원을 관리하고, 기름 및 유해액체물질 등 해양오염물질의 배출을 규제하는 등 해양오염을 예방, 개선, 대응, 복원하는 데 필요한 사항을 정함으로써 국민의 건강과 재산을 보호하는데 이바지함을 목적으로 한다.

2. 적용범위
   우리나라의 영해 및 내수에서 모든 선박 또는 해양시설 등으로부터의 해양오염 및 영해 밖에서 해저광물자원개발법에서 정하는 해저 광구의 개발과 관련하여 발생하는 해양오염, 영해 밖에서 대한민국 선박이 행한 해양 오염 및 연안오염, 특별관리해역에서의 해양오염 등에 적용된다.

3. 용어의 정의
   1) 해양환경 : 해양에 서식하는 생물체와 이를 둘러싸고 있는 해양수, 해양지, 해양대기 등 비생물적 환경 및 해양에서의 인간의 행동양식을 포함하는 것으로서 해양의 자연 및 생활 상태를 말한다.
   2) 해양오염 : 해양에 유입되거나 해양에서 발생되는 물질 또는 에너지로 인하여 해양환경에 해로운 결과를 미치거나 미칠 우려가 있는 상태를 말한다.
   3) 배출 : 오염물질 등을 유출, 투기하거나 오염물질 등이 누출, 용출되는 것을 말한다. 다만, 해양오염의 감경, 방지 또는 제거를 위한 학술목적의 조사, 연구의 실시로 인한 유출, 투기 또는 누출, 용출을 제외한다.
   4) 폐기물 : 해양에 배출되는 경우 그 상태로는 쓸 수 없게 되는 물질로서 해양환경에 해로운 결과를 미치거나 미칠 우려가 있는 물질을 말한다.
   5) 기름 : 석유 및 석유대체연료 사업법에 따른 원유 및 석유제품과 이들을 함유하고 있는 액체 상태의 유성혼합물 및 폐유를 말한다.
   6) 선박평형수 : 선박의 중심을 잡기위하여 선박에 싣는 물을 말한다.
   7) 유해액체물질 : 해양환경에 해로운 결과를 미치거나 미칠 우려가 있는 액체물질과 그 물질이 함유된 혼합 액체물질로서 해양수산부령이 정하는 것을 말한다.
   8) 포장유해물질 : 포장된 형태로 선박에 의하여 운송되는 유해물질 중 해양에 배출되는 경우 해양환경에 해로운 결과를 미치거나 미칠 우려가 있는 물질로서 해양수산부령이 정하는 것을 말한다.

9) 유해방오도료 : 생물체의 부착을 제한, 방지하기 위하여 선박 또는 해양시설 등에 사용하는 도료 중 유기주석 성분 등 생물체의 파괴 작용을 하는 성분이 포함된 것으로서 해양수산부령이 정하는 것을 말한다.
10) 잔유성유기오염물질 : 해양에 유입되어 생물체에 농축되는 경우 장기간 지속적으로 급성, 만성의 독성 또는 발암성을 야기하는 화학물질로서 해양수산부령이 정하는 것을 말한다.
11) 오염물질 : 해양에 유입 또는 해양으로 배출되어 해양환경에 해로운 결과를 미치거나 미칠 우려가 있는 폐기물, 기름, 유해액체물질 및 포장유해물질을 말한다.

2 환경관리해역의 지정, 관리

해양수산부장관은 해양환경의 보전, 관리를 위하여 필요하다고 인정되는 경우에는 다음 각 호의 구분에 따라 환경보전해역 및 특별관리해역을 지정, 관리할 수 있다.

1. 환경보전해역 : 다음 각 목의 어나 하나에 해당하는 해역으로 대통령이 정하는 해역
   (해양오염에 직접 영향을 미치는 육지를 포함한다)
   1) "국토의 계획 및 이용에 관한 법률" 제 6조 제4호의 규정에 따른 자연환경보전지역중 수산자원의 보호, 육성을 위하여 필요한 용도지역으로 지정된 해역
   2) 해양환경 및 생태계의 보전이 양호한 곳으로서 지속적인 보전이 필요한 해역
      ① 가막만 환경보전해역
      ② 득량만 환경보전해역
      ③ 완도, 도암만 환경보전해역
      ④ 함평만 환경보전해역

2. 특별관리해역 : 제15조 제1항의 규정에 따른 해양환경기준의 유지가 곤란한 해역 또는 해양환경 및 생태계의 보전에 현저한 장애가 있거나 장애가 발생할 우려가 있는 해역으로서 대통령령이 정하는 해역
      ① 부산연안특별관리해역
      ② 울산연안 특별관리해역
      ③ 마산만 특별관리해역
      ④ 시화호, 인천연안 특별관리해역
      ⑤ 광양만

③ 해양오염방지를 위한 규제

1. 선박에서의 오염물질 배출금지

   누구든지 선박으로부터 오염물질을 해양에 배출하여서는 안 된다. 다만, 다음 각 호의 경우에는 그러하지 아니하다.

   1) 다음 각 목의 구분에 따라 폐기물을 배출하는 경우
      ① 선박의 항해 및 정박중 발생하는 폐기물을 배출하고자 하는 경우에는 해양수산부령이 정하는 해역에서 해양수산부령이 정하는 처리기준 및 방법에 따라 배출할 것
      ② 해양수산부령이 정하는 폐기물을 "공유수면관리 및 매립에 관한 법률" 제 28조 및 같은 법 제 35조에 따라 매립하고자 하는 장소에 배출하고자 하는 경우에는 해양수산부령이 정하는 처리기준 및 방법에 따라 배출할 것

   2) 다음 각 목의 구분에 따라 기름을 배출하는 경우
      ① 선박에서 기름을 배출하는 경우에는 해양수산부령이 정하는 해역에서 해양수산부령이 정하는 배출기준 및 방법에 따라 배출할 것
      ② 유조선에서 화물유가 섞인 선박평형수, 화물창의 세정수 및 선저폐수를 배출하는 경우에는 해양수산부령이 정하는 해역에서 해양수산부령이 정하는 배출기준 및 방법에 따라 배출할 것
      ③ 유조선에서 화물창의 밸러스트수를 배출하는 경우에는 해양수산부령이 정하는 세정도에 적합하게 배출할 것

   3) 다음 각 목의 구분에 따라 유해액체물질을 배출하는 경우
      ① 유해액체물질을 배출하는 경우에는 해양수산부령이 정하는 해역에서 해양수산부령이 정하는 사전처리 및 배출방법에 따라 배출할 것
      ② 해양수산부령이 정하는 유해액체물질의 산적운반에 이용되는 화물창에서 세정된 밸러스트수를 배출하는 경우에는 해양수산부령이 정하는 정화방법에 따라 배출할 것

2. 누구든지 해양시설 또는 해수욕장, 하구역 등 대통령령이 정하는 장소에서 발생하는 오염물질을 해양에 배출하여서는 안 된다. 다만, 다음 각 호의 경우에는 그러하지 아니하다.

   1) 해양시설 및 해양공간에서 발생하는 폐기물을 해양수산부령이 정하는 해역에서 해양수산부령이 정하는 처리기준 및 방법에 따라 배출하는 경우
   2) 해양시설 등에서 발생하는 기름 및 유해액체물질을 해양수산부령이 정하는 처리기준 및 방법에 따라 배출하는 경우

3. 다음 각 호의 어느 하나에 해당하는 경우에는 제1항 및 제2항의 규정에 불구하고 선박 또는

해양시설 등에서 발생하는 오염물질을 해양에 배출할 수 있다.
1) 선박 또는 해양시설 등의 안전 확보나 인명구조를 위하여 부득이하게 오염물질을 배출하는 경우
2) 선박 또는 해양시설 등의 손상 등으로 인하여 부득이하게 오염물질이 배출되는 경우
3) 선박 또는 해양시설 등의 오염사고에 있어 해양수산부령이 정하는 방법에 따라 오염피해를 최소화하는 과정에서 부득이하게 오염물질이 배출되는 경우

④ 선박의 해양오염 방지 설비의 검사

1. 검사대상 선박과 설비
   다음의 설비를 설치한 선박은 해양수산부장관이 실시하는 검사를 받아야 한다.
   1) 기름오염방지 설비
   2) 유해액체물질 오염방지설비
   3) 폐기물 오염방지설비
   4) 유조선의 화물창

2. 검사의 종류와 검사증서
   1) 검사의 종류
      ① 정기검사(5년)
      ② 중간검사
      ③ 임시검사 : 임시검사는 해양오염방지설비를 교체 또는 개조할 때마다 실시하는 검사이다.
   2) 불합격시의 항행금지
      해양수산부장관은 위의 검사에 불합격한 선박에 대하여 해양오염방지설비 등을 교체, 개조 또는 수리를 명할 수 있다. 이를 불이행 시 해양수산부장관은 청문의 절차를 거쳐서 그 선박에 대하여 항행정지 처분을 할 수 있다.
   3) 해양오염방지 증서
      해양수산부장관은 위 검사에 합격하면 "해양오염방지증서" 또는 "임시해양오염방지증서"를 교부하여야한다
   4) 해양오염방지검사증서 등의 유효기간
      ① 해양오염방지검사증서 : 5년
      ② 방오시스템검사증서 : 영구

③ 에너지효율검사증서 : 영구

④ 협약검사증서 : 5년

5 해양오염방제를 위한 조치

1. 오염물질이 배출되는 경우의 신고의무

    선박에서 기름 등의 폐기물이 바다에 대량으로 배출될 경우 일정한 기준을 초과하여 배출될 우려가 있다고 예상될 경우에 선장 또는 시설관리자 배출 원인행위자 또는 기름 등의 폐기물을 발견한 사람은 지체 없이 해양경찰청장 또는 해양경찰서장에게 신고하여야 한다.

    *기름의 대량 배출이란, 유분이 100만분의 1000ppm 이상이고, 유분의 총량이 100L 이상으로서 확산범위가 10,000m² 이상일 경우를 말한다.

2. 방제조치의 의무

    대량 배출 기름의 신고의무자 및 배출선박의 소유자는 기름 등의 폐기물이 계속 배출되는 것을 방지하고, 또 확산되는 것을 방지하고 제거하기 위하여 응급조치를 할 의무가 있다. 방제 의무자의 응급조치의 내용은 다음과 같다.

    ① 기름 등의 배출과 확산방지에 필요한 조치

    ② 선박 또는 시설의 손상부위를 긴급수리 및 계속 배출방지의 조치

    ③ 손상선박에 실린 기름과 폐기물의 다른 유조 또는 화물창에 이적조치

    ④ 배출된 기름의 회수조치

    ⑤ 오염방제를 위한 자제 및 약제의 사용

    ⑥ 기타 방제조치

3. 방제비용의 부담의무

    해양오염방제의무자가 방제조치를 취하지 않거나 또는 그 조치가 불충분하다고 인정되면 해양경찰청장 또는 해양경찰서장은 관계기관과 협력하여서 필요한 조치를 시행할 수 있고 이에 소요된 비용을 선박소유자 또는 시설의 관리자에게 행정 대집행법으로써 징수할 수 있다.

6 해양오염영향조사

1. 선박 또는 해양시설에서 대통령령이 정하는 규모 이상의 오염물질이 해양에 배출되는 경우에는 그 선박 또는 해양시설의 소유자는 해양오염영향조사기관을 통하여 해양오염영향조사를 실시하여야 한다.

적중예상문제

01. 해상교통분리수역에서 항로를 횡단할 경우에는 선수방향이 항로의 ( )에 가깝게 횡단하여야 한다. ( )안에 알맞은 것은?

가. 직각 나. 예각 사. 둔각 아. 대각

✓ 항로의 출입구를 통하여 출입하는 것을 원칙으로 하되, 옆쪽으로 출입하는 경우에는 그 통항로에 대하여 소각도로 출입해야 하며, 부득이한 사유로 횡단하는 경우에는 직각에 가까운 각도로 횡단해야 한다.

02. 야간에 홍색 전주등 3개를 수직으로 표시하고 있는 선박은?

가. 예인선 나. 어로종사선
사. 조종불능선 아. 흘수제약선

✓ ・예인선 : 예인열의 길이가 200m넘을 때는 마스터등 외에 백등 2개를 추가로 달아준다.
・어로종사선 : 트롤선 – 상부의 것이 녹색, 하부의 것이 백색인 전주등 2개
・일반어선 – 상부의 것이 홍색, 하부의 것이 백색인 전주등 2개
・조종불능선 : 홍색의 전주등 2개

03. 해사안전법에서 당시의 사정과 조건에서 충돌을 피하기 위한 속력을 무엇이라 규정하고 있는가?

가. 항해속력 나. 안전속력
사. 경제속력 아. 최저속력

04. 해사안전법상 조종제한선에 해당하지 않는 선박은?

가. 준설 작업을 하고 있는 선박
나. 기뢰제거 작업을 하고 있는 선박
사. 항로표지를 부설하고 있는 선박
아. 조타기 고장으로 수리중인 선박

✓ 조타기 고장으로 수리중인 선박은 조종불능선이다.

05. 무역항의 수상구역내에서 선박 교통의 안전과 질서를 유지할 목적으로 만들어진 법규는?

가. 선박법
나. 해상교통안전법
사. 선원법
아. 선박의 입항 및 출항 등에 관한 법

✓ ・선박법
선박의 국적에 관한 사항과 선박 톤수의 측정 및 등록에 관한 사항을 규정함으로써 해사에 관한 제도의 적정한 운영과 해상 질서의 유지를 확보하여, 국가 권익을 보호하고 국민경제의 향상에 기여함을 목적으로 함.
・해사안전법
해상에서 일어나는 선박 항행상의 모든 위험을 방지하고 장해를 제거함으로써 해상 교통의 안전을 확보함을 목적으로 함.
・선원법
선원의 직무, 복무, 근로조건의 기준, 직업 안정 및 교육훈련에 관한 사항을 정함으로써 선내 질서를 유지하고, 선원의 기본적 생활을 보장, 향상시키며, 선원의 자질향상을 도모함을 목적으로 함

06. 해사안전법상 '선박이 서로 시계 안에 있는 상태'에 대한 설명으로 옳은 것은?

가. 다른 선박을 레이더로 확인할 수 있는 상태
나. 다른 선박을 눈으로 볼 수 있는 상태
사. 다른 선박과 마주치는 상태
아. 다른 선박과 교신 중인 상태

✓ '서로 시계내에 있는' 경우는 선박에서

다른 선박을 시각으로 볼 수 있는 상태에 있는 것을 말한다.

07. 해사안전법에서 충돌회피 조치의 기본 요건이 아닌 것은?

가. 적극적인 동작 나. 소폭의 침로 변경
사. 충분한 시간 아. 상당한 주의

✓ 다른 선박과의 충돌을 피하기 위한 동작 : 충분한 시간적 여유를 두고 적절한 운용상의 관행에 따라 적극적 동작을 취해야 한다.

08. 선박의 입항 및 출항 등에 관한 법상 항로 안에서 다른 선박과 마주쳤을 때의 항법은?

가. 좌측을 항행한다.
나. 우측을 항행한다.
사. 좌우 편리한 대로 항행한다.
아. 중앙 항로를 택한다.

✓ 항로 안에서 다른 선박과 마주칠 때에는 항로의 오른쪽을 항행하여야 한다

09. 상대 선박이 위험하도록 가까이 접근할 때 사용할 적당한 신호는 무엇인가?

가. 특별한 신호가 없다. 나. 조종신호
사. 추월신호 아. 경고신호

10. 해사안전법상 규정된 등화에 사용되는 등색이 아닌 것은?

가. 홍색 나. 녹색 사. 백색 아. 청색

✓ 등화에 사용되는 등색 : 백색, 홍색, 녹색, 황색

11. 해사안전법상 항행 중으로 규정하고 있는 것은?

가. 정박 나. 좌초 사. 계류 아. 정류

✓ 항해 중에 해당되지 않는 상태 : 정박, 육안에의 계류, 얹혀 있는 선박.

12. 선박의 입항 및 출항 등에 관한 법상 동력선이 항구의 방파제 부근에서 다른 선박과 마주칠 우려가 있을 때의 항법으로 알맞은 것은?

가. 입항선은 방파제 입구를 우현측으로 접근하여 통과한다.
나. 출항선은 방파제 안에서 입항선의 진로를 피한다.
사. 입항하는 선박은 방파제 밖에서 출항선의 진로를 피한다.
아. 출항선은 방파제 입구를 좌현측으로 접근하여 통과한다.

✓ 항구의 방파제 부근에서 다른 선박이 마주치는 경우, 입항하는 선박이 출항선의 진로를 피해야 한다.

13. 항행 중 우현 20도 부근에서 비스듬히 내려오는 선박을 발견하였다. 어떻게 조치를 취해야 하는가?

가. 방위를 확인하여 방위가 거의 변화가 없으면 우현 변침하여 피항 하여야 한다.
나. 그러한 상황에선 유지선 이므로 변침하지 말고 그대로 진행한다.
사. 무조건 좌현 변침하여 멀리 떨어진다.
아. 특별히 규정된 것은 없으므로 적당히 상황을 봐서 행동한다.

✓ 2척의 동력선이 마주치거나 거의 마주치게 되어 충돌의 위험이 있을 때에는 각 동력선은 우현으로 변침하여 타 선박의 좌현측을 통과하도록 한다.

14. 야간에 본선의 정선수 방향으로 다른 선박

의 마스트등과 양현등을 동시에 본다면 그 선박과의 관계는 어떠한가?

가. 횡단 관계
나. 서로 마주치는 관계
사. 추월과 피추월 관계
아. 안전한 관계

15. 2척의 동력선이 서로 마주치게 되어 충돌의 위험이 있을 때의 항법으로 옳은 것은?

가. 작은 배가 큰 배를 피한다.
나. 서로 좌현 변침하여 피한다.
사. 서로 우현 변침하여 피한다.
아. 모두 기관을 정지한다.

✓ 두 척의 동력선이 마주치게 되는 경우, 서로 좌현측을 통과할 수 있도록 각기 우현측으로 변침해야 한다.

16. 항행 중인 길이 12미터 미만의 동력선이 마스트등 대신에 표시하는 등화는 어느 것인가?

가. 황색 전주등 1개 나. 황색 전주등 2개
사. 백색 전주등 1개 아. 백색 전주등 2개

✓ 길이가 12미터 미만인 동력선은 마스트등 대신에 백색의 전주등 1개로 표시할 수 있다.

17. 선박에서 전주등이 비추는 수평방향의 각도는?

가. 90°   나. 135°
사. 225°   아. 360°

✓ 전주등이라 함은 360도 수평의 호를 고르게 비추는 등화를 말한다.

18. 개항의 항로 안에서 다른 선박과 마주칠 경우 올바른 항법은?

가. 항로의 좌측으로 항행
나. 항로의 우측으로 항행
사. 후진하여 피항
아. 항로를 횡단하여 항행

✓ 선박이 항로에서 다른 선박과 마주칠 우려가 있는 경우에는 오른쪽으로 항행하여야 한다.

19. 두 척의 선박이 충돌의 위험성이 있는 상태에서 서로 상대선의 양쪽 현등을 보면서 접근하고 있으면 어떤 상태인가?

가. 횡단하는 상태   나. 마주치는 상태
사. 추월하는 상태   아. 통과하는 상태

20. 해양사고가 발생한 경우의 대처로써 가장 옳은 것은?

가. 신속하게 필요한 조치를 취하고 관계기관에 보고한다.
나. 무선통신으로 인근 선박에 알린 후 필요한 조치를 취한다.
사. 기관을 정지시키고 관계기관에 보고한다.
아. 관계기관에 보고한 후 필요한 조치를 취한다.

21. 해사안전법상 '술에 취한 상태'를 판별하는 기준으로 옳은 것은?

가. 체온   나. 걸음걸이
사. 맥박   아. 혈중 알코올 농도

22. 해양오염방지를 위한 선박검사의 종류가 아닌 것은?

가. 정기검사   나. 중간검사
사. 특별검사   아. 임시검사

✓ 해양오염방지를 위한 선박검사: 정기검사(5년), 중간검사, 임시검사

23. 해사안전법상 '선미등'의 수평 사광범위와 등색으로 바르게 짝지어진 것은?

가. 135도-홍색 나. 225도-홍색
사. 135도-백색 아. 225도-백색

✓ 선미등
선미에 가깝게 놓여 있는 백등. 135도의 수평의 호를 고르게 비추며 정선미로부터 각 현측에 67.5도를 비출 수 있도록 설치된 등화

24. 불빛이 정선수 방향으로부터 각현 정횡 후방 22.5도까지를 비추어야 하는 백색 등화는?

가. 현등   나. 선미등
사. 전주등   아. 마스트등

✓ · 마스트등
선체 종방향중심선상에 있는 백등. 225도의 수평의 호를 고르게 비추고 정선수로부터 각기 정횡후 22.5도까지 비추도록 설치되어 있는 등화
· 현등
우현의 녹등 및 좌현의 홍등. 각기 112.5도의 수평의 호를 비추고 정선수로부터 정횡후 22.5도까지 비추도록 설치되어 있는 등화
· 선미등
선미에 가깝게 놓여 있는 백등. 135도의 수평의 호를 고르게 비추며 정선미로부터 각 현측에 67.5도를 비출 수 있도록 설치된 등화
· 전주등 : 360도 수평의 호를 고르게 비추는 등화

25. '조종제한선'이 표시하는 등화로서 옳은 것은?

가. 수직으로 홍색, 전주등 2개
나. 수직으로 백색, 홍색 전주등
사. 수직으로 홍색, 백색, 홍색 전주등
아. 수직으로 백색, 홍색, 백색 전주등

✓ · 조종불능선 : 홍등 전주등 2개
· 조종제한선 : 홍색, 백색, 홍색 전주등

26. 해사안전법상 '거대선'의 정의로서 옳은 것은?

가. 총톤수 10,000톤 이상인 선박
나. 총톤수 20,000톤 이상인 선박
사. 길이 100미터 이상인 선박
아. 길이 200미터 이상인 선박

✓ 거대선 : 길이 200미터 이상의 선박

27. 선박의 입항 및 출항 등에 관한 법에서 방파제 입구 또는 그 부근에서 타선박과 마주칠 우려가 있을 때 동력선의 항법은?

가. 입항선은 방파제 밖에서 출항선의 진로를 피한다.
나. 입항선은 방파제 입구를 우현측으로 접근하여 통과한다.
사. 출항선은 방파제 입구를 좌현측으로 접근하여 통과한다.
아. 출항선은 방파제 안에서 입항선의 진로를 피한다.

✓ 방파제 입구 또는 입구 부근의 출항하는 선박과 마주칠 우려가 있는 경우, 입항선이 출항선의 진로를 피해야 한다.

28. 가까이 있는 다른 선박으로부터 단음 2회의 기적신호를 들었다. 그 선박이 취하고 있는 동작은 무엇인가?

가. 우현변침   나. 좌현변침
사. 감속   아. 침로유지

✓ · 기적신호 단음 1회 : 우현변침중임
· 단음 2회 : 좌현변침중임
· 단음 3회 : 후진 추진중임

29. "좁은 수로의 굽은 부분에 접근하는 선박은 ( )의 기적신호를 울리고, 그 기적신호를 들은 선박은 ( )의 기적신호로서 응답하여야 한다."에서 ( ) 속의 알맞은 말로 짝지어진 것은?

가. 단음 1회, 단음 2회
나. 장음 1회, 단음 2회
사. 단음 1회, 단음 1회
아. 장음 1회, 장음 1회

✓ 좁은 수도의 만곡부에 접근하는 선박은 장음 1회, 그 기적신호 들은 선박은 장음 1회로 응답.

30. 피항선에 관한 다음 설명 중에서 맞는 내용은?

가. 대형선은 소형선을 무조건 피해야 한다.
나. 소형선은 대형선을 무조건 피해야 한다.
사. 서로 횡단할 때 상대선의 홍등을 보는 선박이 피항선이다.
아. 서로 횡단할 때 상대선의 녹등을 보는 선박이 피항선이다.

✓ 서로 횡단할 때는 상대선의 홍등을 보는 선박이 피항선.

31. 해사안전법상 항해등의 설명으로 옳지 않은 것은?

가. 마스트등은 백색등이다.
나. 오른쪽 현등은 녹색등이다.
사. 왼쪽 현등은 홍색등이다.
아. 선미등은 황색등이다.

✓ 선미등 : 선미에 가깝게 놓여 있는 백색등

32. 유해액체물질기록부는 최종기재한 날로부터 몇 년간 보전해야 하는가?

가. 1년   나. 2년   사. 3년   아. 5년

✓ 유해액체물질기록부 보존년한 : 3년

33. 다음 중에서 항법을 잘못 설명하고 있는 것은?

가. 추월하는 선박은 추월당하는 선박의 진로를 피해야 한다.
나. 두 선박이 서로 마주쳐 충돌위험이 있을 때는 침로를 좌현으로 변경해야 한다.
사. 입항선은 출항선의 진로를 피해야 한다.
아. 항계 내의 항로 안에서 추월을 해서는 안된다.

✓ 두 선박이 마주칠 때는 침로를 우현으로 변경해야 한다.

34. 조타기가 고장 나서 항해에 지장이 있을 때 표시하는 것은?

가. 야간에는 홍등 2개를 달아야 한다.
나. 흰색의 기를 달아야 한다.
사. 흑구 1개를 달아야 한다.
아. 특별히 표시할 필요가 없다.

✓ 조종불능선의 등화 및 형상물 : 홍등 2개, 흑구 2개

35. 통항 분리 수역의 육지 쪽 한계선과 해안 사이의 수역을 무엇이라 하는가?

가. 통항로   나. 분리대
사. 선회 해역   아. 연안 통항대

✓ · 통항로
  선박의 항행안전을 확보하기 위하여 한쪽 방향으로 항행할 수 있도록 되어 있는 일정수역
· 분리선 또는 분리대
  서로 다른 방향으로 진행하는 통항로를 나누는 선 또는 일정한 폭의 수역
· 연안통항대
  통항분리수역의 육지 쪽 경계선과 해안

사이의 수역

36. 해사안전법상 '통항분리방식'에서의 항행 원칙으로 옳지 않은 것은?

가. 길이 20미터 미만의 선박은 통항로를 언제든지 횡단할 수 있다.
나. 정해진 진행방향으로 항행한다.
사. 통항로의 출입구를 통하여 출입하는 것이 원칙이다.
아. 길이 20미터 미만의 선박은 통항로를 따라 항행하고 있는 다른 선박의 항행을 방해하지 말아야 한다.

✓ 길이 20미터 미만의 선박은 통항로 내 다른 선박의 통행 방해 금지

37. 개항의 항계 안에서 다른 선박이나 계선부표에 계류하지 못하는 선박은?

가. 유조선   나. 잡종선
사. 여객선   아. 도선선

38. 해양환경관리법상 오염물질이 배출된 경우 선장으로서 시급하게 조치할 사항이 아닌 것은?

가. 배출된 기름의 확산 방지
나. 배출 방지를 위한 응급조치
사. 배출된 기름의 제거
아. 회사 연락 후 회답을 기다림

39. 다음 등화 중 선미 쪽에서만 보이는 등화는?

가. 예인등   나. 마스트 등
사. 오른쪽 현등   아. 왼쪽 현등

✓ 선미쪽에서 보이는 등화는 선미등, 예인등
· 마스트정부등 : 225도의 수평의 호를 고르게 비추고, 정선수로부터 각기 정횡후 22.5도까지 비춘다

· 현등(우현-녹등, 좌현-홍등) : 112.5도의 수평의 호를 고르게 비추고, 정선수로부터 22.5도까지 비춘다.
· 선미등 : 135도의 수평의 호를 고르게 비추고, 정선미로부터 각 현측에 67.5도를 비춘다
· 예인등 : 선미등과 똑같은 특성을 가진 황색 등

40. 항행 중인 길이 20미터 미만의 범선이 현등과 선미등을 대신하여 표시할 수 있는 등화는?

가. 양색등   나. 삼색등
사. 백색 전주등   아. 섬광등

✓ · 양색등
선수와 선미의 중심선상에 설치된 붉은색과 녹색의 두 부분으로 된 등화. 각각 현등의 붉은색등과 녹색등의 특성을 가진 등
· 삼색등
선수와 선미의 중심선상에 설치된 붉은색, 녹색, 흰색으로 구성된 등. 각각 현등의 붉은색등과 녹색등 및 선미등의 특성을 가진 등
· 전주등
360도에 걸치는 수평의 호를 비추는 등화. 단 섬광등 제외
· 섬광등
360도에 걸치는 수평의 호를 비추는 등화로서 일정한 간격으로 1분에 120회 이상 섬광을 발하는 등

41. "전주등이란 ( )도에 걸치는 수평의 호를 비추는 등화를 말한다."에서 ( )속에 알맞은 숫자는?

가. 360   나. 300   사. 225   아. 135

✓ 전주등 : 360도에 걸치는 수평의 호를 비추는 등화.

42. 다음은 정박구역 외에 묘지를 정할 수 있는 경우이다. 틀린 것은?

가. 접안 시설이 부족할 때
나. 접안 시설을 이용할 경우 상당한 대기가 필요할 때
사. 접안하는 것이 부적당하다고 생각될 때
아. 외항선박이 입항할 때

43. 유조선에서 기름이 섞인 물을 한 곳에 모으기 위한 탱크는?

가. 슬롭 탱크
나. 밸러스트 탱크
사. 화물창 탱크
아. 분리 밸러스트 탱크

44. 다음 선박직원 중 오염방지관리인이 될 수 없는 자는?

가. 기관장   나. 2기사
사. 3항사   아. 통신사

✓ 해양오염방지관리인이 될 수 있는 자격
  ① 선박직원법의 승무기준에 적합한 선박직원. 단, 선장, 통신장 및 통신사는 제외
  ② 선박직원법에 적용받지 않거나 선장 외에 선박직원이 없는 선박의 경우, 승무원중 오염물질 대기오염물질을 이송하거나 배출하는 작업에 종사하는 자

45. '다른 선박과의 충돌을 피하기 위한 동작'으로 적절하지 않은 것은?

가. 무선 통신으로 상대 선박의 의도를 확인한 후 동작을 취한다.
나. 충분한 시간적 여유를 두고 적극적으로 동작을 취한다.
사. 변침 동작은 될 수 있으면 크게 한다.
아. 안전한 거리를 두기 위한 동작의 효과를 다른 선박이 완전히 통과할 때까지 주의 깊게 확인한다.

46. 해사안전법에서 안전한 속력을 지켜야 할 시기로서 가장 옳은 것은?

가. 급박한 위험이 있을 때 지켜야 한다.
나. 시정이 제한될 때 지켜야 한다.
사. 운항자의 주관적인 판단에 따른다.
아. 언제나 지켜야 한다.

47. 해양에 대량의 기름이 선박으로부터 배출된 경우 신고할 사항에 해당되지 않는 것은?

가. 기름을 배출한 선박명
나. 기름이 배출된 일자와 시간
사. 기름이 배출된 장소
아. 기름을 적재한 장소

48. 선박의 입항 및 출항 등에 관한 법에서의 항법을 잘못 기술한 것은?

가. 항로에서 항로 밖으로 나가는 선박은 항로를 항행하는 선박보다 우선이다.
나. 항로 안에서는 다른 선박을 추월하지 못한다.
사. 방파제 부근에서 입항하는 선박이 출항선의 진로를 피한다.
아. 잡종선은 동력선과 범선의 진로를 방해하여서는 아니 된다.

✓ 항로 밖에서 항로에 들어오거나 항로에서 항로 밖으로 나가는 선박은 항로를 항행하는 다른 선박의 진로를 피하여 항행하여야 한다.

49. 선박의 입항 및 출항 등에 관한 법상 선박이 해상에서 일시적으로 운항을 정지한 것을 무엇이라 하는가?

가. 정박   나. 정류   사. 계류   아. 계선

✓ · 정박 : 선박이 해상에서 닻을 바다 밑에 내려놓고 운항을 정지하는 것

- 정류 : 선박이 해상에서 일시적으로 운항을 정지하는 것
- 계류 : 선박을 다른 시설에 붙들어 매어 놓는 것
- 계선 : 선박이 운항을 중지하고 장기간 정박하거나 계류하는 것

50. 횡단하는 상태에서 '피항선'에 대한 설명으로 옳은 것은?

가. 다른 선박의 우현을 보는 선박
나. 다른 선박의 좌현을 보는 선박
사. 다른 선박의 선수를 보는 선박
아. 다른 선박의 선미를 보는 선박

✓ 두 선박이 횡단상태일 때, 타 선박의 홍등(좌현)을 보는 선박이 피항선

51. 해사안전법의 목적을 잘못 설명한 것은?

가. 항해 당직자의 피로를 회복함
나. 선박 항행상의 모든 위험을 방지함
사. 해상 교통의 장애를 제거함
아. 충돌의 위험을 방지함

52. 선박의 입항 및 출항 등에 관한 법상 '개항'의 정의로서 가장 옳은 것은?

가. 내·외국적의 선박이 상시 출입할 수 있는 항
나. 한국 선박이 상시 출입할 수 있는 항
사. 어선과 화물선이 상시 출입할 수 있는 항
아. 대형 선박의 출입이 가능한 항

✓ 개항 : 내·외국의 선박이 상시 출입할 수 있는 항

53. 안개 속에서 정횡 전방으로부터 무중신호를 들었을 때의 조치로 틀린 것은?

가. 정상 속도로 항행하면서 경계를 한다.
나. 침로를 유지할 정도로 감속한다.
사. 타력을 멈추어 정지할 수도 있다.
아. 근접상태에서 침로를 변경시키지 않는다.

54. 해상교통분리수역에서 부득이한 사유로 통항로를 횡단하여야 하는 경우에는 그 통항로와 선수방향이 ( )에 가까운 각도로 횡단하여야 한다. ( )안에 알맞은 것은?

가. 직각   나. 예각   사. 둔각   아. 대각

✓ 부득이한 사유로 통항로를 횡단하는 경우는 그 통항로와 선수방향이 직각에 가까운 각도로 횡단하여야 한다.

55. 해사안전법상 '조종불능선'에 해당하는 선박은?

가. 고장으로 주기관을 사용할 수 없는 선박
나. 선장이 질병으로 위독한 상태인 선박
사. 어구를 끌고 있는 선박
아. 기적신호 장치를 사용할 수 없는 선박

56. 선박의 입항 및 출항 등에 관한 법상 항로 안에서 다른 선박과 마주쳤을 때의 항법은?

가. 좌측을 항행한다.
나. 우측을 항행한다.
사. 좌우 편리한 대로 항행한다.
아. 중앙 항로를 택한다.

✓ 항로 안에서 다른 선박과 마주칠 때에는 항로의 오른쪽을 항행하여야 한다.

57. 정박 중인 선박이 게양하는 형상물의 종류는?

가. 구형형상물   나. 원추형형상물
사. 원통형형상물   아. 마름모형형상물

✓ ・정박선의 등화 : 백색 전주등 1개
  ・형상물 : 구형 형상물 1개

58. "적절한 경계"에 대한 설명으로 옳지 않은 것은?

가. 선박 주위의 상황을 파악하기 위함이다.
나. 충돌의 위험을 파악하기 위함이다.
사. 시각적 수단만 활용해도 충분하다.
아. 이용할 수 있는 모든 수단을 활용한다.

✓ 주위의 상황 및 다른 선박과의 충돌의 위험을 충분히 판단할 수 있도록 시각, 청각 및 당시의 상황에 적합한 이용할 수 있는 모든 수단을 활용한다.

59. 해사안전법상 조종신호가 바르게 연결된 것은?

가. 단음 3회 - 기관정지
나. 단음 2회 - 좌우현변침
사. 단음 4회 - 후진
아. 단음 1회 - 우현변침

✓ · 단음 1회 : 우현 변침중임
 · 단음 2회 : 좌현 변침중임
 · 단음 3회 : 후진추진 사용중임

60. 선박이 서로 시계내에 있다는 의미는?

가. 음파를 감지할 수 있다.
나. 레이더를 이용, 확인할 수 있다.
사. 시각에 의한 탐지가 가능하다.
아. VHF로 통화할 수 있다.

✓ 서로 시계내에 있는 경우 : 선박에서 다른 선박을 시각으로 볼 수 있는 상태

61. 무역항의 수상구역내에서 정박 또는 항행하는 선박이 등화를 표시해야 하는 시기는?

가. 일몰시부터 일출시까지
나. 오후 5시부터 익일 오전 8시까지
사. 일출시부터 일몰시까지
아. 오전 8시부터 익일 오후 5시까지

✓ 등화의 점등시기 : 일몰시부터 일출시까지. 제한시계

62. 선박의 입항 및 출항 등에 관한 법상 항로 안에 정박 또는 정류할 수 있는 사유로서 적절하지 않은 것은?

가. 안개가 짙게 낀 경우
나. 해양사고를 피하고자 할 때
사. 선박의 고장으로 조종이 불가능한 때
아. 인명 구조에 종사할 때

✓ 선박은 개항의 항계안에서 정박 또는 정류하지 못한다. 단, 다음의 경우는 제외
① 선박의 고장으로 조종불능
② 선박이 조난 등으로 불가피하게 대피해야 할 경우
③ 인명구조에 종사하는 선박

63. 해양환경관리법에서 선박오염물질기록부에 해당하지 않는 것은?

가. 폐기물기록부 나. 기름기록부
사. 유해액체물질기록부 아. 분뇨기록부

✓ 선박오염물질기록부 : 폐기물기록부, 기름기록부, 유해액체물질기록부

64. 동력선에 대한 설명으로서 옳은 것은?

가. 기관을 사용하여 추진하는 선박
나. 돛과 기관에 의하여 추진하는 선박
사. 항해중인 모든 선박
아. 기관을 설치한 선박으로서 주로 돛을 사용하여 추진하는 선박

✓ 동력선
기관을 사용하여 추진하는 선박. 돛을 설치한 선박으로서 주된 기관을 사용하는 경우에는 동력선으로 본다.

65. 항행 중인 동력선이 야간에 표시하여야 할 등화가 아닌 것은?

가. 선폭등 나. 현등
사. 마스트등 아. 선미등

✓ 항해중인 동력선의 등화 : 마스트등, 선미등, 양현등(우현-녹등, 좌현-홍등)

66. 해사안전법상 '섬광등'의 설명으로 옳은 것은?

가. 선수 쪽 225도의 사광범위를 갖는 등화
나. 선미 쪽 135도의 사광범위를 갖는 등화
사. 1분에 120회 이상의 섬광을 발하는 등화
아. 1분에 60회 이상의 섬광을 발하는 등화

✓ 섬광등 : 360도에 걸치는 수평의 호를 비추는 등화로서 일정한 간격으로 1분에 120회 이상 섬광을 발하는 등.

67. '충돌을 피하기 위한 동작'에 관한 설명으로 옳은 것은?

가. 침로는 소폭으로 연속하여 변경한다.
나. 충분한 시간적 여유를 두고 행한다.
사. 속력을 높여서 피하는 것이 좋다.
아. 상대 선박의 움직임에 따라 적절한 동작을 취한다.

✓ 충돌을 피하기 위한 동작을 취할 경우, 될 수 있는 대로 충분한 시간적 여유를 두고 적절한 운용상의 관행에 따라 적극적으로 취해야 한다.

68. 좁은 수로 등에서 정박이 허용되는 경우는?

가. 검역 대기시 나. 하역 준비시
사. 화물 적재시 아. 인명 구조시

✓ 해양사고를 피하거나 인명구조하는 경우에는 예외 적용

69. 선박이 해상에서 닻을 놓고 운항을 정지하는 것은?

가. 정류 나. 정박 사. 계류 아. 좌주

✓ · 정박 : 선박이 해상에서 닻을 바다 밑에 내려놓고 운항을 정지하는 것
 · 정류 : 선박이 해상에서 일시적으로 운항을 정지하는 것
 · 계류 : 선박을 다른 시설에 붙들어 매어 놓는 것
 · 계선 : 선박이 운항을 중지하고 장기간 정박하거나 계류하는 것

70. 범선의 피항원칙으로 옳은 것은?

가. 대형범선이 소형범선을 피항한다.
나. 풍상측에 있거나 바람을 왼쪽에서만 받는 선박이 우현 변침하여 피항한다.
사. 돛범선이 돛기관 겸용범선을 피항한다.
아. 우현에서 바람을 받는 범선이 피항 의무가 제일 크다.

✓ 범선의 항법
 - 각 범선이 다른 현에서 바람을 받을 경우 : 바람을 왼쪽에서 받는 선박이 피한다.
 - 각 범선이 같은 현에서 바람을 받은 경우 : 풍상측에서 바람 받는 선박이 피한다.

71. 선박의 입항 및 출항 등에 관한 법상 무역항의 수상구역 내에서 화재가 발생한 선박이 울리는 경보는?

가. 기적 또는 사이렌으로 장음 5회를 적당한 간격으로 반복
나. 기적 또는 사이렌으로 장음 7회를 적당한 간격으로 반복
사. 기적 또는 사이렌으로 단음 5회를 적당한 간격으로 반복
아. 기적 또는 사이렌으로 단음 7회를 적당한

간격으로 반복

✓ 화재의 경보 : 기적 또는 사이렌으로 장음

72. 해사안전법상 통항분리수역에서의 항법으로 옳지 않은 것은?

가. 통항로 안에서는 정해진 진행방향으로 항행해야 한다.
나. 통항로의 출입구를 통하여 출입하는 것을 원칙으로 한다.
사. 분리선이나 분리대에서 될 수 있으면 떨어져서 항행해야 한다.
아. 필요하면 언제든지 통항로를 횡단할 수 있다.

✓ 통항분리수역에서는 통항로를 횡단해서는 안되며, 부득이한 사유로 횡단하는 경우 직각에 가까운 각도로 횡단해야 한다.

73. 접근해 오고 있는 선박의 의도 또는 동작을 이해할 수 없는 경우에 울리는 기적신호는 어느 것인가?

가. 장음 5회 이상   나. 장음 3회 이상
사. 단음 5회 이상   아. 단음 3회 이상

✓ 상대 선박의 행동이 의문스러울 때 울리는 경고 신호 : 단음 5회 이상

74. 기름기록부의 기록은 누가 하는가?

가. 선박소유자
나. 기관장
사. 1등항해사
아. 해양오염방지관리인

75. 선박에서 배출되는 기름의 확산을 막기 위해 울타리를 치듯이 막는 방제자재는?

가. 유흡착제   나. 기름방지매트
사. 오일펜스   아. 유겔화제

76. 해사안전법에서 충돌을 피하기 위한 동작으로 부적당한 것은?

가. 적극적인 동작
나. 충분한 시간적 여유를 가지는 동작
사. 적절한 운용술에 입각한 동작
아. 침로나 속력을 조금씩 연속적으로 변경하는 동작

✓ 충돌을 피하기 위한 동작을 취할 경우, 될 수 있는 대로 충분한 시간적 여유를 두고 적절한 운용상의 관행에 따라 적극적으로 취해야 한다.

77. 수직선상 홍등 2개, 좌현에 홍등, 우현에 녹등, 선미등을 켜고 있는 선박은?

가. 조종제한선
나. 어로에 종사하고 있는 선박
사. 대수속력이 있는 조종불능선
아. 대수속력이 없는 조종불능선

✓ · 조종제한선의 등화 : 수직선상 홍색, 백색, 홍색 전주등
  · 어선의 등화 : 트롤 어망 어선의 경우, 수직선상 녹색, 백색 전주등
    트롤 어망 이외의 어선의 경우, 수직선상 홍색, 백색 전주등.
    이 때, 대수속력이 있는 경우 양현등과 선미등 추가
  · 대수속력 없는 조종불능선 : 홍색 전주등 2개
  · 대수속력 있는 조종불능선 : 홍색 전주등 2개, 양현등, 선미등

78. 좁은 수로를 선박이 항해할 때 올바른 항해 방법은 다음 중 어느 것인가?

가. 될 수 있으면 왼쪽으로 항해해야 한다.
나. 될 수 있으면 가운데로 항해해야 한다.
사. 될 수 있으면 오른쪽으로 항해해야 한다.

아. 아무 쪽이든 항해할 수 있다.

✓ 좁은 수로를 항해할 때는 오른편 끝 쪽으로 항해하여야 한다.

79. '안전한 속력'을 결정하는 데 고려해야 할 요소가 아닌 것은?

가. 본선의 조종 성능
나. 시계의 상태
사. 해상 교통량의 밀도
아. 배치한 경계원의 수

✓ 안전속력 결정요소
시계 상태, 해상 교통량, 조종 특성, 항해 장애물 근접 여부, 레이더 특성, 해상과 기상 상태 등

80. 선박의 입항 및 출항 등에 관한 법에 규정된 우선피항선이 아닌 것은?

가. 공기부양선   나. 부선
사. 단정   아. 예선

✓ 우선피항선 : 부선, 단정, 주로 노와 삿대로 운전하는 선박, 예선, 예인선과 부선 등

81. 선박의 밑바닥에 고인 액상유성혼합물을 해양환경관리법에서 무엇이라 하는가?

가. 선저 폐수   나. 선저 세정수
사. 선저 유류   아. 윤활유

✓ 선저 폐수 : 선박의 밑바닥에 고인 액상 유성혼합물

82. 해사안전법상 범선과 동력선이 서로 마주치는 상태에서 옳은 항법은?

가. 동력선만 변침한다.
나. 각각 좌현 변침한다.
사. 각각 우현 변침한다.
아. 좌현에 바람 받는 선박이 피한다.

✓ 항해중인 동력선은 범선의 진로를 피하여야 한다.

83. 해사안전법상 '조종제한선'으로 볼 수 없는 선박은 다음 중 어느 것인가?

가. 조타기에 고장이 있는 선박
나. 항로표지를 부설하고 있는 선박
사. 준설 작업을 하고 있는 선박
아. 항행 중 어획물을 옮겨 싣고 있는 어선

✓ 조타기 고장이 있는 선박은 조종불능선

84. 안전한 속력을 결정할 때 고려해야 할 요소가 아닌 것은?

가. 시정의 상태   나. 교통의 밀도
사. 선박의 조종 성능 아. 선박의 설비 구조

✓ ・안전속력 결정요소
시계 상태, 해상 교통량, 조종 특성, 항해 장애물 근접 여부, 레이더 특성, 해상과 기상 상태 등

85. 충돌 위험성이 있는지를 판단하는 가장 적절한 방법은?

가. 접근 선박의 거리를 측정한다.
나. 접근 선박의 컴퍼스 방위의 변화를 관찰한다.
사. 타선이 신호를 발하고 있는지 살핀다.
아. 접근 선박의 마스트와 마스트의 거리를 관찰한다.

86. 선박의 입항 및 출항 등에 관한 법상 '우선피항선'으로 볼 수 없는 선박은?

가. 부선
나. 단정
사. 노도선

아. 예인선과 결합된 압항부선

87. 해양환경의 보전·관리를 위하여 필요하다고 인정되는 경우에 지정·관리할 수 있는 해역의 명칭은?
가. 환경보전해역
나. 해양환경 생태해역
사. 오염물질 관리해역
아. 해양환경 조사해역

88. 해사안전법의 규정 중 "삼색등"과 관계가 없는 등색은?
가. 홍색   나. 황색   사. 녹색   아. 백색

✓ 삼색등 : 1개의 등속에 홍색, 녹색, 백색으로 된 등화

89. 상대 선박이 위험할 정도로 가까이 접근할 때 사용할 적당한 신호는 무엇인가?
가. 특별한 신호가 없다.   나. 조종신호
사. 추월신호   아. 경고신호

90. 해사안전법상 '통항분리제도'에서의 항행 원칙으로 옳지 않은 것은?
가. 길이 20미터 미만의 선박은 통항로를 언제든지 횡단할 수 있다.
나. 정해진 진행방향으로 항행한다.
사. 통항로의 출입구를 통하여 출입하는 것이 원칙이다.
아. 길이 20미터 미만의 선박은 통항로를 따라 항행하고 있는 다른 선박의 항행을 방해하지 말아야 한다.

✓ 길이 20미터 미만의 선박은 통항로 내 다른 선박의 통행 방해 금지

91. 상대 선박의 행동이 의문스러울 때 울리는 경고 신호는 다음 중 어느 것인가?
가. 장음 5회 이상
나. 단음 5회 이상
사. 장음 5회, 단음 1회
아. 단음 5회, 장음 1회

✓ 상대 선박의 행동이 의문스러울 때 울리는 경고 신호 : 단음 5회 이상

92. 예인선이 다른 선박을 끌고 있는 경우 예선등을 표시해야 하는 곳은?
가. 선수   나. 선미
사. 선교   아. 마스트

✓ 예인선은 마스트정부등 2개(예선열의 길이가 200미터 초과할 경우 마스트정부등 3개), 현등, 선미등, 선미등 상부에 예인등

93. 선박의 입항 및 출항 등에 관한 법상 우선 피항선이 아닌 것은?
가. 부선   나. 단정   사. 어선   아. 예선

94. 개항의 항계 안에서 예인선이 다른 선박을 예항할 때 관계 되는 사항으로 틀린 것은?
가. 한꺼번에 피예인선 3척 이상을 예항하지 못한다.
나. 지방해양수산청장은 필요시 피예인선의 척수를 조정할 수 있다.
사. 다른 선박의 진로를 피하여야 한다.
아. 예인선의 선수로부터 피예인 물체의 후단까지 길이가 100m를 초과하지 못한다.

✓ 개항의 항계 내에서는 예인선의 선수로부터 피예인선의 선미까지의 길이는 200미터를 초과하지 못하고, 한꺼번에 3척 이상을 예항하지 못한다.

95. 해양에 기름 등 폐기물이 배출되는 경우의 방제를 위한 응급조치이다. 틀린 조치는?

가. 기름 등 폐기물의 확산을 방지하는 방지책(fence)의 설치
나. 기름 등이 더 이상 확산되지 않도록 재빨리 불을 붙인다.
사. 선박의 손상부위의 긴급수리
아. 배출된 기름 등의 회수조치

소형선박조종사 [PART 4. 해사법규] 정답

1	가	11	아	21	아	31	아	41	가
2	아	12	사	22	사	32	사	42	아
3	나	13	가	23	사	33	나	43	가
4	아	14	나	24	아	34	가	44	아
5	아	15	사	25	사	35	아	45	가
6	나	16	사	26	아	36	가	46	아
7	나	17	아	27	가	37	나	47	아
8	나	18	나	28	나	38	아	48	가
9	아	19	나	29	아	39	가	49	나
10	아	20	가	30	사	40	나	50	나
51	가	61	가	71	가	81	가	91	나
52	가	62	가	72	아	82	가	92	나
53	가	63	아	73	사	83	가	93	사
54	가	64	가	74	아	84	아	94	아
55	가	65	가	75	사	85	나	95	나
56	나	66	사	76	아	86	아		
57	가	67	나	77	사	87	가		
58	사	68	아	78	사	88	나		
59	아	69	나	79	아	89	아		
60	사	70	나	80	가	90	가		

Part

5
최신 문제
1300제

제 1 회	제 9 회
제 2 회	제 10 회
제 3 회	제 11 회
제 4 회	제 12 회
제 5 회	제 13 회
제 6 회	
제 7 회	
제 8 회	

이론편 ▶▶ 문제편

소형선박조종사 최신 문제

※ '해사안전법'이 2024년부터 《해사안전기본법》과 《해상교통안전법》으로 분리 됩니다. 따라서 '법규' 내용과 문제에서도 반영되어야 하나, 기존 문제에서는 '**해사안전법**'으로 표기되었기에, 출제 당시의 법규 적용에 따라 '해사안전법'으로 표기되었으니 참고하시기 바랍니다.

소형선박조종사 [1회 -항해]

01. 진침로는 070°이고 그 지점에서의 편차가 9°W, 자차가 6°E일 때 정침해야 할 나침로는?

가. 067° 나. 073°
사. 076° 아. 079°

✓ 반개정 (진침로를 나침로로 바꾸는 것) : E 부호는 -, W 부호는 +한다.

02. 자기컴퍼스 볼의 구조에 대한 아래 그림에서 ㉠은?

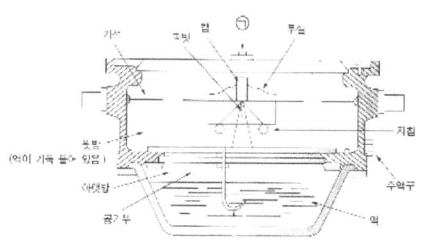

가. 짐벌즈 나. 섀도 핀 꽂이
사. 컴퍼스 카드 아. 연결관

✓ 볼의 윗면 유리 덮개 중심에 섀도 핀을 꽂는 섀도 핀 꽂이가 있다.

03. 진북과 자북의 차이는?

가. 경차 나. 자차
사. 편차 아. 컴퍼스 오차

✓ 편차 : 진북과 자북이 일치하지 않아 생기는 교각

04. 전원이 있어야 사용할 수 있는 계기는?

가. 기압계 나. 선속계
사. 쌍안경 아. 자기 컴퍼스

✓ 선박에서 주로 사용되는 전자식 로그와 도플러 로그는 전기의 공급이 필요하다.

05. 해상에서 자차수정 작업시 게양하는 기류신호는?

가. O기 나. NC기
사. VE기 아. OQ기

✓ O기 : 사람이 바다에 떨어졌다.
NC기 : 조난신호
VE기 : 본선은 소독 중이다.

06. 전자식 선속계와 관련이 없는 것은?

가. 도체 나. 자기장
사. 기전력 아. 초음파

✓ 초음파를 이용하는 선속계는 도플러 선속계이다.

07. 선박의 레이더에서 발사된 전파를 받을 때에만 응답전파를 발사하는 전파표지는?

가. 레이콘(Racon)
나. 레이마크(Ramark)
사. 토킹 비컨(Talking Beacon)
아. 무선방향탐지기(RDF)

✓ 레이콘 : 전파를 수신할 때만 응답 전파를 발사하며, 일정한 형태의 신호를 보내기 위해 전파를 발사한다.

08. 우리나라에서 사용되는 고립 장해표지에 대한 설명으로 옳은 것은?

가. 주로 선박의 통항량을 나타내는 데 사용된다.
나. 주로 공사구역, 토사 채취장 등 특별한 구역 또는 특별한 시설이 있음을 표시하는 데 사용된다.
사. 두표는 붉은색 구 두 개를 사용한다.
아. 이 표지의 주위는 가항수역으로 암초나 침선 등 고립된 장해물의 위에 설치하는 표지를 말한다.

✓ 고립장해표지는 두 개의 흑구를 두표로 사용하며 검은색 바탕에 적색 띠를 둘러 표시한다.

09. 파도가 심한 곳에서 레이더 화면의 중심 부근에 있는 소형 어선을 탐지하기 위해서 조절하는 것은?

가. 전원스위치　　　　나. 중심이동조정기
사. 해면반사억제기　　아. 가변거리환조정기

✓ STC : 자선 주위의 근거리 반사파의 수신 감도를 떨어뜨리도록 하여 방해 현상을 줄인다.

10. 상대운동 표시방식 레이더 화면에서 본선을 추월하고 있는 선박으로 옳은 것은? (단, 본선 속도는 현재 12노트이고, 화면상 탐지범위는 12마일이다.)

가. A　　나. B　　사. C　　아. D

✓ 상대운동 표시방식에서는 모든 물체의 자선에 대한 상대적인 운동을 표시한다. 따라서 추월하고 있는 선박은 C이다.

11. 수심을 모르는 위험한 침선을 나타내는 해도도식은?

가. ⊕　　　　나. ⊕
사. +++ 15　　아. +++

✓ 가. 항해에 위험한 암암
　사. 수심이 확실한 침선
　아. 위험하지 않은 침선

12. 점장도에 대한 설명으로 옳지 않은 것은?

가. 항정선이 직선으로 표시된다.
나. 경위도에 의한 위치표시는 직교좌표이다.
사. 두 지점 간 진방위는 두 지점의 연결선과 자오선과의 교각이다.
아. 두 지점 간의 거리는 경도를 나타내는 눈금의 길이와 같다.

✓ 두 지점 간의 거리는 두 지점이 있는 위도의 눈금을 이용해 구할 수 있다.

13. 해도의 나침도에 표시되어 있지 않은 것은?

가. 진북　　　　나. 자북
사. 자차의 연변화율　아. 편차의 연변화율

✓ 나침도에는 편차의 연변화율이 나타나 있어 편차를 계산할 수 있다.

14. 가장 축척이 큰 해도는 어느 것인가?

가. 총도　　　　나. 항양도
사. 항해도　　　아. 항박도

✓ 항박도처럼 작은 지역을 상세하게 표시한 해도를 대축척 해도라 한다.

15. 조석표에 대한 설명으로 옳지 않은 것은?

가. 조석 용어의 해설도 포함하고 있다.
나. 각 지역의 조석 및 조류에 대해 상세히 기술하고 있다.
사. 표준항 이외의 항구에 대한 조시 조고를 구할 수 있다.
아. 국립해양조사원은 외국항 조석표는 발행하지 않는다.

✓ 우리나라 조석표는 국내항에 대한 것과 태평양 및 인도양의 주요항에 대한 두 권으로 분류된다.

16. 선박을 안전하게 유도하고 선위측정에 도움을 주는 주간, 야간, 음향, 무선표지가 상세하게 수록된 것은?

가. 등대표   나. 조석표
사. 천측력   아. 항로지

✓ 등대표는 항로표지에 대해 상세히 수록하고 있다.

17. 선박의 통항이 곤란한 좁은 수로, 항구, 만 입구 등에서 선박에게 안전한 항로를 알려주기 위하여 항로 연장선 상의 육지에 설치하는 분호등은?

가. 도등   나. 조사등
사. 지향등   아. 호광등

✓ · 도등 : 안전한 항로의 연장선상에 등화를 앞뒤로 설치하여 중시선에 의해 선박을 인도
· 조사등 : 등대에 강력한 투광기를 설치하여 위험 구역을 비추어 표시
· 호광등 : 색깔이 다른 종류의 빛을 교대로 냄

18. 전파의 반사가 잘 되게 하기 위한 장치로서 부표, 등표 등에 설치하는 경금속으로 된 반사판은?

가. 레이콘
나. 레이마크
사. 레이더 리플렉터
아. 레이더 트랜스폰더

✓ 레이더 리플렉터를 통해 어느 방향에서 전파가 와도 강하게 반사시킬 수 있다.

19. 레이더 트랜스폰더에 대한 설명으로 옳은 것은?

가. 음성신호를 방송하여 방위측정이 가능한다.
나. 송신 내용에 부호화된 식별신호 및 데이터가 들어있다.
사. 좁은 수로 또는 항만에서 선박을 유도할 목적으로 사용한다.
아. 선박의 레이더 영상에 송신국의 방향이 휘선으로 표시된다.

✓ 레이더 트랜스폰더는 레이콘과 달리 정확한 질문을 받거나 송신이 국부 명령으로 이루어질 때, 다른 자료도 자동으로 송신할 수 있다는 차이점이 있다.

20. 좁은 수로 또는 항만에서 두 개의 전파를 발사하여 중앙의 좁은 폭에서 겹쳐서 장음이 들리도록 한다. 선박이 항로상에 있으면 연속음이 들리고 항로에서 좌우로 멀어지면 단속음이 들리도록 전파를 발사하는 표지는?

가. 레이콘   나. 레이마크
사. 유도 비컨   아. 레이더 리플렉터

✓ 유도 비컨은 암초와 같은 위험이 많은 해역에서 주로 설치된다.

21. 지표 부근의 수증기가 응결 또는 결빙하여 물방울 또는 얼음 입자로 형성되어 있는 상태는?

가. 비   나. 구름
사. 습도 아. 안개

✓ 안개로 인해 시정이 제한될 수 있다.

22. 일기도상 아래의 기호에 대한 설명으로 옳은 것은?

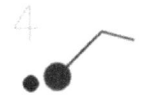

가. 풍향은 남서풍이다.
나. 평균풍속은 5노트이다.
사. 비가 오는 날씨이다.
아. 현재의 기압은 3시간 전의 기압보다 낮다.

✓ 기상기호를 통해 풍향, 풍속, 일기, 운량 등을 알 수 있다.

23. 기상도의 종류와 내용을 나타내는 기호의 연결로 옳지 않은 것은?

가. A : 해석도
나. F : 예상도
사. S : 지상자료
아. U : 불명확한 자료

✓ U(Upper air)는 고층 자료를 의미한다.

24. 항해계획은 수립할 때 구별하는 지역별 항로의 종류가 아닌 것은?

가. 원양항로   나. 왕복항로
사. 근해항로   아. 연안항로

✓ 왕복항로는 지역별 항로의 종류가 아니다.

소형선박조종사 [1회 -운용]

01. 상갑판 부근의 선측 상부가 바깥쪽으로 굽은 정도를 무엇이라 하는가?

가. 현호   나. 캠버
사. 플레어 아. 텀블 홈

✓ · 현호 : 건현갑판의 현측선이 휘어진 것을 말한다.
· 캠버 : 갑판의 중앙부가 높고 가장자리 쪽이 낮도록 원호를 이루는 것이 배수를 잘할 수 있게 한다.
· 텀블 홈 : 현측선이 배 안쪽으로 휘어진 상태

02. 갑판보의 양 끝을 지지하여 갑판 위의 무게를 지지하고, 외력에 의하여 선측 외판이 변형되지 않도록 지지하는 것은?

가. 늑골   나. 기둥
사. 용골   아. 브래킷

✓ 늑골 : 선체의 좌우 선측을 구성하는 뼈대이며 횡강력 구성재

03. 목조 갑판의 틈 메우기에 쓰이는 황백색의 반 고체는?

가. 흑연   나. 시멘트   사. 퍼티   아. 타르

✓ 퍼티는 각종 안료를 배합하여 풀 형태로 만든 접합제이다.

04. 아래 그림에서 ㉠은 무엇인가?

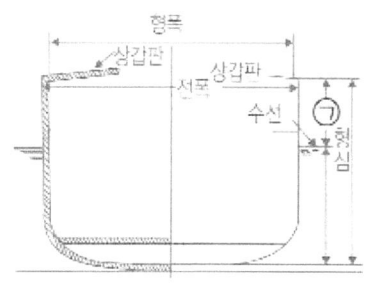

가. 전심   나. 깊이   사. 수심   아. 건현

✓ 건현 : 선체 중앙부 상갑판의 선측 상면에서 만재흘수선까지의 수직거리

05. 현재 선박 건조에 많이 사용되는 선체의 재료는?

가. 나무   나. 플라스틱
사. 강철   아. 알루미늄

✓ 현재 대부분의 선박은 강선으로 건조된다.

06. 다음 중 흘수표가 표시되는 선체 위치는?

가. 조타실   나. 기관실
사. 선수와 선미의 외판   아. 갑판

✓ 흘수는 미터 또는 피트로 선수, 선체 중앙, 선미의 외판에 표시된다.

07. 휴대식 이산화탄소 소화기의 사용 순서를 옳게 나열한 것은?

① 안전핀을 뽑는다.
② 불이 난 곳으로 뿜는다.
③ 손잡이를 강하게 움켜쥔다.
④ 혼을 뽑아 불이 난 곳으로 향한다.

가. ① → ④ → ② → ③
나. ① → ④ → ③ → ②
사. ② → ① → ④ → ③
아. ② → ① → ③ → ④

✓ 휴대식 이산화탄소 소화기는 사용 방법이 쉬워 널리 이용된다.

08. 수압으로 작동되어 구명뗏목을 본선으로부터 이탈시키는 장치는?

가. 구명줄 (Life Line)
나. 자동이탈장치 (Hydraulic Release Unit)
사. 위크링크 (Weak Link)
아. 안전핀 (Safety Pin)

✓ 자동이탈장치는 수면하 3미터 정도에서 자동으로 작동한다.

09. 찰과상 같은 출혈로 마치 모래사이로 스며들 듯 서서히 흘러나오는 출혈은?

가. 동맥성 출혈   나. 정맥성 출혈
사. 모세혈관 출혈   아. 실질성 출혈

✓ 모세혈관 출혈 시 체액과 섞인 피가 나오고 쉽게 멈춘다.

10. 다음 중 피로할 때 나타나는 증상으로 옳지 않은 것은?

가. 집중력이 높아진다.
나. 주의력이 감소된다.
사. 졸음, 두통, 짜증이 일어난다.
아. 불쾌감이 증가한다.

✓ 피로할 때는 주의력과 집중력이 떨어진다.

11. 초단파무선설비(VHF)로 조난경보가 수신되었을 때 처리절차 중 우선적으로 해야할 일은?

가. VHF 채널 06번을 청취한다.
나. VHF 채널 09번을 청취한다.
사. VHF 채널 16번을 청취한다.

아. VHF 채널 70번을 청취한다.

✓ 채널 16번은 무휴청수 채널이며 조난경보 수신 채널이다.

12. 초단파무선설비(VHF)로 조난경보가 잘못 발신되었을 때 취해야 하는 조치는?

가. 무선전화로 취소 통보를 발신해야 한다.
나. 조난경보 버튼을 다시 누른다.
사. 그대로 두면 된다.
아. 장비를 끄고 그냥 두어야 한다.

✓ 조난경보를 잘못 발신했을 때는 즉시 무선전화로 취소 통보를 발신해야 한다.

13. 본선 선명은 "동해호"이다. 초단파무선설비(VHF)로 부산항 관제실과 교신을 하려고 할 때 어떻게 호출해야 하는가?

가. 부산항, 여기는, 동해호, 감도있습니까?
나. 동해호, 여기는, 동해호, 감도있습니까?
사. 항무부산, 여기는, 동해호, 감도있습니까?
아. 동해호, 여기는, 항무부산, 감도있습니까?

✓ 출입항 교신 절차에서는 해당 관제운영 채널에서 "항무○○" 또는 "○○VTS"를 호출하여 보고한다.

14. 비상위치지시용무선설비(EPIRB)로 조난 신호가 잘못 발신되었을 때 연락해야 하는 곳은?

가. 회사
나. 주변 선박
사. 서울무선전신국
아. 수색구조조정본부

✓ EPIRB의 조난신호가 잘못 발신되었을 때에는 수색구조조정본부(RCC)에 보고해야 한다.

15. 타판에 작용하는 힘 중에서 정횡 방향의 분력은?

가. 항력
나. 양력
사. 마찰력
아. 직압력

✓ 양력은 선체를 회두시키는 우력의 성분이다.

16. 일정한 침로를 항행하는 것이 요구되는 화물선에서 가장 중요시되는 성능은?

가. 정지성
나. 선회성
사. 추종성
아. 침로안정성

✓ 침로 안정성 : 선박이 정해진 침로를 따라 직진하는 성질

17. 선박이 항진 중에 타각을 주었을 때, 타판의 표면에 작용하는 물의 점성에 의한 힘은?

가. 양력
나. 항력
사. 마찰력
아. 직압력

✓ 마찰력은 타판의 표면에 작용하는 물의 점성에 의한 힘으로, 일반적으로 직압력 계산 시에는 무시한다.

18. 선체의 뚱뚱한 정도를 나타내는 것은?

가. 등록장
나. 의장수
사. 방형계수
아. 배수톤수

✓ 방형계수는 선박 수면 하 형상이 넓고 좁음을 나타내는 지수이다.

19. 전타를 시작한 최초의 위치에서 최종 선회지름의 중심까지의 거리를 원침로상에서 잰 거리는?

가. 킥
나. 리치
사. 선회경
아. 신침로거리

✓ 리치는 조타에 대한 추종성을 나타낸다.

20. 전진속력으로 항진 중에 기관을 후진 전속으로 하였을 때 선체가 정지할 때까지의 타력을 무엇이라 하는가?

가. 발동타력 나. 정지타력
사. 반전타력 아. 회두타력

✓ 반전타력은 전진 중인 선박에 후진 전속을 걸어 선체가 정지할 때까지의 타력을 말하며 긴급 조종상 매우 중요하다.

21. 선박이 물에 떠 있는 상태에서 외부로부터 힘을 받아서 경사할 때, 저항 또는 외력을 제거하면 원래의 상태로 돌아오려고 하는 힘은?

가. 중력 나. 복원력
사. 구심력 아. 원심력

✓ 선박이 경사했을 때 원위치로 되돌아가려는 성질 또는 힘을 복원성이라 하며, 이것이 선박의 안정을 갖게 한다.

22. 선체운동을 나타낸 그림에서 ①은?

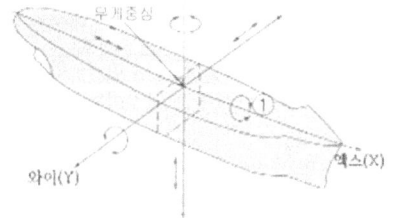

가. 종동요 나. 횡동요
사. 선수동요 아. 선미동요

✓ ①은 횡방향으로 동요를 일으킨다.

23. 액체가 탱크 내에 가득 차 있지 않을 경우 선체 동요 시 복원력의 변화로 옳은 것은?

가. 증가한다.
나. 증가하는 경우가 많다.
사. 감소한다.
아. 아무런 영향을 받지 않는다.

✓ 청수, 해수, 기름 등의 액체는 탱커 내에 가득차지 않으면 액체표면은 선체의 동요와 함께 움직이게 된다. 이를 자유표면이라 하는 것으로 무게중심이 상승한 것과 같은 효과를 나타낸다. 따라서 복원력이 나빠진다.

24. 좌초된 직후 자력으로 이초가 불가능하다고 판단하였을 때 조치로 옳은 것은?

가. 기관을 전속으로 후진시킨다.
나. 모든 밸러스트 탱크를 비운다.
사. 전 승무원을 퇴선시킨다.
아. 선체를 현재 위치에 고정시키는 작업을 한다.

✓ 자력 이초가 불가능하거나 시간이 오래 걸린다고 생각되면 선체의 전복 위험이나 손상의 확대를 막기 위하여 그 자리 고정 작업을 행한다.

25. 선박의 침몰 방지를 위하여 선체를 해안에 고의적으로 얹히는 것은?

가. 좌초 나. 접촉
사. 임의 좌주 아. 충돌

✓ 항만 부근이나 연안을 항해할 때 심한 해난을 입어 심한 침수로 인하여 배수 작업이 불가능하게 되어 침몰의 위험이 있을 때에는 최악의 상태인 침몰을 막기 위하여 적당한 곳에 좌주시키는 것을 임의 좌주라 한다.

소형선박조종사 [1회 −기관]

01. 다음 내용은 4행정 사이클 디젤기관의 어느 행정을 설명한 것인가?

"연소가스의 팽창으로 피스톤이 하강한다."

가. 흡입 행정　　　나. 압축 행정
사. 작동 행정　　　아. 배기 행정

✓ 작동행정에서는 분사된 연료유가 고온의 압축 공기에 의해 발화되어 연소하고, 이 압력에 의해 피스톤이 하강해 크랭크축을 회전시킨다.

02. 디젤기관의 연료유 장치에 포함되지 않는 것은?

가. 연료분사펌프　　나. 섬프탱크
사. 연료분사밸브　　아. 여과기

✓ 연료유 장치로는 연료유 탱크, 여과기, 공급 펌프, 가열기, 분사 장치 등이 있다.

03. 디젤기관에 윤활유를 사용하는 주된 목적은?

가. 마찰을 감소시킨다.
나. 마찰을 증가시킨다.
사. 마멸이 전혀 발생되지 않도록 한다.
아. 하중이 한 곳에 집중되도록 한다.

✓ 윤활유는 마찰을 감소시켜 기관의 동력 손실을 줄이고, 기계 효율을 높일 수 있다.

04. 윤활유 온도의 상승 원인이 아닌 것은?

가. 윤활유의 압력이 낮고 윤활유의 양이 부족한 경우
나. 윤활유 냉각기의 냉각수 온도가 낮은 경우
사. 윤활유가 불량하거나 열화된 경우
아. 주유 부분이 고착된 경우

✓ 윤활을 마치고 섬프 탱크에 돌아온 윤활유는 온도가 높으므로 윤활유 냉각기를 통해 적정 온도로 냉각시켜 다시 공급해야 한다.

05. 디젤기관에서 연소실을 형성하는 부품이 아닌 것은?

가. 커넥팅 로드　　나. 실린더 헤드
사. 실린더 라이너　아. 피스톤

✓ 커넥팅 로드는 피스톤의 운동을 크랭크의 회전운동으로 바꾸는 역할을 한다.

06. 선박용 추진기관의 동력전달계통이 아닌 것은?

가. 감속기　　　　나. 추진기축
사. 추진기　　　　아. 과급기

✓ 과급기는 평균 유효 압력을 높여 기관의 출력을 증대시키는 장치이다.

07. 동일 기관에서 가장 큰 값을 가지는 출력은?

가. 도시마력　　　나. 제동마력
사. 전달마력　　　아. 유효마력

✓ 도시마력은 실린더 내의 압력으로 피스톤을 밀어서 일이 이루어지는 것으로 계산한 마력이다.

08. 해수 윤활식 선미관에서 리그넘바이티의 주된 역할은?

가. 베어링 역할　　나. 전기 절연 역할
사. 선체강도 보강 역할　아. 누설 방지 역할

✓ 리그넘바이티 : 해수로 침식되거나 부풀거나 마모되지도 않으며 유분을 많이 갖고 있으므로 주유할 수 없는 선미관의 축 수지면재로 가장 적당

09. ( )에 적합한 것은?

"크랭크축이 1분간 회전하는 수를 ( )라고 한다."

가. 연속 회전수　　나. 매분 회전수

사. 위험 회전수　　아. 크랭크 회전수

✓ 매분 회전수 : 1분간 회전하는 수(RPM, Revolution per minute)

10. 디젤기관에 설치되는 평형추의 설치 목적에 대한 설명으로 옳지 않은 것은?

가. 기관의 진동 방지
나. 기관의 원활한 회전
사. 메인 베어링의 마찰 감소
아. 프로펠러의 균열 방지

✓ 평형 추는 회전체의 평형을 이루기 위해 설치한다.

11. 디젤기관에서 운전 중에 확인해야 하는 사항이 아닌 것은?

가. 윤활유의 압력과 온도
나. 배기가스의 색깔과 온도
사. 기관이 진동 여부
아. 크랭크실 내부의 검사

✓ 크랭크실 내부는 운전 중에는 확인할 수 없다.

12. 디젤기관에서 과부하 운전이란 어떠한 상태인가?

가. 기관회전수가 증가되는 상태
나. 기관회전수가 감소되는 상태
사. 정격출력 이상의 출력으로 운전하는 상태
아. 공기 공급이 증가되는 상태

✓ 과부하 운전 : 정격 출력을 넘어서 정해진 운전 조건하에서 일정 시간동안 연속 운전

13. 디젤기관에서 실린더 라이너와 실린더 헤드 사이의 개스킷 재료로 많이 사용되는 것은?

가. 구리　나. 아연　사. 고무　아. 석면

✓ 실린더 라이너와 헤드 사이에 있는 연강이나 구리로 만든 개스킷은 연소실의 가스가 새지 않게 한다.

14. 디젤기관에서 피스톤 링을 피스톤에 조립할 경우의 주의사항으로 옳지 않은 것은?

가. 링의 상하면 방향이 바뀌지 않도록 조립한다.
나. 가장 아래에 있는 링부터 차례로 조립한다.
사. 링이 링 홈 안에서 잘 움직이는지를 확인한다.
아. 링의 절구 틈이 모두 같은 방향이 되도록 조립한다.

✓ 피스톤 링에는 옆 틈과 밑 틈, 절구 틈이 있다.

15. 전기기기의 절연시험이란 무엇인가?

가. 흐르는 전류의 크기를 측정하는 것을 말한다.
나. 선로와 비선로 사이의 저항을 측정하는 것을 말한다.
사. 전압의 크기를 측정하는 것을 말한다.
아. 전기기기의 작동여부를 확인하는 것을 말한다.

✓ 절연시험이란 저항을 측정하여 전류가 외부로 흐르는지 시험하는 것이다.

16. 440[V] 교류를 20[V]의 교류 전기로 낮추고자 할 때 필요한 것은?

가. 유도 전동기　　나. 변압기
사. 계전기　　　　아. 동기 발전기

✓ 변압기 : 교류의 전압이나 전류의 값을 변화시키는 장치

17. 전기를 띤 물체를 무엇이라 하는가?

가. 대전체　　나. 반도체
사. 부도체　　아. 자석

✓ 전자의 이동으로 인해 전기를 띤 물체를 대전체라 한다.

18. 유체를 한 방향으로만 흐르게 하고 반대 방향으로의 흐름을 차단하는 밸브는?

가. 나비 밸브   나. 체크 밸브
사. 흡입 밸브   아. 글러브 밸브

✓ 체크 밸브 : 역류를 방지하기 위한 목적으로 한쪽 방향으로만 유체를 흐르게 하는 밸브

19. 원심펌프의 부속품은?

가. 평기어   나. 임펠러
사. 피스톤   아. 배기밸브

✓ 임펠러 : 펌프에 유입된 액체에 원심력을 작용시켜 액체를 회전시키는 것

20. 전동기의 기동반에 설치되어 표시등이 아닌 것은?

가. 전원등   나. 운전등
사. 경보등   아. 병렬등

✓ 전동기의 기동반에 설치되는 표시등으로는 전원등, 운전등, 경보등이 있다.

21. 운전 중인 디젤기관에서 메인 베어링의 발열이 심할 때 응급 조치사항으로 가장 적절한 것은?

가. 윤활유를 공급하면서 기관을 서서히 정지시킨다.
나. 발열 부분의 냉각을 위해 냉각수의 압력을 높인다.
사. 발열 부분의 냉각을 위해 냉각수 펌프를 2대 운전한다.
아. 발열 부분의 냉각을 위해 윤활유 펌프를 2대 운전한다.

✓ 메인 베어링 발열에 대해서는 윤활유를 공급하며 기관을 냉각시키고, 베어링 틈새를 조절해야 한다.

22. 운전 중인 디젤기관에서 어느 한 실린더의 배기 온도가 상승한 경우의 원인으로 볼 수 있는 것은?

가. 과부하 운전
나. 조속기 고장
사. 배기 밸브의 누설
아. 흡입공기의 냉각 불량

✓ 실린더 배기 온도 상승의 원인으로는 연료 분사 밸브나 노즐 결함, 배기 밸브 누설이 있다.

23. 운전 중인 디젤기관을 정지시켜야 하는 경우가 아닌 것은?

가. 해수 온도가 급강하했을 때
나. 운동부에서 심한 소리가 들릴 때
사. 윤활유를 계속 공급할 수 없을 때
아. 냉각수를 계속 공급할 수 없을 때

✓ 해수 온도가 급강하했을 때는 디젤기관을 정지시키지 않아도 된다.

24. 다음의 연료유 중 색깔이 가장 검은 것은?

가. 경유   나. 윤활유
사. C중유   아. 가솔린

✓ C중유는 흑갈색의 고점성 연료로 디젤기관, 보일러 등에 사용된다.

25. 연료유의 부피 단위로 옳은 것은?

가. kl   나. kg
사. MPa   아. cSt

✓ 1kl(킬로리터) = 1000리터

소형선박조종사 [1회 -법규]

01. 해사안전법상 제한된 시계 안에서 어로 작업을 하고 있는 선박이 올려야 하는 기적 신호는?

가. 장음 1회, 단음 1회
나. 장음 2회, 단음 1회
사. 장음 1회, 단음 2회
아. 장음 3회

  ✓ 제한 시계 내에서 어로에 종사하는 선박은 2분을 넘지 아니하는 간격으로 연속한 3회의 기적, 즉 장음 1회에 이어 단음 2회를 울려야 한다.

02. 해사안전법상 "조종제한선"이 아닌 선박은?

가. 준설 작업을 하고 있는 선박
나. 기뢰제거 작업을 하고 있는 선박
사. 항로표지를 부설하고 있는 선박
아. 조타기 고장으로 수리 중인 선박

  ✓ ・조종제한선 : 선박의 조종성능을 제한하는 작업에 종사하고 있어 다른 선박의 진로를 피할 수 없는 선박
  ・조종불능선 : 선박의 조종성능을 제한하는 고장이나 그 밖의 사유로 조종을 할 수 없게 되어 다른 선박의 진로를 피할 수 없는 선박

03. 해사안전법상 충돌을 피하거나 상황을 판단하기 위한 시간적 여유를 얻기 위한 조치는?

가. 소각도 변침   나. 레이더 작동
사. 상대선 호출   아. 속력을 줄임

  ✓ 선박이 충돌을 피하기 위하여 또는 상황을 판단하기 위한 시간적 여유를 얻기 위하여 필요하다면 자선의 속력을 늦추거나 또는 추진수단을 정지 혹은 역전하여 선박의 진행을 완전히 멈추어야 한다.

04. 해사안전법에서 규정하고 있는 장음과 단음에 대한 설명으로 옳은 것은?

가. 단음 : 약 1초 정도 계속되는 고동소리
나. 단음 : 약 3초 정도 계속되는 고동소리
사. 장음 : 약 8초 정도 계속되는 고동소리
아. 장음 : 약 10초 정도 계속되는 고동소리

  ✓ ・단음 : 약 1초 동안 계속되는 고동소리
  ・장음 : 4~6초 동안 계속하는 고동소리

05. ( )에 적합한 것은?

"해사안전법상 고속여객선이란 시속 ( ) 이상으로 항행하는 여객선을 말한다."

가. 10노트   나. 15노트
사. 20노트   아. 30노트

  ✓ 고속여객선 : 시속 15노트 이상으로 항행하는 여객선

06. ( )에 순서대로 적합한 것은?

"해사안전법상 선박은 접근하여 오는 다른 선박의 나침방위에 뚜렷한 변화가 있더라도 ( ) 또는 ( )에 종사하고 있는 선박에 접근하거나, 가까이 있는 다른 선박에 접근하는 경우에는 충돌을 방지하기 위하여 필요한 조치를 하여야 한다."

가. 소형선, 어로작업   나. 소형선, 예인작업
사. 거대선, 어로작업   아. 거대선, 예인작업

  ✓ 접근하여 오는 다른 선박의 나침방위에 뚜렷한 변화가 있더라도 거대선 또는 예인작업에 종사하고 있는 선박에 접근하거나, 가까이 있는 다른 선박에 접근하는 경우에는 충돌을 방지하기 위하여 필요한 조치를 하여야 한다.

07. ( )에 순서대로 적합한 것은?

"해사안전법상 2척의 동력선이 상대의 진

로를 횡단하는 경우로서 충돌의 위험이 있을 때에는 다른 선박을 ( )쪽에 두고 있는 선박이 다른 선박의 진로를 피하여야 한다. 이 경우 다른 선박의 진로를 피하여야 하는 선박은 부득이한 경우 외에는 다른 선박의 ( ) 방향을 횡단하여서는 아니 된다."

가. 좌현, 선수   나. 좌현, 선미
사. 우현, 선수   아. 우현, 선미

✓ 횡단하는 상태에서는 타선박을 우현 쪽에 두고 있는 선박이 피항선이다.

08. 해사안전법상 어로에 종사하고 있는 선박이 진로를 피하지 않아도 되는 선박은?

가. 조종제한선   나. 조종불능선
사. 수상항공기   아. 흘수제약선

✓ 수상항공기는 될 수 있으면 모든 선박으로부터 충분히 떨어져서 선박의 통항을 방해하지 아니하도록 해야 한다.

09. 해사안전법상 135°범위의 수평의 호를 비추는 흰색등은?

가. 현등   나. 전주등
사. 선미등   아. 예선등

✓ 선미등: 135도에 걸치는 수평의 호를 비추는 흰색 등으로서 그 불빛이 정선미 방향으로부터 양쪽 현의 67.5도까지 비출 수 있도록 선미 부분 가까이에 설치된 등

10. 해사안전법상 예인선열의 길이가 200m를 초과하면, 예인작업에 종사하는 동력선이 표시하여야 하는 형상물은?

가. 마름모꼴 형상물 1개
나. 마름모꼴 형상물 2개
사. 마름모꼴 형상물 3개
아. 마름모꼴 형상물 4개

✓ 예인선열의 길이가 200미터를 초과하면 가장 잘 보이는 곳에 마름모꼴의 형상물 1개를 표시해야 한다.

11. ( )에 적합한 것은?

"해사안전법상 조종불능선은 가장 잘 보이는 곳에 수직으로 ( )를 표시하여야 한다."

가. 황색 전주등 1개
나. 황색 전주등 2개
사. 붉은색 전주등 1개
아. 붉은색 전주등 2개

✓ 조종불능선은 가장 잘 보이는 곳에 수직으로 붉은색 전주등 2개를 표시해야 한다.

12. 해사안전법상 서로 시계 안에 있는 선박이 접근하고 있을 경우, 다른 선박의 동작을 이해할 수 없을 때 울리는 의문신호는?

가. 장음 5회 이상
나. 단음 5회 이상
사. 장음 5회, 단음 1회
아. 단음 5회, 장음 1회

✓ 서로 상대의 시계 안에 있는 선박이 접근하고 있을 경우에는 하나의 선박이 다른 선박의 의도 또는 동작을 이해할 수 없거나 다른 선박이 충돌을 피하기 위하여 충분한 동작을 취하고 있는지 분명하지 아니한 경우에는 그 사실을 안 선박이 즉시 기적으로 단음을 5회 이상 재빨리 울려 그 사실을 표시하여야 한다.

13. 해사안전법상 선박의 등화 중 정선미쪽에서 보이는 등화는?

가. 예선등   나. 마스트등
사. 오른쪽 현등   아. 왼쪽 현등

✓ ・예선등 : 선미등과 동일한 특성을 가진 황색등을 말한다.

- 선미등 : 실행 가능한 한, 선미에 가까이 설치되어 온전한 불빛이 135도에 이르는 수평의 호를 비추고, 또 그 불빛이 정선미 방향으로부터 각 현의 67.5도까지 비출 수 있도록 장치한 백색등

14. 해사안전법상 항행 중인 길이 20m 미만의 범선이 현등과 선미등을 대신하여 표시할 수 있는 등화는?

가. 양색등 나. 삼색등
사. 백색 전주등 아. 섬광등

✓ 항행 중인 길이 20미터 미만의 범선은 제1항에 따른 등화를 대신하여 마스트의 꼭대기나 그 부근의 가장 잘 보이는 곳에 삼색등 1개를 표시할 수 있다.

15. 해사안전법상 "통항분리제도"에서의 항행 원칙으로 옳지 않은 것은?

가. 통항로 안에서는 정하여진 진행방향으로 항행하여야 한다.
나. 통항로의 양끝단을 통하여 출입하는 것이 원칙이다.
사. 부득이한 사유로 통항로를 횡단하여야 하는 경우에는 통항로와 작은 각도로 횡단하여야 한다.
아. 길이 20m 미만의 선박은 통항로를 따라 항행하고 있는 다른 선박의 항행을 방해하지 않아야 한다.

✓ 선박은 가능한 한, 교통로를 횡단하지 않도록 하여야 한다. 그러나 부득이 횡단하여야 할 경우에는 교통로의 일반적인 방향에 대하여 가능한 한 직각으로 횡단하여야 한다.

16. ( )에 적합한 것은?

"선박의 입항 및 출항 등에 관한 법률상 무역항의 수상구역 등이나 무역항의 수상구역 밖 ( ) 이내의 수면에 선박의 안전운항을 해칠 우려가 있는 폐기물을 버려서는 아니 된다."

가. 10km 나. 15km
사. 20km 아. 25km

✓ 누구든지 무역항의 수상구역등이나 무역항의 수상구역 밖 10킬로미터 이내의 수면에 선박의 안전운항을 해칠 우려가 있는 흙·돌·나무·어구 등 폐기물을 버려서는 아니 된다.

17. ( )에 적합한 것은?

"선박의 입항 및 출항 등에 관한 법률상 총톤수 ( )톤 이상의 선박을 무역항의 수상구역 등에 계선하려는 자는 해양수산부령으로 정하는 바에 따라 해양수산부장관에게 신고하여야 한다.

가. 10 나. 20 사. 30 아. 40

✓ 총톤수 20톤 이상의 선박을 무역항의 수상구역 등에 계선하려는 자는 해양수산부령으로 정하는 바에 따라 해양수산부장관에게 신고하여야 한다.

18. 선박의 입항 및 출항 등에 관한 법률상 무역항의 수상구역 등에서 부두 부근의 수역에 정박 또는 정류가 허용되지 않는 경우는?

가. 총톤수 5톤 미만의 선박이 정박 또는 정류하는 경우
나. 해양사고를 피하기 위한 경우
사. 허가받은 공사 또는 작업에 사용하는 경우
아. 인명을 구조하는 경우

✓ 선박은 부두·잔교·안벽·계선부표·돌핀 및 선거의 부근 수역 또는 하천, 운하 및 그 밖의 좁은 수로와 계류장 입구의 부근 수역에는 정박하거나 정류하지 못한다.

19. 선박의 입항 및 출항 등에 관한 법률상 무역항의 항로에서 다른 선박과 마주칠 우려가 있는 경우 항법으로 옳은 것은?

가. 항로의 중앙으로 항행한다.
나. 항로의 오른쪽으로 항행한다.
사. 항로의 왼쪽으로 항행한다.
아. 항로의 밖으로 나가서 항행한다.

✓ 항로에서 다른 선박과 마주칠 우려가 있는 경우에는 오른쪽으로 항행해야 한다.

20. 선박의 입항 및 출항 등에 관한 법률상 선박이 해상에서 닻을 바다 밑바닥에 내려놓고 운항을 멈출 수 있는 장소는?

가. 부두   나. 항계
사. 항로   아. 정박지

✓ 정박지란 선박이 정박할 수 있는 장소를 말한다.

21. 선박의 입항 및 출항 등에 관한 법률상 선박이 무역항의 수상구역 등을 항행할 때 선박의 속력에 대한 설명으로 옳은 것은?

가. 미속으로 항행한다.
나. 반속으로 항행한다.
사. 전속으로 항행한다.
아. 다른 선박에 위험을 주지 아니할 정도의 속력으로 항행한다.

✓ 선박이 무역항의 수상구역등이나 무역항의 수상구역 부근을 항행할 때에는 다른 선박에 위험을 주지 아니할 정도의 속력으로 항행하여야 한다.

22. 선박의 입항 및 출항 등에 관한 법률상 항로의 정의는?

가. 선박이 가장 빨리 갈 수 있는 길이다.
나. 선박이 가장 안전하게 갈 수 있는 길이다.
사. 선박이 일시적으로 이용하는 뱃길을 말한다.
아. 선박의 출입 통로로 이용하기 위하여 지정, 고시한 수로이다.

✓ 항로란 선박의 출입 통로로 이용하기 위하여 지정, 고시한 수로이다.

23. 해양환경관리법상 선박오염물질기록부에 해당하지 않는 것은?

가. 폐기물기록부   나. 기름기록부
사. 유해약체물질기록부   아. 분뇨기록부

✓ 분뇨기록부는 선박오염물질기록부에 해당하지 않는다.

24. 해양환경관리법상 해양에서 배출할 수 있는 것은?

가. 합성로프
나. 어획한 물고기
사. 합성어망
아. 플라스틱 쓰레기봉투

✓ 누구든지 선박으로부터 오염물질을 해양에 배출하여서는 아니 되지만 물고기는 오염물질이 아니므로 배출할 수 있다.

25. 해양환경관리법상 선박으로부터 오염물질이 배출되는 경우 신고할 사항이 아닌 것은?

가. 오염물질이 배출된 장소
나. 오염물질을 적재한 장소
사. 오염물질을 배출한 선박명
아. 오염물질이 배출된 일자와 시간

✓ 오염물질 배출 시 신고 사항에는 배출된 장소, 선박명, 일자와 시간, 오염물질 종류, 원인 등을 신고해야 한다.

소형선박조종사 [2회 -항해]

01. 자기컴퍼스의 용도가 아닌 것은?

가. 선박의 침로 유지에 사용
나. 물표의 방위 측정에 사용
사. 선박의 속력 측정에 사용
아. 타선의 방위 변화 확인에 사용

✓ 선박의 속력 측정에 사용하는 것은 측심기이다.

02. 자기컴퍼스가 선체나 선내 철기류 등의 영향을 받아 생기는 오차는?

가. 기차   나. 자차
사. 편차   아. 수직차

✓ 자차 : 자기 나침의(나북)의 남북선과 자기자오선(자북)과의 교각

03. 자기컴퍼스에서 선박의 동요로 비너클이 기울어져도 볼을 항상 수평으로 유지시켜 주는 장치는?

가. 피벗   나. 컴퍼스 액
사. 짐벌즈   아. 섀도 핀

✓ 짐벌즈, 짐벌 링은 볼을 항상 수평으로 유지하기 위한 장치이다.

04. 다음 중 자기컴퍼스의 자차가 가장 크게 변하는 경우는?

가. 선체가 경사할 때
나. 선수 방위가 바뀔 때
사. 적화물을 이동할 때
아. 선체가 심한 충격을 받을 때

✓ 자차는 선수 방위가 바뀔 때 가장 크게 변한다.

05. 음파의 속도가 1,500m/s 일 때 음향측심기의 음파가 반사되어 수신한 시간이 0.4초라면 수심은?

가. 75m   나. 150m
사. 300m   아. 450m

✓ 수심 = 음파의 속도 × 시간 ÷ 2

06. 풍향 풍속계에서 지시하는 풍향과 풍속에 대한 설명으로 옳지 않은 것은?

가. 풍향은 바람이 불어오는 방향을 말한다.
나. 풍향이 반시계 방향으로 변하면 풍향 반전이라 한다.
사. 풍속은 정시 관측 시각 전 15분간 풍속을 평균하여 구한다.
아. 어느 시간 내의 기록 중 가장 최대의 풍속을 순간 최대 풍속이라 한다.

✓ 풍속은 관측 시각 전 10분간의 평균 풍속을 구한다.

07. 항해 중에 산봉우리, 섬 등 해도 상에 기재되어 있는 2개 이상의 고정된 뚜렷한 물표를 선정하여 거의 동시에 각각의 방위를 측정하여 선위를 구하는 방법은?

가. 수평협각법   나. 교차방위법
사. 추정위치법   아. 고도측정법

✓ 교차 방위법 : 연안항해 중 명확한 2개 이상의 물표를 측정하여 선위 측정. 연안항해시 물표가 많고 방위 측정이 쉬우므로 가장 많이 사용

08. 항해중인 선박의 진침로가 130°이고, 편차가 5°E, 자차가 3°E 일 때 나침로는?

가. 128°   나. 135°
사. 138°   아. 122°

✓ 반개정 (진침로를 나침로로 바꾸는 것) :

E 부호는 -, w 부호는 +한다.

09. 용어에 대한 설명으로 옳은 것은?

가. 전위선은 추측위치와 추정위치의 교점이다.
나. 중시선은 두 물표의 교각이 90도일 때의 직선이다.
사. 추측위치란 선박의 침로, 속력 및 풍압차를 고려하여 예상한 위치이다.
아. 위치선은 관측을 실시한 시점에 선박이 그 자취 위에 있다고 생각되는 특정한 선을 말한다.

✓ 위치선은 물표 관측 후 얻은 방위, 고도, 거리 등을 만족시키는 점의 자취로, 2개의 위치선의 교점이 생기면 그 교점이 선위가 된다.

10. ( )에 적합한 것은?

"( )는 레이더의 국부 발진기의 발진 주파수를 조정하는 것으로 국부 발진기의 발진 주파수가 적절히 조정되면 목표물의 반사에 의한 지시기의 화면이 선명하게 된다."

가. 동조 조정기
나. 감도 조정기
사. 해면 반사 억제기
아. 비·눈 반사 억제기

✓ 동조 조정기는 주파수를 동조시켜 화면을 선명하게 만드는 조정기이다.

11. 간출암을 나타내는 해도도식은?

가. ◯ (4)   나. ✳ (2)
사. ⌒(obstn)   아. ✚

✓ 가.는 노출암, 사.는 장해물, 아.는 암암을 나타낸다.

12. 일반적으로 해상에서 측심한 수치를 해도 상의 수심과 비교하면?

가. 해도의 수심보다 측정한 수심이 더 얕다.
나. 해도의 수심과 같거나 측정한 수심이 더 깊다.
사. 측정한 수심과 해도의 수심은 항상 같다.
아. 측정한 수심이 주간에는 더 깊고 야간에는 더 얕다.

✓ 해도상의 수심은 기본 수준면을 기준으로 측정한 수심으로, 일반적으로 해상에서 측심한 수치가 더 깊다.

13. 다음 해도 중 가장 소축척 해도는?

가. 항박도   나. 해안도
사. 항해도   아. 항양도

✓ 항양도는 보기 중 가장 축척이 작으며 원거리 항해에 사용된다.

14. 해도에 대한 설명으로 옳은 것은?

가. 해도는 매년 바뀐다.
나. 해도는 외국 것일수록 좋다.
사. 해도번호가 같아도 내용은 다르다.
아. 해도에서는 해도용 연필을 사용하는 것이 좋다.

✓ 해도는 수정된 사항이 있는 부분만 최신화되고, 해도번호가 같으면 내용도 같으며, 항해 시에는 전 세계 해도 뿐 아니라 각 국가가 발행한 해도를 적절히 이용해야 한다.

15. 쇠나 나무 또는 콘크리트와 같이 기둥 모양의 꼭대기에 등을 달아 놓은 것으로, 광달거리가 별로 크지 않아도 되는 항구, 항내 등에 설치하는 항로 표지는?

가. 등대   나. 등표   사. 등선   아. 등주

✓ · 등대 : 곶이나 섬 등 선박의 물표가 되기

알맞은 장소에 탑과 같은 구조물로 설치
- 등표 : 위험한 구역을 표시하기 위해 고정 설치하는 표지
- 등선 : 사주 등의 위험을 표시하기 위해 일정한 지점에 정박하고 있는 특수 구조 선박

16. 선박의 통항이 곤란한 좁은 수로, 항구, 만 입구 등에서 선박에게 안전한 항로를 알려주기 위하여 항로 연장선상의 육지에 설치하는 분호등은?

가. 도등 나. 조사등
사. 지향등 아. 호광등

✓ · 도등 : 안전한 항로의 연장선상에 등화를 앞뒤로 설치하여 중시선에 의해 선박을 인도
· 조사등 : 등대에 강력한 투광기를 설치하여 위험 구역을 비추어 표시
· 호광등 : 색깔이 다른 종류의 빛을 교대로 냄

17. 다음과 같은 두표를 가진 표지는?

가. 방위표지 나. 특수표지
사. 고립장해표지 아. 안전수역표지

✓ 고립 장해 표지는 두 개의 흑구를 수직으로 부착한 두표를 가진다.

18. 레이더에서 발사된 전파를 받을 때에만 응답하며, 일정한 형태의 신호가 나타날 수 있도록 전파를 발사하는 전파 표지는?

가. 레이콘(Racon)
나. 레이마크(Ramark)
사. 코스 비컨(Course beacon)
아. 레이더 리플렉터(Radar reflector)

✓ 레이콘은 선박 레이더 전파를 받을 때에만 응답하고, 표준 신호와 모스 부호를 이용한다.

19. 다음 중 음향표지 이용시 주의사항으로 옳지 않은 것은?

가. 항해시 음향표지에만 지나치게 의존해서는 안 된다.
나. 무신호소는 신호를 시작하기까지 다소 시간이 걸릴 수 있다.
사. 음향 표지의 신호를 들으면 즉각적으로 응답신호를 보낸다.
아. 신호음의 방향 및 강약만으로 신호소의 방위나 거리를 판단해서는 안 된다.

✓ 음향 표지의 신호는 주의깊게 듣고 판단해야 한다.

20. 같은 형태의 막대모양 온도계 2개 중에서 하나는 그대로 노출되어 있고, 다른 하나는 끝부분을 헝겊으로 싸서 여기에 심지를 달아 부착된 용기로부터 물을 빨아올리게 되어 있는 것으로 2개 온도계의 온도차를 측정하여 습도와 이슬점을 구할 수 있는 것은?

가. 자기 습도계 나. 모발 습도계
사. 건습구 온도계 아. 모발 자기 습도계

✓ 건습구 온도계는 건구온도계와 습구온도계를 합쳐, 건구온도와 습구온도의 차를 이용해 상대습도를 구할 수 있다.

21. 바람에 작용하는 힘이 아닌 것은?

가. 전향력 나. 마찰력
사. 기압경도력 아. 기압위도력

✓ 바람에 작용하는 힘은 전향력, 마찰력, 기압경도력이다.

22. 따뜻한 공기가 온도가 낮은 표면상으로 이동해서 냉각되어 생긴 안개는?

가. 복사안개 나. 이류안개
사. 새벽안개 아. 저녁안개

✓ 이류 안개는 따뜻한 공기가 차가운 표면 가까이에서 냉각되어 응결하여 생긴 안개이다.

23. 좁은 수로를 통과할 때나 항만을 출·입항할 때 선위 측정을 자주 하거나 예정 침로를 계속 유지하기가 어려운 경우에 대비하여 미리 해도를 보고 위험을 피할 수 있도록 준비하여 둔 예방선은?

가. 중시선 나. 피험선
사. 방위선 아. 변침선

✓ 피험선을 이용해 위험물에 선박이 접근하는지 쉽게 판단할 수 있다.

24. 4월 10일 오후 3시에 부산항을 출항하여 인천항까지 380해리를 평균속력 10노트로 항해한다면 인천항 도착예정 시각은?

가. 4월 11일 1700시
나. 4월 12일 0500시
사. 4월 11일 0500시
아. 4월 12일 1900시

✓ 1노트 = 1시간에 1마일 항주한 속력

소형선박조종사 [2회 -운용]

01. 목갑판을 보존하기 위한 정비방법으로 옳지 않은 것은?

가. 도료는 한번에 두껍게 바른다.
나. 자주 씻고 깨끗하게 하여 건조시킨다.
사. 틈이 생기면 바로 떼운다.
아. 목갑판에 사용하는 도구만을 쓴다.

✓ 도료를 얇게 여러번 바르는 것이 밀착과 건조가 잘된다.

02. 충분한 건현을 유지해야 하는 목적은?

가. 선속을 빠르게 하기 위해서
나. 선박의 부력을 줄이기 위해서
사. 예비 부력을 확보하기 위해서
아. 화물의 적재를 쉽게 하기 위해서

✓ 적당한 폭과 GM을 보유하고 있어도 충분한 건현을 갖고 있지 않으면, 조금만 경사하여도 갑판단이 물에 잠기게 되기 때문에 복원성의 범위가 감소된다.

03. 선체의 좌우 선측을 구성하는 뼈대로서 용골에 직각으로 배치되고, 갑판보와 늑판에 양 끝이 연결되어 선체 횡강도의 주체가 되는 것은?

가. 늑골 나. 기둥
사. 용골 아. 브래킷

✓ 늑골은 선체의 좌우 선측을 구성하는 뼈대이며 횡강력 구성재이다.

04. 선체의 명칭을 나타낸 아래 그림에서 ㉠은 무엇인가?

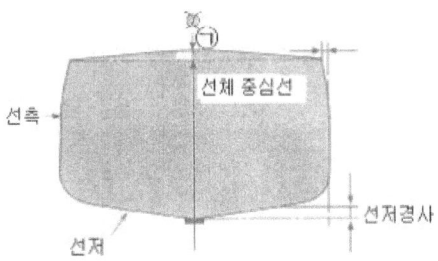

가. 용골 나. 빌지 사. 텀블 홈 아. 캠버

✓ 캠버 : 갑판의 중앙부가 높고 가장자리

쪽이 낮도록 원호를 이루는 것이 배수를 잘할 수 있게 한다.

05. 강선 선저부의 선체나 타판이 부식되는 것을 방지하기 위해 선체 외부에 부착하는 것은?

가. 동판 나. 아연판
사. 주석판 아. 놋쇠판

✓ 아연은 철보다 이온화 경향이 커 철의 이온화 침식을 막는다.

06. 선박이 항행하는 구역 내에서 선박의 안전상 허용된 최대의 흘수선은?

가. 선수 흘수선 나. 만재 흘수선
사. 평균 흘수선 아. 선미 흘수선

✓ 만재 흘수선이란 선박의 항행안전을 위한 최대의 흘수선이다.

07. 전진 또는 후진시에 배를 임의의 방향으로 회두시키고 일정한 침로를 유지하는 역할을 하는 설비는?

가. 키 나. 닻
사. 양묘기 아. 주기관

✓ 키는 선박의 직진 성능과 선회 성능을 결정하는 설비이다.

08. 그림과 같이 표시된 곳에 보관된 구명설비는?

가. 구명조끼 나. 방수복
사. 구명부환 아. 구명뗏목

✓ 구명조끼는 비상시에 착용하여 물에 뜨게 하는 개인용 구명설비이다.

09. 초단파 무선설비(VHF)의 조난경보 버튼을 눌렀을 때 발신되는 조난신호의 내용이 아닌 것은?

가. 선명
나. 해상이동업무식별부호(MMSI)
사. 위치(경도, 위도)
아. 시각

✓ 조난경보 버튼을 눌렀을 때 발신되는 조난신호의 내용은 조난의 종류, MMSI, 선박 위치, 조난 시간 등이 있다.

10. 비상위치지시용 무선표지설비(EPIRB)에 대한 설명으로 옳지 않은 것은?

가. 선박이 침몰할 때 떠올라서 조난신호를 발신한다.
나. 위성으로 조난신호를 발신한다.
사. 자동작동 또는 수동작동 모두 가능하다.
아. 선교 안에 설치되어 있어야 한다.

✓ EPIRB는 선교 밖에 설치되어 선박 침몰 시 자동으로 이탈될 수 있어야 한다.

11. 다음 중 조난신호를 나타내는 것은?

가. 메이데이(MAYDAY)
나. 팡 팡(PAN PAN)
사. 어얼전트(URGENT)
아. 시큐리티(SECURITE)

✓ · 팡 팡 : 긴급신호
· 시큐리티 : 안전신호

12. 연안 항해에서 선박 상호간에 교신을 위한 단거리 통신용 무선설비는?

가. 초단파 무선설비(VHF)

나. 중단파 무선설비(MF/HF)
사. 인말새트 위성통신 설비(Inmarsat)
아. 레이더트랜스폰더

✓ 초단파 무선설비는 초단파를 이용하여 선박과 선박 또는 선박과 육상국 사이에 통신에 주로 사용한다.

13. 일반적으로 초단파 무선설비(VHF)의 통신이 가능한 거리는?

가. 약 2~3 해리 이내
나. 약 20~30 해리 이내
사. 약 200~300 해리 이내
아. 약 2,000~3,000 해리 이내

✓ 일반적으로 VHF 통신 가능 거리는 약 20~30해리 이내이다.

14. 비상위치지시용 무선표지설비(EPIRB)의 색상은?

가. 초록색   나. 보라색
사. 검정색   아. 황색 또는 주황색

✓ EPIRB의 색상은 식별하기 쉬운 황색 또는 주황색이다.

15. 선박이 정해진 침로를 따라 직진하는 성질은?

가. 선회성   나. 추종성
사. 초기선회성   아. 침로안정성

✓ 침로안정성은 정해진 침로를 따라 직진할 수 있는 성질로 침로에서 외력에 의해 벗어나도 곧바로 원침로에 복귀하는 성질이다.

16. 선회성 지수가 클 때 나타나는 현상은?

가. 배가 늦게 선회하여 작은 선회권을 그린다.
나. 배가 늦게 선회하여 큰 선회권을 그린다.
사. 배가 빠르게 선회하여 작은 선회권을 그린다.
아. 배가 빠르게 선회하여 큰 선회권을 그린다.

✓ 선회성은 일정한 타각을 주었을 때 배가 선회하는 성능을 말하며, 배의 조종성능에 있어서 중요한 능력이다.

17. 선박이 항진 중에 타각을 주면 수류가 타판에 부딪혀서 타판을 미는 힘이 작용하는데 그 힘 중에서 선체를 회두 시키는 우력의 성분이 되는 것은?

가. 양력   나. 항력
사. 마찰력   아. 직압력

✓ 양력은 타판에 작용하는 힘 중에서 정횡 방향의 분력이다.

18. 우회전 고정피치 스크루 프로펠러 한 개가 장착되어 있는 선박의 기관전진상태에서 배출류의 영향으로 발생하는 현상은?

가. 선수는 좌현 쪽으로 회두한다.
나. 선미를 우현 쪽으로 밀게 된다.
사. 선미를 좌현 쪽으로 밀게 된다.
아. 선수가 회두하지 않는다.

✓ 프로펠러가 회전하기 시작하는 초기에는 선수가 좌회두 하지만 속력이 증가할수록 배출류가 강해져 선수가 우회두하려는 경향을 보인다.

19. 선체회두가 원침로로부터 180도 된 곳까지 원침로에서 직각방향으로 잰 거리는?

가. 킥   나. 리치
사. 선회경   아. 선회횡거

✓ 전타 후에 원침로로부터 180도 회두하였을 때 원침로 상에서 횡이동한 거리를 선회경이라고 한다.

20. 체가 항주할 때 수면하의 선체가 받는 저항이 아닌 것은?

가. 공기저항   나. 마찰저항
사. 조파저항   아. 조와저항

✓ 항해 중 선체의 수면 상부의 선체가 공기와 부딪쳐 생기는 저항을 공기저항이라 한다.

21. 물 분자의 속도차 때문에 생기는 선미 부근의 소용돌이 흐름에 의한 저항은?

가. 마찰저항   나. 공기저항
사. 조파저항   아. 조와저항

✓ 물 분자의 속도차에 의해 선미부근에서 와류가 생기고, 이로 인한 저항을 조와저항이라 한다.

22. 황천항해에 대비하여 선창에 화물을 실을 때 주의사항으로 옳지 않은 것은?

가. 먼저 양하할 화물부터 싣는다.
나. 갑판 개구부의 폐쇄를 확인한다.
사. 화물의 이동에 대한 방지책을 세워야 한다.
아. 무거운 것은 밑에 실어 무게중심을 낮춘다.

✓ 황천이 예상될 때에는 화물들을 고정시켜야 하고, 탱크 내 액체는 비우거나 채워 복원력 감소를 방지해야 하며 선체 모든 개구부를 밀폐해야 한다.

23. 황천 중에 항행이 곤란할 때의 조선상의 조치로서 황천속에서 기관을 정지하고 선수를 풍랑에 향하게 하여 선체를 풍하로 표류하도록 하는 방법은?

가. 표주(Lie to)법
나. 순주(Scuding)법
사. 거주(Heave to)법
아. 진파기름(Storm oil)의 살포

✓ · 순주 : 풍랑을 선미 쿼터에서 받으며 항주
· 거주 : 선수를 풍랑에 향하게 하여 최소의 속력으로 전진
· 진파기름 살포 : 선체 주위에 파랑을 진정시킬 수 있도록 기름 살포

24. 선박 내에서 화재 발생 시 조치사항으로 옳지 않은 것은?

가. 필요시 화재 구역의 전기를 차단한다.
나. 바람의 방향이 앞바람이 되도록 배를 돌린다.
사. 불의 확산방지를 위하여 인접한 격벽에 물을 뿌린다.
아. 어떤 물질이 타고 있는지를 확인하여 적합한 소화 방법을 강구한다.

✓ 소화 작업 중에는 화재의 확산을 막도록 상대풍속이 0이 되도록 조종하는 것이 원칙이다. 즉, 선수 화재 시는 선미에서 바람을 받도록 하고, 선미 화재 시는 선수에서, 중앙부 화재 시는 정횡에서 바람을 받으면서 소화하도록 한다.

25. 충돌사고의 주요 원인인 경계소홀에 해당하지 않는 것은?

가. 해도실에서 많은 시간 소비
나. 당직중 졸음
사. 선박조종술 미숙
아. 제한시계에서 레이더 미사용

✓ 선박조종술 미숙은 경계와는 관련이 없다.

소형선박조종사 [2회 -기관]

01. 디젤기관의 운전 중 진동이 심해지는 경우의 원인으로 옳지 않은 것은?

가. 기관대의 설치 볼트가 여러 개 절손되었을 때

나. 윤활유 압력이 높을 때
사. 노킹현상이 심할 때
아. 기관이 위험회전수로 운전될 때

✓ 기관의 진동이 심한 원인으로는 베어링 틈새 과대, 기관 베드 설치 볼트 이완 또는 절손, 위험회전수로 운전, 실린더 최고압력이 고르지 않은 점들이 있다.

02. 디젤기관이 시동되지 않을 경우의 원인으로 옳지 않은 것은?

가. 연료 노즐에서 연료가 분사되지 않을 때
나. 실린더 내 압축압력이 너무 낮을 때
사. 실린더의 온도가 높을 때
아. 불량한 연료유를 사용했을 때

✓ 실린더 온도가 낮을 때 시동되지 않는다.

03. 디젤기관의 운전 중 점검 사항이 아닌 것은?

가. 연료분사밸브의 분사압력 및 분무상태
나. 감속기 및 과급기의 윤활유 양
사. 윤활유 압력
아. 주기관의 윤활유 양

✓ 연료분사 밸브에 대한 점검은 운전 전 실시해야 한다.

04. 디젤기관에서 피스톤링의 역할에 대한 설명으로 옳지 않은 것은?

가. 피스톤과 실린더 라이너 사이의 기밀을 유지한다.
나. 피스톤과 연접봉을 서로 연결시킨다.
사. 피스톤의 열을 실린더 벽으로 전달시켜 피스톤을 냉각시킨다.
아. 피스톤과 실린더 라이너 사이에 유막을 형성하여 마찰을 감소시킨다.

✓ 피스톤 링은 피스톤과 실린더 라이너 사이의 기밀 유지, 윤활유가 연소실로 들어가지 못하게 하는 등의 역할을 한다.

05. 디젤기관의 실린더 헤드 볼트를 죄는 요령으로 옳지 않은 것은?

가. 한 번에 다 죄지 말고 여러 번 나누어 죈다.
나. 대각선 위치의 볼트를 번갈아 죈다.
사. 볼트를 죄는 힘을 균일하게 한다.
아. 열팽창을 고려해서 운전중에 다시 죈다.

✓ 토크 렌치를 사용하여 죌 때는 여러번 나누어 규정된 토크로 죄고, 유압 잭을 사용할 때는 규정된 압력을 여러 번에 걸쳐 나누어 올리며 동시에 죄어야 한다.

06. 항해 중 주기관을 급히 정지시켜야 할 경우가 아닌 것은?

가. 연료분사펌프의 송출압력이 높아질 때
나. 운동부에서 이상한 소리가 날 때
사. 윤활유의 압력이 급격히 떨어질 때
아. 냉각수가 공급되지 않을 때

✓ 연료분사펌프 송출압력이 낮아질 때 기관이 운전 중 급정지한다.

07. 디젤기관에서 짧은 시간에 완전연소하는데 필요한 연료분사 조건이 아닌 것은?

가. 무화   나. 윤활   사. 관통   아. 분산

✓ 연료분사의 조건으로는 무화, 관통, 분산, 분포가 있다.

08. 4행정 사이클 디젤기관이 시동 위치를 맞추지 않고도 크랭크 각도 어느 위치에서나 시동될 수 있으려면 최소 몇 기통 이상이어야 하는가?

가. 2기통   나. 4기통
사. 6기통   아. 8기통

✓ 4행정 사이클 디젤기관이 시동 위치를

맞추지 않고도 크랭크 각도 어느 위치에서나 시동될 수 있으려면 최소 6기통(실린더) 이상이어야 한다.

09. 디젤기관에서 실린더 라이너의 마멸 원인으로 옳지 않은 것은?

가. 연접봉의 경사로 생긴 피스톤의 측압
나. 피스톤링의 장력이 너무 클 때
사. 흡입공기 압력이 너무 높을 때
아. 사용 윤활유가 부적당하거나 과부족일 때

✓ 실린더 라이너의 마멸 원인으로는 보기 외에 라이너 재료가 적절하지 않은 경우, 피스톤 링 장력 과대 또는 내면이 불량한 경우, 기관 사용 횟수가 많은 경우 등이 있다.

10. 가솔린기관과 디젤기관에 대한 설명으로 옳은 것은?

가. 가솔린기관과 디젤기관 모두 2행정 사이클 기관이 없다.
나. 가솔린기관에는 2행정 사이클 기관이 있고 디젤기관에는 없다.
사. 가솔린기관에는 2행정 사이클 기관이 없고 디젤기관에는 있다.
아. 가솔린기관과 디젤기관 모두 2행정 사이클 기관이 있다.

✓ 두 종류의 기관 모두 2행정 사이클 기관이 있고 상승, 하강 행정이다.

11. 디젤기관에서 플라이휠의 주된 역할은?

가. 크랭크축의 회전력 변동을 줄인다.
나. 새로운 공기를 흡입하고 압축한다.
사. 회전속도의 변화를 크게 한다.
아. 피스톤 상사점의 눈금을 표시한다.

✓ 플라이휠은 크랭크축의 회전력을 균일하게 하고, 저속 회전을 가능하게 하며, 기관의 시동을 용이하게 하고, 밸브 조정을 편리하게 하는 역할을 한다.

12. 소형선박의 디젤기관에서 흡기 및 배기밸브는 무엇에 의해 닫히는가?

가. 윤활유 압력
나. 스프링의 힘
사. 연료유가 분사되는 힘
아. 흡·배기 가스 압력

✓ 흡기 및 배기 밸브는 밸브 스프링에 의해 닫힌다.

13. 디젤기관에서 회전운동을 하는 것은?

가. 메인베어링
나. 피스톤
사. 크랭크 축
아. 배기밸브 푸시로드

✓ 크랭크 축은 피스톤의 왕복 운동을 회전 운동으로 변화시켜 중간축으로 전달한다.

14. 실린더가 6개인 디젤 주기관에서 크랭크 핀과 메인베어링의 최소 개수로 옳은 것은?

가. 크랭크핀 6개, 메인베어링 6개
나. 크랭크핀 6개, 메인베어링 7개
사. 크랭크핀 7개, 메인베어링 6개
아. 크랭크핀 7개, 메인베어링 7개

✓ 실린더가 6개인 디젤 주기관에서는 커넥팅로드와 크랭크축을 연결하는 크랭크핀 6개와 메인베어링 7개가 있어야 한다.

15. 전기회로에서 멀티테스터로 직접 측정할 수 없는 것은?

가. 저항
나. 직류전압
사. 교류전압
아. 전력

✓ 멀티테스터기는 저항, 전압, 전류 등의

기본적인 전기적 특성을 측정할 수 있다.

16. 해수펌프가 물을 송출하지 못하는 경우의 원인으로 옳지 않은 것은?

가. 흡입하는 해수의 온도가 영하일 때
나. 흡입측 스트레이너가 많이 막혀 있을 때
사. 송출밸브가 잠겨 있을 때
아. 흡입밸브가 잠겨 있을 때

✓ 해수의 온도와 해수펌프의 송출은 무관하다.

17. 기어펌프로 이송하기에 적합한 유체는?

가. 청수
나. 해수
사. 윤활유
아. 압축공기

✓ 윤활유 펌프로 기어 펌프, 트로코이드 펌프, IMO 펌프 등이 사용된다.

18. 송출측에 공기실을 설치하는 펌프는?

가. 원심펌프
나. 축류펌프
사. 왕복펌프
아. 기어펌프

✓ 왕복펌프에는 송출 유량의 맥놀이 현상을 줄이기 위해 공기실을 설치한다.

19. 발전기의 기중차단기를 나타내는 것은?

가. ACB
나. NFB
사. OCR
아. MCCB

✓ ACB : Air Circuit Breaker, 기중차단기

20. 유도 전동기의 기동반에 주로 설치되는 계기는?

가. 전력계
나. 전압계
사. 전류계
아. 주파수계

✓ 유도 전동기 : 전자 유도로 회전자에 전류를 흘려 회전력을 만드는 교류 전동기

21. 1마력(PS)의 크기를 옳게 표시한 것은?

가. 75 [kgf · m/s]
나. 102 [kgf · m/s]
사. 150 [kgf · m/s]
아. 204 [kgf · m/s]

✓ 1마력은 1초간에 75kg·m의 일을 할 때의 일의 양을 시간으로 나눈 값이다.

22. 4행정 사이클 디젤기관에서 흡·배기 밸브의 밸브겹침이란?

가. 상사점 부근에서 흡·배기 밸브가 동시에 열려 있는 기간
나. 상사점 부근에서 흡·배기 밸브가 동시에 닫혀 있는 기간
사. 하사점 부근에서 흡·배기 밸브가 동시에 열려 있는 기간
아. 하사점 부근에서 흡·배기 밸브가 동시에 닫혀 있는 기간

✓ 밸브겹침이란 상사점 부근에서 크랭크 각도 40도 동안 흡·배기 밸브가 동시에 열려있는 기간을 말한다.

23. 디젤기관을 장기간 휴지할 경우의 주의사항으로 옳지 않은 것은?

가. 동파를 방지한다.
나. 부식을 방지한다.
사. 정기적으로 터닝을 시켜 준다.
아. 중요 부품은 분해하여 보관한다.

✓ 디젤기관을 장기간 휴지할 경우, 특히 추운 지역에서는 냉각수 계통의 물을 빼내어 동파를 방지하고, 가능한 계속 워밍 상태로 유지하는 것이 좋다.

24. 화재에 가장 유의해야 하는 연료유는?

가. 점도가 큰 연료유
나. 발화성이 작은 연료유
사. 인화점이 낮은 연료유
아. 비중이 작은 연료유

> ✓ 인화점이 낮을수록 화재 발생 가능성이 크다.

25. 동일한 온도와 부피일 때 다음 중 무게가 가장 가벼운 기름은?

가. 경유 나. A 중유
사. C 중유 아. 휘발유

> ✓ 휘발유가 가장 가벼운 기름이다.

소형선박조종사 [2회 -법규]

01. 해사안전법상 항행 중 보급, 사람 또는 화물의 이송작업을 하는 선박은?

가. 조종불능선 나. 조종제한선
사. 흘수제약선 아. 이선작업선

> ✓ 조종제한선 : 선박의 조종성능을 제한하는 작업에 종사하고 있어 다른 선박의 진로를 피할 수 없는 선박

02. 해사안전법상 가장 잘 보이는 곳에 수직으로 붉은색 전주등 2개를 켜고 있는 선박은?

가. 기관 고장선 나. 잠수 작업선
사. 소해 작업선 아. 흘수제약선

> ✓ 붉은색 전주등 2개를 켜고 있는 선박은 조종불능선이며, 기관 고장선은 조종불능선에 해당한다.

03. 해사안전법상 '어로에 종사하고 있는 선박' 이 아닌 것은?

가. 투망중인 안강망 어선
나. 양망중인 저인망 어선
사. 낚시를 드리우고 있는 채낚기 어선
아. 어장 이동을 위해 항행하는 통발 어선

> ✓ 어로에 종사하고 있는 선박이란 그물, 낚싯줄, 트롤망, 그 밖에 조종성능을 제한하는 어구를 사용하여 어로 작업을 하고 있는 선박을 말한다.

04. 해사안전법상 야간에 가장 잘 보이는 곳에 붉은색 전주등 3개를 수직으로 표시하고 있는 선박은?

가. 조종제한선
나. 어로에 종사하고 있는 선박
사. 조종불능선
아. 흘수제약선

> ✓ 흘수제약선은 항행 중인 동력선의 등화에 덧붙여 가장 잘 보이는 곳에 붉은색 전주등 3개를 수직으로 표시한다.

05. 해사안전법상 가까이 있는 다른 선박으로부터 단음 2회의 기적신호를 들었을 때 그 선박이 취하고 있는 동작은?

가. 우현변침 나. 좌현변침
사. 감속 아. 침로유지

> ✓ 우현변침 시에는 단음 1회, 좌현변침 시에는 단음 2회, 기관 후진 시에는 단음 3회를 행한다.

06. 해사안전법상 서로 시계 안에 있는 선박이 접근하고 있을 경우, 하나의 선박이 다른 선박의 의도 또는 동작을 이해할 수 없을 때 울리는 기적신호는?

가. 장음 5회 이상 나. 장음 3회 이상
사. 단음 5회 이상 아. 단음 3회 이상

✓ 서로 상대의 시계 안에 있는 선박이 접근하고 있을 경우에는 하나의 선박이 다른 선박의 의도 또는 동작을 이해할 수 없거나 다른 선박이 충돌을 피하기 위하여 충분한 동작을 취하고 있는지 분명하지 아니한 경우에는 그 사실을 안 선박이 즉시 기적으로 단음을 5회 이상 재빨리 울려 그 사실을 표시하여야 한다.

07. 해사안전법상 안개가 끼어 시계가 제한된 수역에서 2분이 넘지 않는 간격으로 장음 2회의 기적신호를 들었다면 그 기적을 울린 선박의 상태는?

가. 조종제한선
나. 정박선
사. 얹혀 있는 선박
아. 대수속력이 없는 항행 중인 동력선

✓ 항행 중인 동력선은 정지하여 대수속력이 없는 경우에는 장음 사이의 간격이 약 2초인 연속한 장음 2회를 2분간을 넘지 아니하는 간격으로 울려야 한다.

08. 해사안전법상 야간에 본선의 정선수 방향에서 다른 선박의 마스트등과 양쪽의 현등이 동시에 보이는 상태는?

가. 추월 상태 나. 안전한 상태
사. 마주치는 상태 아. 횡단하는 상태

✓ 선박이 다른 선박을 선수방향 또는 거의 선수방향으로 보는 경우로서, 야간에는 다른 선박의 마스트 정부등을 일직선 또는 거의 일직선으로 볼 수 있는 때 또는 양측의 현등을 볼 수 있는 때 및 그 양자의 상태를 동시에 볼 수 있는 때, 그리고 주간에는 다른 선박을 이와 마찬가지 방향에서 관찰하는 때에는 마주치는 상태에 있다고 보아야 한다.

09. 해사안전법상 '적절한 경계'에 대한 설명으로 옳지 않은 것은?

가. 이용할 수 있는 모든 수단을 이용한다.
나. 청각을 이용하는 것이 가장 효과적이다.
사. 선박 주위의 상황을 파악하기 위함이다.
아. 다른 선박과 충돌할 위험성을 파악하기 위함이다.

✓ 모든 선박은 처치 및 충돌의 위험성을 충분히 판단할 수 있도록 시각과 청각에 의할 뿐만 아니라 당시의 사정과 조건에 알맞은 모든 이용할 수 있는 수단에 의하여 언제나 적당한 견시를 유지하여야 한다.

10. 해사안전법상 '안전한 속력'을 결정할 때 고려해야 할 요소가 아닌 것은?

가. 시계의 상태
나. 선박의 설비 구조
사. 선박의 조종 성능
아. 해상교통량의 밀도

✓ ① 시정의 상태
② 어선 혹은 기타의 선박의 집중을 포함하는 교통의 밀도
③ 당시의 조건하에서 특히 정지거리와 선회성능에 관계되는 선박의 조종성능
④ 야간에 육지의 등화 또는 자선의 등화의 반사광 등에서 생기는 배경광의 존재
⑤ 바람, 해면 및 해류의 상태와 항행상의 위험의 근접
⑥ 이용할 수 있는 수심과 흘수와의 관계

11. 해사안전법상 서로 시계 안에서 항행 중인 범선이 반드시 진로를 피해야 하는 선박이 아닌 것은?

가. 동력선
나. 조종제한선
사. 조종불능선
아. 어로에 종사하고 있는 선박

✓ 항행중인 범선은 다음 각호의 선박의 진로를 피하여야 한다.
① 조종이 자유롭지 못한 상태에 있는 선박
② 조종능력이 제한되어 있는 선박
③ 어로에 종사하고 있는 선박

12. ( )에 적합한 것은?

"해사안전법상 길이 ( ) 미만의 선박이나 범선은 좁은 수로등의 안쪽에서만 안전하게 항행할 수 있는 다른 선박의 통행을 방해하여서는 아니 된다."

가. 10미터　　　나. 20미터
사. 30미터　　　아. 50미터

✓ 길이 20m 미만의 선박 도는 범선은 좁은 수로 또는 항로 안쪽에서만 안전하게 항행할 수 있는 선박의 통항을 방해하여서는 안된다.

13. 해사안전법상 '얹혀 있는 선박'의 주간 형상물은?

가. 가장 잘 보이는 곳에 수직으로 원통형 형상물 2개
나. 가장 잘 보이는 곳에 수직으로 원통형 형상물 3개
사. 가장 잘 보이는 곳에 수직으로 둥근꼴 형상물 2개
아. 가장 잘 보이는 곳에 수직으로 둥근꼴 형상물 3개

✓ 얹혀있는 선박은 정박선의 등화와 형상물에 부가하여 가장 잘 보이는 곳에 다음 각 호의 등화 또는 형상물을 표시하여야 한다.
① 수직선상에 홍색의 전주등 2개
② 수직선상에 구형의 형상물 3개

14. 해사안전법상 '섬광등'의 정의는?

가. 선수쪽 225도의 사광범위를 갖는 등
나. 선미쪽 135도의 사광범위를 갖는 등
사. 360도에 걸치는 수평의 호를 비추는 등화로서 일정한 간격으로 1분에 120회 이상 섬광을 발하는 등
아. 360도에 걸치는 수평의 호를 비추는 등화로서 일정한 간격으로 1분에 60회 이상 섬광을 발하는 등

✓ 섬광등 : 매분에 120회 이상의 주기로 규칙적인 간격을 두고 섬광을 발하는 등화

15. 해사안전법상 '항행 중'인 상태는?

가. 정박
나. 얹혀 있는 상태
사. 계류시설에 매어 놓은 상태
아. 해상에서 일시적으로 운항을 멈춘 상태

✓ 항행 중 이라함은, 선박이 정박하거나 육지에 계류하거나 또는 얹혀있는 것이 아닌 상태를 말한다.

16. 선박의 입항 및 출항 등에 관한 법률상 무역항의 방파제 부근에서 동력선이 입항할 때 출항하는 선박과 마주칠 우려가 있는 경우의 항법으로 옳은 것은?

가. 출항선은 항로에서 대기하여야 한다.
나. 입항선은 신속히 방파제 안으로 들어간다.
사. 입항선은 방파제 밖에서 대기하여야 한다.
아. 출항선은 입항선의 진로를 피하여야 한다.

✓ 무역항의 수상구역등에 입항하는 선박이 방파제 입구 등에서 출항하는 선박과 마주칠 우려가 있는 경우에는 방파제 밖에서 출항하는 선박의 진로를 피하여야 한다.

17. 선박의 입항 및 출항 등에 관한 법률상 선박이 해상에서 일시적으로 운항을 멈추는 것은?

가. 정박　나. 정류　사. 계류　아. 계선

✓ "정류"란 선박이 해상에서 일시적으로 운항을 멈추는 것을 말한다.

18. 선박의 입항 및 출항 등에 관한 법률상 우선피항선이 아닌 것은?

가. 예선
나. 수면비행선박
사. 주로 삿대로 운전하는 선박
아. 주로 노로 운전하는 선박

✓ 우선피항선은 주로 무역항의 수상구역에서 운항하는 선박으로, 수면비행선박은 우선피항선이 아니다.

19. 선박의 입항 및 출항 등에 관한 법률상 무역항의 수상구역 등에서 정박지를 지정하는 기준이 아닌 것은?

가. 선박의 종류　　나. 선박의 국적
사. 선박의 톤수　　아. 적재물의 종류

✓ 해양수산부장관은 무역항의 수상구역등에 정박하는 선박의 종류·톤수·흘수 또는 적재물의 종류에 따른 정박구역 또는 정박지를 지정·고시할 수 있다.

20. 선박의 입항 및 출항 등에 관한 법률상 무역항 항로에서의 항법으로 옳은 것은?

가. 나란히 항행하여야 한다.
나. 가장 빠른 속력으로 항행한다.
사. 피예인선을 끌고 항행할 수가 없다.
아. 다른 선박과 마주칠 때는 우측으로 항행한다.

✓ 항로에서 다른 선박과 마주칠 우려가 있는 경우에는 오른쪽으로 항행해야 한다.

21. 선박의 입항 및 출항 등에 관한 법률상 무역항의 수상구역 등에서 화재가 발생한 경우 기적이나 사이렌을 갖춘 선박이 울리는 경보는?

가. 기적 또는 사이렌으로 장음 5회를 적당한 간격으로 반복
나. 기적 또는 사이렌으로 장음 7회를 적당한 간격으로 반복
사. 기적 또는 사이렌으로 단음 5회를 적당한 간격으로 반복
아. 기적 또는 사이렌으로 단음 7회를 적당한 간격으로 반복

✓ 무역항의 수상구역 등에서 기적이나 사이렌을 갖춘 선박에 화재가 발생한 경우 그 선박은 해양수산부령으로 정하는 바에 따라 화재를 알리는 경보를 울려야 하고, 화재를 알리는 경보는 기적이나 사이렌을 장음으로 5회 울려야 한다.

22. 선박의 입항 및 출항 등에 관한 법률상 무역항의 수상구역등에 출입하려고 할 때 선장이 반드시 출입신고를 하여야 하는 선박은?

가. 도선선
나. 총톤수 4톤인 어선
사. 해양사고 구조에 사용되는 선박
아. 부선을 선미에서 끌고 있는 예인선

✓ 무역항의 수상구역 등에 출입하려는 선박의 선장은 대통령이 정하는 바에 의하여 해양수산부장관에게 신고하여야 한다. 입출항 신고가 면제되는 선박은 총톤수 5톤 미만의 선박, 해난구조에 종사하는 선박, 기타 지방해양수산청장의 허가를 받은 선박이다.

23. 해양환경관리법상 생물체의 부착을 제한·방지하기 위하여 선박에 사용하는 것으로 유기주석 성분 등 생물체의 파괴 작용을 하는 성분이 포함된 것은?

가. 포장유해물질　　나. 유해방오도료

사. 대기오염물질　　아. 선저폐수

> ✓ "유해방오도료"라 함은 생물체의 부착을 제한·방지하기 위하여 선박 또는 해양시설 등에 사용하는 도료 중 유기주석 성분 등 생물체의 파괴작용을 하는 성분이 포함된 것으로서 해양수산부령이 정하는 것을 말한다.

24. 해양환경관리법상 오염물질이 배출된 경우의 방제조치에 해당되지 않는 것은?

가. 오염물질의 배출방지
나. 배출된 오염물질의 확산방지 및 제거
사. 배출된 오염물질의 수거 및 처리
아. 기름오염방지설비의 가동

> ✓ 기름오염방지설비는 선박에서의 해양오염방지를 위한 설비이다.

25. 해양환경관리법상 기름오염방제에 대한 설명으로 옳지 않은 것은?

가. 자재와 약제는 형식승인, 검정 및 인정을 받아야 한다.
나. 방제 자재 및 약제의 비치 방법은 선박소유자가 정한다.
사. 선박소유자와 선장은 방제조치의 의무가 있다.
아. 선박소유자와 선장은 정부의 명령에 따라서 방제조치를 취해야 한다.

> ✓ 비치·보관하여야 하는 자재 및 약제의 종류·수량·비치방법과 보관시설의 기준 등에 필요한 사항은 해양수산부령으로 정한다.

소형선박조종사 [3회 -항해]

01. 자기 컴퍼스에서 컴퍼스 주변에 있는 자기의 수평력을 조정하기 위하여 부착되는 것은?

가. 경사제
나. 플린더스 바
사. 상한차 수정구
아. 경선차 수정자석

02. 자북이 진북의 왼쪽에 있을 때의 오차는?

가. 편서 편차
나. 편동 자차
사. 편동 편차
아. 편서 자차

03. 자차에 대한 설명으로 옳은 것은?

가. 선수 방향에 따라 자차가 다르다.
나. 선수가 180°일 때 자차가 최대가 된다.
사. 선수가 360°일 때 자차가 최대가 된다.
아. 선수가 090°또는 270°일 때 자차가 최소가 된다.

04. 자기 컴퍼스에서 선박의 동요로 비너클이 기울어져도 볼을 항상 수평으로 유지하기 위한 것은?

가. 자침
나. 피벗
사. 짐벌즈
아. 윗방 연결관

05. 음향 측심기에서 1분당 100번 측심하고 선박의 속력이 10노트라면, 연속한 두 측심지점의 거리는?

가. 약 1m
나. 약 2m
사. 약 3m
아. 약 5m

06. 전자식 선속계가 표시하는 속력은?

가. 대수속력
나. 대지속력
사. 대공속력
아. 각가속도

07. 용어에 대한 설명으로 옳지 않은 것은?

가. 지구의 자전축을 지축이라 한다.
나. 자오선은 대권이며, 적도와 직교한다.
사. 적도와 직교하는 소권을 거등권이라고 한다.
아. 어느 지점을 지나는 거등권과 적도 사이의 자오선상의 호의 길이를 위도라고 한다.

08. 그림에서 빗금 친 영역에 있는 선박이나 물체는 본선 레이더 화면에 어떻게 나타나는가?

가. 나타나지 않는다.
나. 희미하게 나타난다.
사. 선명하게 나타난다.
아. 거짓상이 나타난다.

09. ( )에 순서대로 적합한 것은?

"우리나라는 동경 ( )를 표준 자오선으로 정하고 이를 기준으로 정한 평시를 사용하므로 세계시를 기준으로 9시간 ( )."

가. 120°, 빠르다.
나. 120°, 느리다.
사. 135°, 빠르다.
아. 135°, 느리다.

10. 야간표지에 사용되는 등화의 등질이 아닌 것은?

가. 부동등
나. 명암등
사. 섬광등
아. 교차등

11. 해도상 두 지점 간의 거리를 잴 때 기준 눈금은?

가. 위도의 눈금
나. 경도의 눈금
사. 나침도의 눈금
아. 거등권상의 눈금

12. 점장도에 대한 설명으로 옳지 않은 것은?

가. 항정선이 직선으로 표시된다.
나. 경위도에 의한 위치표시는 직교좌표이다.
사. 두 지점 간 방위는 두 지점의 연결선과 거등 권과의 교각이다.
아. 두 지점 간 거리를 잴 수 있다

13. 항만, 정박지, 좁은 수로 등의 좁은 구역을 상세히 그린 해도는?

가. 항양도
나. 항해도
사. 해안도
아. 항박도

14. 조석에 따라 수면 위로 보였다가 수면 아래로 잠겼다가 하는 바위는?

가. 세암
나. 암암
사. 간출암
아. 노출암

15. 해도상 등부표에 표시된 'Fl(2). R. 2s. 20M'에 대한 설명으로 옳지 않은 것은?

가. 군섬광등이다.
나. 주기는 2분이다.
사. 등색은 적색이다.
아. 광달거리는 20해리이다.

16. 홍색선과 백색선이 세로로 표시되어 있으며 상부에 적색의 구형 형상물 1개를 표시하는 항로표지는?

가. 방위표지
나. 특수표지
사. 고립장해표지
아. 안전수역표지

17. 등광의 색깔이 바뀌지 않고 서로 다른 지역을 다른 색상으로 비추는 등화는?

가. 부동등
나. 섬광등
사. 분호등
아. 호광등

18. 좁은 수로의 항로를 표시하기 위하여 항로의 연장선 위에 앞뒤로 2개 이상의 표지를 설치하여 선박을 인도하는 주간표지는?

가. 도표 나. 부표 사. 육표 아. 입표

19. 음향표지에 대한 설명으로 옳지 않은 것은?

가. 현재는 거의 대부분 공중음 신호만 이용되고 있다.
나. 대개는 항로표지와 따로 설치하는 것이 일반적이다.
사. 음향표지에서 나오는 음향신호는 무중신호라고도 한다.
아. 시계 제한 시 위치를 알리거나 경고할 목적으로 설치한 표지이다.

20. 선박의 레이더 영상에 송신국의 방향이 휘선으로 나타나도록 전파를 발사하는 것으로 표지국의 방향을 쉽게 알 수 있어 편리한 전파표지는?

가. 레이콘(Racon)
나. 레이마크(Raymark)
사. 유도 비컨(Course Beacon)
아. 레이더반사기(Radar Reflector)

21. 강수의 종류에 포함되지 않는 것은?

가. 비 나. 눈 사. 우박 아. 황사

22. 기상도의 좌측 상단 또는 우측 하단에 'ASAS'라고 기재되어 있는 기상도는?

가. 아시아지역 지상해석 기상도
나. 아시아지역 지상예상 기상도
사. 아프리카지역 지상해석 기상도
아. 아프리카지역 지상예상 기상도

23. 우리나라의 일기도 중 항로 파고, 지역 파

고를 알 수 있는 가상도는?

가. 지상 일기도 나. 지역 예상도
사. 해양 예상도 아. 고층 일기도

24. 연안 항로 선정에 관한 설명으로 옳지 않은 것은?

가. 연안에서 뚜렷한 물표가 없는 해안을 항해하는 경우 해안선과 평행한 항로를 선정하는 것이 좋다.
나. 항로지, 해도 등에 추천 항로가 설정되어 있으면, 특별한 이유가 없는 한 그 항로를 따르는 것이 좋다.
사. 복잡한 해역이나 위험물이 많은 연안을 항해할 경우에는 최단항로를 항해하는 것이 좋다.
아. 야간의 경우 조류나 바람이 심할 때는 해안선과 평행한 항로보다 바다 쪽으로 벗어난 항로를 선정하는 것이 좋다.

25. 45해리 되는 두 지점 사이를 대지속력 10노트로 항해할 때 걸리는 시간은?

가. 3시간 나. 3시간 30분
사. 4시간 아. 4시간 30분

소형선박조종사 [3회 -운용]

01. 여객이나 화물을 운송하기 위하여 쓰이는 실제의 용적을 나타내는 톤수는?

가. 총톤수 나. 순톤수
사. 배수 톤수 아. 재화 중량 톤수

02. 아래 그림에서 ㉠은?

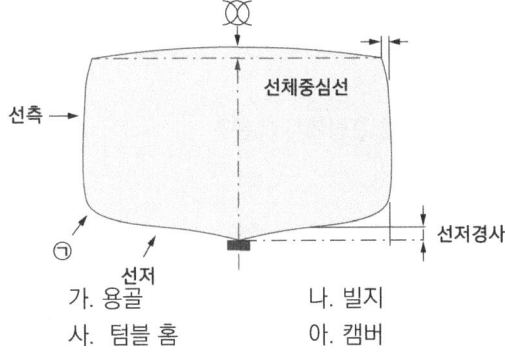

가. 용골 나. 빌지
사. 텀블 홈 아. 캠버

03. 상갑판 위의 양 끝에서 상부에 고정시킨 강판으로 현측 후판 상부에 연결되며, 갑판 상에 올라오는 파랑의 침입을 막고 갑판 위의 물체가 추락하는 것을 방지하는 것은?

가. 거더 나. 격벽
사. 코퍼댐 아. 불워크

04. 아래 그림에서 ㉠은?

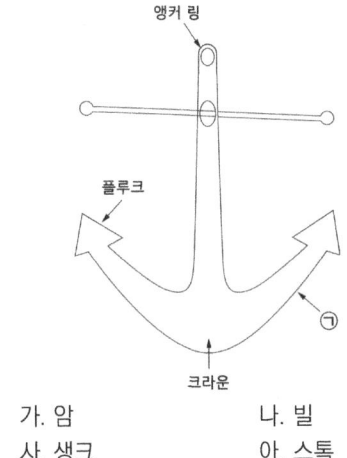

가. 암 나. 빌
사. 생크 아. 스톡

05. 키에 대한 설명으로 옳지 않은 것은?

가. 타주의 후부 또는 타두재에 설치되어 있다.
나. 항주 중에 저항이 커야 한다.

사. 보침성과 선회성이 좋아야 한다.
아. 수류의 저항과 파도의 충격에 강력해야 한다.

06. 아래 그림에서 ㉠은?

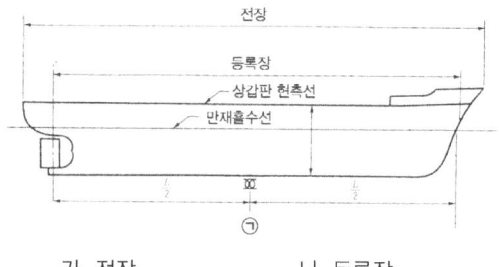

가. 전장
나. 등록장
사. 수선장
아. 수선 간장

07. 아래 그림에서 ①은?

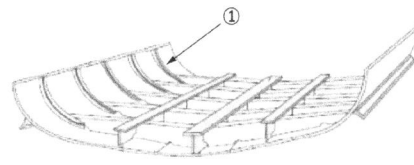

가. 늑판
나. 늑골
사. 평판용골
아. 선저 외판

08. 팽창식 구명뗏목에 대한 설명으로 옳지 않은 것은?

가. 모든 해상에서 30일 동안 떠 있어도 견딜 수 있도록 제작되어야 한다.
나. 선박이 침몰할 때 자동으로 이탈되어 조난자가 탈 수 있다.
사. 구명정에 비해 항해 능력은 떨어지지만 손쉽게 강하할 수 있다.
아. 수압 이탈 장치의 작동 수심기준은 수면 아래 10m이다.

09. 손잡이를 잡고 불을 붙이면 붉은색의 불꽃을 1분 이상 내며, 10cm 깊이의 물속에 10초 동안 잠긴 후에도 계속 타는 조난신호 장치는?

가. 신호 홍염
나. 자기 점화등
사. 자기 발연 신호
아. 로켓 낙하산 신호

10. 생존정 상호 간, 생존정과 선박 간 및 선박과 구조정 간의 통신에 사용되는 통신장치는?

가. 위성전화
나. 협대역 인쇄전신
사. 양방향 무선전화
아. 디지털 선택 호출장치

11. 아래 그림의 구명설비는?

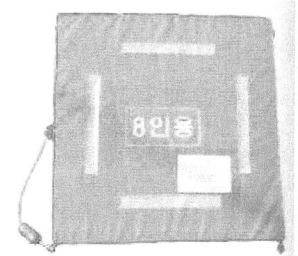

가. 구명동의
나. 구명부환
사. 구명부기
아. 구명뗏목

12. 본선 선명은 '동해호'이다. 상대 선박 '서해호'로부터 호출을 받았을 때 응답하는 절차로 옳은 것은?

가. 동해호, 여기는, 서해호, 감도 양호합니다.
나. 동해호, 여기는, 서해호, 조도 양호합니다.
사. 서해호. 여기는, 동해호, 감도 양호합니다.
아. 서해호, 여기는, 동해호, 조도 양호 합니다.

13. 호출 및 응답을 위한 초단파무선설비(VHF)의 채널은?
  가. 채널 01
  나. 채널 11
  사. 채널 06
  아. 채널 16

14. 선박이 침몰할 경우 자동으로 조난신호를 발신할 수 있는 무선설비는?
  가. 레이더(RADAR)
  나. 내비텍스(NAVTEX)
  사. 초단파무선설비(VHF)
  아. 비상위치지시용 무선표지설비(EPIRB)

15. 천수효과(Shallow Water Effect)에 대한 설명으로 옳지 않은 것은?
  가. 선회성이 좋아진다.
  나. 트림의 변화가 생긴다.
  사. 선박의 속력이 감소한다.
  아. 선체 침하 현상이 생긴다.

16. 선박 조종에 영향을 주는 요소가 아닌 것은?
  가. 바람
  나. 파도
  사. 조류
  아. 기온

17. 항해 중 사람이 선외로 추락한 경우 즉시 취해야 하는 조치로서 옳지 않은 것은?
  가. 선외로 추락한 사람을 발견한 사람은 익수자에게 구명부환을 던져주어야 한다.
  나. 선외로 추락한 사람이 시야에서 벗어나지 않도록 계속 주시한다.
  사. 익수자가 발생한 반대 현측으로 벗어나지 않도록 계속 주시한다.
  아. 인명구조 조선법을 이용하여 익수자 위치로 되돌아간다.

18. ( )에 적합한 것은?

"선회우력은 양력과 선체의 ( )에서 타의 작용 중심까지의 거리를 곱한 것이 된다."
  가. 부력의 중심
  나. 경사의 중심
  사. 무게의 중심
  아. 기하학적인 중심

19. 선박이 항진 중에 타각을 주었을 때, 수류에 의하여 타에 작용하는 힘 중에서 방향이 선체 후방인 분력은?
  가. 양력
  나. 항력
  사. 마찰력
  아. 직압력

20. 선박이 항주할 때 받는 저항으로 수면 위의 선체 및 갑판 상부의 구조물이 공기의 흐름과 부딪쳐서 생기는 저항은?
  가. 마찰 저항
  나. 공기 저항
  사. 조파 저항
  아. 조와 저항

21. 물의 점성에 의한 부착력이 선체에 작용하여, 선박이 진행하는 것을 방해하는 저항은?
  가. 마찰 저항
  나. 공기 저항
  사. 조파 저항
  아. 조와 저항

22. 황천항해에 대비하여 갑판상 배수구를 청소하는 목적은?
  가. 복원력 감소 방지
  나. 선박의 트림 조정
  사. 선박의 선회성 증대
  아. 프로펠러 공회전 방지

23. 황천항해에 대비하여 선박에 화물을 실을 때 주의사항으로 옳은 것은?
  가. 선체의 중앙부에 화물을 많이 싣는다.
  나. 선수부에 화물을 많이 싣는 것이 좋다.
  사. 상갑판보다 높은 위치에 최대한으로 많은 화물을 싣는다.

아. 화물의 무게분포가 한 곳에 집중되지 않도록 한다.

24. 선박에 게양된 국제기류신호 'H(에이치)' 기의 의미는?

가. 나는 잠수부를 내렸다.
나. 나는 위험물을 하역 중 또는 운송 중이다.
사. 나는 도선사를 요구한다.
아. 도선사가 본선에 승선 중이다.

25. 화재사고 발생의 직접적인 원인이 아닌 것은?

가. 절연상태 불량
나. 조타기 고장
사. 인화성 물질 관리 소홀
아. 전선 단락

소형선박조종사 [3회 -기관]

01. 4행정 사이클 내연기관의 흡·배기 밸브에서 밸브겹침을 두는 주된 이유는?

가. 윤활유의 소비량을 줄이기 위해서
나. 흡기온도와 배기온도를 낮추기 위해서
사. 기관의 진동을 줄이고 원활하게 회전시키기 위해서
아. 흡기 작용과 배기 작용을 돕고 밸브와 연소실을 냉각시키기 위해서

02. 디젤기관의 연료유관 계통에서 프라이밍이 완료된 상태는 어떻게 판단하는가?

가. 연료유의 불순물만 나올 때
나. 공기만 나올 때
사. 연료유만 나올 때
아. 연료유와 공기의 거품이 함께 나올 때

03. 디젤기관의 피스톤 링 재료로 흑연 성분이 함유된 주철이 많이 사용되는 주된 이유는?

가. 기관의 출력을 증가시켜 주기 때문에
나. 연료유의 소모량을 줄여 주기 때문에
사. 고온에서 탄력을 증가시켜 주기 때문에
아. 윤활유의 유막 형성을 좋게 하기 때문에

04. 디젤기관에서 디젤노크를 방지하기 위한 방법으로 옳지 않은 것은?

가. 착화지연을 길게 한다.
나. 냉각수 온도를 높게 유지한다.
사. 착화성이 높은 연료유를 사용한다.
아. 연소실 내 공기의 와류를 크게 한다.

05. 디젤기관의 시동 방법이 아닌 것은?

가. 수동 시동   나. 전기 시동
사. 열 시동   아. 압축공기 시동

06. 4행정 사이클 디젤기관에서 압축 행정에 대한 설명으로 옳은 것은?

가. 흡기 밸브가 열리고 배기 밸브가 닫히면 압축 행정을 시작한다.
나. 흡기 밸브가 닫히고 배기 밸브가 열리면 압축 행정을 시작한다.
사. 흡기 밸브와 배기 밸브가 모두 열리면 압축 행정을 시작한다.
아. 흡기 밸브와 배기 밸브가 모두 닫히면 압축 행정을 시작한다.

07. 내연기관에서 윤활유의 열화 원인이 아닌 것은?

가. 물의 혼입
나. 연소생성물의 혼입
사. 새로운 윤활유의 혼입
아. 공기 중의 산소에 의한 산화

08. 스크루 프로펠러의 회전속도가 어느 한도를 넘으면 프로펠러 날개의 배면에 기포가 발생하여 날개에 침식이 발생하는 현상은?

가. 노킹현상 나. 수격 현상
사. 공동현상 아. 서징현상

09. 내연기관에서 발생한 동력을 축계에 전달하거나 차단시키는 장치는?

가. 클러치 나. 추진축
사. 조속기 아. 차단기

10. ( )에 알맞은 것은?

"선박이 일정시간 항해 시 필요한 연료 소비량은 속도의 ( )에 비례한다."

가. 제곱 나. 세제곱
사. 제곱근 아, 세제곱근

11. 디젤기관 시동용 압축 공기의 최고압력은?

가. 10(kgf/㎠) 나. 20(kgf/㎠)
사. 30(kgf/㎠) 아, 40[kgf/㎠]

12. 디젤기관의 실린더 라이너가 마멸된 경우에 나타나는 현상으로 옳은 것은?

가. 실린더 내 압축 공기가 누설된다.
나. 피스톤에 작용하는 압력이 증가한다.
사. 최고 폭발압력이 상승한다.
아. 간접 역전장치의 사용이 곤란하게 된다.

13. 내연기관의 연료유가 갖추어야 할 조건으로 옳지 않은 것은?

가. 발열량이 클 것
나. 유황분이 적을 것
사. 물이 함유되어 있지 않을 것
아. 점도가 높을 것

14. 디젤기관에서 피스톤 핀으로 서로 연결되는 부품은?

가. 피스톤과 크랭크 암
나. 피스톤과 연접봉의 소단부
사. 피스톤과 크랭크 핀
아. 피스톤과 연접봉의 대단부

15. 변압기의 역할로 옳은 것은?

가. 전압을 증감시킨다.
나. 주파수를 증감시킨다.
사. 저항을 증감시킨다.
아. 전력을 증감시킨다.

16. 선체를 부두의 안벽에 붙이기 위해 계선줄을 감는 장치는?

가. 양묘장치 나. 하역장치
사. 조타장치 아. 무어링 윈치

17. 원심펌프의 운전 중에 점검해야 할 사항이 아닌 것은?

가. 베어링부에 열이 많이 나는지를 점검한다.
나. 전동기의 절연저항을 점검한다.
사. 진동이 심한지를 점검한다.
아. 압력계의 지시치를 점검한다.

18. 공기실을 설치하는 펌프와 그 위치가 옳은 것은?

가. 왕복펌프, 흡입관측
나. 왕복펌프, 송출관측
사. 원심펌프, 흡입관측
아. 원심펌프, 송출관측

19. 유도 전동기의 기동반에 설치되지 않는 것은?

가. 전류계 나. 운전표시등
사. 역률계 아. 기동 스위치

20. 2[V] 단전지 6개를 연결하여 12[V]가 되게 하려면 어떻게 연결해야 하는가?

가. 2[V] 단전지 6개를 병렬 연결한다.
나. 2[V] 단전지 6개를 직렬 연결한다.
사. 2[V] 단전지 3개를 병렬 연결하여 나머지 3개와 직렬 연결한다.
아. 2[V] 단전지 2개를 병렬 연결하여 나머지 4개와 직렬 연결한다.

21. 항해 중 디젤 주기관이 비상정지되는 경우는?

가. 냉각수 압력이 너무 높을 때
나. 연료유 압력이 너무 높을 때
사. 윤활유 압력이 너무 낮을 때
아. 냉각수 온도가 너무 낮을 때

22. 소형 디젤기관에서 시동이 걸리지 않는 경우의 원인으로 옳지 않은 것은?

가. 시동용 배터리가 완전 방전된 경우
나. 연료유가 공급되지 않는 경우
사. 냉각수의 온도가 낮은 경우
아. 배기 밸브가 심하게 누설되는 경우

23. 소형 디젤기관 분해작업 시 피스톤을 들어올리기 전에 행하는 작업이 아닌 것은?

가. 작업에 필요한 공구들을 준비한다.
나. 실린더 헤드를 들어 올린다.
사. 냉각수의 드레인을 배출시킨다.
아. 피스톤과 커넥팅 로드를 분리시킨다.

24. 동일한 운전조건에서 연료유의 질이 나쁜 경우 디젤 주기관에 나타나는 증상으로 옳은 것은?

가. 배기온도가 내려가고 내기색이 검어진다.
나. 배기온도가 내려가고 배기색이 밝아진다.
사. 배기온도가 올라가고 배기색이 밝아진다.
아. 배기온도가 올라가고 배기색이 검어진다.

25. 연료유 수급 시 주의사항으로 옳지 않은 것은?

가. 연료유 수급 중 선박의 흘수 변화에 주의한다.
나. 수급 초기에는 압력을 최대로 높여서 수급한다.
사. 주기적으로 측심하여 수급량을 계산한다.
아. 주기적으로 누유되는 곳이 있는지를 점검한다.

소형선박조종사 [3회 -법규]

01. 해사안전법상 야간에 조종성능을 제한하는 장어통발 어구를 해수 중에 투입하여 어로작업을 하는 선박이 표시해야 할 등화는?

가. 수직선상 위쪽에는 붉은색, 아래쪽에는 흰색 전주등 각 1개
나. 수직선상 위쪽에는 녹색, 아래쪽에는 흰색 전주등 각 개
사. 수직선상 위쪽에는 붉은색, 아래쪽에는 녹색 전주등 각 1개
아. 수직선상 흰색 전주등 2개

02. 해사안전법상 '거대선'의 정의는?

가. 길이 100m 이상인 선박
나. 길이 200m 이상인 선박
사. 총톤수 100,000톤 이상인 선박
아. 총톤수 200,000톤 이상인 선박

03. 해사안전법상 항행 중 기관 고장으로 조종을 할 수 없게 되었을 때의 표시 등화는?

가. 선수부에 홍색 전주등 1개
나. 선미부에 홍색 전주등 1개
사. 가장 잘 보이는 곳에 수직으로 홍색 전주등 2개
아. 가장 잘 보이는 곳에 수직으로 홍색 전주등 3개

04. 해사안전법상 서로 시계 안에 있는 2척의 동력선이 마주치는 상태로 충돌의 위험이 있을 때의 항법으로 옳은 것은?

가. 큰 배가 작은 배를 피한다.
나. 작은 배가 큰 배를 피한다.
사. 서로 좌현 변침하여 피한다.
아. 서로 우현 변침하여 피한다.

05. 해사안전법상 항행 중인 상태는?

가. 정박
나. 얹혀있는 상태
사. 고장으로 표류하고 있는 상태
아. 항만의 안벽 등 계류시설에 매어 놓은 상태

06. 해사안전법상 '선미등'의 수평 사광범위와 등색은?

가. 135°-붉은색
나. 225°-붉은색
사. 135°-흰색
아. 225°-흰색

07. 해사안전법상 해양사고가 발생한 경우의 조치사항으로 옳은 것은?

가. 좌초 시 즉시 기관을 사용하여 이초한다.
나. 충돌 시 즉시 기관을 후진 시켜 두 선박을 분리한다.
사. 무선통신으로 인근 선박에 알린 후 즉시 퇴선한다.
아. 신속하게 필요한 조치를 취하고 해양경찰서장이나 지방해양수산청장에게 신고한다.

08. 해사안전법상 2척의 항행 중인 동력선이 서로 시계 안에 있을 때 횡단하는 상태에서 피항선은?

가. 자선의 우현 방향에 있는 다른 선박의 우현을 보는 선박
나. 자선의 우현 방향에 있는 다른 선박의 좌현을 보는 선박
사. 다른 선박의 선수만을 보는 선박
아. 다른 선박의 선미만을 보는 선박

09. ( )에 순서대로 적합한 것은?

"해사안전법상 좁은 수로의 굽은 부분에 접근하는 선박은 ( )의 기적신호를 울리고 그 기적신호를 들은 선박은 ( )의 기적신호를 울려 이에 응답하여야 한다."

가. 단음 1회, 단음 2회
나. 장음 1회, 단음 2회
사. 단음 1회, 단음 1회
아. 장음 1회, 장음 1회

10. 해사안전법상 충돌을 피하기 위한 동작으로 옳지 않은 것은?

가. 적극적으로 하여야 한다.
나. 충분한 시간적 여유를 두고 하여야 한다.
사. 선박을 적절하게 운용하는 관행에 따라야 한다.
아. 침로나 속력을 소폭으로 연속적으로 변경하여야 한다.

11. 해사안전법상 360°에 걸치는 수평의 호를 비추는 등화는?

가. 현등
나. 전주등
사. 선미등
아. 마스트등

12. 해사안전법상 '두 선박이 서로 시계 안에 있다'의 의미는?

가. 다른 선박을 눈으로 볼 수 있는 상태이다.
나. 양쪽 선박에서 음파를 감지할 수 있는 상태이다.
사. 초단파무선전화(VHF)로 통화할 수 있는 상태이다.
아. 레이더를 이용하여 선박을 확인할 수 있는 상태이다.

13. 해사안전법상 선박의 물에 대한 속력으로서 자기 선박 또는 다른 선박의 추진장치의 작용이나 그로 인한 선박의 타력에 의하여 생기는 것은?

가. 평균속력 나. 최저속력
사. 대지속력 아. 대수속력

14. 해사안전법상 항행 중인 동력선이 대수속력이 있는 경우 안개로 시계가 제한되었을 때 울리는 신호는?

가. 장음 1회 단음 3회
나. 단음 1회 장음 1회 단음 1회
사. 2분을 넘지 않는 간격으로 장음 1회
아. 2분을 넘지 않는 간격으로 장음 2회

15. 해사안전법상 '술에 취한 상태'를 판별하는 기준은?

가. 체온
나. 걸음걸이
사. 혈중알코올농도
아. 실제 섭취한 알코올 양

16. 선박의 입항 및 출항 등에 관한 법률상 선박이 자정·고시된 정박지가 아닌 곳에 정박할 수 있는 경우가 아닌 것은?

가. 선박을 부두에 빨리 접안시키기 위한 경우
나. 해양오염 확산을 방지하기 위한 경우
사. 선박이 고장으로 조종할 수 없는 경우
아. 급박한 위험이 있는 선박을 구조하는 경우

17. 선박의 입항 및 출항 등에 관한 법률상 항로에서의 항법에 대한 설명으로 옳은 것을 모두 고른 것은?

> ① 항로에서 다른 선박과 나란히 항행할 수 있다.
> ② 항로에서 다른 선박과 마주칠 경우에는 오른쪽으로 항행하여야 한다.
> ③ 항로에서는 언제든지 다른 선박을 추월할 수 있다.
> ④ 항로 밖에서 항로에 들어오는 선박은 항로를 항행하는 다른 선박의 진로를 피하여 항행하여야 한다.

가. ①, ③ 나. ②, ④
사. ②, ③ 아. ①, ②, ④

18. 선박의 입항 및 출항 등에 관한 법률상 무역항의 수상구역등에서 선박을 예인하고자 할 때 한꺼번에 몇 척 이상의 피예인선을 끌지 못하는가?

가. 1척 나. 2척 사. 3척 아. 4척

19. 선박의 입항 및 출항 등에 관한 법률상 무역항의 수상구역등에서 출입하는 경우에 항로를 따라 항행하지 않아도 되는 선박은?

가. 우선피항선
나. 총톤수 20톤 이상의 병원선
사. 총톤수 20톤 이상의 여객선
아. 총톤수 20톤 이상의 실습선

20. 선박의 입항 및 출항 등에 관한 법률상 선박이 해상에서 닻을 바다 밑바닥에 내려놓고 운항을 멈추는 것은?

가. 계선 나. 정박 사. 정류 아. 정지

21. 선박의 입항 및 출항 등에 관한 법률상 무역항의 수상구역등이나 무역항의 수상구역 부근에서 선박의 속력 제한에 대한 설명으로 옳은 것은?

가. 범선은 돛의 수를 늘려서 항행한다.
나. 화물선은 최고속력으로 항행해야 한다.
사. 고속여객선은 최저 속력으로 항행해야 한다.
아. 다른 선박에 위험을 주지 않을 정도의 속력으로 항행해야 한다.

22. 선박의 입항 및 출항 등에 관한 법률상 총톤수 5톤인 내항선이 무역항의 수상구역등을 출입할 때, 출입 신고에 대한 설명으로 옳은 것은?

가. 내항선이므로 출입 신고를 하지 않아도 된다.
나. 무역항의 수상구역등의 안으로 입항하는 경우 통상적으로 입항하기 전에 입항 신고를 하여야 한다.
사. 무역항의 수상구역등의 밖으로 출항하는 경우 통상적으로 출항 직후 즉시 출항 신고를 하여야 한다.
아. 입항과 출항신고는 동시에 할 수 없다.

23. 해양환경관리법상 선박의 밑바닥에 고인 액상유성혼합물은?

가. 윤활유 나. 선저폐수
사. 선저유류 아. 선저세정수

24. 해양환경관리법상 대기오염물질이 아닌 것은?

가. 오존층파괴물질 나. 질소산화물
사. 유기주석 아. 황산화물

25. 해양환경관리법상 해양오염방지를 위한 선박검사의 종류가 아닌 것은?

가. 정기검사 나. 중간검사
사. 특별검사 아. 임시검사

소형선박조종사 [4회 -항해]

01. 선체가 수평일 때에는 자차가 없더라도 선체가 기울어지면 다시 자차가 생기는 수가 있는데 이때 생기는 자차는?
  가. 기차　　　　　나. 편차
  사. 경선차　　　　아. 컴퍼스 오차

02. 다음 중 물표까지의 거리를 직접 측정할 수 있는 계기는?
  가. 자기 컴퍼스　　나. 방위환
  사. 선속계　　　　아. 레이더

03. 자동 조타장치에서 선박이 설정 침로에서 벗어날 때 그 침로를 되돌리기 위하여 사용하는 타는?
  가. 복원타　　　　나. 제동타
  사. 수동타　　　　아. 평형타

04. ( )에 적합한 것은?
  "항주하는 선박에서 그 속력과 ( )을/를 측정하는 계기를 선속계라 한다."
  가. 수심　　　　　나. 높이
  사. 방위　　　　　아. 항행거리

05. 자이로컴퍼스에서 선체의 동요, 충격 등의 영향이 거의 전달되지 않도록 짐벌구조로 되어 있고, 그 자체는 비너클에 연결되어 있는 부분은?
  가. 주동부　　　　나. 추종부
  사. 지지부　　　　아. 전원부

06. 천문항법으로 위치선을 구하거나, 무선통신에 의해 항행에 유익한 정보를 얻기 위하여 시각을 확인하는 계기는?
  가. 육분의　　　　나. 시진의
  사. 경사계　　　　아. 짐벌즈

07. 교차방위법의 위치선 작도방법과 주의사항으로 옳지 않은 것은?
  가. 방위 측정은 신속, 정확해야 한다.
  나. 방위 변화가 늦은 물표부터 빠른 물표순으로 측정한다.
  사. 선수미방향의 물표보다 정횡방향의 물표를 먼저 측정한다.
  아. 해도에 위치선을 기입한 뒤에는 관측시간을 같이 기입해 두어야 한다.

08. 다음 중 위치선을 해도에 작도할 때 오차삼각형이 생기는 경우가 아닌 것은?
  가. 자차나 편차가 없을 경우
  나. 방위측정이 부정확할 경우
  사. 해도상 물표의 위치가 부정확할 경우
  아. 방위측정 사이에 시간차가 많을 경우

09. 용어에 대한 설명으로 옳은 것은?
  가. 전위선은 추측위치와 추정위치의 교점이다.
  나. 중시선은 두 물표의 교각이 90도일 때의 직선이다.
  사. 추측위치란 선박의 침로, 속력 및 풍압차를 고려하여 예상한 위치이다.
  아. 위치선은 관측을 실시한 시점에 선박이 그 자취 위에 있다고 생각되는 특정한 선을 말한다.

10. ( )에 순서대로 적합한 것은?
  "우리나라는 동경 ( )를 표준 자오선으로 정하고 이를 기준으로 정한 평시를 사용하므로 세계시를 기준으로 9시간 ( )."
  가. 120°, 빠르다.　　나. 120°, 느리다.

사. 135°, 빠르다.   아. 135。, 느리다.

11. 해도의 관리에 대한 사항으로 옳지 않은 것은?
가. 해도를 서랍에 넣을 때는 구겨지지 않도록 주의한다.
나. 해도는 발행 기관별 번호 순서로 정리하고, 항해 중에는 사용할 것과 사용한 것을 분리하여 정리하면 편리하다.
사. 해도를 운반할 때는 구겨지지 않게 반드시 펴서 다닌다.
아. 해도에 사용하는 연필은 2B나 4B연필을 사용한다.

12. 해도상에서 개략적인 위치를 나타내는 해도도식은?
가. cov   나. uncov
사. Rep   아. PA

13. 항만 내의 좁은 구역을 상세하게 표시하는 대축척 해도는?
가. 총도   나. 항양도
사. 항해도   아. 항박도

14. 해도 상에 표시된 저질의 기호에 대한 의미로 옳지 않은 것은?
가. S-자갈   나. M-뻘
사. R-바위   아. Co-산호

15. 해도상에 표기되어 있는 ✚ 은?
가. 노출암
나. 항해에 위험한 암암
사. 난파물
아. 항해에 위험한 세암

16. 해도의 여러 곳에 표시되어 있는 것으로 방위를 읽을 수 있고, 편차가 표시되어 있는 해도도식은?
가. 경계도   나. 항해도
사. 나침도   아. 편차도

17. 다음 중 해도에 표시되는 높이나 깊이의 기준이 다른 것은?
가. 수심   나. 등대
사. 간출암   아. 세암

18. 다음 중 항로지에 대한 설명으로 옳지 않은 것은?
가. 해도에 표현할 수 없는 사항을 설명하는 안내서이다.
나. 항로의 상황, 연안의 지형, 항만의 시설등이 기재되어 있다.
사. 국립해양조사원에서는 외국 항만에 대한 항로지는 발행하지 않는다.
아. 항로지는 총기, 연안기, 항만기로 크게 3편으로 나누어 기술되어 있다.

19. 항로, 암초, 항행금지구역 등을 표시하는 지점에 고정으로 설치하여 선박의 좌초를 예방하고 항로의 안내를 위해 설치하는 야간표지는?
가. 등대   나. 등선   사. 등주   아. 등표

20. 등대의 개축 공사 중에 임시로 가설하는 등은?
가. 도등   나. 가등
사. 임시등   아. 조사등

21. 섭씨온도 0도는 화씨온도로 약 몇 도인가?

가. 0도　　나. 5도　　사. 10도　　아. 32도

22. 일기도의 날씨 기호중 '≡'가 의미하는 것은?

가. 눈　　나. 비　　사. 안개　　아. 우박

23. 태풍 중심 위치에 대한 기호의 의미를 연결한 것으로 옳지 않은 것은?

가. PSN GOOD : 위치는 정확
나. PSN FAIR : 위치는 거의 정확
사. PSN POOR : 위치는 아주 정확
아. PSN SUSPECTED : 위치에 의문이 있음

24. 통항계획의 수립에 관한 설명으로 옳지 않은 것은?

가. 통항계획은 항만간 한 선석에서 다른 선석까지에 대한 계획을 수립한다.
나. 통항계획은 항해 중 변경되어서는 안 된다.
사. 통항계획 수립의 목적은 안전 확보와 최적의 항로를 설정하는 것에 있다.
아. 통항계획에는 도선구역도 포함되어야 한다.

25. 다음 중 항해계획 수립에 반드시 필요하지 않는 것은?

가. 수로서지　　나. 자신의 경험
사. 해도　　　아. 자기 컴퍼스

소형선박조종사 [4회 -운용]

01. 선박안전법에 의하여 선체 및 기관, 설비 및 속구, 만재흘수선, 무선설비 등에 대하여 5년마다 실행하는 정밀검사는?

가. 임시검사　　나. 중간검사
사. 특수선검사　아. 정기검사

02. 충분한 건현을 유지해야 하는 가장 큰 이유는?

가. 선속을 빠르게 하기 위해서
나. 선박의 부력을 줄이기 위해서
사. 예비 부력을 확보하기 위해서
아. 화물의 적재를 쉽게 하기 위해서

03. 선체의 최하부 중심선에 있는 종강력재로, 선체의 중심선을 따라 선수재에서 선미재까지의 조앙향 힘을 구성하는 부분은?

가. 보　　　　나. 늑골
사. 용골　　　아. 브래킷

04. 각 흘수선상의 물에 잠긴 선체의 선수재 전면에서는 선미 후단까지의 수평거리는?

가. 전장　　　나. 등록장
사. 수선장　　아. 수선간장

05. 선저판, 외판, 갑판 등에 둘러싸여 화물적재에 이용되는 공간은?

가. 격벽　　　나. 선창
사. 코퍼댐　　아. 밸러스트 탱크

06. 조타장치 취급 시 주의사항으로 옳지 않는 것은?

가. 조타기에 과부하가 걸리는지 점검한다.
나. 작동부에 그리스가 들어가지 않도록 점검한다.
사. 유압 계통은 유량이 적정한지 점검한다.
아. 작동중 이상한 소음이 발생하는지 점검한다.

07. 다음 중 페인트를 칠하는 용구는?

가. 스크레이퍼　나. 스프레이 건
사. 철솔　　　　아. 그리스 건

08. 다음 중 조난신호가 아닌 것은?
- 가. 약 1분간을 넘지 아니하는 간격을 총포신호
- 나. 발연부 신호
- 사. 로켓 낙하산 화염 신호
- 아. 지피에스 신호

09. 해상이동업무식별부호(MMSI)에 대한 설명으로 옳은 것은?
- 가. 5자리 숫자로 구성된다.
- 나. 9자리 숫자로 구성된다.
- 사. 국제항해 선박에만 사용된다.
- 아. 국내항해 선박에만 사용된다.

10. 생존자의 위치식별을 돕기 위한 구명설비로서 9GHz 레이더의 펄스 신호를 수신하면 응답신호전파를 발사하여 수색팀에게 생존자의 위치를 알림과 동시에 가청 경보음을 울려서 생존자에게 수색구조선의 접근을 알리는 장비는?
- 가. Beacon
- 나. EPIRB
- 사. SART
- 아. 2-way VHF 무선전화

11. 다음 그림과 같이 표시되는 장치는?

- 가. 구명줄 발사기
- 나. 로켓 낙하산 화염 신호
- 사. 신호홍염
- 아. 발연부신호

12. 조난자를 해상에서 안전하게 뜰 수 있도록 도와주고 저체온 현상으로 인한 익사를 방지하는 개인 생존장비가 아닌 것은?
- 가. 방수복
- 나. 구명조끼
- 사. 보온복
- 아. 신호홍염

13. 우리나라 연해구역을 항해하는 총톤수 10톤인 소형선박에 반드시 설치해야 하는 무선통신 설비는?
- 가. 초단파무선설비(VHF) 및 ERIRB
- 나. 중단파무선설비(MF/HF) 및 ERIRB
- 사. 초단파무선설비(VHF) 및 SART
- 아. 중단파무선설비(MF/HF) 및 SART

14. 초단파무선설비(VHF)를 사용하는 방법으로 옳지 않은 것은?
- 가. 볼륨을 적절히 조절한다.
- 나. 묘박중에는 필요할 때만 켜서 사용한다.
- 사. 항해 중에는 16번 채널을 청취한다.
- 아. 관제구역에서는 지정된 관제통신 채널을 청취한다.

15. 좁은 수로에서의 조선법으로 옳지 않은 것은?
- 가. 타효가 있는 안전한 속력을 유지하도록 한다.
- 나. 기관사용 및 투묘준비 상태를 계속 유지하면서 항행한다.
- 사. 회두시는 소각도로 여러차례 변침한다.
- 아. 통항시기는 게류나 조류가 약한 때를 택하고 만곡이 급한 수로는 순조시 통항한다.

16. 선체 저항에 대한 설명으로 옳은 것은?
- 가. 선저 오손이 크면 조파저항이 감소한다.
- 나. 선속이 커지면 마찰저항이 작아진다.
- 사. 선체를 유선형으로 하면 조와저항이 작아

진다.
아. 공기저항은 상갑판 상부의 구조물만 적용된다.

17. 운항중인 선박에서 나타나는 타력의 종류가 아닌 것은?
가. 발동타력 나. 정지타력
사. 반전타력 아. 전속타력

18. 접근하여 운항하는 두 선박의 상호 간섭 작용에 대한 설명으로 옳지 않은 것은?
가. 선속을 감속하면 영향이 줄어든다.
나. 상대선과의 거리를 멀리하면 영향이 줄어든다.
사. 소형선은 선체가 작아 영향을 거의 받지 않는다.
아. 마주칠 때 보다 추월할 때 상호간섭 작용이 오래 지속되어 위험하다.

19. 접·이안시 닻을 사용하는 목적이 아닌 것은?
가. 전진속력의 제어
나. 후진 시 선수의 회두 방지
사. 선회 보조 수단
아. 추진기관의 보조

20. 선박에서 스크루 프로펠러가 1회전(360°)하면 전진하는 거리는?
가. 킥 나. 롤 사. 피치 아. 트림

21. 배가 전진하면 선체 주위의 물은 그 진행 방향으로 배와 함께 움직이게 되는데, 이때 선미로 흘러 들어오는 물의 흐름은?
가. 반류 나. 흡입류
사. 배출류 아. 추진기류

22. 황천 항해방법의 하나로서 선수를 풍랑쪽으로 향하게 하여 조타가 가능한 최소의 속력으로 전진하는 방법은?
가. 히브 투(Heave to)
나. 스커딩(Scudding)
사. 라이 투(Lie to)
아. 러칭(Lurching)

23. 화물선에서 복원성을 확보하기 위한 방법으로 옳지 않은 것은?
가. 선체의 길이 방향으로 갑판 화물을 배치한다.
나. 선저부의 탱크에 평형수를 적재한다.
사. 가능하면 높은 곳의 중량물을 아래쪽으로 옮긴다.
아. 연료유나 청수를 무게중심 아래에 위치한 탱크에 공급받는다.

24. 해상에서 인명과 선박의 안전을 위해 널리 사용하는 신호서는?
가. 국제 신호서 나. 선박신호서
사. 해상신호서 아. 항공신호서

25. 정박중 선내 순찰의 목적이 아닌 것은?
가. 선내 각부의 화기 여부 확인
나. 선내 불빛이 외부로 새어 나가는지의 여부 확인
사. 정박등을 포함한 각종 등화 및 형상물 확인
아. 각종 설비의 이상 유무 확인

소형선박조종사 [4회 -기관]

01. 디젤기관의 운전 중 배기색이 검은색으로 되는 경우의 원인으로 옳지 않은 것은?

가. 공기량이 충분하지 않을 때
나. 기관이 과부하로 운전될 때
사. 연료에 수분이 혼입되었을 때
아. 연료분사상태가 불량할 때

02. 4행정 사이클 기관에서 어느 한 실린더에 대한 설명으로 옳은 것은?

가. 크랭크 축이 1회 회전할 때 1번 연소한다.
나. 크랭크 축이 2회 회전할 때 1번 연소한다.
사. 캠축이 4회 회전할 때 1번 연소한다.
아. 캠축이 8회 회전할 때 1번 연소한다.

03. 디젤기관을 시동한 후에 점검해야 할 사항이 아닌 것은?

가. 윤활유의 압력
나. 각 운동부의 이상 여부
사. 배전반 전압계의 정상 여부
아. 냉각수의 원활한 공급 여부

04. 해수 윤활식 선미관의 베어링 재료로 많이 사용되는 것은?

가. 청동   나. 황동
사. 리그넘바이트   아. 백색합금

05. 디젤기관의 연료분사조건 중 분사되는 연료유가 극히 미세화 되는 것을 무엇이라 하는가?

가. 무화   나. 관통   사. 분산   아. 분포

06. 선박용 윤활유의 종류에 해당되지 않는 것은?

가. 경유   나. 시스템유
사. 터빈유   아. 기어유

07. 소형기관에서 윤활유를 오래 사용했을 경우에 나타나는 현상으로 옳지 않은 것은?

가. 색상이 검게 변한다.
나. 점도가 증가한다.
사. 침전물이 증가한다.
아. 혼입수분이 감소한다.

08. 스크루 프로펠러의 추력을 받는 것은?

가. 메인 베어링
나. 스러스트 베어링
사. 중간축 베어링
아. 크랭크핀 베어링

09. 추진축이 한 방향으로만 회전하여도 전·후진이 가능한 프로펠러는?

가. 고정피치 프로펠러
나. 가변피치 프로펠러
사. 날개가 3개인 프로펠러
아. 날개가 4개인 프로펠러

10. 디젤기관에서 크랭크축의 구성부분이 아닌 것은?

가. 크랭크 핀   나. 크랭크핀 베어링
사. 크랭크 암   아. 크랭크 저널

11. 기관의 부속품 중 연소실의 일부를 형성하고 피스톤의 안내역할을 하는 것은?

가. 실린더 헤드   나. 피스톤
사. 실린더 라이너   아. 크랭크축

12. 소형 디젤기관의 시동직후 운전상태를 파악하기위해 점검해야 할 사항이 아닌 것은?

가. 계기류의 지침   나. 배기색
사. 진동의 발생 여부   아. 윤활유의 점도

13. 디젤기관의 실린더 내 압력을 표시하는 단위는?
   가. MPa   나. kcal
   사. kg/cm   아. J

14. 납축전지의 전해액 구성 성분으로 옳은 것은?
   가. 진한 황산 + 증류수
   나. 묽은 염산 + 증류수
   사. 진한 질산 + 증류수
   아. 묽은 초산 + 증류수

15. 전동유압식 조타장치의 유압펌프로 이용될 수 있는 펌프는?
   가. 원심펌프   나. 축류펌프
   사. 제트펌프   아. 기어펌프

16. 디젤기관의 냉각수 펌프로 적절한 것은?
   가. 원심펌프   나. 왕복펌프
   사. 회전펌프   아. 제트펌프

17. 해수펌프의 구성품이 아닌 것은?
   가. 축봉장치   나. 임펠러
   사. 케이싱   아. 제동장치

18. 기관실의 연료유 펌프로 적합한 것은?
   가. 기어펌프   나. 왕복펌프
   사. 축류펌프   아. 원심펌프

19. 3상 유도전동의 구성요소로만 짝지어진 것은?
   가. 회전자와 정류자   나. 전기자와 브러시
   사. 고정자와 회전자   아. 전기자와 정류자

20. 연료의 온도를 인화점보다 높게 하면 외부에서 불을 붙여 주지 않아도 자연 발화되는 최저 온도를 무엇이라 하는가?
   가. 진화점   나. 발화점
   사. 유동점   아. 소기점

21. 운전중인 디젤기관이 갑자기 정지되는 경우가 아닌 것은?
   가. 윤활유의 압력이 너무 낮아졌을 경우
   나. 기관의 회전수가 규정치보다 너무 높아졌을 경우
   사. 연료유가 공급되지 않았을 경우
   아. 냉각수 온도가 너무 낮아졌을 경우

22. 운전중인 디젤기관의 메인 베어링이 발열되는 경우의 원인으로 옳지 않은 것은?
   가. 윤활유가 부족하다.
   나. 과부하로 운전된다.
   사. 연료유의 압력이 너무 높다.
   아. 베어링 간극이 적절하지 않다.

23. 선박용 연료유에 대한 일반적인 설명으로 옳지 않은 것은?
   가. 경유가 중유보다 비중이 낮다.
   나. 경유가 중유보다 점도가 낮다.
   사. 경유가 중유보다 유동점이 낮다.
   아. 경유가 중유보다 발열량이 높다.

24. 연료유 탱크에 들어 있는 기름보다 비중이 더 큰 기름을 동일한 양으로 혼합한 경우 비중은 어떻게 변하는가?
   가. 혼합비중은 비중이 더 큰 기름보다 비중이 더 커진다.
   나. 혼합비중은 비중이 더 큰 기름의 비중과 동일하게 된다.
   사. 혼합비중은 비중이 더 작은 기름보다 비중

아. 혼합비중은 비중이 작은 기름과 비중이 큰 기름의 중간 정도로 된다.

소형선박조종사 [4회 -법규]

01. 해사안전법상 유지선이 충돌을 피하기 위한 협력동작을 취해야 할 시기로 가장 옳은 것은?

가. 먼 거리에서 충돌의 위험이 있다고 판단되었을 때
나. 피항선의 적절한 동작을 취하고 있을 때
사. 자선의 조종만으로 조기의 피항동작을 취한 직후
아. 피항선의 동작만으로는 충돌을 피할 수 없다고 판단한 때

02. 해사안전법상 '조종불능선'인 선박은?

가. 조타기가 고장난 선박
나. 어구를 끌고 있는 선박
사. 선장이 질병으로 위독한 상태인 선박
아. 기적을 사용할 수 없는 선박

03. 해사안전법상 통항분리수역에서의 항법으로 옳지 않은 것은?

가. 통항로는 어떠한 경우에도 횡단할 수 없다.
나. 통항로 안에서는 정하여진 진행방향으로 항행하여야 한다.
사. 통항로의 출입구를 통하여 출입하는 것을 원칙으로 한다.
아. 분리선이나 분리대에서 될 수 있으면 떨어져서 항행하여야 한다.

04. 해사안전법상 선박이 '서로 시계 안'에 있는 상태를 옳게 정의한 것은?

가. 선박에서 다른 선박과 마주치는 상태
나. 선박에서 다른 선박과 교신 중인 상태
사. 선박에서 다른 선박을 눈으로 볼 수 있는 상태
아. 선박에서 다른 선박을 레이더로 확인할 수 있는 상태

05. 해사안전법상 2척의 범선이 서로 접근하여 충돌할 위험이 있는 경우 항행방법으로 옳지 않은 것은?

가. 각 범선이 다른 쪽 현에 바람을 받고 있는 경우에는 좌현에 바람을 받고 있는 범선이 다른 범선의 진로를 피하여야 한다.
나. 두 범선이 서로 같은 현에 바람을 받고 있는 경우에는 바람이 불어오는 쪽의 범선이 바람이 불어가는 쪽의 범선의 진로를 피하여야 한다.
사. 좌현에 바람을 받고 있는 범선은 바람이 불어오는 쪽에 있는 다른 범선이 바람을 좌우 어느 쪽에 받고 있는지 확인할 수 없을 때에는 그 범선의 진로를 피하여야 한다.
아. 바람이 불어오는 쪽에 있는 범선은 다른 범선이 바람을 좌우 어느 쪽에 받고 있는지 확인할 수 없을 때에는 조우자세에 따라 피항한다.

06. 해사안전법상 제한된 시계 안에서 단음 4회의 식별신호를 올릴 수 있는 선박은?

가. 정박선
나. 얹혀 있는 선박
사. 어로에 종사하고 있는 선박
아. 도선업무를 하고 있는 도선선

07. ( )에 적합한 것은?

"해사안전법상 선수와 선미의 중심선상에 설치되어 225도에 걸치는 수평의 호를 비추되, 그 불빛이 정선수방향으로부터 양쪽

현의 정횡으로부터 뒤쪽 22.5도까지 비출 수 있는 흰색 등은 ( )이다."

가. 현등
나. 예선등
사. 선미등
아. 마스트등

08. 해사안전법상 길이 20미터 미만의 선박이 현등1쌍을 대신하여 표시할 수 있는 것은?

가. 선미등
나. 양색등
사. 호광등
아. 예선등

09. 해사안전법 기준으로 트롤망 어로에 종사하는 선박 외에 어로에 종사하는 선박이 수평거리로 몇 미터가 넘는 어구를 선박 밖으로 내고 있는 경우에 어구를 내고 있는 방향으로 흰색 전주등 1개를 표시하여야 하는가?

가. 50미터
나. 75미터
사. 100미터
아. 150미터

10. 해사안전법상 장음의 취명시간 기준은?

가. 1초
나. 2~3초
사. 3~4초
아. 4~6초

11. 해사안전법상 얹혀 있는 길이 12미터 이상의 선박이 낮게 표시하는 형상물은?

가. 둥근꼴 형상물 1개
나. 둥근꼴 형상물 2개
사. 둥근꼴 형상물 3개
아. 둥근꼴 형상물4개

12. 해사안전법상 항행장애물의 처리에 관한 설명으로 옳지 않은 것은?

가. 항행장애물제거책임자는 항행장애물을 제거하여야 한다.
나. 항행장애물제거책임자는 항행장애물을 발생시킨 선박의 기관장이다.
사. 항행장애물제거책임자는 항행장애물이 다른 선박의 항행안전을 저해할 우려가 있을 경우 항행장애물에 위험성을 나타내는 표시를 하여야 한다.
아. 항행장애물제거책임자는 항행장애물이 외국의 배타적 경제수역에서 발생되었을 경우 그 해역을 관할하는 외국 정부에 지체 없이 보고하여야 한다.

13. 해사안전법상 선박의 등화 및 형상물에 관한 규정에 대한 설명으로 옳지 않은 것은?

가. 형상물은 주간에 표시한다.
나. 낮이라도 제한된 시계에서는 등화를 표시할 수 있다.
사. 등화의 표시 시간은 일몰시부터 일출시까지 이다.
아. 다른 선박이 주위에 없을 때에는 등화를 켜지 않아도 된다.

14. 해사안전법상 해양사고가 일어난 경우의 조치에 대한 설명으로 옳지 않은 것은?

가. 해양사고의 발생사실과 조치사실을 지체 없이 해양경찰서장이나 지방해양수산 청장에게 신고하여야 한다.
나. 해양경찰서장은 선박의 안전을 위해 취해진 조치가 적당하지 않다고 인정하는 경우에는 직접 조치할 수 있다.
사. 해양경찰서장은 해양사고가 일어난 선박이 위험하게 될 우려가 있는 경우 필요하면 구역을 정하여 다른 선박에 대하여 이동·항행 제한 또는 조업 정지를 명할 수 있다.
아. 선장이나 선박소유자는 해양사고가 일어난 선박이 위험하게 되거나 다른 선박의 항행안전에 위험을 줄 우려가 있는 경우에는 위험을 방지하기 위하여 신속하게 필요한 조치를 취하여야 한다.

15. 해사안전법상 충돌을 피하기 위한 동작에 대한 설명으로 옳지 않은 것은?
  - 가. 침로나 속력을 소폭으로 연속적으로 변경하여야 한다.
  - 나. 침로를 변경할 경우에는 통상적으로 적절한 시기에 큰 각도로 침로를 변경하여야 한다.
  - 사. 피항동작을 취할 때에는 동작의 효과를 다른 선박이 완전히 통과할 때까지 주의깊게 확인하여야 한다.
  - 아. 필요하면 속력을 줄이거나 기관의 작동을 정지하거나 후진하여 선박의 진행을 완전히 멈추어야 한다.

16. 선박의 입항 및 출항 등에 관한 법률상 무역항의 수상구역 등에서 위험물을 적재한 총톤수 25톤의 선박이 수리를 할 경우, 반드시 허가를 받고 작업을 하여야 하는 작업은?
  - 가. 갑판 청소
  - 나. 평형수의 이동
  - 사. 연료의 수급
  - 아. 기관실용접작업

17. ( )에 순서대로 적합한 것은?

"선박의 입항 및 출항등에 관한 법률상 누구든지 무역항의 수상구역 등이나 무역항의 수상구역 밖 ( ) 이내의 수면에 선박의 안전운항을 해칠 우려가 있는 ( )을 버려서는 아니 된다."
  - 가. 5킬로미터, 선박
  - 나. 10킬로미터, 폐기물
  - 사. 3킬로미터, 장애물
  - 아. 15킬로미터, 폐기물

18. 선박의 입항 및 출항 등에 관한 법률상 항로에서의 항법에 대한 설명으로 옳지 않은 것은?
  - 가. 항로 안에서 나란히 항행하지 못한다.
  - 나. 항로 안에서 다른 선박의 우현 쪽으로 추월해야 한다.
  - 사. 항로를 항행하는 급유선을 제외한 위험물운송선박의 진로를 방해하여서는 아니된다.
  - 아. 항로 안에서 다른 선박과 마주칠 때에는 오른쪽으로 항행하여야 한다.

19. 선박의 입항 및 출항 등에 관한 법률상 무역항의 수상구역 등에 출입하려는 경우 출입신고를 해야 하는 선박은?
  - 가. 예선
  - 나. 총톤수 5톤인 선박
  - 사. 도선선
  - 아. 해양사고구조에 사용되는 선박

20. 선박의 입항 및 출항 등에 관한 법률상 무역항의 수상구역 등에서 예인선의 항법으로 옳지 않은 것은?
  - 가. 예인선은 한꺼번에 3척 이상의 피예인선을 끌지 아니하여야 한다.
  - 나. 원칙적으로 예인선의 선미로부터 피예인선의 선미까지 길이는 200미터를 초과하지 못한다.
  - 사. 다른 선박의 입항과 출항을 보조하는 경우 예인삭의 길이가 200미터를 초과해도 된다.
  - 아. 지방해양수산청장은 무역항의 특수성 등을 고려하여 필요한 경우 예인선의 항법을 조정할 수 있다.

21. 선박의 입항 및 출항 등에 관한 법률상 주로 무역항의 수상구역에서 운항하는 선박으로서 다른 선박의 진로를 피하여야 하는 우선피항선이 아닌 것은?
  - 가. 부선
  - 나. 예선
  - 사. 총톤수 20톤인 여객선
  - 아. 주로 노와 삿대로 운전하는 선박

22. 선박의 입항 및 출항 등에 관한 법률상 무역항의 항로에서 정박이나 정류가 허용되는 경우는?

가. 어선이 조업 중일 경우
나. 선박 조종이 불가능한 경우
사. 실습선이 해양훈련 중일 경우
아. 여객선이 입항시간을 맞추려 할 경우

23. 해양환경법상 해양오염방지설비 등을 교체·개조 또는 수리를 하였을 때 행하는 검사는?

가. 특별검사
나. 임시검사
사. 중간검사
아. 임시항행 검사

24. 해양환경관리법상 해양에 기름 등 폐기물이 배출되는 경우 방제를 위한 응급조치 사항으로 옳지 않은 것은?

가. 배출된 기름 등의 회수조치
나. 선박 손상부위의 긴급수리
사. 기름 등이 빨리 희석되도록 고압의 물분사
아. 기름 등 폐기물의 확산을 방지하는 울타리(Fence) 설치

25. 해양환경관리법상 해양오염방지검사증서의 유효기간은?

가. 1년   나. 3년   사. 5년   아. 7년

소형선박조종사 [5회 -항해]

01. 지구자기장의 복각이 0°가 되는 지점을 연결한 선은?

가. 지자극 나. 자기적도
사. 지방자기 아. 북회귀선

02. 자기 컴퍼스 볼의 구조에 대한 아래 그림에서 ㉠은?

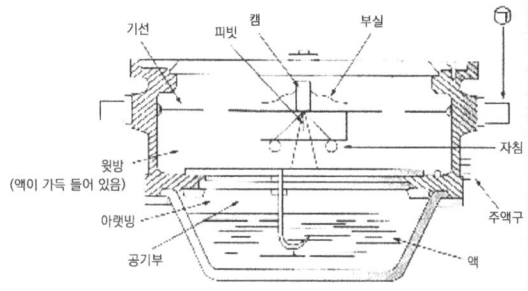

가. 짐벌즈 나. 섀도 핀 꽂이
사. 컴퍼스 카드 아. 연결관

03. 선체가 수평일 때는 자차가 0°라 하더라도 선체가 기울어지면 다시 자차가 생기는데 이때 생기는 자차는?

가. 기차 나. 편차
사. 경선차 아. 수직오차

04. 자차 3°E, 편차 6°E일 때 나침의 오차는?

가. 3°E 나. 3°W
사. 9°E 아. 9°W

05. 항해 중 지면에 대한 상대 운동이 변함으로써 평형을 잃게 되어 자이로컴퍼스에 생기는 오차는?

가. 동요오차 나. 위도오차
사. 경도오차 아. 속도오차

06. 프리즘을 사용하여 목표물과 카드 눈금을 광학적으로 중첩시켜 방위를 읽을 수 있는 방위 측정 기구는?

가. 쌍안경 나. 방위경
사. 섀도 핀 아. 컴퍼지션 링

07. 교차방위법의 위치선 작도방법과 주의사항으로 옳지 않은 것은?

가. 방위 측정은 신속, 정확해야 한다.
나. 방위 변화가 늦은 물표부터 빠른 물표 순으로 측정한다.
사. 선수미방향의 물표보다 정횡방향의 물표를 먼저 측정한다.
아. 해도에 위치선을 기입한 뒤에는 관측시간을 같이 기입해 두어야 한다.

08. 레이더에서 한 물표의 영상이 거의 같은 거리에 서로 다른 방향으로 두 개 나타나는 현상은?

가. 간접반사에 의한 거짓상
나. 다중반사에 의한 거짓상
사. 맹목구간에 의한 거짓상
아. 거울면 반사에 의한 거짓상

09. 한 나라 또는 한 지방에서 특정한 자오선을 표준 자오선으로 정하고, 이를 기준으로 정한 평시는?

가. 세계시 나. 지방표준시
사. 항성시 아. 태양시

10. 다음 중 선박용 레이더에서 마이크로파를 생성하는 장치는?

가. 펄스변조기
나. 트리거전압발생기
사. 듀플렉서(Duplexer)

아. 마그네트론(Magnetron)

11. 해도를 제작법에 따라 분류할 때, 항해시 가장 많이 사용하는 해도는?
   가. 대권도   나. 투영도
   사. 평면도   아. 점장도

12. 방위표지 중 원추형 두 개의 정점이 중앙에서 마주하는 두표를 표시하는 것은?
   가. 동방위 표지   나. 서방위 표지
   사. 남방위 표지   아. 북방위 표지

13. 해상에 있어서의 기상, 해류, 조류 등의 여러 현상과 도선사, 검역, 항로표지 등의 일반기사 및 항로의 상황, 연안의 지형, 항만의 시설 등이 기재되어 있는 수로서지는?
   가. 등대표   나. 조석표
   사. 천측력   아. 항로지

14. 해도에 사용되는 기호와 약어를 수록한 수로도서지는?
   가. 항로지   나. 항행통보
   사. 해도도식   아. 국제신호서

15. 수로도서지를 정정할 목적으로 항해사에게 제공되는 항행통보의 긴행주기는?
   가. 1일   나. 1주   사. 2주   아. 1월

16. 등부표에 대한 설명으로 옳지 않은 것은?
   가. 항로의 입구, 폭 및 변침점 등을 표시하기 위해 설치한다.
   나. 해저의 일정한 지점에 체인으로 연결되어 떠 있는 구조물이다.
   사. 조석표에 기재되어 있으므로, 선박의 정확한 속력을 구하는데 사용하면 좋다.

아. 강한 파랑이나 조류에 의해 유실되는 경우도 있다.

17. 다음 중 부동등의 해도도식은?
   가. F   나. Q
   사. Fl R 10s   아. Oc G 10s

18. 육상에 설치된 간단한 기둥 형태의 표지로서 여기에 등광을 함께 설치하면 등주라고 불리는 표지는?
   가. 입표   나. 부표   사. 육표   아. 도표

19. 선박의 레이더 영상에 송신국의 방향이 밝은 선으로 나타나도록 전파를 발사하는 표지는?
   가. 레이콘   나. 레이마크
   사. 유도 비컨   아. 레이더 리플렉터

20. 가스의 압력 또는 기계 장치로 종을 쳐서 소리를 내는 음향표지는?
   가. 무종   나. 다이어폰
   사. 취명부표   아. 에어 사이렌

21. 찬 공기가 따뜻한 공기쪽으로 가서 그 밑으로 쐐기처럼 파고 들어가 따뜻한 공기를 강제적으로 상승시킬 때 만들어지는 전선은?
   가. 한랭전선   나. 온난전선
   사. 폐색전선   아. 정체전선

22. 일기도상의 다음 기호가 의미하는 것은?

   가. 한랭전선   나. 온난전선

사. 폐색전선   아. 정체전선

23. 고기압과 저기압의 이동과 관련된 기호의 연결이 옳지 않은 것은?

가. UKN : 불명
나. ⇒ : 이동 방향
사. SLW : 천천히 이동중
아. STNR : 천천히 회전중

24. 항해계획을 수립하는 순서로 옳은 것은?

─〈보 기〉─
① 소축적 해도 상에 선정한 항로를 기입한다.
② 수립한 계획이 적절한가를 검토한다.
③ 상세한 항행일정을 구하여 출·입항 시각을 결정한다.
④ 대축척 해도에 항로를 기입한다.

가. ①→②→③→④
나. ①→③→④→②
사. ①→②→④→③
아. ①→④→③→②

25. 입항항로를 선정할 때 고려사항이 아닌 것은?

가. 항만관계 법규
나. 묘박지의 수심, 저질
사. 항만의 상황 및 지형
아. 선원의 교육훈련 상태

소형선박조종사 [5회 -운용]

01. 연돌, 키, 마스트, 추진기 등을 제외한 선박의 주된 부분은?

가. 현호   나. 캠버   사. 빌지   아. 선체

02. 스톡 앵커의 각부 명칭을 나타낸 아래 그림에서 ⊙은?

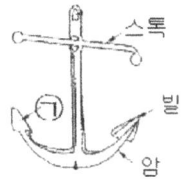

가. 생크   나. 크라운
사. 앵커링   아. 플루크

03. 안벽계류 및 입거할 때 필요한 선박의 길이는?

가. 전장   나. 등록장
사. 수선장   아. 수선간장

04. 타의 구조에서 ①은?

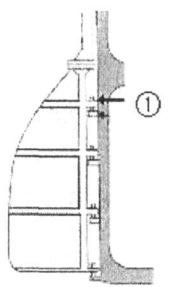

가. 타판   나. 핀들
사. 거전   아. 타두재

05. 키의 실제 회전량을 표시해 주는 장치로 조타위치에서 잘 보이는 곳에 설치되어 있는 것은?

가. 경사계   나. 타각 지시기
사. 선회율 지시기   아. 회전수 지시기

06. 일반적으로 섬유 로프의 무게는 어떻게 나타내는가?

가. 1미터의 무게 나. 1사리의 무게
사. 10미터의 무게 아. 1발의 무게

07. 현호의 기능이 아닌 것은?
가. 예비부력 향상 나. 선체 부식 방지
사. 능파성 향상 아. 미관상 좋음

08. 아래 그림의 구명설비는?

가. 구명조끼 나. 구명부환
사. 구명부기 아. 구명뗏목

09. 조난 시 퇴선하여 구조선이나 인근의 선박 또는 조난선박의 구명정 또는 구명뗏목과의 통신을 위해 준비된 것으로 500톤 이하의 경우 2대를 갖추어야 하는 것은?
가. Beacon
나. EPIRB
사. SART
아. 2-way VHF 무선전화

10. 잔잔한 바다에서 의식불명의 익수자를 발견하여 구조하려 할 때, 안전한 접근방법은?
가. 익수자의 풍하에서 접근한다.
나. 익수자의 풍상에서 접근한다.
사. 구조선의 좌현 쪽에서 바람을 받으면서 접근한다.
아. 구조선의 우현 쪽에서 바람을 받으면서 접근한다.

11. 야간에 구명부환의 위치를 알려 주는 것으로 구명부환과 함께 수면에 투하되면 자동으로 점등되는 것은?
가. 신호 홍염
나. 발연부 신호
사. 자기 점화등
아. 로켓 낙하산 화염 신호

12. 선박이 조난을 당한 경우에 조난선과 구조선 또는 육상 간에 연결용 줄을 보내는데 사용되며 230m 이상의 줄을 보낼 수 있는 것은?
가. 신호 거울 나. 자기 점화등
사. 구명줄 발사기 아. 자기 발연 신호

13. 다음 중 무선전화에 의한 PAN PAN 3회와 관계있는 것은?
가. 경고통신 나. 긴급통신
사. 안전통신 아. 조난통신

14. 국제신호서상 등화 신호 및 음향 신호의 규칙으로 옳지 않은 것은?
가. 단부의 길이를 1기준단위로 한다.
나. 장부는 기준 단위의 3배(3단위)로 한다.
사. 등화신호의 표준 속도는 1분간 70자로 한다.
아. 한 부호에서 장부 또는 단부의 간격은 1기준 단위로 한다.

15. 선박의 조종성을 나타내는 요소 중 어선에서 일반화물선보다 중요시 하는 성능은?
가. 정지성 나. 선회성
사. 추종성 아. 침로안정성

16. ( )에 순서대로 적합한 것은?
"일반적으로 컨테이너선과 같이 방형계수가 작은 선박은 ( )이 양호한 반면에 ( )이 좋지 않다."
가. 추종성 및 선회성, 침로안정성
나. 선회성 및 침로안정성, 추종성
사. 침로 안정성 및 추종성, 선회성
아. 정지성 및 선회성, 침로안정성

17. ( )에 적합한 것은?

"선체는 선회 초기에 원침로로부터 타각을 준 반대쪽으로 약간 벗어나는데, 이러한 원침로상에서 횡방향으로 벗어난 거리를 ( )(이)라고 한다."

가. 횡거　　　　　나. 종거
사. 킥(Kick)　　　아. 신침로거리

18. ( )에 순서대로 적합한 것은?

"일반적으로 직진 중인 배수량을 가진 선박에서 전타를 하면 선체는 선회초기에 선회하려는 방향의 ( )으로 경사하고 후기에는 ( )으로 검사한다."

가. 안쪽, 안쪽　　　나. 안쪽, 바깥쪽
사. 바깥쪽, 안쪽　　아. 바깥쪽, 바깥쪽

19. 선박이 항진 중 타각을 줄 때 타판에 작용하는 선수미방향의 분력은?

가. 양력　　　　　나. 항력
사. 마찰력　　　　아. 직압력

20. ( )에 순서대로 적합한 것은?

"우선회 고정피치 스크루 프로펠러 한 개가 장착되어 있는 선박이 정지상태에서 후진할 때, 타가 중앙이면 횡압력과 배출류의 측압작용이 선미를 ( )으로 밀기 때문에 선수는 ( )한다."

가. 우현쪽, 우회두　　나. 우현쪽, 좌회두
사. 좌현쪽, 우회두　　아. 좌현쪽, 좌회두

21. 좁은 수로를 항해할 때 유의사항으로 옳지 않은 것은?

가. 변침할 때는 소각도로 여러 차례 변침하는 것이 좋다.
나. 선수미선과 조류의 유선이 직각을 이루도록 조종하는 것이 좋다.
사. 언제든지 닻을 사용할 수 있도록 준비된 상태에서 항행하는 것이 좋다.
아. 역조때에는 정침이 잘 되나, 순조때에는 정침이 어려우므로 조종시 유의하여야 한다.

22. 북반구에서 태풍이 접근할 때 풍향이 오른쪽으로 변화를 하는 경우 피항하는 안전한 방법은?

가. 풍랑을 우현 선수에서 받도록 한다.
나. 풍랑을 좌현 선수에서 받도록 한다.
사. 풍랑을 우현 선미에서 받도록 한다.
아. 풍랑을 좌현 선미에서 받도록 한다.

23. 파랑 중에서 항해할 때 선체의 대각도 횡경사(Lurching)를 발생시키는 경우가 아닌 것은?

가. 적화물 또는 유동수의 이동이 있을 경우
나. 횡요 운동 때 횡방향으로 돌풍을 받을 경우
사. 파랑 중에 대각도 변침을 할 경우
아. 선박의 복원력이 큰 경우

24. 선박간 충돌사고의 직접적인 원인이 아닌 것은?

가. 승무원의 주의태만으로 인한 과실
나. 항해사의 적절한 운용술의 미숙
사. 계류색 정비 불량
아. 항해장비의 불량과 운용 미숙

25. 선박의 전복사고를 방지하기 위한 방법으로 옳지 않은 것은?

가. 중량물을 가급적 선체 하부에 적재한다.
나. 이동 물체는 단단히 고박한다.
사. 개구부를 완전히 폐쇄한다.
아. 어망을 끌면서 정횡파를 받도록 조종한다.

소형선박조종사 [5회 -기관]

01. 4행정 사이클 6실린더 기관은 크랭크각도 몇 도마다 폭발이 일어나는가?
가. 60°　　나. 90°　　사. 120°　　아. 180°

02. 디젤기관의 연료유 계통에 포함되지 않는 것은?
가. 저장탱크　　나. 여과기
사. 연료펌프　　아. 응축기

03. 행정부피가 1,100[cm³]이고 압축부피가 100[cm³]인 내연기관의 압축비는 얼마인가?
가. 10　　나. 11　　사. 12　　아. 13

04. 디젤기관에서 실린더 내의 연소압력이 피스톤에 작용하여 발생하는 동력은?
가. 전달마력　　나. 유효마력
사. 제동마력　　아. 지시마력

05. 다음과 같은 4행정 사이클 기관의 밸브 구동장치에서 가, 나, 다의 명칭을 순서대로 옳게 나타낸 것은?

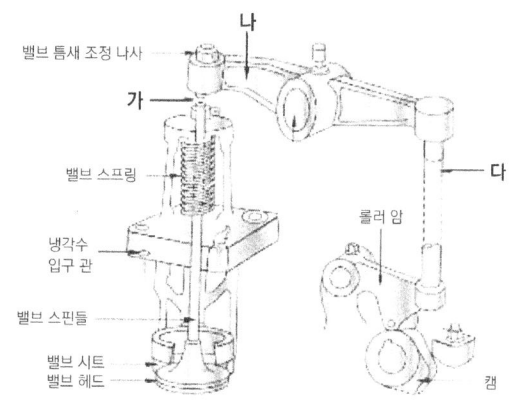

가. 밸브틈새, 밸브레버, 푸시로드
나. 밸브레버, 밸브틈새, 푸시로드
사. 푸시로드, 밸브레버, 밸브틈새
아. 밸브틈새, 푸시로드, 밸브레버

06. 소형기관에서 연소실의 구성요소가 아닌 것은?
가. 피스톤　　나. 기관 베드
사. 실린더 헤드　　아. 실린더 라이너

07. 기관에서 크랭크축의 평형을 이루기 위해 크랭크암의 크랭크핀 반대쪽에 설치하는 것은?
가. 평형추　　나. 평형공
사. 플라이휠　　아. 평형 디스크

08. 디젤기관의 구성 부품이 아닌 것은?
가. 점화 플러그　　나. 플라이휠
사. 크랭크축　　아. 커넥팅 로드

09. 소형 기관의 시동 직후에 점검해야 할 사항이 아닌 것은?
가. 피스톤링의 절구틈이 적정한지의 여부
나. 이상음이 발생하는 곳이 있는지의 여부
사. 연소가스가 누설되는 곳이 있는지의 여부

아. 윤활유 압력이 정상적으로 올라가는지의 여부

10. 운전중인 소형 디젤기관에서 이상음이 발생하는 경우의 원인으로 옳은 것은?

가. 저부하로 운전하는 경우
나. 디젤노킹이 발생하는 경우
사. 연료유의 분사압력이 높은 경우
아. 실린더 헤드에서 냉각수가 새는 경우

11. 디젤기관의 운전 중 냉각수 계통에서 주의해서 관찰해야 하는 것은?

가. 기관의 입구 온도와 기관의 입구 압력
나. 기관의 출구 온도와 기관의 출구 압력
사. 기관의 입구 온도와 기관의 출구 압력
아. 기관의 입구 압력과 기관의 출구 온도

12. 디젤기관에 사용되는 윤활유 펌프에 대한 설명으로 옳지 않은 것은?

가. 기어펌프가 많이 사용된다.
나. 출구에 압력계가 있다.
사. 입구 압력보다 출구 압력이 높다.
아. 윤활유의 온도를 낮추는 역할을 한다.

13. 소형 디젤기관에서 과급기를 운전하는 작동 유체는?

가. 흡입공기의 압력
나. 연소가스의 압력
사. 연료유의 분사 압력
아. 윤활유 펌프의 출구 압력

14. 추진 축계장치에서 추력베어링의 주된 역할은?

가. 축의 진동을 방지한다.
나. 축의 마멸을 방지한다.
사. 프로펠러의 추력을 선체에 전달한다.
아. 선체의 추력을 프로펠러에 전달한다.

15. 조타장치가 제어하는 것은?

가. 타의 하중
나. 타의 회전각도
사. 타의 기동력
아. 타와 프로펠러의 간격

16. 왕복펌프에 공기실을 설치하는 주된 목적은?

가. 발생되는 공기를 모아 제거시키기 위해
나. 송출유량을 균일하게 하기 위해
사. 펌프의 발열을 방지하기 위해
아. 공기의 유입이나 액체의 누설을 막기 위해

17. 일반적으로 소형 기관에서 기관에 의해 직접 구동되는 펌프가 아닌 것은?

가. 연료유 펌프   나. 냉각청수 펌프
사. 윤활유 펌프   아. 빌지 펌프

18. 원심펌프로 이송하기에 가장 적합한 액체는?

가. 빌지   나. 청수
사. 연료유   아. 윤활유

19. 원심펌프의 운전 중 심한 진동이나 이상음이 발생하는 경우의 원인으로 옳지 않은 것은?

가. 베어링이 심하게 손상된 경우
나. 축이 심하게 변형된 경우
사. 흡입되는 유체의 온도가 낮은 경우
아. 축의 중심이 일치하지 않는 경우

20. 5[kW] 이하의 소형 유도전동기에 많이 이용되는 기동법은?

가. 직접 기동법   나. 간접 기동법
사. 기동 보상기법   아. 리액터 기동법

21. 과급기가 있는 디젤 주기관에서 과급기의 위치는?

가. 기관보다 약간 높은 곳에 위치한다.
나. 기관의 중간 높이에 위치한다.
사. 기관보다 약간 낮은 곳에 위치한다.
아. 공기냉각기 바로 아래쪽에 위치한다.

22. ( )에 적합한 것은?

"선박에서 일정시간 항해 시 연료소비량은 선박 속력의 ( )에 비례한다."

가. 제곱   나. 세제곱
사. 네제곱   아. 다섯제곱

23. 운전중인 디젤기관에서 어느 한 실린더의 최고압력이 다른 실린더에 비해 낮은 경우의 원인으로 옳지 않은 것은?

가. 해당 실린더의 배기밸브가 누설할 때
나. 해당 실린더의 피스톤링을 신환했을 때
사. 해당 실린더의 연료분사밸브가 막혔을 때
아. 해당 실린더의 실린더 라이너의 마멸이 심할 때

24. 연료유의 점도에 대한 설명으로 옳은 것은?

가. 온도가 낮아질수록 점도는 높아진다.
나. 온도가 높아질수록 점도는 높아진다.
사. 대기 중 습도가 낮아질수록 점도는 높아진다.
아. 대기 중 습도가 높아질수록 점도는 높아진다.

25. 디젤기관의 운전 중 연료유에 이물질이 많이 섞여있을 때 나타나는 현상으로 옳은 것은?

가. 연료유 필터가 잘 막힌다.
나. 윤활유 압력이 떨어진다.
사. 윤활유 압력이 상승한다.
아. 연료유 관에 누설이 심해진다.

소형선박조종사 [5회 -법규]

01. 해사안전법상 조타기가 고장나서 다른 선박의 진로를 피할 수 없는 선박이 표시해야 하는 것은?

가. 흰색의 기를 달아야 한다.
나. 밤에는 가장 잘 보이는 곳에 수직으로 붉은색 전주등 2개를 달아야 한다.
사. 낮에는 가장 잘 보이는 곳에 수직으로 둥근 꼴이나 그와 비슷한 형상물 1개를 달아야 한다.
아. 밤에는 가장 잘 보이는 곳에 수직으로 흰색 전주등 2개를 달아야 한다.

02. 해사안전법상 선수와 선미의 중심선상에 설치된 붉은색·녹색·흰색으로 구성된 등으로서 그 붉은색·녹색·흰색의 부분이 각각 현등의 붉은색 등과 녹색 등 및 선미등과 같은 특성을 가진 등은?

가. 삼색등   나. 전주등
사. 선미등   아. 양색등

03. 해사안전법상 섬광등의 1분당 섬광 발하 기준은?

가. 60회 이상   나. 120회 이상
사. 180회 이상   아. 240회 이상

04. ( )에 순서대로 적합한 것은?

"해사안전법상 범선이 기관을 동시에 사용하여 진행하고 있는 경우에는 앞쪽의 가장 잘 보이는 곳에 ( )를 그 꼭대기가 ( )로 향하도록 표시하여야 한다."

가. 원뿔꼴의 형상물 2개, 아래
나. 원뿔꼴로 된 형상물 1개, 아래
사. 원뿔꼴의 형상물 2개, 위
아. 원뿔꼴로 된 형상물 1개, 위

05. 해사안전법상 항행 중인 동력선이 침로를 오른쪽으로 변경하고 있는 경우 조종신호는?

가. 단음 1회 나. 단음 2회
사. 장음 1회 아. 장음 2회

06. 해사안전법상 선박의 항행안전을 확보하기 위하여 한쪽방향으로만 항행할 수 있도록 되어 있는 일정한 범위의 수역은?

가. 연안통항대 나. 통항로
사. 분리선 아. 분리대

07. 해사안전법상 어로에 종사하고 있는 선박이 피해야 하는 선박은?

가. 항행 중인 범선 나. 수상항공기
사. 조종불능선 아. 수면비행선박

08. 해사안전법상 선박이 다른 선박과 충돌할 위험이 있는지를 판단하는 방법으로 옳은 것은?

가. 접근 선박 크기는 고려하지 않는다.
나. 타선이 신호를 발하고 있는지 살핀다.
사. 접근 선박의 거리와 컴퍼스 방위의 변화를 관찰한다.
아. 접근 선박의 마스트와 마스트사이의 거리를 관찰한다.

09. 해사안전법상 교통안전특정해역의 안전을 위해 고속여객선의 운항을 제한할 수 있는 조치는

가. 속력의 제한 나. 추월의 지시
사. 입항의 금지 아. 선장의 변경

10. 해사안전법상 항행장애물을 발생시켰을 경우 조치로 옳은 것을 〈보기〉에서 모두 고른 것은?

〈보 기〉
ㄱ. 항령장애물 방치
ㄴ. 항행장애물 표시
ㄷ. 항행장애물 제거
ㄹ. 해양수산부장관에게 보고

가. ㄴ, ㄹ 나. ㄴ, ㄷ
사. ㄴ, ㄷ, ㄹ 아. ㄱ, ㄴ, ㄷ, ㄹ

11. 해사안전법상 항로에서 할 수 있는 행위는?

가. 선박의 방치
나. 어망의 투기
사. 어구의 설치
아. 해양경찰청장이 허가한 체육활동

12. 해사안전법상 안전한 속력을 결정할 때 고려 사항이 아닌 것은

가. 해상교통량의 밀도
나. 레이더의 특성 및 성능
사. 항해사의 야간항해당직 경험
아. 선박의 정지거리·선회성능, 그 밖의 조종성능

13. 해사안전법상 트롤망 어로에 종사하는 선박 외에 어로에 종사하는 선박이 수평거리로 몇 미터가 넘는 어구를 선박 밖으로 내고 있는 경우에 어구를 내고 있는 방향으로 흰색전주등 1개를 표시하여야 하는가?

가. 50미터 나. 75미터
사. 100미터 아. 150미터

14. ( )에 적합한 것은?

"해사안전법상 노도선은 ( )의 등화를 표시할 수 있다."

가. 항행 중인 어선 나. 항행 중인 범선
사. 항행 중인 예인선 아. 흘수제약선

15. 해사안전법상 전주등은 몇 도에 걸치는 수평의 호를 비추는가?
    가. 112.5°
    나. 135°
    사. 225°
    아. 360°

16. 선박의 입항 및 출항 등에 관한 법률상 무역항의 수상구역등에서의 어로 행위에 대한 설명으로 옳은 것은?
    가. 어느 경우든 어로 작업은 금지되어 있다.
    나. 어느 장소에서나 어로 작업이 가능하다.
    사. 선박교통에 방해될 우려가 있는 장소에 어구를 설치해서는 아니 된다.
    아. 강력한 동화를 사용하는 어로 행위 외에는 모두 가능하다.

17. 선박의 입항 및 출항 등에 관한 법률상 무역항의 수상구역 등에서 예인선이 다른 선박을 끌고 항행하는 경우의 항법으로 옳지 않은 것은?
    가. 한꺼번에 3척 이상의 예인선을 끌지 못한다.
    나. 지방해양수산청장은 무역항의 특수성 등을 고려하여 필요한 경우 예인선의 항법을 조정할 수 있다.
    사. 다른 선박의 진로를 피하여야 한다.
    아. 예인선의 선수로부터 피예인선 선미까지의 길이가 100m를 초과하지 못한다.

18. 선박의 입항 및 출항 등에 관한 법률상 벌칙 조항에 대한 설명으로 옳은 것은?
    가. 정박구역이 아닌 구역에 정박한 자는 500만원 이하의 벌금에 처한다.
    나. 지정·고시한 항로를 따라 항행하지 아니한 자는 300만원 이하의 벌금에 처한다.
    사. 허가를 받지 않고 공사 또는 작업을 한 자는 500만원 이하의 벌금에 처한다.
    아. 허가를 받지 않고 무역항의 수상구역 등에 출입한 경우 2년 이하의 징역 및 2천만원 이하의 벌금에 처한다.

19. 선박의 입항 및 출항 등에 관한 법률상 무역항에 출입하려고 할 때 출입신고를 하지 아니할 수 있는 선박이 아닌 것은?
    가. 군함
    나. 해양경찰함정
    사. 모래를 적재한 압항부선
    아. 해양사고구조에 사용되는 선박

20. 선박의 입항 및 출항 등에 관한 법률상 무역함의 수상구역등에 입항하는 선박이 방파제 입구등에서 출항하는 선박과 마주칠 우려가 있는 경우 합법으로 옳은 것은?
    가. 입항중인 여객선은 출항선보다 먼저 입항해야 한다.
    나. 항상 입항선박이 먼저 통과해야 한다.
    사. 총톤수가 큰 선박이 먼저 통과해야 한다.
    아. 출항선박이 먼저 통과한 후 입항선박이 나중에 통과한다.

21. 선박의 입항 및 출항 등에 관한 법률상 무역항의 항로에서의 방법으로 옳지 않은 것은?
    가. 다른 선박과 나란히 항행하지 아니할 것
    나. 범선은 항로에서 지그재그로 항행하지 아니할 것
    사. 다른 선박을 어떠한 경우에도 추월하지 아니할 것
    아. 항로를 항행하는 위험물운송선박의 진로를 방해하지 아니할 것

22. ( )에 순서대로 적합한 것은?
    "선박의 입항 및 출항 등에 관한 법률상 ( )은 선박이 빠른 속도로 항행하여 다른 선박의 안전 운항에 지장을 초래할 우려가 있다

고 인정하는 무역항의 수상구역등에 대하여는 ( )에게 무역항의 수상구역등에서의 선박 항행 최고속력을 지정할 것을 요청할 수 있다."

가. 시장, 항만공사 사장
나. 항만공사 사장, 해양경찰청장
사. 해양경찰청장, 해양수산부장관
아. 해양수산부장관, 해양경찰청장

23. 해양환경관리법상 '오염물질'이 아닌 것은?

가. 폐기물
나. 기름
사. 오존층 파괴물질
아. 유해액체물질

24. 해양환경관리법상 선박에서 배출되는 기름의 확산을 막기 위해 해상에 울타리를 치듯이 막는 방제자재는?

가. 유흡착제   나. 오일펜스
사. 유겔화제   아. 기름방지매트

25. 해양환경관리법상 기름이 배출된 경우 선박에서 시급하게 조치할 사항으로 옳지 않은 것은?

가. 배출된 기름의 제거
나. 배출된 기름의 확산 방지
사. 배출 방지를 위한 응급 조치
아. 배출된 기름이 해수와 잘 희석되도록 조치

소형선박조종사 [6회 –항해]

01. ( )에 적합한 것은?

"선박에서 속력과 ( )을/를 측정하는 계기를 선속계라 한다."

가. 수심 나. 높이
사. 방위 아. 항행거리

02. 자기 컴퍼스의 캡에 꽉 끼여 카드를 지지하는 것은?

가. 자침 나. 피벗
사. 기선 아. 짐벌즈

03. 나침의 오차(Compass error, C.E.)에 대한 설명으로 옳은 것은?

가. 자기 자오선과 선내 나침의의 남북선이 이루는 교각
나. 자기 자오선과 물표를 지나는 대권이 이루는 교각
사. 진자오선과 자기 자오선이 이루는 교각
아. 선내 나침의의 남북선과 전자오선이 이루는 교각

04. 음파의 수중 전달 속력이 1,500미터/초일 때 음향측심기에서 음파를 발사하여 수신한 시간이 0.4초라면 수심은?

가. 75미터 나. 150미터
사. 300미터 아. 450미터

05. 조류가 정선미쪽에서 정선수쪽으로 2노트로 흘러갈 때 대지속력이 10 노트이면 대수속력은?

가. 6노트 나. 8노트
사. 10노트 아. 12노트

06. 풍향 풍속계에서 지시하는 풍향과 풍속에 대한 설명으로 옳지 않은 것은?

가. 풍향은 바람이 불어오는 방향을 말한다.
나. 풍향이 반시계 방향으로 변하면 풍향 반전이라 한다.
사. 풍속은 정시 관측 시각 전 15분간 풍속을 평균하여 구한다.
아. 어느 시간 내의 기록 중 가장 최대의 풍속을 순간 최대 풍속이라 한다.

07. 다음 중 물표의 동시관측에 의하여 선위를 구하는 방법은?

가. 선수 배각법 나. 4점 방위법
사. 양측 방위법 아. 교차 방위법

08. 자침 방위에 대한 설명으로 옳은 것은?

가. 선수 방향을 기준으로 한 방위
나. 물표와 관측자를 지나는 대권이 진자오선과 이루는 교각
사. 물표와 관측자를 지나는 대권이 자기 자오선과 이루는 교각
아. 물표와 관측자를 지나는 대권이 선내 자기 컴퍼스의 남북선과 이루는 교각

09. 레이더 화면에 그림과 같은 것이 나타나는 원인은?

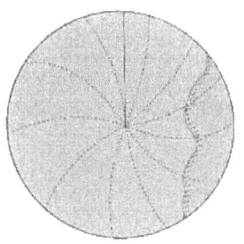

가. 물표의 간접 반사
나. 비나 눈 등에 의한 반사
사. 해면의 파도에 의한 반사
아. 다른 선박의 레이더 파에 의한 간섭 효과

10. 거리를 측정하는데 이용되는 전파의 특성은?

　가. 포물선으로 이동하는 성질
　나. 일정한 속도로 이동하는 성질
　사. 물체의 표면에 흡수되는 성질
　아. 공기 중에서 굴절되는 성질

11. 점장도에 대한 설명으로 옳지 않은 것은?

　가. 항정선이 직선으로 표시된다.
　나. 경·위도에 의한 위치 표시는 직교 좌표이다.
　사. 두 지점 간 진방위는 두 지점의 연결선과 자오선과의 교각이다.
　아. 두 지점 간의 거리는 경도를 나타내는 눈금의 길이와 같다.

12. 일반적으로 해상에서 측심한 수지를 해도상의 수심과 비교하면?

　가. 해도의 수심보다 측정한 수심이 더 얕다.
　나. 해도의 수심과 같거나 측정한 수심이 더 깊다.
　사. 측정한 수심과 해도의 수심은 항상 같다.
　아. 측정한 수심이 주간에는 더 깊고 야간에는 더 얕다.

13. 두표는 2개의 흑구를 수직으로 부착하고, 표체의 색상은 검은색 바탕에 적색띠를 둘러 표시하는 항로표지는?

　가. 특수표지　　　　나. 방위표지
　사. 안전수역표지　　아. 고립장해표지

14. 수로도지를 정정할 목적으로 항해자에게 제공되는 항행 통보의 간행주기는?

　가. 1일　나. 1주　사. 2주　아. 1월

15. 등광은 꺼지지 않고 등색만 바뀌는 등화는?

　가. 부동등　　　　나. 섬광동
　사. 명암등　　　　아. 호광등

16. 수로도지에 등재되지 않은 새롭게 발견된 위험물, 즉 모래톱, 암초 등과 같은 자연적인 장애물과 침몰·좌초선박과 같은 인위적 장애물들을 표시하기 위하여 사용하는 항로표지는? (단, 두표의 모양으로 선택)

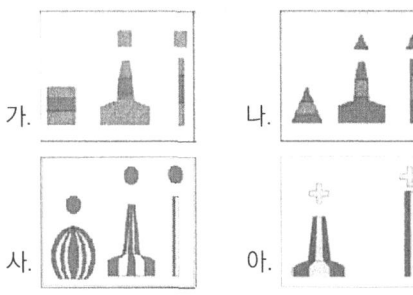

17. 좁은 수로의 항로를 표시하기 위하여 항로의 연장선위에 앞뒤로 2개 이상의 육표로 된 것으로 선박을 인도하는 것은?

　가. 입표　나. 부표　사. 육표　아. 도표

18. 부표의 꼭대기에 종을 달아 파랑에 의한 흔들림을 이용하여 종을 울리게 한 부표는?

　가. 취명 부표　　　나. 타종 부표
　사. 전파 부표　　　아. 풍랑 부표

19. 선박 레이더에서 발사된 전파를 받은 때에만 응답하여 레이더 화면상에 일정 형태의 신호가 나타날 수 있도록 전파를 발사하는 표지는?

　가. 레이콘　　　　나. 레이마크
　사. 유도 비컨　　　아. 레이더 리플렉터

20. 전파의 반사가 잘 되게 하기 위한 장치로서 부표, 등표 등에 설치하는 경금속으로 된 반사판은?

　가. 레이콘

나. 레이더 리플렉터
사. 레이마크
아. 레이더 트랜스폰더

21. 기압경도가 클수록 일기도의 등압선 간격은?

가. 넓다.
나. 좁다.
사. 일정하다.
아. 계절 및 지역에 따라 다르다.

22. 태풍의 진로에 대한 설명으로 옳지 않은 것은?

가. 열대해역에서 발생하여 북서로 진행하며, 국위 30~40도에서 북동으로 방향을 바꾼다.
나. 가끔 우리나라와 일본을 통과하기도 한다.
사. 대체로 북태평양 고기압의 영향으로 포물선을 그리면서 북상한다.
아. 다양한 요인에 의해 태풍의 진로가 결정된다.

23. 날씨 기호에 대한 연결이 옳지 않은 것은?

가. * : 눈
나. ● : 비
사. ≡ : 안개
아. ▲ : 소나기성 강우

24. 통항로를 결정할 때 고려할 요소가 아닌 것은?

가. 선박의 흘수
나. 선박의 위치보고시스템 규칙
사. 승무원의 수
아. 선박 추진기관에 대한 신뢰성

25. 선저 여유 수심(Under-keel clearance)이 충분하지 않은 수역에 대한 항해 계획을 수립할 때 고려할 요소가 아닌 것은?

가. 본선의 최대 흘수
나. 선박의 속력
사. 조석을 고려한 선저 여유 수심
아. 본선의 엔진 출력

소형선박조종사 [6회 -운용]

01. 선저판, 외판, 갑판 등에 둘러싸여 화물적재에 이용되는 공간은?

가. 격벽
나. 선창
사. 코퍼댐
아. 밸러스트 탱크

02. 희석제(Thinner)에 대한 설명으로 옳지 않은 것은?

가. 많이 넣으면 도료의 점도가 높아진다.
나. 인화성이 강하므로 화기에 유의해야 한다.
사. 도료에 첨가하는 양은 최대 10% 이하가 좋다.
아. 도료의 성분을 균질하게 하여 도막을 매끄럽게 한다.

03. 동력 조타장치의 제어장치 중 주로 소형선에 사용되는 방식은?

가. 기계식
나. 유압식
사. 전기식
아. 전동 유압식

04. 선체에 페인트를 칠하기에 가장 좋은 때는?

가. 따뜻하고 습도가 낮을 때
나. 서늘하고 습도가 낮을 때
사. 따뜻하고 습도가 높을 때
아. 서늘하고 습도가 높을 때

05. 와이어 로프와 비교한 섬유 로프의 성질에 대한 설명으로 옳지 않은 것은?

가. 물에 젖으면 강도가 변화한다.

나. 열에 약하지만 가볍고 취급이 간편하다.
사. 땋은 섬유 로프는 킹크가 잘 일어나지 않는다.
아. 선박에서는 습기에 강한 식물성 섬유 로프가 주로 사용된다.

06. 선박에서 선체나 설비 등의 부식을 방지하기 위한 방법으로 옳지 않은 것은?

가. 방청용 페인트를 칠해서 습기의 접촉을 차단한다.
나. 아연 또는 주석 도금을 한 파이프를 사용한다.
사. 아연으로 제작된 타판을 사용한다.
아. 선체 외판에 아연판을 붙여 이온화 경향에 의한 부식을 막는다.

07. 휴대식 이산화탄소 소화기의 사용 순서로 옳은 것은?

① 안전핀을 뽑는다.
② 불이 난 곳으로 뿜는다.
③ 손잡이를 강하게 움켜쥔다.
④ 방출혼(노즐)을 뽑아 불이 난 곳으로 향한다.

가. ①→④→②→③   나. ①→④→③→②
사. ②→①→④→③   아. ②→①→③→④

08. 아래 그림의 구명설비는?

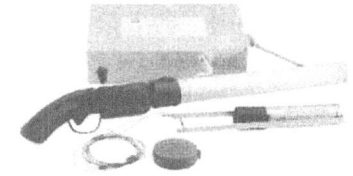

가. 구명동의   나. 구명부환
사. 구명부기   아. 구명줄 발사기

09. 자기정화등과 같은 목적의 주간 신호이며 물에 들어가면 자동으로 오렌지색 연기를 발생시키는 것은?

가. 자기점화등
나. 발연부신호
사. 자기발연신호
아. 로켓낙하산 화염신호

10. 자기점화등과 자기발연신호와 함께 구성되어 수중의 생존자가 구조될 때까지 잡고 떠 있게 하는 것은?

가. 구명뗏목   나. 구명부환
사. 구조정   아. 방수복

11. 지혈의 방법으로 옳지 않은 것은?

가. 환부를 압박한다.
나. 환부를 안정시킨다.
사. 환부를 온열시킨다.
아. 환부를 심장부위보다 높게 올린다.

12. 비상위치지시용무선표지설비(EPIRB)에 대한 설명으로 옳지 않은 것은?

가. 선박이 침몰할 때 떠올라서 조난신호를 발신한다.
나. 위성으로 조난신호를 발신한다.
사. 자동작동 또는 수동작동 모두 가능하다.
아. 선교 안에 설치되어 있어야 한다.

13. 본선 선명은 '동해호'이다. 상대 선박 '서해호'를 호출하는 방법으로 옳은 것은?

가. 동해호, 여기는 서해호, 감도 있습니까?
나. 동해호, 여기는 서해호, VHF 있습니까?
사. 서해호, 여기는 동해호, 감도 있습니까?
아. 서해호, 여기는 동해호, VHF 있습니까?

14. 연안 항해에서 선박 상호간에 교신을 위한 단거리 통신용 무선설비는?

가. 초단파무선설비(VHF)
나. 중단파무선설비(MF/HF)
사. 인말새트(Inmarsat) 위성통신 설비
아. 레이더 트랜스폰더 (SART)

15. 선회권의 크기에 대한 내용으로 옳지 않은 것은?

가. 프로펠러가 수면상에 드러난 공선 상태에 비해 만재상태일 때가 크다.
나. 선미트림 상태에 비해 선수트림 상태일 때가 크다.
사. 작은 타각 사용에 비해 큰 타각 사용시 크다.
아. 깊은 수심에서 보다 얕은 수심에서 크다.

16. 선박 상호간의 흡인 배척 작용에 대한 설명으로 옳지 않은 것은?

가. 두 선박간의 거리가 가까울수록 크게 나타난다.
나. 고속으로 항과할수록 크게 나타난다.
사. 선박이 추월할 때보다는 마주칠 때 영향이 크게 나타난다.
아. 선박의 크기가 다른 때에는 소형선박이 영향을 크게 받는다.

17. 선박의 충돌시 더 큰 손상을 예방하기 위해 취해야 할 조치사항으로 옳지 않은 것은?

가. 가능한 한 빨리 전진속력을 줄이기 위해 기관을 정지한다.
나. 전복이나 침몰의 위험이 있더라도 좌초를 시켜서는 안 된다.
사. 승객과 선원의 상해와 선박과 화물 손상에 대해 조사한다.
아. 침수가 발생하는 경우, 침수구역 배출을 포함한 침수 방지를 위한 대응조치를 취한다.

18. 선박의 조종에 관한 설명으로 옳은 것은?

가. 프로펠러의 역할은 선박의 양호한 조종성을 확보하는 것이다.
나. 침로안정성은 선박이 정해진 침로를 따라 직진하는 성질을 말한다.
사. 선회성은 조타에 대한 선체 호두의 추종이 빠른지 또는 늦은 지를 나타내는 것이다.
아. 추종성은 일정한 타각을 주었을 때 선박이 어떤 각속도로 움직이는지를 나타낸 것이다.

19. 전속으로 항행 중인 선박에서 타를 사용하여 전타 하였을때 나타나는 현상이 아닌 것은?

가. 횡경사   나. 선체회두
사. 선미 킥 현상   아. 선속의 증가

20. 우선회 고정피치 단추진기의 흡입류와 배출류에 대한 설명으로 옳지 않은 것은?

가. 횡압력의 영향은 스크루 프로펠러가 수면 위에 노출되어 있을 때 뚜렷하게 나타난다.
나. 기관 전진 중 스크루 프로펠러가 수중에서 회전하면 앞쪽에서는 스크루 프로펠러에 빨려드는 흡입류가 있다.
사. 기관을 전진상태로 작동하면 키의 하부에 작용하는 수류는 수면 부근에 위치한 상부에 작용하는 수류보다 강하여 선미를 좌현쪽으로 밀게 된다.
아. 기관을 후진상태로 작동시키면 선체의 우현쪽으로 흘러가는 배출류는 우현 선미 측벽에 부딪치면서 측압을 형성하며, 이 작용은 현저하게 커서 선미를 우현쪽으로 밀게 되므로 선수는 좌현쪽으로 회두한다.

21. 협수로를 항해할 때 유의할 사항으로 옳지 않은 것은?

가. 통합시기는 계류 때나 조류가 약한 때를 택하고, 만곡이 급한 수로는 순조시 통항을 피한다.
나. 협수로의 만곡부에서 유속은 일반적으로 만곡의 내측에서 강하고 외측에서는 약한 특

징이 있다.
사. 협수로에서의 유속은 일반적으로 수로 중앙부가 강하고, 육안에 가까울수록 약한 특징이 있다.
아. 협수로는 수로의 폭이 좁고, 조류나 해류가 강하며, 굴곡이 심하여 선박의 조종이 어렵고, 항행할 때에는 철저한 경계를 수행하면서 통항하여야 한다.

22. 화물선에서 복원성을 증가시키기 위한 방법이 아닌것은?
가. 선체의 길이 방향으로 갑판 화물을 배치한다.
나. 선저부의 탱크에 평형수를 적재한다.
사. 가능하면 높은 곳의 중량물을 아래쪽으로 옮긴다.
아. 연료유나 청수를 무게중심 아래에 위치한 탱크이 공급받는다.

23. 황천 항해에 대비하여 갑판상 배수구를 청소하는 이유는?
가. 복원력 감소를 방지하기 위하여
나. 선박의 트림을 조정하기 위하여
사. 선박의 선회성을 증대시키기 위하여
아. 프로펠러 공회전을 방지하기 위하여

24. 선박간 충돌시 일반적인 대처방법으로 옳지 않은 것은?
가. 충돌 직후에는 즉시 기관을 정지한다.
나. 충돌 직후 기관을 후진하여 두 선박을 분리한다.
사. 급박한 위험이 있는 경우 구조를 요청한다.
아. 충돌 후 침몰이 예상될 경우 사람을 먼저 대피시킨다.

25. 자력으로 이초(Refloating)할 경우 주의사항으로 옳지 않은 것은?

가. 고조가 되기 직전에 이초를 시도한다.
나. 암초에 얹혔을 때에는 얹힌 부분의 흘수를 줄인다.
사. 모래에 얹혔을 때에는 얹힌 부분의 상부에 밸러스트를 적재하여 흡수를 증가시킨다.
아. 모래에 얹혔을 때에는 모래가 냉각수로 흡입되어 기관 고장을 일으키기 쉬우므로 주의한다.

소형선박조종사 [6회 -기관]

01. 압축공기로 시동하는 4행정 사이클 디젤기관에서 어떠한 크랭크 각도에서도 시동될 수 있으려면 최소 몇 기통 이상이어야 하는가?
가. 2기통   나. 4기통
사. 6기통   아. 8기통

02. 내연기관의 연료유가 갖추어야 할 조건이 아닌 것은?
가. 발열량이 클 것
나. 유황분이 적을 것
사. 물이 함유되어 있지 않을 것
아. 점도가 높을 것

03. 4행정 사이클 디젤기관의 실린더 헤드에 설치되는 밸브가 아닌 것은?
가. 흡기밸브
나. 배기밸브
사. 연료분사밸브
아. 시동공기분배밸브

04. 디젤기관의 메인베어링에 대한 설명으로 옳지 않은 것은?

가. 크랭크축을 지지한다.
나. 크랭크축의 중심을 잡아준다.
사. 윤활유로 윤활시킨다.
아. 볼베어링을 주로 사용한다.

05. 압축공기로 시동하는 소형기관에서 실린더 헤드를 분해할 경우 준비사항이 아닌 것은?

가. 시동공기를 차단한다.
나. 연료유를 차단한다.
사. 냉각수를 배출한다.
아. 공기압축기를 정지한다.

06. 소형기관에서 연소실의 구성요소가 아닌 것은?

가. 피스톤
나. 기관 베드
사. 실린더 헤드
아. 실린더 라이너

07. 소형기관에서 피스톤링의 절구틈에 대한 설명으로 옳은 것은?

가. 기관의 운전시간이 많을수록 절구틈은 커진다.
나. 기관의 운전시간이 많을수록 절구틈은 작아진다.
사. 절구틈이 커질수록 기관의 효율이 좋아진다.
아. 절구틈이 작을수록 연소가스 누설이 많아진다.

08. 소형기관의 운전 중 회전운동을 하는 부품이 아닌 것은?

가. 평형추   나. 피스톤
사. 크랭크축   아. 플라이휠

09. 다음 그림과 같은 디젤기관의 크랭크축에서 커넥팅로드가 연결되는 곳은?

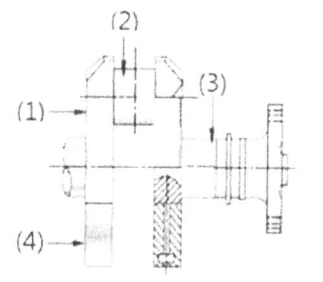

가. (1)   나. (2)   사. (3)   아. (4)

10. 소형선박에서 시동용 전동기가 회전하지 않는 경우의 원인이 아닌 것은?

가. 시동용 전동기가 고장 난 경우
나. 축전지가 완전 방전된 경우
사. 시동공기압력이 너무 낮은 경우
아. 축전지의 전압이 너무 낮은 경우

11. 소형기관에 설치된 시동용 전동기에 대한 설명으로 옳지 않은 것은?

가. 주로 교류 전동기가 사용된다.
나. 축전지로부터 전원을 공급 받는다.
사. 기관에 회전력을 주어 기관을 시동한다.
아. 전기적 에너지를 기계적 에너지로 바꾼다.

12. 직렬형 디젤기관에서 실린더가 6개인 경우 메인베어링의 최소 개수는?

가. 5개   나. 6개   사. 7개   아. 8개

13. 기관의 동력전달장치 중 직접역전방식에 대한 설명으로 옳은 것은?

가. 기관을 저속으로 운전하면서 기관의 회전방향을 바꾸어 준다.
나. 기관의 회전방향을 그대로 두고 프로펠러의 회전방향을 바꾼다.
사. 기관의 회전방향을 바꾸기 위해서는 기관을

정지하여 역회전시켜야 한다.
아. 기관의 회전방향과 프로펠러의 회전방향을 그대로 두고 선박의 속력을 낮추어 바꾼다.

14. 선박이 추진할 때 가장 효율이 좋은 경우는?

가. 선미의 흘수가 선수의 흘수보다 큰 때
나. 선수의 흘수가 선미의 흘수보다 클 때
사. 선수의 흘수와 선미의 흘수가 같을 때
아. 선수의 흘수가 선미의 흘수보다 같거나 클 때

15. 낮은 곳에 있는 액체를 흡입하여 압력을 가한 후 높은곳으로 이송하는 장치는?

가. 발전기 나. 보일러
사. 조수기 아. 펌프

16. 전동기로 구동되는 원심펌프의 기동방법으로 가장 적절한 것은?

가. 흡입밸브와 송출밸브를 모두 잠그고 펌프를 기동시킨 다음 송출밸브를 먼저 열고 흡입밸브를 서서히 연다.
나. 흡입밸브와 송출밸브를 모두 잠그고 펌프를 기동시킨 다음 흡입밸브를 먼저 열고 송출밸브를 서서히 연다.
사. 흡입밸브는 잠그고 송출밸브를 연 후 펌프를 기동시킨 다음 흡입밸브를 서서히 연다.
아. 흡입밸브를 열고 송출밸브를 잠근 후 펌프를 기동시킨 다음 송출밸브를 서서히 연다.

17. 기관실의 빌지펌프로 가장 많이 사용되는 펌프는?

가. 제트펌프 나. 원심펌프
사. 왕복펌프 아. 축류펌프

18. 발전기의 기중차단기를 나타내는 것은?

가. ACB 나. NFB
사. OCR 아. MCCB

19. 납축전지가 완전 충전상태일 때 20[℃]에서의 우리나라 표준 비중은?

가. 1.22 나. 1.24 사. 1.26 아. 1.28

20. 2[V] 단전지 6개를 연결하여 12[V]가 되게 하려면 어떻게 연결해야 하는가?

가. 2[V] 단전지 6개를 병렬 연결한다.
나. 2[V] 단전지 6개를 직렬 연결한다.
사. 2[V] 단전지 3개를 병렬 연결하여 나머지 3개와 직렬 연결한다.
아. 2[V] 단전지 2개를 병렬 연결하여 나머지 4개와 직렬 연결한다.

21. 디젤기관의 흡·배기밸브 틈새를 조정할 때 필요한 것은?

가. 필러게이지
나. 다이얼게이지
사. 내경 마이크로미터
아. 버니어캘리퍼스

22. 디젤기관의 흡·배기밸브의 틈새를 조정할 경우 주의사항으로 옳은 것은?

가. 피스톤이 상사점에 있을 때 조정한다.
나. 틈새는 규정치보다 약간 크게 조정한다.
사. 틈새는 규정치보다 약간 작게 조정한다.
아. 피스톤이 상사점보다 30도 지난 위치에서 조정한다.

23. 소형 디젤기관의 피스톤링에 대한 설명으로 옳지 않은 것은?

가. 적절한 장력을 가져야 한다.
나. 압축링과 오일링으로 나누어진다.
사. 압축링의 수가 오일링의 수보다 더 많다.
아. 피스톤의 위쪽에 오일링, 아래쪽에 압축링이 설치된다.

24. 경유와 중유를 서로 비교한 설명으로 옳은 것은?

가. 중유에 비해 경유의 비중이 더 작고 점도도 더 작다.
나. 중유에 비해 경유의 비중이 더 작고 점도는 더 크다.
사. 중유에 비해 경유의 비중이 더 크고 점도는 더 작다.
아. 중유에 비해 경유의 비중이 더 크고 점도도 더 크다.

25. 비중이 0.8인 경유 200[ℓ]와 비중이 0.85인 경유 100[ℓ]를 혼합하였을 경우의 혼합비중은 약 얼마인가?

가. 0.80   나. 0.82   사. 0.83   아. 0.85

소형선박조종사 [6회 -법규]

01. 해사안전법상 '조종제한선'이 아닌 것은?

가. 기뢰 제거작업에 종사하고 있는 선박
나. 항공기의 발착작업에 종사하고 있는 선박
사. 어로에 종사하고 있는 선박
아. 준설·측량 또는 수중 작업에 종사하고 있는 선박

02. ( )에 순서대로 적합한 것은?

"해사안전법상 선박은 접근하여 오는 다른 선박의 나침방위에 뚜렷한 변화가 있더라도 ( ) 또는 ( )에 종사하고 있는 선박에 접근하거나, 가까이 있는 다른 선박에 접근하는 경우에는 충돌을 방지하기 위하여 필요한 조치를 하여야 한다."

가. 소형선, 어로작업
나. 소형선, 예인작업
사. 거대선, 어로작업
아. 거대선, 예인작업

03. 해사안전법상 조타기가 고장이 나서 다른 선박의 진로를 피할 수 없는 선박이 표시하여야 하는 것은?

가. 흰색의 기를 표시하여야 한다.
나. 밤에는 가장 잘 보이는 곳에 수직으로 붉은색 전주등 2개를 표시하여야 한다.
사. 낮에는 가장 잘 보이는 곳에 수직으로 둥근꼴이나 그와 비슷한 형상물 1개를 표시하여야 한다.
아. 밤에는 가장 잘 보이는 곳에 수직으로 흰색 전주등 2개를 표시하여야 한다.

04. 해사안전법상 장음의 취명시간 기준은?

가. 약 1초   나. 2~3초
사. 3~4초   아. 4~6초

05. 해사안전법상 선박이 통항하는 항로, 속력 및 그 밖에 선박 운항에 관한 사항을 지정하는 제도는?

가. 선박 교통관제제도
나. 통항분리제도
사. 항로지정제도
아. 해상교통안전진단제도

06. 해사안전법상 선박의 항행안전에 필요한 항행보조시설을 〈보기〉에서 모두 고른 것은?

〈보 기〉
ㄱ. 신호 설비
ㄴ. 해양관측 설비
ㄷ. 조명 설비
ㄹ. 항로표지

가. ㄱ   나. ㄷ, ㄹ

사. ㄱ, ㄷ, ㄹ　　　아. ㄱ, ㄴ, ㄷ, ㄹ

07. 해사안전법상 항행장애물 보고시 포함되어야 하는 사항을 보기에서 모두 고른 것은?

〈보 기〉
ㄱ. 항행장애물의 크기
ㄴ. 항행장애물의 가치
ㄷ. 항행장애물의 상태

가. ㄴ　　　　　　나. ㄱ, ㄴ
사. ㄴ, ㄷ　　　　아. ㄱ, ㄴ, ㄷ

08. 해사안전법상 선박의 출항을 통제하는 목적은?

가. 국적선의 이익을 위해
나. 선박의 효율적 통제를 위해
사. 항만의 무리한 운영을 견제하려고
아. 선박의 안전운항에 지장을 줄 우려 때문에

09. 해사안전법의 목적으로 옳은 것은?

가. 해상에서의 인명구조
나. 해사안전 증진과 선박의 원활한 교통에 기여
사. 우수한 해기사 양성과 해기인력 확보
아. 해양주권의 행사 및 국민의 해양권 확보

10. 해사안전법상 '두 선박이 서로 시계 안에 있다'의 의미는?

가. 다른 선박을 눈으로 볼 수 있는 상태이다.
나. 양쪽 선박에서 음파를 감지할 수 있는 상태이다.
사. 초단파무선설비(VHF)로 통화할 수 있는 상태이다.
아. 레이더를 이용하여 선박을 확인할 수 있는 상태이다.

11. 해사안전법상 '안전한 속력'을 결정할 때 고려해야 할 사항이 아닌 것은?

가. 선박의 흘수와 수심과의 관계
나. 본선의 조종성능
사. 해상교통량의 밀도
아. 활용 가능한 경계원의 수

12. 해사안전법상 제한된 시계 안에서 어로에 종사하고 있는 선박이 2분을 넘지 아니하는 간격으로 연속하여 울려야 하는 기적 신호는?

가. 장음 1회, 단음 1회
나. 장음 2회, 단음 1회
사. 장음 1회, 단음 2회
아. 장음 3회

13. ( )에 순서대로 적합한 것은?

"해사안전법상 횡단하는 상태에서 충돌의 위험이 있을 때 유지선은 피항선이 적절한 조치를 취하고 있지 아니하다고 판단하면 침로와 속력을 유지하여야 함에도 불구하고 스스로의 조종만으로 피항선과 충돌하지 아니하도록 조치를 취할 수 있다. 이 경우 ( )은 부득이하다고 판단하는 경우 외에는 ( ) 쪽에 있는 선박을 향하여 침로를 ( )으로 변경하여서는 아니 된다."

가. 피항선, 다른 선박의 좌현, 오른쪽
나. 피항선, 자기 선박의 우현, 왼쪽
사. 유지선, 자기 선박의 좌현, 왼쪽
아. 유지선, 다른 선박의 좌현, 오른쪽

14. 해사안전법상 2척의 동력선이 충돌의 위험성이 있는 상태에서 서로 상대선의 양쪽의 현등을 동시에 보면서 접근하고 있는 상태는?

가. 마주치는 상태　　나. 횡단하는 상태
사. 추월하는 상태　　아. 통과하는 상태

15. 해사안전법상 국제항해에 종사하지 않는 여객선에 대한 출항통제권자는?
　가. 시·도지사
　나. 해양경찰서장
　사. 지방해양수산청장
　아. 해양수산부장관

16. 선박의 입항 및 출항 등에 관한 법률상 무역항의 수상구역등에서 정박하거나 정류하지 못하도록 하는 장소가 아닌 것은?
　가. 하천　　　　나. 잔교 부근 수역
　사. 좁은 수로　　아. 수심이 깊은 곳

17. ( )에 적합한 것은?
　"선박의 입항 및 출항 등에 관한 법률상 무역항의 수상구역 등에서 다른 선박을 예인할 때 예인선의 선수로부터 피예인선의 선미까지의 길이는 원칙적으로 ( )를 초과할 수 없다."
　가. 100미터　　나. 200미터
　사. 300미터　　아. 400미터

18. 선박의 입장 및 출항 등에 관한 법률상 방파제 부근에서 입·출항 선박이 마주칠 우려가 있는 경우 항법에 대한 설명으로 옳은 것은?
　가. 소형선이 대형선의 진로를 피한다.
　나. 방파제에 동시에 진입해도 상관없다.
　사. 입항하는 선박이 방파제 밖에서 출항하는 선박의 진로를 피한다.
　아. 선속이 빠른 선박이 선속이 느린 선박의 진로를 피한다.

19. 선박의 입항 및 출항 등에 관한 법률상 무역항의 수상구역등에서 위험물을 적재한

총톤수 25톤의 선박이 수리를 할 경우, 반드시 허가를 받고 시행하여야 하는 작업은?
　가. 갑판 청소
　나. 평형수의 이동
　사. 연료의 수급
　아. 기관실 용접 작업

20. ( )에 순서대로 적합한 것은?
　"선박의 입항 및 출항 등에 관한 법률상 ( )은 선박이 빠른 속도로 항행하여 다른 선박의 안전 운항에 지장을 초래할 우려가 있다고 인정하는 무역항의 수상구역등에 대하여는 ( )에게 무역항의 수상구역등에서의 선박 항행 최고속력을 지정할 것을 요청할 수 있다."
　가. 시장, 항만공사 사장
　나. 항만공사 사장, 해양경찰청장
　사. 해양경찰청장, 해양수산부장관
　아. 해양수산부장관, 해양경찰청장

21. 선박의 입항 및 출항 등에 관한 법률상 무역항의 항로를 따라 항행 중인 선박이 고장으로 인해 조종이 불가능하여 항로에서 정박하였을 때 선장은 누구에게 이 사실을 신고하여야 하는가?
　가. 지방자치단체장　　나. 해양경찰청장
　사. 해양경찰서장　　　아. 해양수산부장관

22. 선박의 입항 및 출항 등에 관한 법률상 항로에서 특수한 상황을 제외하고, 일반적인 항법으로 옳지 않은 것은?
　가. 항로에서 다른 선박과 마주칠 우려가 있는 경우에는 좌측항행
　나. 항로에서 나란히 항행 금지
　사. 항로에서 원칙적으로 추월 금지
　아. 항로에서 항로 밖으로 나가는 선박은 항로

를 항행하는 선박의 진로 방해 금지

23. 다음 중 해양환경관리법상 선박으로부터 오염물질이 해양에 배출 되었을 경우 신고의 의무가 없는 사람은?

가. 배출된 오염물질이 적재된 선박의 선장
나. 방제 전문가
사. 배출행위를 한 선원
아. 오염물질을 발견한 선원

24. 해양환경관리법상 기관실에서 발생한 선저폐수의 관리와 처리에 대한 설명으로 옳지 않은 것은?

가. 어장으로부터 먼 바다에서 그대로 배출할 수 있다.
나. 선내에 비치되어 있는 저장 용기에 저장한다.
사. 입항하여 육상에 양륙 처리한다.
아. 누수 및 누유가 발생하지 않도록 기관실 관리를 철저히 한다.

25. 해양환경관리법상 선박에서의 오염물질인 기름 배출시 신고해야할 양과 농도에 대한 기준은?

가. 유분이 100만분의 100 이상이고 유분총량이 50리터 이상
나. 유분이 100만분의 100 이상이고 유분총량이 100리터 이상
사. 유분이 100만분의 1,000 이상이고 유분총량이 50리터 이상
아. 유분이 100만분의 1,000 이상이고 유분총량이 100리터 이상

소형선박조종사 [7회 -항해]

01. 자기 컴퍼스에서 0도와 180도를 연결하는 선과 평행하게 자석이 부착되어 있는 원형판은?

가. 볼
나. 기선
사. 짐벌즈
아. 컴퍼스 카드

02. 기계식 자이로컴퍼스를 사용할 때 최소한 몇 시간 전에 작동시켜야 하는가?

가. 1시간
나. 2시간
사. 3시간
아. 4시간

03. 풍향풍속계에서 지시하는 풍향과 풍속에 대한 설명으로 옳지 않은 것은?

가. 풍향은 바람이 불어오는 방향을 말한다.
나. 풍향이 반시계 방향으로 변하면 풍향 반전이라 한다.
사. 풍속은 정시 관측 시각 전 15분간 풍속을 평균하여 구한다.
아. 어느 시간 내의 기록 중 가장 최대의 풍속을 순간 최대 풍속이라 한다.

04. 강선의 선체자기가 자기 컴퍼스에 영향을 주어 발생되며, 자기 컴퍼스의 북(나북)이 자북과 이루는 차이는?

가. 경차
나. 자차
사. 편차
아. 컴퍼스 오차

05. 자기 컴퍼스의 유리가 파손되거나 기포가 생기지 않는 온도 범위는?

가. 0℃~70℃
나. -5℃~75℃
사. -20℃~50℃
아. -40℃~30℃

06. 인공위성을 이용하여 선위를 구하는 장치는?

가. 지피에스(GPS)
나. 로란(LORAN)
사. 레이더(RADAR)
아. 데카(DECCA)

07. 용어에 대한 설명으로 옳은 것은?

가. 전위선은 추측위치와 추정위치의 교점이다.
나. 중시선은 두 물표의 교각이 90도일 때의 직선이다.
사. 추측위치란 선박의 침로, 속력 및 풍압차를 고려하여 예상한 위치이다.
아. 위치선은 관측을 실시한 시점에 선박이 그 선 위에 있다고 생각되는 특정한 선을 말한다.

08. 지축을 천구까지 연장한 선, 즉 천구의 회전대를 천의축이라고 하고, 천의 축이 천구와 만난 두 점을 무엇이라고 하는가?

가. 천의 적도
나. 천의 자오선
사. 천의 극
아. 수직권

09. 레이더 화면에 그림과 같은 것이 나타나는 원인은?

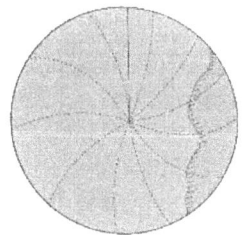

가. 물표의 간접 반사
나. 비나 눈 등에 의한 반사
사. 해면의 파도에 의한 반사
아. 다른 선박의 레이더 파에 의한 간섭

10. 그림에서 빗금 친 영역에 있는 선박이나 물체는 본선 레이더 화면에 어떻게 나타나

는가?

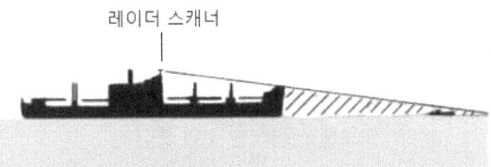

가. 나타나지 않는다.
나. 희미하게 나타난다.
사. 선명하게 나타난다.
아. 거짓상이 나타난다.

11. 우리나라 해도상 수심의 단위는?

가. 미터(m)　　　나. 센티미터(cm)
사. 패덤(fm)　　　아. 킬로미터(km)

12. 등대표에 대한 설명으로 옳지 않은 것은?

가. 항로표지의 이력표와 같은 것이다.
나. 해도에 표시되지 않은 항로표지는 기재하지 않는다.
사. 미국, 영국, 일본 등에서도 등대표를 발간하기 때문에 필요에 따라 이용하면 된다.
아. 우리나라 등대표는 동해안 → 남해안 → 서해안을 따라 일련번호를 부여하여 설명하고 있다.

13. 항로, 암초, 항행금지구역 등을 표시하는 지점에 고정으로 설치하여 선박의 좌초를 예방하고 항로의 안내를 위해 설치하는 광파표지(야간표지)는?

가. 등대　나. 등선　사. 등주　아. 등표

14. 특수표지에 대한 설명으로 옳지 않은 것은?

가. 두표는 1개의 황색구를 사용한다.
나. 등화는 황색을 사용한다.
사. 표지의 색상은 황색이다.
아. 해당하는 수로도지에 기재되어 있는 공사구역, 토사채취장 등이 있음을 표시한다.

15. 선박의 레이더에서 발사된 전파를 받은 때에만 응답전파를 발사하는 전파표지는?

가. 레이콘(Racon)
나. 레이마크(Ramark)
사. 토킹 비컨(Talking beacon)
아. 무선방향탐지기(RDF)

16. 연안 항해에 사용되며, 연안의 상황이 상세하게 표시된 해도는?

가. 항양도　　　나. 항해도
사. 해안도　　　아. 항박도

17. 해도의 관리에 대한 사항으로 옳지 않은 것은?

가. 해도를 서랍에 넣을 때는 구겨지지 않도록 주의한다.
나. 해도는 발행 기관별 번호 순서로 정리하고, 항해중에는 사용할 것과 사용한 것을 분리하여 정리하면 편리하다.
사. 해도를 운반할 때는 여러번 접어서 이동한다.
아. 해도에 사용하는 연필은 2B나 4B연필을 사용한다.

18. 등질에 대한 설명으로 옳지 않은 것은?

가. 섬광등은 빛을 비추는 시간이 꺼져 있는 시간보다 짧은 등이다.
나. 호광등은 색깔이 다른 종류의 빛을 교대로 내며, 그 사이에 등광은 꺼지는 일이 없는 등이다.
사. 부동등은 고정되어 있어 위치를 움직일 수 없는 등이다.
아. 모스 부호등은 모스부호를 빛으로 발하는 등이다.

19. 해도상에 'Fl. 20s 10m 5M'이라고 표시된 등대의 불빛을 볼 수 있는 거리는 등대로부터 대략 몇 해리인가?
   가. 5해리 나. 10해리
   사. 15해리 아. 20해리

20. 다음과 같은 두표를 가진 국제해상부표식의 항로표지는?

   가. 방위표지 나. 특수표지
   사. 고립장해표지 아. 안전수역표지

21. 해수의 연직방향의 운동은?
   가. 조석 나. 조차 사. 정조 아. 창조

22. 야간에 육지의 복사냉각으로 형성되는 소규모의 고기압은?
   가. 대륙성 고기압 나. 한랭 고기압
   사. 이동성 고기압 아. 지형성 고기압

23. 중심이 주위보다 따뜻한 저기압으로, 상층으로 갈수록 저기압성 순환이 줄어들면서 어느 고도 이상에서 사라지는 것은?
   가. 전선 저기압 나. 비전선 저기압
   사. 한랭 저기압 아. 온난 저기압

24. 연안 항로 선정에 관한 설명으로 옳지 않은 것은?
   가. 연안에서 뚜렷한 물표가 없는 해안을 항해하는 경우 해안선과 평행한 항로를 선정하는 것이 좋다.
   나. 항로지, 해도 등에 추천항로가 설정되어 있으면, 특별한 이유가 없는 한 그 항로를 따르는 것이 좋다.
   사. 복잡한 해역이나 위험물이 많은 연안을 항해할 경우에는 최단항로를 항해하는 것이 좋다.
   아. 야간의 경우 조류나 바람이 심할 때는 해안선과 평행한 항로보다 바다 쪽으로 벗어난 항로를 선정하는 것이 좋다.

25. 피험선에 대한 설명으로 옳은 것은?
   가. 위험 구역을 표시하는 등심선이다.
   나. 선박이 존재한다고 생각하는 특정한 선이다.
   사. 항의 입구 등에서 자선의 위치를 구할 때 사용한다.
   아. 항해 중에 위험물에 접근하는 것을 쉽게 탐지 할 수 있다.

소형선박조종사 [7회 -운용]

01. 선체 각부의 명칭을 나타낸 아래 그림에서 ㉠은?

   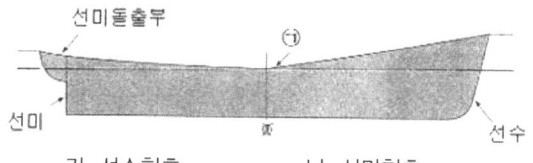

   가. 선수현호 나. 선미현호
   사. 상갑판 아. 용골

02. 선저판, 외판, 갑판 등에 둘러싸여 화물적재에 이용되는 공간은?
   가. 격벽 나. 선창
   사. 코퍼댐 아. 밸러스트 탱크

03. 상갑판 보(Beam) 위의 선수재 전면으로부터 선미재 후면까지의 수평거리로 선박원부에 등록되고 선박국적증서에 기재되는

길이는?

가. 전장 나. 수선장
사. 등록장 아. 수선간장

04. 키의 구조와 각부 명칭을 나타낸 아래 그림에서 ㉠은 무엇인가?

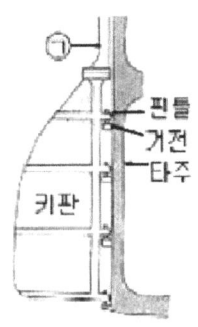

가. 타두재 나. 러더암
사. 타심재 아. 러더 커플링

05. 조타장치 취급 시의 주의사항으로 옳지 않은 것은?

가. 유압펌프 및 전동기의 작동 시 소음을 확인한다.
나. 항상 모든 유압펌프가 작동되고 있는지 확인한다.
사. 수동조타 및 자동조타의 변환을 위한 장치가 정상적으로 작동하는지 확인한다.
아. 작동부에서 그리스의 주입이 필요한 곳에 일정간격으로 주입되었는지 확인한다.

06. 앵커 체인의 섀클 명칭이 아닌 것은?

가. 스톡(Stock)
나. 엔드 링크(End link)
사. 커먼 링크(Common link)
아. 조이닝 섀클(Joining shackle)

07. 고정식 소화장치 중에서 화재가 발생하면 자동으로 작동하여 물을 분사하는 장치는?

가. 고정식 포말 소화장치
나. 자동 스프링클러 장치
사. 고정식 분말소화 장치
아. 고정식 이산화탄소 소화장치

08. 체온을 유지할 수 있도록 열전도율이 작은 방수 물질로 만들어진 포대기 또는 옷을 의미하는 구명 설비는?

가. 구명 동의 나. 구명 부기
사. 방수복 아. 보온복

09. 해상에서 사용되는 신호 중 시각에 의한 통신이 아닌 것은?

가. 수기신호 나. 기류신호
사. 기적신호 아. 발광신호

10. 불을 붙여 물에 던지면 해면 위에서 연기를 내는 조난신호장비로서 방수 용기로 포장되어 잔잔한 해면에서 3분 이상 잘 보이는 색깔의 연기를 내는 것은?

가. 신호 홍염 나. 신호 거울
사. 자기 점화등 아. 발연부 신호

11. 사람이 물에 빠진 시간 및 위치가 불명확하거나, 협시계, 어두운 밤 등으로 인하여 물에 빠진 사람을 확인할 수 없을 때, 그림과 같이 지나왔던 원래의 항적으로 돌아가고자 할 때 유효한 인명구조를 위한 조선법은?

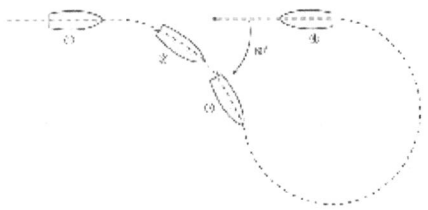

가. 반원 2선회법(Double turn)

나. 샤르노브 턴(Scharnow turn)
사. 윌리암슨 턴(Williamson turn)
아. 싱글 턴 또는 앤더슨 턴(Single turn or Anderson turn)

12. 팽창식 구명뗏목에 대한 설명으로 옳지 않은 것은?

가. 모든 해상에서 30일 동안 떠 있어도 견딜 수 있도록 제작되어야 한다.
나. 선박이 침몰할 때 자동으로 이탈되어 조난자가 탈 수 있다.
사. 구명정에 비해 항해 능력은 떨어지지만 손쉽게 강하할 수 있다.
아. 수압이탈장치의 작동 수심 기준은 수면 아래 10미터이다.

13. 초단파(VHF) 무선설비로 타 선박을 호출할 때의 호출절차에 대한 설명으로 옳은 것은?

가. 상대선 선명, 여기는 본선 선명 순으로 호출한다.
나. 상대선 선명, 여기는 상대선 선명 순으로 호출한다.
사. 본선 선명, 여기는 상대선 선명 순으로 호출한다.
아. 본선 선명, 여기는 본선 선명 순으로 호출한다.

14. 선박이 항진 중에 타각을 주었을 때, 타판의 표면에 작용하는 물의 점성에 의해 발생하는 힘은?

가. 양력
나. 항력
사. 마찰력
아. 직압력

15. 선체운동 중에서 선수 및 선미가 상하로 교대로 회전하는 종경사 운동은?

가. 종동요(Pitching)
나. 횡동요(Rolling)
사. 선수 동요(Yawing)
아. 선체 좌우이동(Swaying)

16. 선체의 뚱뚱한 정도를 나타내는 것은?

가. 등록장
나. 의장수
사. 방형계수
아. 배수톤수

17. 선박이 선회 중 나타나는 일반적인 현상으로 옳지 않은 것은?

가. 선속이 감소한다.
나. 횡경사가 발생한다.
사. 선회 가속도가 감소한다.
아. 선미 킥이 발생한다.

18. 접·이안 시 닻을 사용하는 목적이 아닌 것은?

가. 전진속력의 제어
나. 후진 시 선수의 회두 방지
사. 선회 보조 수단
아. 추진기관의 보조

19. 협수로 항해에 관한 설명으로 옳지 않은 것은?

가. 통항시기는 게류 때나 조류가 약한 때를 택하고, 만곡이 급한 수로는 순조 시 통항을 피한다.
나. 협수로 만곡부에서의 유속은 일반적으로 만곡의 외측에서 강하고 내측에서는 약한 특징이 있다.
사. 협수로에서의 유속은 일반적으로 수로 중앙부가 약하고, 육지에 가까울수록 강한 특징이 있다.
아. 협수로는 수로의 폭이 좁고, 조류나 해류가 강하며, 굴곡이 심하여 선박의 조종이 어렵고, 항행할 때에는 철저한 경계를 수행하면서 통항하여야 한다.

20. 비상위치지시 무선표지(EPIRB)의 수압이 탈장치가 작동되는 수압은?

　가. 수심 0.1~1미터 사이의 수압
　나. 수심 1.5~4미터 사이의 수압
　사. 수심 5~6.5미터 사이의 수압
　아. 수심 10~15미터 사이의 수압

21. 황천에 대비하여 탱크 내의 기름이나 물을 가득 채우거나 비우는 이유가 아닌 것은?

　가. 유체 이동에 의한 선체 손상을 막는다.
　나. 탱크 내 자유표면효과로 인한 복원력 감소를 줄인다.
　사. 선저 밸러스트 탱크를 가득 채우면 복원성이 좋아진다.
　아. 기름 탱크를 가득 채우면 연료유로 사용하기 쉽기 때문이다.

22. 황천 항해 중 고정피치 스크루 프로펠러의 공회전(Racing)을 줄이는 방법이 아닌 것은?

　가. 선미트림을 증가시킨다.
　나. 기관의 회전수를 증가시킨다.
　사. 침로를 변경하여 피칭(Pitching)을 줄인다.
　아. 선속을 줄인다.

23. 황천 중 선박이 선수파를 받고 고속 항주할 때 선수 선저부에 강한 선수파의 충격으로 급격한 선체진동을 유발하는 현상은?

　가. Slamming(슬래밍)
　나. Scudding(스커딩)
　사. Broaching to(브로칭 투)
　아. Pooping down(푸핑 다운)

24. 선박의 침몰 방지를 위하여 선체를 해안에 고의적으로 얹히는 것은?

　가. 좌초　　　　　나. 접촉
　사. 임의 좌주　　　아. 충돌

25. 정박 중 선내 순찰의 목적이 아닌 것은?

　가. 선내 각부의 화재위험 여부 확인
　나. 선내 불빛이 외부로 새어 나가는지의 여부 확인
　사. 정박등을 포함한 각종 등화 및 형상물 확인
　아. 각종 설비의 이상 유무 확인

소형선박조종사 [7회 -기관]

01. 과급기에 대한 설명으로 옳은 것은?

　가. 기관의 운동 부분에 마찰을 줄이기 위해 윤활유를 공급하는 장치이다.
　나. 연소가스가 지나가는 고온부를 냉각시키는 장치이다.
　사. 기관의 회전수를 일정하게 유지시키기 위해 연료분사량을 자동으로 조절하는 장치이다.
　아. 기관의 실린더 내로 공급되는 공기의 압력을 높여 실린더 내에 공급하는 장치이다.

02. 4행정 사이클 디젤기관에서 실제로 동력을 발생시키는 행정은?

　가. 흡입행정　　　나. 압축행정
　사. 작동행정　　　아. 배기행정

03. 디젤기관에서 실린더 라이너의 심한 마멸에 의한 영향이 아닌 것은?

　가. 압축불량
　나. 불완전 연소
　사. 연소가스가 크랭크실로 누설
　아. 폭발 시기가 빨라짐

04. 디젤기관의 압축비에 대한 설명으로 옳은

것을 모두 고른 것은?

> ㄱ. 압축비는 10 보다 크다.
> ㄴ. 실린더부피를 압축부피로 나눈 값이다.
> ㄷ. 압축비가 클수록 압축압력은 높아진다.

가. ㄱ, ㄴ 　　　　나. ㄱ, ㄷ
사. ㄴ, ㄷ 　　　　아. ㄱ, ㄴ, ㄷ

05. 4행정 사이클 6실린더 기관에서 폭발이 일어나는 크랭크 각도는?
　가. 60°　　　　나. 90°
　사. 120°　　　아. 180°

06. 다음 그림과 같은 4행정 사이클 디젤기관의 밸브 구동장치에서 ①, ②, ③의 명칭을 순서대로 옳게 나타낸 것은?

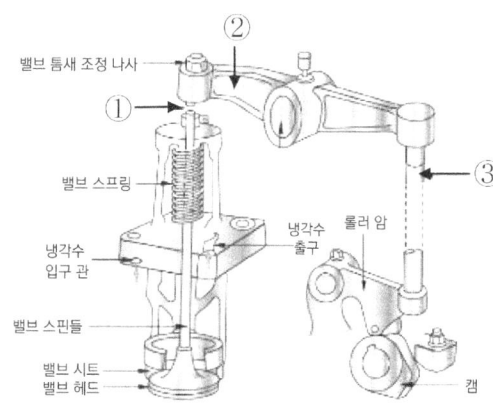

가. 밸브틈새, 밸브레버, 푸시로드
나. 밸브레버, 밸브틈새, 푸시로드
사. 푸시로드, 밸브레버, 밸브틈새
아. 밸브틈새, 푸시로드, 밸브레버

07. 소형 디젤기관에서 윤활유가 공급되는 곳은?
　가. 피스톤핀　　　나. 연료분사밸브
　사. 공기냉각기　　아. 시동공기밸브

08. 소형기관에서 피스톤링의 절구틈에 대한 설명으로 옳은 것은?
　가. 기관의 운전시간이 많을수록 절구틈은 커진다.
　나. 기관의 운전시간이 많을수록 절구틈은 작아진다.
　사. 절구틈이 커질수록 기관의 효율이 좋아진다.
　아. 절구틈이 작을수록 연소가스 누설이 많아진다.

09. 다음 그림에서 ①과 ②의 명칭으로 옳은 것은?

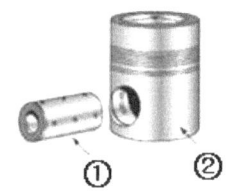

가. 피스톤핀과 피스톤
나. 크랭크핀과 피스톤
사. 피스톤핀과 크랭크핀
아. 크랭크축과 피스톤

10. 다음 그림과 같은 크랭크축에서 커넥팅로드가 연결되는 부분은?

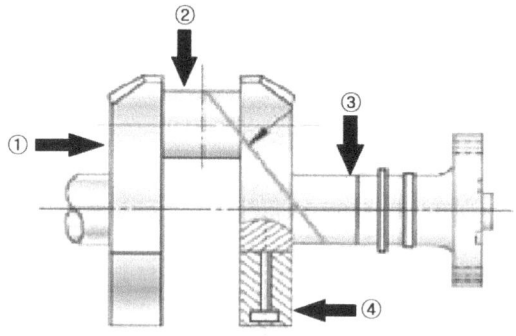

가. ①　　나. ②　　사. ③　　아. ④

11. 디젤기관의 운전 중 윤활유 계통에서 주의해서 관찰해야 하는 것은?
  가. 기관의 입구 온도와 기관의 입구 압력
  나. 기관의 출구 온도와 기관의 출구 압력
  사. 기관의 입구 온도와 기관의 출구 압력
  아. 기관의 출구 온도와 기관의 입구 압력

12. 디젤기관에서 실린더 라이너에 윤활유를 공급하는 주된 이유는?
  가. 불완전 연소를 방지하기 위해
  나. 연소가스의 누설을 방지하기 위해
  사. 피스톤의 균열 발생을 방지하기 위해
  아. 실린더 라이너의 마멸을 방지하기 위해

13. 추진기의 회전속도가 어느 한도를 넘으면 추진기 배면의 압력이 낮아지며 물의 흐름이 표면으로부터 떨어져 기포가 발생하여 추진기 표면을 두드리는 현상은?
  가. 슬립현상   나. 공동현상
  사. 명음현상   아. 수격현상

14. 추진기와 선체 사이의 거리를 크게 하기 위해 프로펠러 날개가 축의 중심선에 대해 선미 방향으로 약간 기울어져 있는 것을 무엇이라 하는가?
  가. 피치   나. 보스   사. 경사   아. 와류

15. 전동유압식 조타장치의 유압펌프로 이용될 수 있는 펌프는?
  가. 원심펌프   나. 축류펌프
  사. 제트펌프   아. 기어펌프

16. 양묘기의 설명으로 옳은 것은?
  가. 치차와 제동장치가 없다.
  나. 치차는 있으나 제동장치는 없다.
  사. 치차는 없으나 제동장치는 있다.
  아. 치차와 제동장치 모두 있다.

17. 캡스턴의 정비사항이 아닌 것은?
  가. 그리스 니플을 통해 그리스를 주입한다.
  나. 마모된 부시를 교환한다.
  사. 마모된 체인을 교환한다.
  아. 구멍이 막힌 그리스 니플을 교환한다.

18. 해수펌프에 설치되지 않는 것은?
  가. 흡입관   나. 압력계
  사. 감속기   아. 축봉장치

19. 증기 압축식 냉동장치의 사이클 과정을 옳게 나타낸 것은?
  가. 압축기 → 응축기 → 팽창밸브 → 증발기
  나. 압축기 → 팽창밸브 → 응축기 → 증발기
  사. 압축기 → 증발기 → 응축기 → 팽창밸브
  아. 압축기 → 증발기 → 팽창밸브 → 응축기

20. 납축전지의 관리방법으로 옳지 않은 것은?
  가. 충전할 때는 완전히 충전시킨다.
  나. 방전시킬 때는 완전히 방전시킨다.
  사. 전해액을 보충할 때에는 비중을 맞춘다.
  아. 전해액 보충시에는 증류수로 보충한다.

21. 압력을 표시하는 단위는?
  가. [W]   나. [N]   사. [kcal]   아. [MPa]

22. 과급기가 있는 디젤 주기관의 설명으로 옳지 않은 것은?
  가. 공기 냉각기가 필요하다.
  나. 연료유 응축기가 필요하다.
  사. 윤활유 냉각기가 필요하다.
  아. 청수 냉각기가 필요하다.

23. 디젤기관에서 흡·배기밸브의 틈새를 조정할 경우 주의사항으로 옳은 것은?

　가. 피스톤이 압축행정의 상사점에 있을 때 조정한다.
　나. 틈새는 규정치보다 약간 크게 조정한다.
　사. 틈새는 규정치보다 약간 작게 조정한다.
　아. 피스톤이 상사점보다 30도 지난 위치에서 조정한다.

24. 연료유관 내에서 기름이 흐를 때 유동에 가장 큰 영향을 미치는 것은?

　가. 발열량　　　나. 점도
　사. 비중　　　　아. 세탄가

25. 연료유 수급 시 주의사항으로 옳지 않은 것은?

　가. 연료유 수급 중 선박의 흘수 변화에 주의한다.
　나. 수급 초기에는 압력을 최대로 높여서 수급한다.
　사. 주기적으로 측심하여 수급량을 계산한다.
　아. 주기적으로 누유되는 곳이 있는지를 점검한다.

소형선박조종사 [7회 -법규]

01. 해사안전법상 조종제한선이 아닌 것은?

　가. 기뢰제거작업에 종사하고 있는 선박
　나. 수중작업에 종사하고 있는 선박
　사. 흘수로 인하여 제약받고 있는 선박
　아. 항공기의 발착작업에 종사하고 있는 선박

02. 해사안전법상 선박교통관제구역에 진입하기 전 통신기기 관리에 대한 설명으로 옳은 것은?

　가. 조난채널은 관제통신 채널을 대신한다.
　나. 진입 전 호출응답용 관제통신 채널을 청취한다.
　사. 관제통신 채널 청취만으로는 항만 교통상황을 알기 어렵다.
　아. 선박교통관제사는 선박이 호출하기 전에는 어떠한 말도 하지 않는다.

03. 해사안전법상 충돌을 피하거나 상황을 판단하기 위한 시간적 여유를 얻기 위한 조치는?

　가. 소각도 변침　　나. 레이더 작동
　사. 상대선 호출　　아. 속력을 줄임

04. 해사안전법상 '적절한 경계'에 대한 설명으로 옳지 않은 것은?

　가. 이용할 수 있는 모든 수단을 이용한다.
　나. 청각을 이용하는 것이 가장 효과적이다.
　사. 선박 주위의 상황을 파악하기 위함이다.
　아. 다른 선박과 충돌할 위험성을 파악하기 위함이다.

05. 해사안전법상 2척의 동력선이 충돌의 위험이 있는 상태에서 서로 상대선의 양쪽의 현등을 동시에 보면서 접근하고 있는 상태는?

　가. 마주치는 상태　　나. 횡단하는 상태
　사. 추월하는 상태　　아. 통과하는 상태

06. ( )에 순서대로 적합한 것은?

"해사안전법상 밤에는 다른 선박의 ( )만을 볼 수 있고 어느 쪽의 ( )도 볼 수 없는 위치에서 그 선박을 앞지르는 선박은 추월선으로 보고 필요한 조치를 취하여야 한다."

　가. 선수등, 현등　　나. 선수등, 전주등
　사. 선미등, 현등　　아. 선미등, 전주등

07. 해사안전법상 제한된 시계에서 레이더만으

로 다른 선박이 있는 것을 탐지한 선박의 피항동작이 침로를 변경하는 것만으로 이루어질 경우 선박이 취할 행위로 옳은 것은?

가. 다른 선박이 자기 선박의 양쪽 현의 정횡 앞쪽에 있는 경우 좌현 쪽으로 침로를 변경하는 행위
나. 자기 선박의 양쪽 현의 정횡에 있는 선박의 방향으로 침로를 변경하는 행위
사. 자기 선박의 양쪽 현의 정횡 뒤쪽에 있는 선박의 방향으로 침로를 변경하는 행위
아. 다른 선박이 자기 선박의 양쪽 현의 정횡 앞쪽에 있는 경우 우현 쪽으로 침로를 변경하는 행위

08. ( )에 순서대로 적합한 것은?

"해사안전법상 모든 선박은 시계가 제한된 그 당시의 ( )에 적합한 ( )으로 항행하여야 하며, ( )은 제한된 시계안에 있는 경우 기관을 즉시 조작할 수 있도록 준비하고 있어야 한다."

가. 시정, 안전한 속력, 모든 선박
나. 시정, 최소한의 속력, 동력선
사. 사정과 조건, 안전한 속력, 동력선
아. 사정과 조건, 최소한의 속력, 모든 선박

09. 해사안전법상 길이 12미터 이상의 어선이 정박하였을 때 주간에 표시하는 것은?

가. 어선은 특별히 표시할 필요가 없다.
나. 앞쪽에 둥근꼴의 형상물 1개를 표시하여야 한다.
사. 둥근꼴의 형상물 2개를 가장 잘 보이는 곳에 표시하여야 한다.
아. 잘 보이도록 황색기 1개를 표시하여야 한다.

10. 해사안전법상 '얹혀 있는 선박'의 주간 형상물은?

가. 가장 잘 보이는 곳에 수직으로 원통형 형상물 2개
나. 가장 잘 보이는 곳에 수직으로 원통형 형상물 3개
사. 가장 잘 보이는 곳에 수직으로 둥근꼴 형상물 2개
아. 가장 잘 보이는 곳에 수직으로 둥근꼴 형상물 3개

11. 해사안전법상 현등 1쌍 대신에 양색등으로 표시할 수 있는 선박의 길이 기준은?

가. 길이 12미터 미만
나. 길이 20미터 미만
사. 길이 24미터 미만
아. 길이 45미터 미만

12. 해사안전법상 '섬광등'의 정의는?

가. 선수쪽 225도의 수평사광범위를 갖는 등
나. 선미쪽 135도의 수평사광범위를 갖는 등
사. 360도에 걸치는 수평의 호를 비추는 등화로서 일정한 간격으로 1분에 120회 이상 섬광을 발하는 등
아. 360도에 걸치는 수평의 호를 비추는 등화로서 일정한 간격으로 1분에 60회 이상 섬광을 발하는 등

13. 해사안전법상 항행 중인 동력선이 서로 상대의 시계 안에 있는 경우 울려야 하는 기적 신호로 옳지 않은 것은?

가. 침로를 오른쪽으로 변경하고 있는 선박의 경우 단음 1회
나. 침로를 왼쪽으로 변경하고 있는 선박의 경우 단음 2회
사. 기관을 후진하고 있는 선박의 경우 단음 3회
아. 좁은 수로등의 장애물 때문에 다른 선박을 볼 수 없는 수역에 접근하는 선박의 경우 장음 2회

14. 해사안전법상 서로 시계 안에 있는 선박이 접근하고 있을 경우, 다른 선박의 동작을 이해할 수 없을 때 울리는 의문신호는?

가. 장음 5회 이상으로 표시
나. 단음 5회 이상으로 표시
사. 장음 5회, 단음 1회의 순으로 표시
아. 단음 5회, 장음 1회의 순으로 표시

15. 해사안전법상 안개로 시계가 제한되었을 때 항행 중인 동력선이 대수속력이 있는 경우 울려야 하는 신호는?

가. 장음 1회, 단음 3회의 순으로 표시
나. 단음 1회, 장음 1회, 단음 1회의 순으로 표시
사. 2분을 넘지 아니하는 간격으로 장음 1회 표시
아. 2분을 넘지 아니하는 간격으로 장음 2회 표시

16. 선박의 입항 및 출항 등에 관한 법률상 무역항의 수상구역등에서 위험물을 적재한 총톤수 25톤의 선박이 수리를 할 경우, 반드시 허가를 받고 시행하여야 하는 작업은?

가. 갑판 청소
나. 평형수의 이동
사. 연료의 수급
아. 기관실 용접 작업

17. 선박의 입항 및 출항 등에 관한 법률상 무역항의 수상구역등에 출입하는 경우 출입신고를 서면으로 제출하여야 하는 선박은?

가. 예선 등 선박의 출입을 지원하는 선박
나. 피난을 위하여 긴급히 출항하여야 하는 선박
사. 연안수역을 항행하는 정기여객선으로서 항구에 출입하는 선박
아. 관공선, 군함, 해양경찰함정 등 공공의 목적으로 운영하는 선박

18. 선박의 입항 및 출항 등에 관한 법률상 총톤수 5톤인 내항선이 무역항의 수상구역등을 출입할 때, 출입신고에 대한 설명으로 옳은 것은?

가. 내항선이므로 출입신고를 하지 않아도 된다.
나. 무역항의 수상구역등의 안으로 입항하는 경우 통상적으로 입항하기 전에 입항신고를 하여야 한다.
사. 무역항의 수상구역등의 밖으로 출항하는 경우 통상적으로 출항 직후 즉시 출항신고를 하여야 한다.
아. 입항신고와 출항신고는 동시에 할 수 없다.

19. 선박의 입항 및 출항 등에 관한 법률상 항로의 정의는?

가. 선박이 가장 빨리 갈 수 있는 길을 말한다.
나. 선박이 가장 안전하게 갈 수 있는 길을 말한다.
사. 선박이 일시적으로 이용하는 뱃길을 말한다.
아. 선박의 출입 통로로 이용하기 위하여 지정·고시한 수로를 말한다.

20. 선박의 입항 및 출항 등에 관한 법률상 무역항의 수상구역등이나 무역항의 수상구역 부근에서 선박의 속력제한에 대한 설명으로 옳은 것은?

가. 화물선은 최고 속력으로 항행하여야 한다.
나. 범선은 돛의 수를 늘려서 항행하여야 한다.
사. 고속여객선은 최저 속력으로 항행하여야 한다.
아. 다른 선박에 위험을 주지 않을 정도의 속력으로 항행하여야 한다.

21. 선박의 입항 및 출항 등에 관한 법률상 항로에서의 항법으로 옳은 것은?

가. 항로 밖에 있는 선박은 항로에 들어오지 아니할 것

나. 항로 밖에서 항로에 들어오는 선박은 장음 10회의 기적을 울릴 것
사. 항로를 벗어나는 선박은 일단 정지했다가 다른 선박이 항로에 없을 때 항로를 벗어날 것
아. 항로 밖에서 항로로 들어오는 선박은 항로를 항행하는 다른 선박의 진로를 피하여 항행할 것

22. ( )에 적합한 것은?

"선박의 입항 및 출항 등에 관한 법률상 ( ) 외의 선박은 무역항의 수상구역등에 출입하는 경우 또는 무역항의 수상구역등을 통과하는 경우에는 지정·고시된 항로를 따라 항행하여야 한다."

가. 예인선
나. 우선피항선
사. 조종불능선
아. 흘수제약선

23. 해양환경관리법상 기름이 배출된 경우 선박에서 시급하게 조치할 사항으로 옳지 않은 것은?

가. 배출된 기름의 제거
나. 배출된 기름의 확산 방지
사. 배출 방지를 위한 응급 조치
아. 배출된 기름이 해수와 잘 희석되도록 조치

24. 해양환경관리법상 선박에서 발생하는 폐기물 배출에 대한 설명으로 옳지 않은 것은?

가. 폐사된 어획물은 해양에 배출이 가능하다.
나. 플라스틱 재질의 폐기물은 해양에 배출이 금지된다.
사. 해양환경에 유해하지 않은 화물잔류물은 해양에 배출이 금지된다.
아. 분쇄 또는 연마되지 않은 음식찌꺼기는 영해기선으로부터 12해리 이상에서 배출이 가능하다.

25. 해양환경관리법상 유조선에서 화물창 안의 화물잔류물 또는 화물창 세정수를 한 곳에 모으기 위한 탱크는?

가. 혼합물 탱크(슬롭 탱크)
나. 밸러스트 탱크
사. 화물창 탱크
아. 분리 밸러스트 탱크

소형선박조종사 [8회 −항해]

01. 자기 컴퍼스의 카드 자체가 15도 정도 경사에도 자유로이 경사할 수 있게 카드의 중심이 되며, 부실의 밑부분에 원뿔형으로 움푹 파인 부분은?
가. 캡   나. 피벗
사. 기선   아. 짐벌즈

02. 자기 컴퍼스에서 컴퍼스 주변에 있는 일시 자기의 수평력을 조정하기 위하여 부착되는 것은?
가. 경사계   나. 플린더즈 바
사. 상한차 수정구   아. 경선차 수정자석

03. 선박에서 속력과 항주거리를 측정하는 계기는?
가. 나침의   나. 선속계
사. 측심기   아. 핸드 레드

04. 음파의 수중 전달 속력이 1,500미터/초일 때 음향측심기에서 음파를 발사하여 수신한 시간이 0.4초라면 수심은?
가. 75미터   나. 150미터
사. 300미터   아. 450미터

05. 수심이 얕은 곳에서 수심을 측정하거나 투묘할 때 배의 진행 방향 및 타력 또는 정박 중 닻의 끌림을 알기 위한 기기는?
가. 핸드 레드   나. 사운딩 자
사. 트랜스듀서   아. 풍향풍속계

06. 우리나라에서 지방자기에 의한 편차가 가장 큰 곳은?
가. 거문도 부근   나. 욕지도 부근
사. 청산도 부근   아. 신지도 부근

07. 항해 중에 산봉우리, 섬 등 해도 상에 기재되어 있는 2개 이상의 고정된 뚜렷한 물표를 선정하여 거의 동시에 각각의 방위를 측정하여 선위를 구하는 방법은?
가. 수평협각법   나. 교차방위법
사. 추정위치법   아. 고도측정법

08. 항로지에 대한 설명으로 옳지 않은 것은?
가. 해도에 표현할 수 없는 사항을 설명하는 안내서이다.
나. 항로의 상황, 연안의 지형, 항만의 시설 등이 기재되어 있다.
사. 국립해양조사원에서는 외국 항만에 대한 항로지는 발행하지 않는다.
아. 항로지는 총기, 연안기, 항만기로 크게 3편으로 나누어 기술하고 있다.

09. 여러 개의 천체 고도를 동시에 측정하여 선위를 얻을 수 있는 시기는?
가. 박명시   나. 표준시
사. 일출시   아. 정오시

10. 다음에서 설명하는 장치는?

이 시스템은 선박과 선박 간 그리고 선박과 선박교통관제(VTS) 센터 사이에 선박의 선명, 위치, 침로, 속력 등의 선박 관련 정보와 항해 안전 정보 등을 자동으로 교환함으로써 선박 상호간의 충돌을 예방하고, 선박의 교통량이 많은 해역에서는 선박교통관리에 효과적으로 이용될 수 있다.

가. 지피에스(GPS) 수신기
나. 전자해도 표시장치(ECDIS)
사. 선박자동식별장치(AIS)

아. 자동 레이더 플로팅 장치(ARPA)

11. 다음 중 해도에 표시되는 높이나 깊이의 기준면이 다른 것은?

가. 수심 나. 등대 사. 간출암 아. 세암

12. 주로 등대나 다른 항로표지에 부설되어 있으며, 시계가 불량할 때 이용되는 항로표지는?

가. 광파(야간)표지 나. 형상(주간)표지
사. 음파(음향)표지 아. 전파표지

13. 다음 중 항행통보가 제공하지 않는 정보는?

가. 수심의 변화
나. 조시 및 조고
사. 위험물의 위치
아. 항로표지의 신설 및 폐지

14. 등부표에 대한 설명으로 옳지 않은 것은?

가. 항로의 입구, 폭 및 변침점 등을 표시하기 위해 설치한다.
나. 해저의 일정한 지점에 체인으로 연결되어 떠있는 구조물이다.
사. 조석표에 기재되어 있으므로, 선박의 정확한 속력을 구하는 데 사용하면 좋다.
아. 강한 파랑이나 조류에 의해 유실되는 경우도 있다.

15. 전자력에 의해서 발음판을 진동시켜 소리를 내게 하는 음파(음향)표지는?

가. 무종 나. 다이어폰
사. 에어 사이렌 아. 다이어프램 폰

16. 점장도에 대한 설명으로 옳지 않은 것은?

가. 항정선이 직선으로 표시된다.
나. 경위도에 의한 위치표시는 직교좌표이다.
사. 두 지점 간 방위는 두 지점의 연결선과 거등권과의 교각이다.
아. 두 지점 간 거리를 잴 수 있다.

17. 다음 해도 중 가장 소축척 해도는?

가. 항박도 나. 해안도
사. 항해도 아. 항양도

18. 등화에 이용되는 등색이 아닌 것은?

가. 흰색 나. 붉은색
사. 녹색 아. 보라색

19. 동방위표지에 관한 설명으로 옳은 것은?

가. 동방위표지의 남쪽으로 항해하면 안전하다.
나. 동방위표지의 서쪽으로 항해하는 것은 위험하다.
사. 동방위표지는 표지의 동측에 암초, 천소, 침선 등의 장애물이 있음을 뜻한다.
아. 동방위표지는 동쪽에서 해류가 흘러오는 것을 뜻한다.

20. 항행하는 수로의 좌우측 한계를 표시하기 위하여 설치된 표지는?

가. 특수표지 나. 측방표지
사. 고립장해표지 아. 안전수역표지

21. 기압 1,013밀리바는 몇 헥토파스칼인가?

가. 1헥토파스칼
나. 76헥토파스칼
사. 760헥토파스칼
아. 1,013헥토파스칼

22. 파랑해석도에서 얻을 수 있는 정보가 아닌 것은?

가. 이슬점

나. 전선의 위치
사. 탁월파향
아. 혼란파 발생 해역

23. 서고동저형 기압배치와 일기에 대한 설명으로 옳지 않은 것은?

가. 삼한사온현상을 가져온다.
나. 북서계절풍이 강하게 분다.
사. 여름철의 대표적인 기압배치이다.
아. 시베리아대륙에는 광대한 고기압이 존재한다.

24. 선박의 항로지정제도(Ship's routeing)에 관한 설명으로 옳지 않은 것은?

가. 국제해사기구(IMO)에서 지정할 수 있다.
나. 모든 선박 또는 일부 범위의 선박에 대하여 강제적으로 적용할 수 있다.
사. 특정 화물을 운송하는 선박에 대해서도 사용을 권고할 수 있다.
아. 국제해사기구에서 정한 항로지정방식은 해도에 표시되지 않을 수도 있다.

25. 통항분리수역의 육지 쪽 경계선과 해안 사이의 수역은?

가. 분리대
나. 통항로
사. 연안통항대
아. 경계 수역

소형선박조종사 [8회 -운용]

01. 단저구조선박의 선저부구조 명칭을 나타낸 아래 그림에서 ㉠은?

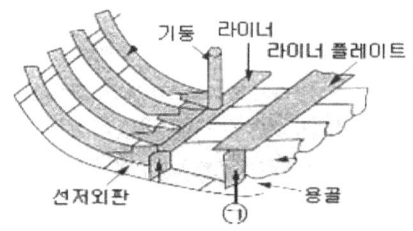

가. 늑골
나. 늑판
사. 내저판
아. 중심선 킬슨

02. 선박의 정선미에서 선수를 향해서 보았을 때, 왼쪽을 무엇이라고 하는가?

가. 양현
나. 건현
사. 우현
아. 좌현

03. 갑판 개구 중에서 화물창에 화물을 적재 또는 양하하기 위한 개구는?

가. 탈출구
나. 승강구
사. 해치(Hatch)
아. 맨홀(Manhole)

04. ( )에 적합한 것은?

"공선항해 시 화물선에서 적절한 흘수를 확보하기 위하여 일반적으로 ( )을/를 싣는다."

가. 목재
나. 석탄
사. 밸러스트
아. 컨테이너

05. 여객이나 화물을 운송하기 위하여 쓰이는 용적을 나타내는 톤수는?

가. 총톤수
나. 순톤수
사. 배수톤수
아. 재화중량톤수

06. 기동성이 요구되는 군함, 여객선 등에서 사용되는 추진기로서 추진기관을 역전하지 않고 날개의 각도를 변화시켜 전후진 방향을 바꿀 수 있는 추진기는?

가. 외륜 추진기

나. 직렬 추진기
사. 고정피치 프로펠러
아. 가변피치 프로펠러

07. 선박이 침몰하여 수면 아래 4미터 정도에 이르면 수압에 의하여 선박에서 자동 이탈되어 조난자가 탈 수 있도록 압축가스에 의해 펼쳐지는 구명설비는?

가. 구명정 나. 구명뗏목
사. 구명부기 아. 구명부환

08. 아래 그림에서 ㉠은?

가. 암 나. 빌 사. 생크 아. 스톡

09. 체온을 유지할 수 있도록 열전도율이 낮은 방수 물질로 만들어진 포대기 또는 옷을 의미하는 구명설비는?

가. 구명조끼 나. 구명부기
사. 방수복 아. 보온복

10. 평수구역을 항해하는 총톤수 2톤 이상의 소형선박에 반드시 설치해야 하는 무선통신 설비는?

가. 초단파(VHF) 무선설비
나. 중단파(MF/HF) 무선설비
사. 위성통신설비
아. 수색구조용 레이더 트랜스폰더(SART)

11. 소형선박에서 선장이 직접 조타를 하고 있을 때, "우현 쪽으로 사람이 떨어졌다."라는 외침을 들은 경우 선장이 즉시 취하여야 할 조치로 옳은 것은?

가. 우현 전타 나. 엔진 후진
사. 좌현 전타 아. 타 중앙

12. 조난신호를 위한 구명뗏목의 의장품이 아닌 것은?

가. 신호용 호각
나. 신호 홍염
사. 신호 거울
아. 중파(MF) 무선설비

13. 다음 조난신호 중 수면상 가장 멀리서 볼 수 있는 것은?

가. 신호 홍염
나. 기류신호
사. 발연부 신호
아. 로켓 낙하산 화염신호

14. GMDSS의 항행구역 구분에서 육상에 있는 초단파(VHF) 무선설비 해안국의 통신범위 내의 해역은?

가. A1 해역 나. A2 해역
사. A3 해역 아. A4 해역

15. 선체운동을 나타낸 그림에서 ①은?

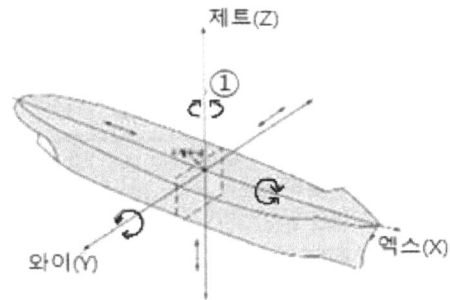

가. 종동요　　나. 횡동요
사. 선수동요　　아. 전후동요

16. ( )에 적합한 것은?

"우회전 고정피치 스크루 프로펠러 한 개가 장착되어 있는 선박이 타가 우 타각이고, 정지상태에서 후진할 때, 후진속력이 커지면 흡입류의 영향이 커지므로 선수는 ( )한다."

가. 좌회두　　나. 우회두
사. 물속으로 하강　　아. 직진

17. 선박이 선회 중 나타나는 일반적인 현상으로 옳지 않은 것은?

가. 선속이 감소한다.
나. 횡경사가 발생한다.
사. 선회 가속도가 감소한다.
아. 선미 킥이 발생한다.

18. 협수로를 항해할 때 유의할 사항으로 옳은 것은?

가. 변침할 때는 대각도로 한번에 변침하는 것이 좋다.
나. 선·수미선과 조류의 유선이 직각을 이루도록 조종하는 것이 좋다.
사. 언제든지 닻을 사용할 수 있도록 준비된 상태에서 항행하는 것이 좋다.
아. 조류는 순조 때에는 정침이 잘 되지만, 역조 때에는 정침이 어려우므로 조종 시 유의하여야 한다.

19. 접·이안 시 닻을 사용하는 목적이 아닌 것은?

가. 전진속력의 제어
나. 후진 시 선수의 회두 방지
사. 선회 보조 수단
아. 추진기관의 보조

20. 전속전진 중에 최대 타각으로 전타하였을 때 발생하는 현상이 아닌 것은?

가. 키 저항력의 감소
나. 추진기 효율의 감소
사. 선회 원심력의 증가
아. 선체경사로 인한 선체저항의 증가

21. 다음 중 정박지로서 가장 좋은 저질은?

가. 뻘　　나. 자갈
사. 모래　　아. 조개껍질

22. 황천 항해 중 선박조종법이 아닌 것은?

가. 라이 투(Lie to)
나. 히브 투(Heave to)
사. 서징(Surging)
아. 스커딩(Scudding)

23. 선체 횡동요(Rolling) 운동으로 발생하는 위험이 아닌 것은?

가. 러칭(Lurching)이 발생할 수 있다.
나. 화물의 이동을 가져올 수 있다.
사. 유동수가 있는 경우 복원력 감소를 가져온다.
아. 슬래밍(Slamming)의 원인이 된다.

24. 선박의 침몰 방지를 위하여 선체를 해안에 고의적으로 얹히는 것은?

가. 좌초　　나. 접촉
사. 임의 좌주　　아. 충돌

25. 국제신호서상 등화 및 음향신호에 이용되는 것은?

가. 문자기　　나. 모스 부호
사. 숫자기　　아. 무선전화

소형선박조종사 [8회 -기관]

01. 1[kW]는 약 몇 [kgf·m/s]인가?
   가. 75 [kgf·m/s]
   나. 76 [kgf·m/s]
   사. 102 [kgf·m/s]
   아. 735 [kgf·m/s]

02. 소형기관에서 피스톤링의 마멸 정도를 계측하는 공구로 가장 적합한 것은?
   가. 다이얼 게이지
   나. 한계 게이지
   사. 내경 마이크로미터
   아. 외경 마이크로미터

03. 디젤기관에서 오일링의 주된 역할은?
   가. 윤활유를 실린더 내벽에서 밑으로 긁어 내린다.
   나. 피스톤의 열을 실린더에 전달한다.
   사. 피스톤의 회전운동을 원활하게 한다.
   아. 연소가스의 누설을 방지한다.

04. 디젤기관의 크랭크축에 대한 설명으로 옳지 않은 것은?
   가. 피스톤의 왕복운동을 회전운동으로 바꾼다.
   나. 기관의 회전 중심축이다.
   사. 저널, 핀 및 암으로 구성된다.
   아. 피스톤링의 힘이 크랭크 축에 전달된다.

05. 디젤기관의 운전 중 냉각수 계통에서 가장 주의해서 관찰해야 하는 것은?
   가. 기관의 입구 온도와 기관의 입구 압력
   나. 기관의 출구 압력과 기관의 출구 온도
   사. 기관의 입구 온도와 기관의 출구 압력
   아. 기관의 입구 압력과 기관의 출구 온도

06. 크랭크핀 반대쪽의 크랭크암 연장 부분에 설치하여 기관의 진동을 적게 하고 원활한 회전을 도와주는 것은?
   가. 평형추
   나. 플라이휠
   사. 크로스헤드
   아. 크랭크저널

07. 디젤기관에서 과급기를 작동시키는 것은?
   가. 흡입공기의 압력
   나. 연소가스의 압력
   사. 연료유의 분사 압력
   아. 윤활유 펌프의 출구 압력

08. 디젤기관에서 실린더 라이너에 윤활유를 공급하는 주된 이유는?
   가. 불완전 연소를 방지하기 위해
   나. 연소가스의 누설을 방지하기 위해
   사. 피스톤의 균열 발생을 방지하기 위해
   아. 실린더 라이너의 마멸을 방지하기 위해

09. 내연기관의 연료유가 갖추어야 할 조건이 아닌 것은?
   가. 발열량이 클 것
   나. 유황분이 적을 것
   사. 물이 함유되어 있지 않을 것
   아. 점도가 높을 것

10. 디젤기관의 시동이 잘 걸리기 위한 조건으로 가장 적합한 것은?
   가. 공기압축이 잘 되고 연료유가 잘 착화되어야 한다.
   나. 공기압축이 잘 되고 윤활유 펌프 압력이 높아야 한다.
   사. 윤활유 펌프 압력이 높고 연료유가 잘 착화되어야 한다.
   아. 윤활유 펌프 압력이 높고 냉각수 온도가 높아야 한다.

11. 해수 윤활식 선미관에서 리그넘바이티의 주된 역할은?

    가. 베어링 역할
    나. 전기 절연 역할
    사. 선체강도 보강 역할
    아. 누설 방지 역할

12. 추진 축계장치에서 추력베어링의 주된 역할은?

    가. 축의 진동을 방지한다.
    나. 축의 마멸을 방지한다.
    사. 프로펠러의 추력을 선체에 전달한다.
    아. 선체의 추력을 프로펠러에 전달한다.

13. 소형 선박에서 사용하는 클러치의 종류가 아닌 것은?

    가. 마찰 클러치   나. 공기 클러치
    사. 유체 클러치   아. 전자 클러치

14. 선박이 항해 중에 받는 마찰저항과 관련이 없는 것은?

    가. 선박의 속도
    나. 선체 표면의 거칠기
    사. 선체와 물의 접촉 면적
    아. 사용되고 있는 연료유의 종류

15. 양묘기에서 체인 드럼의 축은 주로 무엇에 의해 지지되는가?

    가. 황동 부시   나. 볼베어링
    사. 롤러베어링   아. 화이트메탈

16. 정상항해 중 연속으로 운전되지 않는 것은?

    가. 냉각해수 펌프
    나. 주기관 윤활유 펌프
    사. 공기압축기
    아. 주기관 연료유 펌프

17. 선박 보조기계에 대한 설명으로 옳은 것은?

    가. 갑판기계를 제외한 기관실의 모든 기계를 말한다.
    나. 주기관을 제외한 선내의 모든 기계를 말한다.
    사. 직접 배를 움직이는 기계를 말한다.
    아. 기관실 밖에 설치된 기계를 말한다.

18. 내부에 전기가 흐르지 않는 것은?

    가. 그리스 건   나. 멀티테스터
    사. 메거   아. 작업등

19. 3상 유도전동기의 구성요소로만 옳게 짝 지어진 것은?

    가. 회전자와 정류자
    나. 전기자와 브러시
    사. 고정자와 회전자
    아. 전기자와 정류자

20. 2[V] 단전지 6개를 연결하여 12[V]가 되게 하려면 어떻게 연결해야 하는가?

    가. 2[V] 단전지 6개를 병렬 연결한다.
    나. 2[V] 단전지 6개를 직렬 연결한다.
    사. 2[V] 단전지 3개를 병렬 연결하여 나머지 3개와 직렬 연결한다.
    아. 2[V] 단전지 2개를 병렬 연결하여 나머지 4개와 직렬 연결한다.

21. ( )에 적합한 것은?

    "선박에서 일정시간 항해 시 연료소비량은 선박 속력의 ( )에 비례한다."

    가. 제곱   나. 세제곱
    사. 네제곱   아. 다섯제곱

22. 서로 접촉되어 있는 고체에서 온도가 높은 곳으로부터 낮은 곳으로 열이 이동하는 전열현상을 무엇이라 하는가?

가. 전도　　나. 대류　　사. 복사　　아. 가열

23. 디젤기관을 장기간 정지할 경우의 주의사항으로 옳지 않은 것은?

가. 동파를 방지한다.
나. 부식을 방지한다.
사. 주기적으로 터닝을 시켜 준다.
아. 중요 부품은 분해하여 보관한다.

24. 연료유 탱크에 들어있는 연료유보다 비중이 큰 이물질은 어떻게 되는가?

가. 위로 뜬다.
나. 아래로 가라앉는다.
사. 기름과 균일하게 혼합된다.
아. 탱크의 옆면에 부착된다.

25. 15[℃] 비중이 0.9인 연료유 200리터의 무게는 몇[kgf]인가?

가. 180[kgf]　　나. 200[kgf]
사. 220[kgf]　　아. 240[kgf]

소형선박조종사 [8회 -법규]

01. 해사안전법상 원유 20,000킬로리터를 실은 유조선이 항행하다 유조선통항금지해역에서 선박으로부터 인명구조 요청을 받은 경우 적절한 조치는?

가. 인명구조에 임한다.
나. 인명구조 요청을 거절한다.
사. 정선하여 상황을 지켜본다.
아. 가능한 빨리 유조선통항금지해역에서 벗어난다.

02. ( )에 적합한 것은?

"해사안전법상 고속여객선이란 속력 ( ) 이상으로 항행하는 여객선을 말한다."

가. 10노트　　나. 15노트
사. 20노트　　아. 30노트

03. 해사안전법상 허가 없이 해양시설 부근 해역의 보호수역에 입역할 수 있는 선박은?

가. 외국적 선박
나. 항행 중인 유조선
사. 어로에 종사하고 있는 선박
아. 인명을 구조하는 선박

04. 해사안전법상 떠다니거나 침몰하여 다른 선박의 안전운항 및 해상교통질서에 지장을 주는 것은?

가. 침선　　　　나. 항행장애물
사. 기름띠　　　아. 부유성 산화물

05. 해사안전법상 술에 취한 상태를 판별하는 기준은?

가. 체온
나. 걸음걸이
사. 혈중알코올농도
아. 실제 섭취한 알코올 양

06. ( )에 순서대로 적합한 것은?

"해사안전법상 선박은 접근하여 오는 다른 선박의 ( )에 뚜렷한 변화가 일어나지 아니하면 ( )이 있다고 보고 필요한 조치를 하여야 한다."

가. 선수 방위, 통과할 가능성

나. 선수 방위, 충돌할 위험성
사. 나침방위, 통과할 가능성
아. 나침방위, 충돌할 위험성

07. ( )에 적합한 것은?

"해사안전법상 길이 20미터 미만의 선박이나 ( )은 좁은 수로등의 안쪽에서만 안전하게 항행할 수 있는 다른 선박의 통행을 방해하여서는 아니 된다."

가. 어선 나. 범선
사. 소형선 아. 작업선

08. ( )에 순서대로 적합한 것은?

"해사안전법상 횡단하는 상태에서 충돌의 위험이 있을 때 유지선은 피항선이 적절한 조치를 취하고 있지 아니하다고 판단하면 침로와 속력을 유지하여야 함에도 불구하고 스스로의 조종만으로 피항선과 충돌하지 아니하도록 조치를 취할 수 있다. 이 경우 ( )은 부득이하다고 판단하는 경우 외에는 ( ) 쪽에 있는 선박을 향하여 침로를 ( )으로 변경하여서는 아니 된다."

가. 피항선, 다른 선박의 좌현, 오른쪽
나. 피항선, 자기 선박의 우현, 왼쪽
사. 유지선, 자기 선박의 좌현, 왼쪽
아. 유지선, 다른 선박의 좌현, 오른쪽

09. 해사안전법상 통항분리제도(TSS)가 설정된 수역에서의 항행 원칙으로 옳지 않은 것은?

가. 통항로 안에서는 정하여진 진행방향으로 항행한다.
나. 통항로의 출입구를 통하여 출입하는 것이 원칙이다.
사. 부득이한 사유로 통항로를 횡단하여야 하는 경우에는 선수방향이 통항로를 작은 각도로 횡단하여야 한다.
아. 통항분리수역에서 어로에 종사하고 있는 선박은 통항로를 따라 항행하는 다른 선박의 항행을 방해하여서는 아니 된다.

10. ( )에 적합한 것은?

"해사안전법상 2척의 범선이 서로 접근하여 충돌할 위험이 있는 경우, 각 범선이 다른 쪽 현에 바람을 받고 있는 경우에는 ( )에 바람을 받고 있는 범선이 다른 범선의 진로를 피하여야 한다."

가. 선수 나. 우현 사. 좌현 아. 선미

11. 해사안전법상 국제항해에 종사하지 않는 여객선에 대한 출항통제권자는?

가. 시·도지사
나. 해양경찰서장
사. 지방해양수산청장
아. 해양수산부장관

12. 해사안전법상 동력선의 등화에 덧붙여 붉은색 전주등 3개를 수직으로 표시하거나 원통형 형상물 1개를 표시하는 선박은?

가. 도선선 나. 흘수제약선
사. 좌초선 아. 조종불능선

13. 해사안전법상 '섬광등'의 정의는?

가. 선수쪽 225도의 수평사광범위를 갖는 등
나. 선미쪽 135도의 수평사광범위를 갖는 등
사. 360도에 걸치는 수평의 호를 비추는 등화로서 일정한 간격으로 1분에 120회 이상 섬광을 발하는 등
아. 360도에 걸치는 수평의 호를 비추는 등화로서 일정한 간격으로 1분에 60회 이상 섬광을 발하는 등

14. 해사안전법상 제한된 시계 안에서 항행 중

인 동력선이 대수속력이 있는 경우에는 2분을 넘지 아니하는 간격으로 장음을 1회 울려야 하는데 이와 같은 음향신호를 하지 아니할 수 있는 선박의 크기 기준은?

가. 길이 12미터 미만
나. 길이 15미터 미만
사. 길이 20미터 미만
아. 길이 50미터 미만

15. 해사안전법상 장음과 단음에 대한 설명으로 옳은 것은?

가. 단음: 1초 정도 계속되는 고동소리
나. 단음: 3초 정도 계속되는 고동소리
사. 장음: 8초 정도 계속되는 고동소리
아. 장음: 10초 정도 계속되는 고동소리

16. ( )에 공통으로 적합한 것은?

"선박의 입항 및 출항 등에 관한 법률상 해양사고를 피하기 위한 경우 등 ( )령으로 정하는 사유로 선박을 항로에 정박시키거나 정류시키려는 자는 그 사실을 ( )장관에게 신고하여야 한다."

가. 환경부   나. 외교부
사. 해양수산부   아. 행정안전부

17. 선박의 입항 및 출항 등에 관한 법률상 항로의 정의는?

가. 선박이 가장 빨리 갈 수 있는 길을 말한다.
나. 선박이 가장 안전하게 갈 수 있는 길을 말한다.
사. 선박이 일시적으로 이용하는 뱃길을 말한다.
아. 선박의 출입 통로로 이용하기 위하여 지정·고시한 수로를 말한다.

18. 선박의 입항 및 출항 등에 관한 법률상 무역항에 출입 하려고 할 때 출입신고를 하여야 하는 선박은?

가. 군함
나. 해양경찰함정
사. 모래를 적재한 압항부선
아. 해양사고구조에 사용되는 선박

19. ( )에 적합하지 않은 것은?

"선박의 입항 및 출항 등에 관한 법률상 해양수산부장관이 무역항의 수상구역등에서 선박교통의 안전을 위하여 필요하다고 인정하여 항로 또는 구역을 지정한 경우에는 ( )을/를 정하여 공고하여야 한다."

가. 관할 해양경찰서
나. 항로 또는 구역의 위치
사. 제한 기간
아. 금지 기간

20. 선박의 입항 및 출항 등에 관한 법률상 무역항의 항로에서 정박이나 정류가 허용되는 경우는?

가. 어선이 조업 중일 경우
나. 선박 조종이 불가능한 경우
사. 실습선이 해양훈련 중일 경우
아. 여객선이 입항시간을 맞추려 할 경우

21. ( )에 순서대로 적합한 것은?

"선박의 입항 및 출항 등에 관한 법률상 ( )은/는 ( )로부터/으로부터 최고속력의 지정을 요청받은 경우 특별한 사유가 없으면 무역항의 수상구역등에서 선박 항행 최고속력을 지정·고시하여야 한다."

가. 해양경찰서장, 시·도지사
나. 지방해양수산청장, 시·도지사
사. 시·도지사, 해양수산부장관
아. 해양수산부장관, 해양경찰청장

22. 선박의 입항 및 출항 등에 관한 법률상 무역항의 수상구역등에서의 항로에서 추월에 대한 설명으로 옳은 것은?

가. 추월 신호를 올리면 추월할 수 있다.
나. 타선의 좌현쪽으로만 추월하여야 한다.
사. 항로에서는 어떤 경우든 추월하여서는 아니 된다.
아. 눈으로 피추월선을 볼 수 있고 안전하게 추월할 수 있다고 판단되면 '해사안전법'에 따른 방법으로 추월할 수 있다.

23. 해양환경관리법상 폐기물이 아닌 것은?

가. 맥주병
나. 음식찌꺼기
사. 폐 유압유
아. 플라스틱병

24. 해양환경관리법령상 규정을 준수하여 해상에 배출할 수 있는 폐기물이 아닌 것은?

가. 선박 안에서 발생한 음식찌꺼기
나. 선박 안에서 발생한 화장실 오수
사. 수산업법에 따른 어업활동 중 혼획된 수산 동식물
아. 선박 안에서 발생한 해양환경에 유해하지 않은 화물잔류물

25. 해양환경관리법상 분뇨오염방지설비를 설치해야 하는 선박이 아닌 것은?

가. 총톤수 400톤 이상의 화물선
나. 선박검사증서상 최대승선인원이 14명인 부선
사. 선박검사증서상 최대승선 여객이 20명인 여객선
아. 어선검사증서상 최대승선인원이 17명인 어선

소형선박조종사 [9회 -항해]

01. 자기 컴퍼스에서 컴퍼스 주변에 있는 일시 자기의 수평력을 조정하기 위하여 부착되는 것은?

가. 경사계
나. 플린더즈 바
사. 상한차 수정구
아. 경선차 수정자석

02. 기계식 자이로컴퍼스에서 동요오차 발생을 예방하기 위하여 NS축상에 부착되어 있는 것은?

가. 보정 추
나. 적분기
사. 오차 수정기
아. 추종 전동기

03. 전자식 선속계가 표시하는 속력은?

가. 대수속력
나. 대지속력
사. 대공속력
아. 평균속력

04. 다음 중 자기 컴퍼스의 자차가 가장 크게 변하는 경우는?

가. 선체가 경사할 경우
나. 선수 방위가 바뀔 경우
사. 적화물을 이동할 경우
아. 선체가 약한 충격을 받을 경우

05. 자기 컴퍼스에서 섀도 핀에 의한 방위 측정 시 주의사항에 대한 설명으로 옳지 않은 것은?

가. 핀의 지름이 크면 오차가 생기기 쉽다.
나. 핀이 휘어져 있으면 오차가 생기기 쉽다.
사. 선박의 위도가 크게 변하면 오차가 생기기 쉽다.
아. 볼(Bowl)이 경사된 채로 방위를 측정하면 오차가 생기기 쉽다.

06. 지피에스(GPS)를 이용하여 얻을 수 있는 것은?

가. 본선의 위치
나. 본선의 항적
사. 타선의 존재 여부
아. 상대선과 충돌 위험성

07. 10노트의 속력으로 45분 항해하였을 때 항주한 거리는?

가. 2.5해리
나. 5해리
사. 7.5해리
아. 10해리

08. 여러 개의 천체 고도를 동시에 측정하여 선위를 얻을 수 있는 시기는?

가. 박명시
나. 표준시
사. 일출시
아. 정오시

09. 지피에스(GPS)에 대한 설명으로 옳은 것은?

가. 정지위성을 사용한다.
나. 같은 의사 잡음 코드를 사용한다.
사. 위성마다 서로 다른 PN코드를 사용한다.
아. 위성마다 서로 다른 반송 주파수를 사용한다.

10. 종이해도에서 'S'로 표시되는 해저 저질은?

가. 뻘
나. 자갈
사. 조개껍질
아. 모래

11. 다음 중 선박용 레이더에서 마이크로파를 생성하는 장치는?

가. 펄스 변조기(Pulse modulator)
나. 트리거 전압발생기(Trigger generator)
사. 듀플렉서(Duplexer)
아. 마그네트론(Magnetron)

12. 다음 중 해도에 표시되는 높이의 기준면이 다른 것은?

　가. 산의 높이　　나. 섬의 높이
　사. 등대의 높이　아. 간출암의 높이

13. 다음 수로서지 중 계산에 이용되지 않는 것은?

　가. 천측력　　　나. 항로지
　사. 천측계산표　아. 해상거리표

14. 항로, 항행에 위험한 암초, 항행 금지 구역 등을 표시하는 지점에 고정 설치하여 선박의 좌초를 예방하고 항로를 지도하기 위하여 설치되는 광파(야간)표지는?

　가. 등선　나. 등표　사. 도등　아. 등부표

15. 좁은 수로의 항로를 표시하기 위하여 항로의 연장선 위에 앞뒤로 2개 이상의 표지를 설치하여 선박을 인도하는 형상(주간)표지는?

　가. 도표　나. 부표　사. 육표　아. 입표

16. 레이더 트랜스폰더에 대한 설명으로 옳은 것은?

　가. 음성신호를 방송하여 방위측정이 가능하다.
　나. 송신 내용에 부호화된 식별신호 및 데이터가 들어있다.
　사. 좁은 수로 또는 항만에서 선박을 유도할 목적으로 사용한다.
　아. 선박의 레이더 영상에 송신국의 방향이 숫자로 표시된다.

17. 해도의 축척(Scale)에 대한 설명으로 옳지 않은 것은?

　가. 두 지점 사이의 실제 거리와 해도에서 이에 대응하는 두 지점 사이의 길이의 비를 축척이라 한다.
　나. 작은 지역을 상세하게 표시한 해도를 소축척해도라 한다.
　사. 1:50,000 축척의 해도에서 해도상 거리가 4센티미터이면 실제거리는 2킬로미터이다.
　아. 대축척 해도가 소축척 해도보다 지형, 지물이 더 상세하게 나타난다.

18. 종이해도에 대한 설명으로 옳은 것은?

　가. 해도는 매년 개정되어 발행된다.
　나. 해도는 외국 것일수록 좋다.
　사. 해도번호가 같아도 내용은 다르다.
　아. 해도에서는 해도용 연필을 사용하는 것이 좋다.

19. 중심이 주위보다 따뜻하고, 여름철 대륙 내에서 발생하는 저기압으로, 상층으로 갈수록 저기압성 순환이 줄어들면서 어느 고도 이상에서 사라지는 키가 작은 저기압은?

　가. 전선 저기압　　나. 비전선 저기압
　사. 한랭 저기압　　아. 온난 저기압

20. 등질에 대한 설명으로 옳지 않은 것은?

　가. 섬광등은 빛을 비추는 시간이 꺼져 있는 시간보다 짧은 등이다.
　나. 호광등은 색깔이 다른 종류의 빛을 교대로 내며, 그 사이에 등광은 꺼지는 일이 없는 등이다.
　사. 분호등은 3가지 등색을 바꾸어가며 계속 빛을 내는 등이다.
　아. 모스 부호등은 모스 부호를 빛으로 발하는 등이다.

21. 다음 그림의 항로표지에 대한 설명으로 옳은 것은?

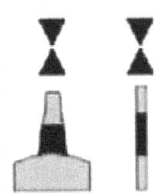

가. 표지의 동쪽에 가항수역이 있다.
나. 표지의 서쪽에 가항수역이 있다.
사. 표지의 남쪽에 가항수역이 있다.
아. 표지의 북쪽에 가항수역이 있다.

22. 보통 적설량 10센티미터의 눈은 몇 센티미터의 강우량에 해당하는가?
가. 약 1센티미터   나. 약 2센티미터
사. 약 3센티미터   아. 약 5센티미터

23. 찬 공기가 따뜻한 공기쪽으로 가서 그 밑으로 쐐기처럼 파고 들어가 따뜻한 공기를 강제적으로 상승시킬 때 만들어지는 전선은?
가. 한랭전선   나. 온난전선
사. 폐색전선   아. 정체전선

24. 항해계획을 수립할 때 구별하는 지역별 항로의 종류가 아닌 것은?
가. 원양 항로   나. 왕복 항로
사. 근해 항로   아. 연안 항로

25. 항해계획을 수립할 때 고려해야 할 사항이 아닌 것은?
가. 경제적 항해
나. 항해일수의 단축
사. 항해할 수역의 상황
아. 선적항의 화물 준비 사항

소형선박조종사 [9회 –운용]

01. 기관실과 일반선창이 접하는 장소 사이에 설치하는 이중수밀격벽으로 방화벽의 역할을 하는 것은?
가. 해치   나. 코퍼댐
사. 디프 탱크   아. 빌지 용골

02. 크레인식 하역장치의 구성요소가 아닌 것은?
가. 카고 훅   나. 데릭 붐
사. 토핑 윈치   아. 선회 윈치

03. 타주가 없는 선박의 경우 계획 만재흘수선상의 선수재 전면으로부터 타두 중심까지의 수평거리는?
가. 전장   나. 등록장
사. 수선장   아. 수선간장

04. 타의 구조에서 ①은?

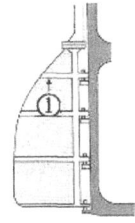

가. 타판   나. 핀틀
사. 거전   아. 러더암

05. 다음 중 합성 섬유 로프가 아닌 것은?
가. 마닐라 로프
나. 폴리프로필렌 로프
사. 나일론 로프
아. 폴리에틸렌 로프

06. 스톡앵커의 각부 명칭을 나타낸 아래 그림에서 ㉠은?

가. 암 나. 섕크 사. 빌 아. 스톡

07. 강선의 선체 외판을 도장하는 목적이 아닌 것은?

가. 장식 나. 방식 사. 방염 아. 방오

08. 보온복(Thermal protective aids)에 대한 설명으로 옳지 않은 것은?

가. 구명조끼 위에 착용하여 전신을 덮을 수 있어야 한다.
나. 낮은 열 전도성을 가진 방수물질로 만들어진 포대기 또는 옷이다.
사. 구명정이나 구조정에서는 혼자 착용이 불가능하므로 퇴선 시 착용한다.
아. 만약 수영을 하는 데 지장이 있다면, 착용자가 2분 이내에 수중에서 벗어 버릴 수 있어야 한다.

09. 국제신호기를 이용하여 혼돈의 염려가 있는 방위신호를 할 때 최상부에 게양하는 기류는?

가. A기 나. B기 사. C기 아. D기

10. 잔잔한 바다에서 의식불명의 익수자를 발견하여 구조하려 할 때, 구조선의 안전한 접근방법은?

가. 익수자의 풍하 쪽에서 접근한다.
나. 익수자의 풍상 쪽에서 접근한다.
사. 구조선의 좌현 쪽에서 바람을 받으면서 접근한다.
아. 구조선의 우현 쪽에서 바람을 받으면서 접근한다.

11. 퇴선 시 여러 사람이 붙들고 떠 있을 수 있는 부체는?

가. 페인터
나. 구명부기
사. 구명줄
아. 부양성 구조고리

12. 팽창식 구명뗏목에 대한 설명으로 옳지 않은 것은?

가. 모든 해상에서 30일 동안 떠 있어도 견딜 수 있도록 제작되어야 한다.
나. 선박이 침몰할 때 자동으로 이탈되어 조난자가 탈 수 있다.
사. 구명정에 비해 항해 능력은 떨어지지만 손쉽게 강하할 수 있다.
아. 수압이탈장치의 작동 수심 기준은 수면 아래 10미터이다.

13. 다음 그림과 같이 표시되는 장치는?

가. 신호 홍염 나. 구명줄 발사기
사. 줄사다리 아. 자기 발연 신호

14. 선박용 초단파(VHF) 무선설비의 최대 출력은?

가. 10W   나. 15W   사. 20W   아. 25W

15. 선체운동을 나타낸 그림에서 ⑤는?

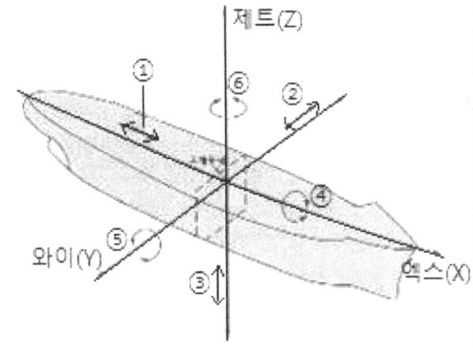

가. 종동요   나. 횡동요
사. 선수동요   아. 좌우동요

16. 다음 중 선박 조종에 가장 작은 영향을 주는 요소는?

가. 바람   나. 파도   사. 조류   아. 기온

17. 선박의 충돌 시 더 큰 손상을 예방하기 위해 취해야 할 조치사항으로 옳지 않은 것은?

가. 가능한 한 빨리 전진속력을 줄이기 위해 기관을 정지한다.
나. 전복이나 침몰의 위험이 있더라도 임의 좌주를 시켜서는 아니 된다.
사. 승객과 선원의 상해와 선박과 화물의 손상에 대해 조사한다.
아. 침수가 발생하는 경우, 침수구역 배출을 포함한 침수 방지를 위한 대응조치를 취한다.

18. 물에 빠진 사람을 구조하는 조선법이 아닌 것은?

가. 표준 턴   나. 샤르노브 턴
사. 싱글 턴   아. 윌리암슨 턴

19. ( )에 순서대로 적합한 것은?

"우선회 고정피치 스크루 프로펠러 1개가 장착된 선박이 정지상태에서 전진할 때, 타가 중앙이면 추진기가 회전을 시작하는 초기에는 횡압력이 커서 선수가 ( )하고, 전진속력이 증가하면 배출류가 강해져서 선수가 ( )하려는 경향이 있다."

가. 우회두, 우회두   나. 우회두, 좌회두
사. 좌회두, 좌회두   아. 좌회두, 우회두

20. 스크루 프로펠러로 추진되는 선박을 조종할 때 천수의 영향에 대한 대책으로 옳지 않은 것은?

가. 천수역을 고속으로 통과한다.
나. 가능하면 흘수를 얕게 조정한다.
사. 천수역 통항에 필요한 여유수심을 확보한다.
아. 가능한 한 고조 상태일 때 천수역을 통과한다.

21. 선박의 안정성에 대한 설명으로 옳지 않은 것은?

가. 배의 중심은 적하상태에 따라 이동한다.
나. 유동수로 인하여 복원력이 감소할 수 있다.
사. 배의 무게중심이 낮은 배를 보통 헤비(Bottom heavy) 상태라 한다.
아. 배의 무게중심이 높은 경우에는 파도를 옆에서 받고 조선하도록 한다.

22. 황천항해 중 선수 2~3점(Point)에서 파랑을 받으면서 조타가 가능한 최소의 속력으로 전진하는 방법은?

가. 표주(Lie to)법
나. 순주(Scudding)법
사. 거주(Heave to)법
아. 진파기름(Storm oil)의 살포

23. 다음 중 태풍이 예보되었을 때 피항하는 가장 좋은 방법은?

가. 가항반원으로 항해한다.
나. 위험반원의 반대쪽으로 항해한다.
사. 선미 쪽에서 바람을 받도록 항해한다.
아. 미리 태풍의 중심으로부터 최대한 멀리 떨어진다.

24. 화재의 종류 중 전기화재가 속하는 것은?

가. A급 화재   나. B급 화재
사. C급 화재   아. D급 화재

25. 정박 중 선내 순찰의 목적이 아닌 것은?

가. 각종 설비의 이상 유무 확인
나. 선내 각부의 화재위험 여부 확인
사. 정박등을 포함한 각종 등화 및 형상물 확인
아. 선내 불빛이 외부로 새어 나가는지 여부 확인

소형선박조종사 [9회 -기관]

01. 4행정 사이클 기관의 작동 순서로 옳은 것은?

가. 흡입 → 압축 → 작동 → 배기
나. 흡입 → 작동 → 압축 → 배기
사. 흡입 → 배기 → 압축 → 작동
아. 흡입 → 압축 → 배기 → 작동

02. 선박용 디젤기관의 요구 조건이 아닌 것은?

가. 효율이 좋을 것
나. 고장이 적을 것
사. 시동이 용이할 것
아. 운전회전수가 가능한 한 높을 것

03. 소형 디젤기관에서 실린더 라이너의 심한 마멸에 의한 영향이 아닌 것은?

가. 압축 불량
나. 불완전 연소
사. 착화 시기가 빨라짐
아. 연소가스가 크랭크실로 누설

04. "실린더 헤드는 다른 말로 ( )(이)라고도 한다."에서 ( )에 적합한 것은?

가. 피스톤   나. 연접봉
사. 실린더 커버 아. 실린더 블록

05. 소형기관에서 윤활유가 공급되는 곳은?

가. 피스톤핀   나. 연료분사밸브
사. 공기냉각기   아. 시동공기밸브

06. 소형기관의 피스톤 재질에 대한 설명으로 옳지 않은 것은?

가. 무게가 무거운 것이 좋다.
나. 강도가 큰 것이 좋다.
사. 열전도가 잘 되는 것이 좋다.
아. 마멸에 잘 견디는 것이 좋다.

07. 다음 그림과 같은 디젤기관의 크랭크축에서 커넥팅로드가 연결되는 곳은?

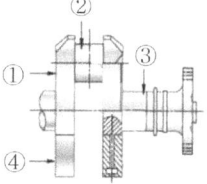

가. ①   나. ②   사. ③   아. ④

08. 소형기관에서 크랭크축의 구성 요소가 아닌 것은?

가. 크랭크 암   나. 크랭크 핀
사. 크랭크 저널 아. 크랭크 보스

09. 디젤기관의 운전 중 검은색 배기가 발생되는 경우는?
  가. 연료분사밸브에 이상이 있을 경우
  나. 냉각수 온도가 규정치 보다 조금 높을 경우
  사. 윤활유 압력이 규정치 보다 조금 높을 경우
  아. 윤활유 온도가 규정치 보다 조금 낮을 경우

10. 운전중인 디젤기관의 연료유 사용량을 나타내는 계기는?
  가. 회전계   나. 온도계
  사. 압력계   아. 유량계

11. 동일 운전 조건에서 연료유의 질이 나쁘면 디젤 주기관에 나타나는 현상으로 옳은 것은?
  가. 배기온도가 내려가고 기관의 출력이 올라간다.
  나. 연료필터가 잘 막히고 기관의 출력이 떨어진다.
  사. 연료필터가 잘 막히고 냉각수 온도가 떨어진다.
  아. 배기온도가 내려가고 회전속도가 증가한다.

12. 소형기관에서 윤활유에 혼입될 우려가 가장 적은 것은?
  가. 윤활유 냉각기에서 누설된 수분
  나. 연소불량으로 발생한 카본
  사. 연료유에 혼입된 수분
  아. 운동부에서 발생된 금속가루

13. 스크루 프로펠러의 추력을 받는 것은?
  가. 메인 베어링   나. 스러스트 베어링
  사. 중간축 베어링 아. 크랭크핀 베어링

14. 앵커를 감아올리는데 사용하는 장치는?
  가. 양화기   나. 조타기
  사. 양묘기   아. 크레인

15. 1시간에 1,852미터를 항해하는 선박이 10시간 동안 몇 해리를 항해하는가?
  가. 1해리   나. 2해리
  사. 5해리   아. 10해리

16. 원심펌프의 부속품은?
  가. 평기어   나. 임펠러
  사. 피스톤   아. 배기밸브

17. 기관실의 연료유 펌프로 가장 적합한 것은?
  가. 기어펌프   나. 왕복펌프
  사. 축류펌프   아. 원심펌프

18. 전동기의 운전 중 주의사항으로 옳지 않은 것은?
  가. 발열되는 곳이 있는지를 점검한다.
  나. 이상한 소리, 냄새 등이 발생하는 지를 점검한다.
  사. 전류계의 지시치에 주의한다.
  아. 절연저항을 자주 측정한다.

19. 220[V] 교류 발전기에 대한 설명으로 옳은 것은?
  가. 회전속도가 일정해야 한다.
  나. 원동기의 출력이 일정해야 한다.
  사. 부하전류가 일정해야 한다.
  아. 부하전력이 일정해야 한다.

20. 납축전지의 구성 요소가 아닌 것은?
  가. 극판   나. 충전판
  사. 격리판   아. 전해액

21. 디젤기관의 시동용 공기탱크의 압력으로 가장 적절한 것은?
   - 가. 10~15 [bar]
   - 나. 15~20 [bar]
   - 사. 20~25 [bar]
   - 아. 25~30 [bar]

22. 항해 중 디젤기관이 손상될 우려가 가장 큰 경우는?
   - 가. 윤활유 압력이 너무 낮을 때
   - 나. 급기온도가 너무 낮을 때
   - 사. 윤활유 압력이 너무 높을 때
   - 아. 급기온도가 너무 높을 때

23. 운전중인 디젤 주기관에서 윤활유 펌프의 압력에 대한 설명으로 옳은 것은?
   - 가. 속도가 증가하면 압력을 더 높여준다.
   - 나. 배기온도가 올라가면 압력을 더 높여준다.
   - 사. 부하에 관계없이 압력을 일정하게 유지한다.
   - 아. 운전마력이 커지면 압력을 더 낮춘다.

24. 연료유의 끈적끈적한 성질의 정도를 나타내는 용어는?
   - 가. 점도
   - 나. 비중
   - 사. 밀도
   - 아. 융점

25. 연료유 수급 중 주의사항으로 옳지 않은 것은?
   - 가. 수급 탱크의 수급량을 자주 계측한다.
   - 나. 수급 호스 연결부에서의 누유 여부를 점검한다.
   - 사. 적절한 압력으로 공급되는지의 여부를 확인한다.
   - 아. 휴대식 소화기와 오염방제자재를 비치한다.

소형선박조종사 [9회 -법규]

01. 해사안전법상 선미등의 수평사광범위와 등색은?
   - 가. 135도, 붉은색
   - 나. 225도, 붉은색
   - 사. 135도, 흰색
   - 아. 225도, 흰색

02. ( )에 적합한 것은?
   "해사안전법상 ( )에서는 어망 또는 그 밖에 선박의 통항에 영향을 주는 어구 등을 설치하거나 양식업을 하여서는 아니 된다."
   - 가. 연해구역
   - 나. 교통안전특정해역
   - 사. 통항분리수역
   - 아. 무역항의 수상구역

03. 해사안전법상 해양경찰청 소속 경찰공무원의 음주측정에 대한 설명으로 옳지 않은 것은?
   - 가. 술에 취한 상태의 기준은 혈중알코올농도 0.01퍼센트 이상으로 한다.
   - 나. 다른 선박의 안전운항을 해칠 우려가 있는 경우 측정할 수 있다.
   - 사. 술에 취한 상태에서 조타기를 조작할 것을 지시하였을 경우 측정할 수 있다.
   - 아. 측정결과에 불복하는 경우 동의를 받아 혈액채취 등의 방법으로 다시 측정할 수 있다.

04. ( )에 적합한 것은?
   "해사안전법상 선박은 주위의 상황 및 다른 선박과 충돌할 수 있는 위험성을 충분히 파악할 수 있도록 ( ) 및 당시의 상황에 맞게 이용할 수 있는 모든 수단을 이용하여 항상 적절한 경계를 하여야 한다."
   - 가. 시각·청각
   - 나. 청각·후각
   - 사. 후각·미각
   - 아. 미각·촉각

05. 해사안전법상 '안전한 속력'을 결정할 때 고려하여야 할 사항이 아닌 것은?
  가. 선박의 흘수와 수심과의 관계
  나. 본선의 조종성능
  사. 해상교통량의 밀도
  아. 활용 가능한 경계원의 수

06. 해사안전법상 2척의 범선이 서로 접근하여 충돌할 위험이 있는 경우에 각 범선이 다른 쪽 현에 바람을 받고 있는 경우에 항행방법으로 옳은 것은?
  가. 대형 범선이 소형 범선을 피항한다.
  나. 바람이 불어오는 쪽의 범선이 바람이 불어가는 쪽의 범선의 진로를 피한다.
  사. 우현에서 바람을 받는 범선이 피항선이다.
  아. 좌현에 바람을 받고 있는 범선이 다른 범선의 진로를 피한다.

07. ( )에 순서대로 적합한 것은?
  "해사안전법상 밤에는 다른 선박의 ( )만을 볼 수 있고 어느 쪽의 ( )도 볼 수 없는 위치에서 그 선박을 앞지르는 선박은 앞지르기 하는 배로 보고 필요한 조치를 취하여야 한다."
  가. 선수등, 현등   나. 선수등, 전주등
  사. 선미등, 현등   아. 선미등, 전주등

08. 해사안전법상 등화에 사용되는 등색이 아닌 것은?
  가. 붉은색   나. 녹색   사. 흰색   아. 청색

09. 해사안전법상 항행 중인 길이 20미터 미만의 범선이 현등 1쌍과 선미등을 대신하여 표시할 수 있는 등화는?
  가. 양색등   나. 삼색등
  사. 섬광등   아. 흰색 전주등

10. 해사안전법상 제한된 시계에서 길이 12미터 이상인 선박이 레이더만으로 자선의 양쪽 현의 정횡 앞쪽에 충돌할 위험이 있는 다른 선박을 발견하였을 때 취할 수 있는 조치로 옳지 않은 것은? (단, 앞지르기당하고 있는 선박에 대한 경우는 제외한다.)
  가. 무중신호의 취명 유지
  나. 안전한 속력의 유지
  사. 동력선은 기관을 즉시 조작할 수 있도록 준비
  아. 침로 변경만으로 피항동작을 할 경우 좌현 변침

11. 다음 중 해사안전법상 항행장애물이 아닌 것은?
  가. 침몰이 임박한 선박
  나. 정박지에 묘박 중인 선박
  사. 좌초가 충분히 예견되는 선박
  아. 선박으로부터 수역에 떨어진 물건

12. 해사안전법상 '섬광등'의 정의는?
  가. 선수 쪽 225도의 수평사광범위를 갖는 등
  나. 360도에 걸치는 수평의 호를 비추는 등화로서 일정한 간격으로 1분에 30회 이상 섬광을 발하는 등
  사. 360도에 걸치는 수평의 호를 비추는 등화로서 일정한 간격으로 1분에 60회 이상 섬광을 발하는 등
  아. 360도에 걸치는 수평의 호를 비추는 등화로서 일정한 간격으로 1분에 120회 이상 섬광을 발하는 등

13. 해사안전법상 안개 속에서 2분을 넘지 아니하는 간격으로 장음 1회의 기적을 들었을 때 기적을 울린 선박은?

가. 조종불능선
나. 피예인선을 예인 중인 예인선
사. 대수속력이 있는 항행 중인 동력선
아. 대수속력이 없는 항행 중인 동력선

14. 해사안전법상 항행 중인 동력선이 서로 상대의 시계 안에 있는 경우 울려야 하는 기적신호로 옳지 않은 것은?

가. 침로를 오른쪽으로 변경하고 있는 선박의 경우 단음 1회
나. 침로를 왼쪽으로 변경하고 있는 선박의 경우 단음 2회
사. 기관을 후진하고 있는 선박의 경우 단음 3회
아. 좁은 수로등의 장애물 때문에 다른 선박을 볼 수 없는 수역에 접근하는 선박의 경우 장음 2회

15. 해사안전법상 장음과 단음에 대한 설명으로 옳은 것은?

가. 단음: 1초 정도 계속되는 고동소리
나. 단음: 3초 정도 계속되는 고동소리
사. 장음: 8초 정도 계속되는 고동소리
아. 장음: 10초 정도 계속되는 고동소리

16. ( )에 순서대로 적합한 것은?

"선박의 입항 및 출항 등에 관한 법률상 누구든지 무역항의 수상구역등이나 무역항의 수상구역 밖 ( ) 이내의 수면에 선박의 안전운항을 해칠 우려가 있는 ( )을 버려서는 아니 된다."

가. 5킬로미터, 장애물
나. 10킬로미터, 폐기물
사. 10킬로미터, 장애물
아. 5킬로미터, 폐기물

17. 선박의 입항 및 출항 등에 관한 법률상 무역항의 수상구역등에서 위험물취급자가 취할 안전에 필요한 조치에 대한 설명으로 옳은 것을 〈보기〉에서 모두 고른 것은?

─〈보 기〉─
ㄱ. 위험물 취급에 관한 안전관리자를 배치한다.
ㄴ. 위험표지 및 출입통제시설을 설치한다.
ㄷ. 선박과 육상 간의 통신수단을 확보한다.
ㄹ. 위험물의 종류에 상관없이 기본적인 소화장비를 비치한다.

가. ㄱ, ㄴ, ㄷ 나. ㄴ, ㄷ, ㄹ
사. ㄱ, ㄴ, ㄹ 아. ㄱ, ㄷ, ㄹ

18. ( )에 적합한 것은?

"선박의 입항 및 출항 등에 관한 법률상 선박의 고장이나 그 밖의 사유로 선박을 조종할 수 없는 경우 선박을 항로에 정박시키거나 정류시키려는 선박의 선장은 해사안전법에 따른 ( ) 표시를 하여야 한다."

가. 추월선 나. 정박선
사. 조종불능선 아. 조종제한선

19. 선박의 입항 및 출항 등에 관한 법률상 ( )에 순서대로 적합한 것은?

"무역항의 수상구역등에 정박하는 선박은 지체 없이 ( )을 내릴 수 있도록 ( )를 해제하고, ( )은 즉시 운항할 수 있도록 기관의 상태를 유지하는 등 안전에 필요한 조치를 하여야 한다."

가. 예비용 닻, 닻 고정장치, 동력선
나. 투묘용 닻, 닻 고정장치, 모든 선박
사. 예비용 닻, 윈드라스, 모든 선박
아. 투묘용 닻, 윈드라스, 동력선

20. 다음 중 선박의 입항 및 출항 등에 관한 법률상 해양사고를 피하기 위한 경우 등 해양

수산부령으로 정하는 사유가 아닌 경우 무역항의 수상구역등을 통과할 때 지정·고시된 항로를 따라 항행하여야 하는 선박은?

가. 예선
나. 압항부선
사. 주로 삿대로 운전하는 선박
아. 예인선이 부선을 끌거나 밀고 있는 경우의 예인선 및 부선

21. ( )에 순서대로 적합한 것은?

"선박의 입항 및 출항 등에 관한 법률상 ( )은 ( )으로부터 최고속력의 지정을 요청받은 경우 특별한 사유가 없으면 무역항의 수상구역등에서 선박 항행 최고 속력을 지정·고시하여야 한다."

가. 지정청, 해양경찰청장
나. 지정청, 지방해양수산청장
사. 관리청, 해양경찰청장
아. 관리청, 지방해양수산청장

22. 해양환경관리법상 분뇨오염방지설비가 아닌 것은?

가. 분뇨처리장치
나. 분뇨마쇄소독장치
사. 분뇨저장탱크
아. 대변용설비

23. 선박의 입항 및 출항 등에 관한 법률상 무역항의 수상구역등에 출입하는 경우에 항로를 따라 항행하지 않아도 되는 선박은?

가. 우선피항선
나. 총톤수 20톤 이상의 병원선
사. 총톤수 20톤 이상의 여객선
아. 총톤수 20톤 이상의 실습선

24. 해양환경관리법상 배출기준을 초과하는 오염물질이 해양에 배출된 경우 누구에게 신고하여야 하는가?

가. 환경부장관
나. 해양경찰청장 또는 해양경찰서장
사. 해양수산부장관 또는 지방해양수산청장
아. 도지사 또는 관할 시장·군수·구청장

25. 해양환경관리법상 선박에서 배출할 수 있는 오염물질의 배출 방법으로 옳지 않은 것은?

가. 빗물이 섞인 폐유를 전량 육상에 양륙한다.
나. 정박 중 발생한 음식찌꺼기를 선박이 출항 후 즉시 투기한다.
사. 저장용기에 선저 폐수를 저장해서 육상에 양륙한다.
아. 플라스틱 용기를 분류해서 저장한 후 육상에 양륙한다.

소형선박조종사 [10회 -항해]

01. 자기 컴퍼스에 영향을 주는 선체 일시 자기 중 수직분력을 조정하기 위한 일시 자석은?

가. 경사계
나. 상한차 수정구
사. 플린더즈 바
아. 경선차 수정자석

02. 기계식 자이로컴퍼스에서 동요오차 발생을 예방하기 위하여 NS축상에 부착되어 있는 것은?

가. 보정 추
나. 적분기
사. 오차 수정기
아. 추종 전동기

03. 선체 경사 시 생기는 자차는?

가. 지방자기
나. 경선차
사. 선체자기
아. 반원차

04. 해상에서 자차 수정 작업 시 게양하는 기류 신호는?

가. Q기
나. NC기
사. VE기
아. OQ기

05. 선박자동식별장치의 정적정보가 아닌 것은?

가. 선명
나. 선박의 속력
사. 호출부호
아. 아이엠오(IMO) 번호

06. 전파를 이용하여 선박의 위치를 구할 수 있는 항해계기가 아닌 것은?

가. 로란(LORAN)
나. 지피에스(GPS)
사. 레이더(RADAR)
아. 자동조타장치(Auto-pilot)

07. 일반적으로 레이더와 컴퍼스를 이용하여 구한 선위 중 정확도가 가장 낮은 것은?

가. 레이더로 둘 이상 물표의 거리를 이용하여 구한 선위
나. 레이더로 구한 물표의 거리와 컴퍼스로 측정한 방위를 이용하여 구한 선위
사. 레이더로 한 물표에 대한 방위와 거리를 측정하여 구한 선위
아. 레이더로 둘 이상의 물표에 대한 방위를 측정하여 구한 선위

08. 상대운동 표시방식 레이더 화면상에서 어떤 선박의 움직임이 다음과 같다면, 침로와 속력을 일정하게 유지하며 항행하는 본선과의 관계로 옳은 것은?

> ㄱ. 시간이 갈수록 본선과의 거리가 가까워지고 있음
> ㄴ. 시간이 지나도 관측한 상대선의 방위가 변하지 않음

가. 본선을 추월할 것이다.
나. 본선 선수를 횡단할 것이다.
사. 본선과 충돌의 위험이 있을 것이다.
아. 본선의 우현으로 안전하게 지나갈 것이다.

09. 오차 삼각형이 생길 수 있는 선위 결정법은?

가. 수심연측법
나. 4점방위법
사. 양측방위법
아. 교차방위법

10. 레이더 화면에 그림과 같이 나타나는 원인은?

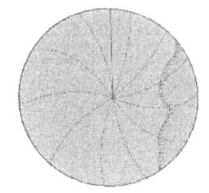

가. 물표의 간접 반사
나. 비나 눈 등에 의한 반사
사. 해면의 파도에 의한 반사
아. 다른 선박의 레이더 파에 의한 간섭

11. 우리나라에서 발간하는 종이 해도에 대한 설명으로 옳은 것은?

가. 수심 단위는 피트(Feet)를 사용한다.
나. 나침도의 바깥쪽은 나침 방위권을 사용한다.
사. 항로의 지도 및 안내서의 역할을 하는 수로서지이다.
아. 항박도는 대축척 해도로 좁은 구역을 상세히 표시한 평면도이다.

12. 수로도지를 정정할 목적으로 항해자에게 제공되는 항행통보의 간행주기는?

가. 1일   나. 1주일
사. 2주일   아. 1개월

13. 다음 중 조석표에 기재되는 내용이 아닌 것은?

가. 조고   나. 조시
사. 개정수   아. 박명시

14. 다음 중 해저의 저질과 관련된 약어가 아닌 것은?

가. M   나. R   사. S   아. Mo

15. 아래에서 설명하는 형상(주간) 표지는?

"선박에 암초, 얕은 여울 등의 존재를 알리고 항로를 표시하기 위하여 바다 위에 떠있는 구조물로서 빛을 비추지 않는다."

가. 도표   나. 부표   사. 육표   아. 입표

16. 레이콘에 대한 설명으로 옳지 않은 것은?

가. 레이마크 비콘이라고도 한다.
나. 레이더에서 발사된 전파를 받을 때에만 응답한다.
사. 레이더 화면상에 일정형태의 신호가 나타날 수 있도록 전파를 발사한다.
아. 레이콘의 신호로 표준신호와 모스 부호가 이용된다.

17. 점장도의 특징으로 옳지 않은 것은?

가. 항정선이 직선으로 표시된다.
나. 자오선은 남북 방향의 평행선이다.
사. 거등권은 동서 방향의 평행선이다.
아. 적도에서 남북으로 멀어질수록 면적이 축소되는 단점이 있다.

18. 다음 등질 중 군섬광등은?

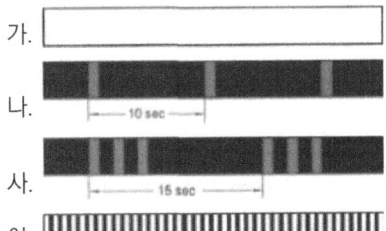

19. 서로 다른 지역을 다른 색깔로 비추는 등화는?

가. 호광등   나. 분호등
사. 섬광등   아. 군섬광등

20. 수로도지에 등재되지 않은 새롭게 발견된

위험물, 즉 모래톱, 암초 등과 같은 자연적인 장애물과 침몰·좌초선박과 같은 인위적 장애물들을 표시하기 위하여 사용하는 항로표지는? (단, 두표의 모양으로 선택)

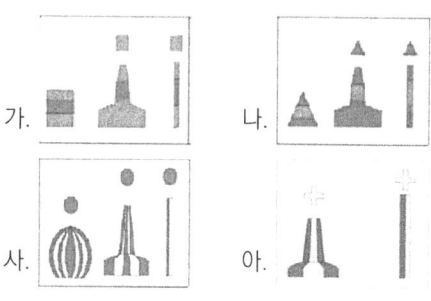

21. 조석이 발생하는 원인으로 옳은 것은?

가. 지구가 태양 주위를 공전을 하기 때문에
나. 지구 각 지점의 기온 차이 때문에
사. 바다에서 불어오는 바람 때문에
아. 지구 각 지점에 대한 태양과 달의 인력차 때문에

22. ( )에 적합한 것은?

"우리나라와 일본에서는 일반적으로 세계기상기구[WMO]에서 분류한 중심풍속이 17m/s 이상인 ( )부터 태풍이라 부른다."

가. T   나. TD   사. TS   아. STS

23. 태풍 진로예보도에 관한 설명으로 옳지 않은 것은?

가. 72시간의 예보도 실시한다.
나. 폭풍역이 외측의 실선에 의한 원으로 표시된다.
사. 진로 예보의 오차 원이 점선의 원으로 표시된다.
아. 우리나라의 경우 예보시간에 점선의 원 안에 50%의 확률로 도달한다.

24. 연안항로 선정에 관한 설명으로 옳지 않은 것은?

가. 연안에서 뚜렷한 물표가 없는 해안을 항해하는 경우 해안선과 평행한 항로를 선정하는 것이 좋다.
나. 항로지, 해도 등에 추천항로가 설정되어 있으면, 특별한 이유가 없는 한 그 항로를 따르는 것이 좋다.
사. 복잡한 해역이나 위험물이 많은 연안을 항해할 경우에는 최단항로를 항해하는 것이 좋다.
아. 야간의 경우 조류나 바람이 심할 때는 해안선과 평행한 항로보다 바다 쪽으로 벗어나는 항로를 선정하는 것이 좋다.

25. 통항계획 수립에 관한 설명으로 옳지 않은 것은?

가. 소형선에서는 선장이 직접 통항계획을 수립한다.
나. 도선 구역에서의 통항계획 수립은 도선사가 한다.
사. 계획 수립 전에 필요한 모든 것을 한 장소에 모으고 내용을 검토하는 것이 필요하다.
아. 통항계획의 수립에는 공식적인 항해용 해도 및 서적들을 사용하여야 한다.

소형선박조종사 [10회 -운용]

01. 선체의 가장 넓은 부분에 있어서 양현 외판의 외면에서 외면까지의 수평거리는?

가. 전폭   나. 전장   사. 건현   아. 갑판

02. 여객이나 화물을 운송하기 위하여 쓰이는 용적을 나타내는 톤수는?

가. 총톤수   나. 순톤수

사. 배수톤수　　　아. 재화중량톤수

03. 타의 구조에서 ①은 무엇인가?

가. 타판　　　나. 핀틀
사. 거전　　　아. 타심재

04. 선박 외판을 도장할 때 해조류 부착에 따른 오손을 방지하기 위해 칠하는 도료의 명칭은?

가. 광명단　　　나. 방오 도료
사. 수중 도료　　아. 방청 도료

05. 다음 중 합성 섬유 로프가 아닌 것은?

가. 마닐라 로프
나. 폴리프로필렌 로프
사. 나일론 로프
아. 폴리에틸렌 로프

06. 다음 중 페인트를 칠하는 용구는?

가. 철솔　　　나. 스크레이퍼
사. 그리스 건　　아. 스프레이 건

07. 선체에 페인트를 칠하기에 가장 좋은 때는?

가. 따뜻하고 습도가 낮을 때
나. 서늘하고 습도가 낮을 때
사. 따뜻하고 습도가 높을 때
아. 서늘하고 습도가 높을 때

08. 열전도율이 낮은 방수 물질로 만들어진 포대기 또는 옷으로 방수복을 착용하지 않은 사람이 입는 것은?

가. 보호복　　　나. 작업용 구명조끼
사. 보온복　　　아. 노출 보호복

09. 해상이동업무식별번호(MMSI number)에 대한 설명으로 옳지 않은 것은?

가. 9자리 숫자로 구성된다.
나. 소형선박에는 부여되지 않는다.
사. 초단파(VHF) 무선설비에도 입력되어 있다.
아. 우리나라 선박은 440 또는 441로 시작된다.

10. 구명정에 비하여 항해능력은 떨어지지만 손쉽게 강하시킬 수 있고 선박의 침몰 시 자동으로 이탈되어 조난자가 탈 수 있는 구명설비는?

가. 구조정　　　나. 구명부기
사. 구명뗏목　　아. 고속구조정

11. 다음 그림과 같이 표시되는 장치는?

가. 신호 홍염　　나. 구명줄 발사기
사. 줄사다리　　아. 자기 발연 신호

12. GMDSS 해역별 무선설비 탑재요건에서 A1해역을 항해하는 선박이 탑재하지 않아

도 되는 장비는?

가. 중파(MF) 무선설비
나. 초단파(VHF) 무선설비
사. 수색구조용 레이더 트랜스폰더(SART)
아. 비상위치지시 무선표지(EPIRB)

13. 잔잔한 바다에서 의식불명의 익수자를 발견하여 구조하려 할 때, 구조선의 안전한 접근방법은?

가. 익수자의 풍하 쪽에서 접근한다.
나. 익수자의 풍상 쪽에서 접근한다.
사. 구조선의 좌현 쪽에서 바람을 받으면서 접근한다.
아. 구조선의 우현 쪽에서 바람을 받으면서 접근한다.

14. 선박용 초단파(VHF) 무선설비의 최대 출력은?

가. 10W 나. 15W 사. 20W 아. 25W

15. 타판에 작용하는 힘 중에서 작용하는 방향이 선수미선 방향인 분력은?

가. 항력 나. 양력
사. 마찰력 아. 직압력

16. 근접하여 운항하는 두 선박의 상호 간섭작용에 대한 설명으로 옳지 않은 것은?

가. 선속을 감속하면 영향이 줄어든다.
나. 두 선박 사이의 거리가 멀어지면 영향이 줄어든다.
사. 소형선은 선체가 작아 영향을 거의 받지 않는다.
아. 마주칠 때보다 추월할 때 상호 간섭작용이 오래 지속되어 위험하다.

17. 선박의 복원력에 관한 내용으로 옳지 않은 것은?

가. 복원력의 크기는 배수량의 크기에 비례한다.
나. 황천항해 시 갑판에 올라온 해수가 즉시 배수되지 않으면 복원력이 감소될 수 있다.
사. 항해의 경과로 연료유와 청수 등의 소비, 유동수의 발생으로 인해 복원력이 감소될 수 있다.
아. 겨울철 항해 중 갑판상에 있는 구조물에 얼음이 얼면 배수량의 증가로 인하여 복원력이 좋아진다.

18. 선박 후진 시 선수회두에 가장 큰 영향을 끼치는 수류는?

가. 반류 나. 흡입류
사. 배출류 아. 추적류

19. 협수로를 항행할 때 유의할 사항으로 옳지 않은 것은?

가. 통항 시기는 조류가 강한 때를 택하고, 만곡이 급한 수로는 역조 시 통항을 피한다.
나. 협수로의 만곡부에서 유속은 일반적으로 만곡의 외측에서 강하고 내측에서는 약한 특징이 있다.
사. 협수로에서의 유속은 일반적으로 수로 중앙부가 강하고, 육안에 가까울수록 약한 특징이 있다.
아. 협수로는 수로의 폭이 좁고 조류나 해류가 강하며, 굴곡이 심한 경우 선박의 조종이 어렵고, 항행할 때에는 철저한 경계를 수행하면서 통항하여야 한다.

20. 물에 빠진 사람을 구조하는 조선법이 아닌 것은?

가. 표준 턴 나. 샤르노브 턴
사. 싱글 턴 아. 윌리암슨 턴

21. 선박이 물에 떠 있는 상태에서 외부로부터

힘을 받아서 경사할 때, 저항 또는 외력을 제거하면 원래의 상태로 되돌아오려고 하는 힘은?

가. 중력
나. 복원력
사. 구심력
아. 원심력

22. 파도가 심한 해역에서 선속을 저하시키는 요인이 아닌 것은?

가. 바람
나. 풍랑(Wave)
사. 기압
아. 너울(Swell)

23. 황천항해 중 선박조종법이 아닌 것은?

가. 라이 투(Lie to)
나. 히브 투(Heave to)
사. 서징(Surging)
아. 스커딩(Scudding)

24. 충돌사고의 주요 원인인 경계소홀에 해당하지 않는 것은?

가. 당직 중 졸음
나. 선박조종술 미숙
사. 해도실에서 많은 시간 소비
아. 제한시계에서 레이더 미사용

25. 정박 중 선내 순찰의 목적이 아닌 것은?

가. 각종 설비의 이상 유무 확인
나. 선내 각부의 화재위험 여부 확인
사. 정박등을 포함한 각종 등화 및 형상물 확인
아. 선내 불빛이 외부로 새어 나가는지 여부 확인

소형선박조종사 [10회 -기관]

01. 4행정 사이클 디젤기관에서 흡·배기 밸브의 밸브겹침에 대한 설명으로 옳은 것은?

가. 상사점 부근에서 흡·배기 밸브가 동시에 열려있는 기간이다.
나. 상사점 부근에서 흡·배기 밸브가 동시에 닫혀있는 기간이다.
사. 하사점 부근에서 흡·배기 밸브가 동시에 열려있는 기간이다.
아. 하사점 부근에서 흡·배기 밸브가 동시에 닫혀있는 기간이다.

02. 직렬형 디젤기관에서 실린더가 6개인 경우 메인 베어링의 최소 개수는?

가. 5개
나. 6개
사. 7개
아. 8개

03. 디젤기관의 실린더 라이너가 마멸된 경우에 발생하는 현상으로 옳은 것은?

가. 실린더 내 압축공기가 누설된다.
나. 피스톤에 작용하는 압력이 증가한다.
사. 최고 폭발압력이 상승한다.
아. 간접 역전장치의 사용이 곤란하게 된다.

04. 4행정 사이클 디젤기관의 실린더 헤드에 설치되는 밸브가 아닌 것은?

가. 흡기밸브
나. 연료분사밸브
사. 시동공기분배밸브
아. 배기밸브

05. 실린더 헤드에서 발생할 수 있는 고장에 대한 설명으로 옳지 않은 것은?

가. 각부의 온도차로 균열이 발생한다.
나. 헤드의 너트 풀림으로 배기가스가 누설한다.
사. 냉각수 통로의 부식으로 냉각수가 누설한다.
아. 흡입공기 온도 상승으로 배기가스가 누설한다.

06. 디젤기관에서 피스톤링을 피스톤에 조립할 경우의 주의사항으로 옳지 않은 것은?

가. 링의 상하면 방향이 바뀌지 않도록 조립한다.
나. 가장 아래에 있는 링부터 차례로 조립한다.
사. 링이 링 홈 안에서 잘 움직이는지를 확인한다.
아. 링의 절구 틈이 모두 같은 방향이 되도록 조립한다.

07. 디젤기관의 피스톤링 재료로 주철을 사용하는 주된 이유는?

가. 기관의 출력을 증가시켜 주기 때문에
나. 연료유의 소모량을 줄여 주기 때문에
사. 고온에서 탄력을 증가시켜 주기 때문에
아. 윤활유의 유막 형성을 좋게 하기 때문에

08. 다음 그림과 같은 크랭크축에서 ①의 명칭은?

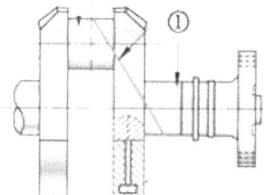

가. 평형추 나. 크랭크핀
사. 크랭크암 아. 크랭크 저널

09. 소형기관에서 플라이휠의 구성 요소가 아닌 것은?

가. 림 나. 암 사. 핀 아. 보스

10. 내연기관의 연료유에 대한 설명으로 옳지 않은 것은?

가. 발열량이 클수록 좋다.
나. 유황분이 적을수록 좋다.
사. 물이 적게 함유되어 있을수록 좋다.
아. 점도가 높을수록 좋다.

11. 소형기관의 시동 직후 운전상태를 파악하기 위해 점검해야 할 사항이 아닌 것은?

가. 계기류의 지침
나. 배기색
사. 진동의 발생 여부
아. 윤활유의 점도

12. 소형기관에서 크랭크축으로부터의 회전수를 낮추어 추진장치에 전달해주는 장치는?

가. 조속장치 나. 과급장치
사. 감속장치 아. 가속장치

13. 프로펠러에 의한 속도와 배의 속도와의 차이를 무엇이라고 하는가?

가. 서징 나. 피치 사. 슬립 아. 경사

14. 스크루 프로펠러로만 짝지어진 것은?

가. 고정피치 프로펠러와 가변피치 프로펠러
나. 분사 프로펠러와 가변피치 프로펠러
사. 분사 프로펠러와 고정피치 프로펠러
아. 고정피치 프로펠러와 외차 프로펠러

15. 다음 그림과 같은 무어링 윈치에서 ①, ②, ③의 명칭은?

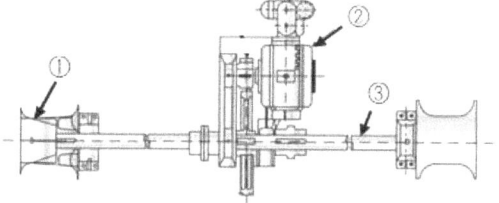

가. ① : 워핑드럼, ② : 유압모터, ③ : 수평축
나. ① : 워핑드럼, ② : 수평축, ③ : 유압모터
사. ① : 유압모터, ② : 워핑드럼, ③ : 수평축
아. ① : 유압모터, ② : 수평축, ③ : 워핑드럼

16. 기어펌프에서 송출압력이 설정값 이상으

로 상승하면 송출측 유체를 흡입측으로 되돌려 보내는 밸브는?

가. 릴리프밸브 나. 송출밸브
사. 흡입밸브 아. 나비밸브

17. 해수펌프의 구성품이 아닌 것은?

가. 축봉장치 나. 임펠러
사. 케이싱 아. 제동장치

18. 선내에서 주로 사용되는 교류 전원의 주파수는 몇[Hz]인가?

가. 30[Hz] 나. 90[Hz]
사. 60[Hz] 아. 120[Hz]

19. 전동기 기동반에서 빼낸 퓨즈의 정상여부를 멀티테스터로 확인하는 방법으로 옳은 것은?

가. 멀티테스터의 선택스위치를 저항 레인지에 놓고 저항을 측정해서 확인한다.
나. 멀티테스터의 선택스위치를 전압 레인지에 놓고 전압을 측정해서 확인한다.
사. 멀티테스터의 선택스위치를 전류 레인지에 놓고 전류를 측정해서 확인한다.
아. 멀티테스터의 선택스위치를 전력 레인지에 놓고 전력을 측정해서 확인한다.

20. 납축전지의 구성 요소가 아닌 것은?

가. 극판 나. 충전판
사. 격리판 아. 전해액

21. 기관의 출력을 나타내는 단위는?

가. bar 나. rpm 사. kW 아. MPa

22. 운전중인 디젤기관이 갑자기 정지되는 경우가 아닌 것은?

가. 윤활유의 압력이 너무 낮은 경우
나. 기관의 회전수가 과속도 설정값에 도달된 경우
사. 연료유가 공급되지 않는 경우
아. 냉각수 온도가 너무 낮은 경우

23. 디젤기관에서 크랭크암 개폐에 대한 설명으로 옳지 않은 것은?

가. 선박이 물 위에 떠 있을 때 계측한다.
나. 다이얼식 마이크로미터로 계측한다.
사. 각 실린더마다 정해진 여러 곳을 계측한다.
아. 개폐가 심할수록 유연성이 좋으므로 기관의 효율이 높아진다.

24. 선박용 연료유에 대한 일반적인 설명으로 옳지 않은 것은?

가. 경유가 중유보다 비중이 낮다.
나. 경유가 중유보다 점도가 낮다.
사. 경유가 중유보다 유동점이 낮다.
아. 경유가 중유보다 발열량이 높다.

25. 연료유의 부피 단위는?

가. kℓ 나. kg 사. MPa 아. cSt

소형선박조종사 [10회 -법규]

01. ( )에 적합한 것은?

"해사안전법상 2척의 동력선이 상대의 진로를 횡단하는 경우로서 충돌의 위험이 있을 때에는 다른 선박을 ( ) 쪽에 두고 있는 선박이 그 다른 선박의 진로를 피하여야 한다."

가. 좌현 나. 우현 사. 정횡 아. 정면

02. 해사안전법상 선박의 항행안전에 필요한

항로표지·신호·조명 등 항행보조시설을 설치하고 관리·운영하여야 하는 주체는?

가. 선장
나. 해양경찰청장
사. 선박소유자
아. 해양수산부장관

03. 해사안전법상 선박의 출항을 통제하는 목적은?

가. 국적선의 이익을 위해
나. 선박의 효율적 통제를 위해
사. 항만의 무리한 운영을 막으려고
아. 선박의 안전운항에 지장을 줄 우려가 있어서

04. 해사안전법상 연안통항대를 따라 항행하여서는 아니되는 선박은?

가. 범선
나. 길이 30미터인 선박
사. 급박한 위험을 피하기 위한 선박
아. 연안통항대 안에 있는 해양시설에 출입하는 선박

05. ( )에 적합한 것은?

"해사안전법상 2척의 범선이 서로 접근하여 충돌할 위험이 있는 경우, 각 범선이 다른 쪽 현에 바람을 받고 있는 경우에는 ( )에 바람을 받고 있는 범선이 다른 범선의 진로를 피하여야 한다."

가. 선수 나. 우현 사. 좌현 아. 선미

06. 해사안전법상 항행 중인 동력선이 진로를 피하지 않아도 되는 선박은?

가. 항행 중인 조종제한선
나. 항행 중인 조종불능선
사. 비행 중인 수상항공기
아. 어로에 종사하고 있는 선박

07. 해사안전법상 서로 시계 안에 있는 2척의 동력선이 마주치는 상태로 충돌의 위험이 있을 때의 항법으로 옳은 것은?

가. 큰 배가 작은 배를 피한다.
나. 작은 배가 큰 배를 피한다.
사. 서로 좌현 쪽으로 변침하여 피한다.
아. 서로 우현 쪽으로 변침하여 피한다.

08. 해사안전법상 2척의 동력선이 상대의 진로를 횡단하는 경우로서 충돌의 위험이 있을 때 부득이한 경우를 제외하고 유지선이 취할 조치로 옳지 않은 것은?

가. 피항 협력 동작
나. 침로와 속력의 유지
사. 피항 동작
아. 침로를 왼쪽으로 변경

09. 해사안전법상 선박이 다른 선박을 선수 방향에서 볼 수 있는 경우로서 밤에는 양쪽의 현등을 볼 수 있는 경우의 상태는?

가. 안전한 상태
나. 앞지르기 하는 상태
사. 마주치는 상태
아. 횡단하는 상태

10. 해사안전법상 선박의 등화에 대한 설명으로 옳지 않은것은?

가. 해지는 시각부터 해뜨는 시각까지 항행 시에는 항상 등화를 표시하여야 한다.
나. 해뜨는 시각부터 해지는 시각까지도 제한된 시계에서는 등화를 표시하여야 한다.
사. 현등의 색깔은 좌현은 녹색 등, 우현은 붉은 색등이다.
아. 해지는 시각부터 해뜨는 시각까지 접근하여 오는 선박의 진행 방향은 등화를 관찰하여 알 수 있다.

11. ( )에 순서대로 적합한 것은?

"해사안전법상 제한된 시계에서 레이더만으로 다른 선박이 있는 것을 탐지한 선박은 ( )과 얼마나 가까이 있는지 또는 ( )이 있는지를 판단하여야 한다. 이 경우 해당 선박과 매우 가까이 있거나 그 선박과 충돌할 위험이 있다고 판단한 경우에는 충분한 시간적 여유를 두고 ( )을 취하여야 한다."

가. 해당 선박, 충돌할 위험, 피항동작
나. 해당 선박, 충돌할 위험, 피항협력동작
사. 다른 선박, 근접상태의 상황, 피항동작
아. 다른 선박, 근접상태의 상황, 피항협력동작

12. 해사안전법상 선미등의 수평사광범위와 등색은?

가. 135도, 붉은색
나. 225도, 붉은색
사. 135도, 흰색
아. 225도, 흰색

13. 해사안전법상 '삼색등'의 등색이 아닌 것은?

가. 녹색
나. 황색
사. 흰색
아. 붉은색

14. 해사안전법상 시계가 제한된 수역에서 2분을 넘지 아니하는 간격으로 장음 2회의 기적신호를 들었다면 그 기적을 울린 선박은?

가. 정박선
나. 조종제한선
사. 얹혀 있는 선박
아. 대수속력이 없는 항행 중인 동력선

15. 해사안전법상 항행 중인 동력선이 서로 상대의 시계 안에 있는 경우 울려야 하는 기적신호로 옳지 않은 것은?

가. 침로를 오른쪽으로 변경하고 있는 선박의 경우 단음 1회
나. 침로를 왼쪽으로 변경하고 있는 선박의 경우 단음 2회
사. 기관을 후진하고 있는 선박의 경우 단음 3회
아. 좁은 수로등의 장애물 때문에 다른 선박을 볼 수 없는 수역에 접근하는 선박의 경우 장음 2회

16. 선박의 입항 및 출항 등에 관한 법률상 무역항의 수상구역등에서 정박지를 지정하는 기준이 아닌 것은?

가. 선박의 종류
나. 선박의 국적
사. 선박의 톤수
아. 적재물의 종류

17. ( )에 적합한 것은?

"선박의 입항 및 출항 등에 관한 법률상 ( )를 피하기 위한 경우 등 해양수산부령으로 정하는 사유로 선박을 항로에 정박시키거나 정류시키려는 자는 그 사실을 관리청에 신고하여야 한다."

가. 선박나포
나. 해양사고
사. 오염물질 배수
아. 위험물질 방치

18. ( )에 적합하지 않은 것은?

"선박의 입항 및 출항 등에 관한 법률상 관리청은 무역항의 수상구역등에서 선박교통의 안전을 위하여 필요하다고 인정하여 항로 또는 구역을 지정한 경우에는 ( )을/를 정하여 공고하여야 한다."

가. 제한기간
나. 관할 해양경찰서
사. 금지기간
아. 항로 또는 구역의 위치

19. ( )에 적합한 것은?

"선박의 입항 및 출항 등에 관한 법률상 우선피항선은 무역항의 수상구역에서 운항하는 선박으로서 다른 선박의 진로를 피하여야 하는 선박이며, ( )은 우선피항선이다."

가. 압항부선
나. 길이 20미터인 선박
사. 총톤수 25톤인 선박
아. 예인선이 부선을 끌거나 밀고 있는 경우의 예인선 및 부선

20. ( )에 순서대로 적합한 것은?

"선박의 입항 및 출항 등에 관한 법률상 ( )은 ( )으로부터 최고속력의 지정을 요청받은 경우 특별한 사유가 없으면 무역항의 수상구역등에서 선박 항행 최고속력을 지정·고시하여야 한다."

가. 지정청, 해양경찰청장
나. 지정청, 지방해양수산청장
사. 관리청, 해양경찰청장
아. 관리청, 지방해양수산청장

21. ( )에 적합하지 않은 것은?

"선박의 입항 및 출항 등에 관한 법률상 선박이 무역항의 수상구역등에서 ( )[이하 부두등이라 한다]을 오른쪽 뱃전에 두고 항행할 때에는 부두등에 접근하여 항행하고, 부두등을 왼쪽 뱃전에 두고 항행할 때에는 멀리 떨어져서 항행하여야 한다."

가. 정박 중인 선박
나. 항행 중인 동력선
사. 해안으로 길게 뻗어 나온 육지 부분
아. 부두, 방파제 등 인공시설물의 튀어나온 부분

22. 선박의 입항 및 출항 등에 관한 법률상 항법에 대한 규정으로 옳은 것은?

가. 항로에서 선박 상호간의 거리는 1해리 이상 유지하여야 한다.
나. 무역항의 수상구역등에서 속력을 3노트 이하로 유지하여야 된다.
사. 범선은 무역항의 수상구역등에서 돛을 최대로 늘려 항행하여야 된다.
아. 모든 선박은 항로를 항행하는 흘수제약선의 진로를 방해하지 않아야 한다.

23. 해양환경관리법상 선박에서 해양에 언제라도 배출이 가능한 물질은?

가. 식수
나. 선저폐수
사. 합성어망
아. 선박 주기관 윤활유

24. 해양환경관리법상 오염물질이 배출된 경우 오염을 방지하기 위한 조치가 아닌 것은?

가. 오염물질의 배출방지
나. 배출된 오염물질의 확산방지 및 제거
사. 배출된 오염물질의 수거 및 처리
아. 기름오염방지설비의 가동

25. 해양환경관리법상 분뇨오염방지설비를 갖추어야 하는 선박의 선박검사증서 또는 어선검사증서상 최대승선인원 기준은? (단, 다른 법률에서 정한 경우는 제외함)

가. 10명 이상
나. 16명 이상
사. 20명 이상
아. 24명 이상

소형선박조종사 [11회 –항해]

01. 자기 컴퍼스에서 선박의 동요로 비너클이 기울어져도 볼을 항상 수평으로 유지시켜 주는 장치는?

가. 피벗 나. 컴퍼스 액
사. 짐벌즈 아. 섀도 핀

02. 경사제진식 자이로컴퍼스에만 있는 오차는?

가. 위도오차 나. 속도오차
사. 동요오차 아. 가속도오차

03. 음향 측심기의 용도가 아닌 것은?

가. 어군의 존재 파악
나. 해저의 저질 상태 파악
사. 선박의 속력과 항주 거리 측정
아. 수로 측량이 부정확한 곳의 수심 측정

04. 다음 중 자차계수 D가 최대가 되는 침로는?

가. 000° 나. 090° 사. 225° 아. 270°

05. 자기 컴퍼스에서 섀도 핀에 의한 방위 측정 시 주의사항에 대한 설명으로 옳지 않은 것은?

가. 핀의 지름이 크면 오차가 생기기 쉽다.
나. 핀이 휘어져 있으면 오차가 생기기 쉽다.
사. 선박의 위도가 크게 변하면 오차가 생기기 쉽다.
아. 볼(Bowl)이 경사된 채로 방위를 측정하면 오차가 생기기 쉽다.

06. 레이더를 이용하여 얻을 수 없는 것은?

가. 본선의 위치
나. 물표의 방위
사. 물표의 표고차
아. 본선과 다른 선박 사이의 거리

07. (   )에 적합한 것은?

"생소한 해역을 처음 항해할 때에는 수로지, 항로지, 해도 등에 (   )가 설정되어 있으면 특별한 이유가 없는 한 그 항로를 따르도록 한다."

가. 추천항로 나. 우회항로
사. 평행항로 아. 심흘수 전용항로

08. (   )에 순서대로 적합한 것은?

"국제협정에 의하여 (   )을 기준경도로 정하여 서경쪽에서 동경 쪽으로 통과할 때에는 1일을 (   )."

가. 본초자오선, 늦춘다
나. 본초자오선, 건너뛴다
사. 날짜변경선, 늦춘다
아. 날짜변경선, 건너뛴다

09. 상대운동 표시방식의 알파(ARPA) 레이더 화면에 나타난 'A' 선박의 벡터가 다음 그림과 같이 표시되었을 때, 이에 대한 설명으로 옳은 것은?

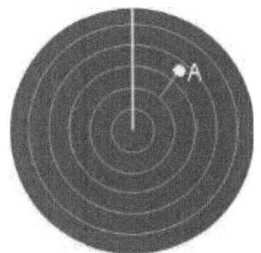

가. 본선과 침로가 비슷하다.
나. 본선과 속력이 비슷하다.
사. 본선의 크기와 비슷하다.
아. 본선과 충돌의 위험이 있다.

10. 레이더의 수신 장치 구성요소가 아닌 것은?

가. 증폭장치　　　나. 펄스변조기
사. 국부발진기　　아. 주파수변환기

11. 노출암을 나타낸 다음의 해도도식에서 '4'가 의미하는 것은?

가. 수심　　　　　나. 암초 높이
사. 파고　　　　　아. 암초 크기

12. ( )에 적합한 것은?

"해도상에 기재된 건물, 항만시설물, 등부표, 수중 장애물, 조류, 해류, 해안선의 형태, 등고선, 연안 지형등의 기호 및 약어가 수록된 수로서지는 ( )이다."

가. 해류도　　　　나. 조류도
사. 해도목록　　　아. 해도도식

12. 조석표에 대한 설명으로 옳지 않은 것은?

가. 조석 용어의 해설도 포함하고 있다.
나. 각 지역의 조석에 대하여 상세히 기술하고 있다.
사. 표준항 외의 항구에 대한 조시, 조고를 구할 수 있다.
아. 국립해양조사원은 외국항 조석표는 발행하지 않는다.

14. 등색이나 등력이 바뀌지 않고 일정하게 계속 빛을 내는 등은?

가. 부동등　　　　나. 섬광등
사. 호광등　　　　아. 명암등

15. 아래에서 설명하는 형상(주간)표지는?

"선박에 암초, 얕은 여울 등의 존재를 알리고 항로를 표시하기 위하여 바다 위에 뜨게 한 구조물로 빛을 비추지 않는다."

가. 도표　　나. 부표　　사. 육표　　아. 입표

16. 레이콘에 대한 설명으로 옳지 않은 것은?

가. 레이마크 비콘이라고도 한다.
나. 레이더에서 발사된 전파를 받을 때에만 응답한다.
사. 레이콘의 신호로 표준신호와 모스 부호가 이용된다.
아. 레이더 화면상에 일정형태의 신호가 나타날 수 있도록 전파를 발사한다.

17. 연안항해에 사용되는 종이해도의 축척에 대한 설명으로 옳은 것은?

가. 최신 해도이면 축척은 관계없다.
나. 사용 가능한 대축척 해도를 사용한다.
사. 총도를 사용하여 넓은 범위를 관측한다.
아. 1:50,000인 해도가 1:150,000인 해도보다 소축척 해도이다.

18. 종이해도를 사용할 때 주의사항으로 옳은 것은?

가. 여백에 낙서를 해도 무방하다.
나. 연필 끝은 둥글게 깎아서 사용한다.
사. 반드시 해도의 소개정을 할 필요는 없다.
아. 가장 최근에 발행된 해도를 사용해야 한다.

19. 정해진 등질이 반복되는 시간은?

가. 등색　　　　　나. 섬광등
사. 주기　　　　　아. 점등시간

20. 항로의 좌우측 한계를 표시하기 위하여 설치된 표지는?

가. 특수표지　　　나. 고립장해표지
사. 측방표지　　　아. 안전수역표지

21. 오호츠크해 기단에 대한 설명으로 옳지 않은 것은?

가. 한랭하고 습윤하다.
나. 해양성 열대기단이다.
사. 오호츠크해가 발원지이다.
아. 오호츠크해 기단은 늦봄부터 발생하기 시작한다.

22. 저기압의 일반적인 특성으로 옳지 않은 것은?

가. 저기압은 중심으로 갈수록 기압이 낮아진다.
나. 저기압에서는 중심에 접근할수록 기압경도가 커지므로 바람도 강하다.
사. 저기압 역내에서는 하층의 발산기류를 보충하기 위하여 하강기류가 일어난다.
아. 북반구에서 저기압 주위의 대기는 반시계방향으로 회전하고 하층에서는 대기의 수렴이 있다.

23. 현재부터 1~3일 후까지의 전선과 기압계의 이동 상태에 따른 일기 상황을 예보하는 것은?

가. 수치예보
나. 실황예보
사. 단기예보
아. 단시간예보

24. 항해계획을 수립할 때 구별하는 지역별 항로의 종류가 아닌 것은?

가. 원양 항로
나. 왕복 항로
사. 근해 항로
아. 연안 항로

25. 항해계획에 따라 안전한 항해를 수행하고, 안전을 확인하는 방법이 아닌 것은?

가. 레이더를 이용한다.
나. 중시선을 이용한다.
사. 음향측심기를 이용한다.
아. 선박의 평균속력을 계산한다.

소형선박조종사 [11회 -운용]

01. 파랑 중에 항행하는 선박의 선수부와 선미부는 파랑에 의한 큰 충격을 예방하기 위해 선수미 부분을 견고히 보강한 구조의 명칭은?

가. 팬팅(Panting) 구조
나. 이중선체(Double hull) 구조
사. 이중저(Double bottom) 구조
아. 구상형 선수(Bulbous bow) 구조

02. 선체의 외형에 따른 명칭 그림에서 ①은?

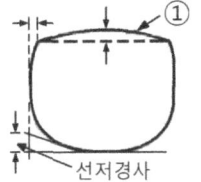

가. 캠버
나. 플레어
사. 텀블 홈
아. 선수현호

03. 선박의 트림을 옳게 설명한 것은?

가. 선수흘수와 선미흘수의 곱
나. 선수흘수와 선미흘수의 비
사. 선수흘수와 선미흘수의 차
아. 선수흘수와 선미흘수의 합

04. 각 흘수선상의 물에 잠긴 선체의 선수재 전면에서 선미 후단까지의 수평거리는?

가. 전장
나. 등록장
사. 수선장
아. 수선간장

05. 타(키)의 구조 그림에서 ①은?

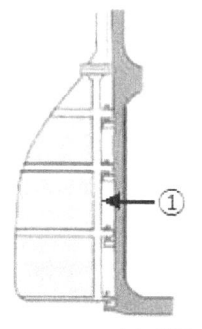

가. 타판　　　　나. 타주
사. 거전　　　　아. 타심재

06. 스톡 앵커의 그림에서 ①은?

가. 암　　나. 빌　　사. 생크　　아. 스톡

07. 다음 소화장치 중 화재가 발생하면 자동으로 작동하여 물을 분사하는 장치는?

가. 고정식 포말 소화장치
나. 자동 스프링클러 장치
사. 고정식 분말 소화장치
아. 고정식 이산화탄소 소화장치

08. 열전도율이 낮은 방수 물질로 만들어진 포대기 또는 옷으로 방수복을 착용하지 않은 사람이 입는 것은?

가. 보호복　　　　나. 노출 보호복
사. 보온복　　　　아. 작업용 구명조끼

09. 수신된 조난신호의 내용 중 '05:30 UTC' 라고 표시된 시각을 우리나라 시각으로 나타낸 것은?

가. 05시 30분　　　나. 14시 30분
사. 15시 30분　　　아. 17시 30분

10. 나일론 등과 같은 합성섬유로 된 포지를 고무로 가공하여 제작되며, 긴급 시에 탄산가스나 질소가스로 팽창시켜 사용하는 구명설비는?

가. 구명정　　　　나. 구조정
사. 구명부기　　　아. 구명뗏목

11. 자기 점화등과 같은 목적으로 구명부환과 함께 수면에 투하되면 자동으로 오렌지색 연기를 내는 것은?

가. 신호 홍염
나. 자기 발연 신호
사. 신호 거울
아. 로켓 낙하산 화염신호

12. 해상에서 사용하는 조난신호가 아닌 것은?

가. 국제신호기 'SOS' 게양
나. 좌우로 벌린 팔을 천천히 위아래로 반복함
사. 비상위치지시 무선표지(EPIRB)에 의한 신호
아. 수색구조용 레이더 트랜스폰더(SART)의 사용

13. 지혈의 방법으로 옳지 않은 것은?

가. 환부를 압박한다.
나. 환부를 안정시킨다.
사. 환부를 온열시킨다.
아. 환부를 심장부위보다 높게 올린다.

14. 초단파(VHF) 무선설비를 사용하는 방법으로 옳지 않은 것은?

가. 볼륨을 적절히 조절한다.
나. 항해 중에는 16번 채널을 청취한다.
사. 묘박 중에는 필요할 때만 켜서 사용한다.
아. 관제구역에서는 지정된 관제통신 채널을 청취한다.

15. 타판에서 생기는 항력의 작용 방향은?

가. 우현 방향
나. 좌현 방향
사. 선수미선 방향
아. 타판의 직각 방향

16. 선박의 조종성을 판별하는 성능이 아닌 것은?

가. 복원성
나. 선회성
사. 추종성
아. 침로안정성

17. 다음 중 닻의 역할이 아닌 것은?

가. 침로 유지에 사용된다.
나. 좁은 수역에서 선회하는 경우에 이용된다.
사. 선박을 임의의 수면에 정지 또는 정박시킨다.
아. 선박의 속력을 급히 감소시키는 경우에 사용된다.

18. 우선회 고정피치 단추진기를 설치한 선박에서 흡입류와 배출류에 대한 내용으로 옳지 않은 것은?

가. 횡압력의 영향은 스크루 프로펠러가 수면 위에 노출되어 있을 때 뚜렷하게 나타난다.
나. 기관 전진 중 스크루 프로펠러가 수중에서 회전하면 앞쪽에서는 스크루 프로펠러에 빨려드는 흡입류가 있다.
사. 기관을 전진상태로 작동하면 타의 하부에 작용하는 수류는 수면 부근에 위치한 상부에 작용하는 수류보다 강하여 선미를 좌현 쪽으로 밀게 된다.
아. 기관을 후진상태로 작동시키면 선체의 우현 쪽으로 흘러가는 배출류는 우현 선미 측벽에 부딪치면서 측압을 형성하며, 이 측압작용은 현저하게 커서 선미를 우현 쪽으로 밀게 되므로 선수는 좌현 쪽으로 회두한다.

19. 복원성이 작은 선박을 조선할 때 적절한 조선 방법은?

가. 순차적으로 타각을 높임
나. 큰 속력으로 대각도 전타
사. 전타 중 갑자기 타각을 줄임
아. 전타 중 반대 현측으로 대각도 전타

20. 물에 빠진 사람을 구조하는 조선법이 아닌 것은?

가. 표준 턴
나. 샤르노브 턴
사. 싱글 턴
아. 윌리암슨 턴

21. 복원력에 관한 내용으로 옳지 않은 것은?

가. 복원력의 크기는 배수량의 크기에 반비례한다.
나. 무게중심의 위치를 낮추는 것이 복원력을 크게 하는 가장 좋은 방법이다.
사. 황천항해 시 갑판에 올라온 해수가 즉시 배수되지 않으면 복원력이 감소될 수 있다.
아. 항해의 경과로 연료유와 청수 등의 소비, 유동수의 발생으로 인해 복원력이 감소할 수 있다.

22. 배의 길이와 파장의 길이가 거의 같고 파랑을 선미로 부터 받을 때 나타나기 쉬운 현상은?

가. 러칭(Lurching)
나. 슬래밍(Slamming)
사. 브로칭(Broaching)
아. 동조 횡동요(Synchronized rolling)

23. 황천 중에 항행이 곤란할 때 기관을 정지하고 선체를 풍하 측으로 표류하도록 하는 방법으로서 소형선에서 선수를 풍랑 쪽으로 세우기 위하여 해묘(Sea anchor)를 사용하는 방법은?

가. 라이 투(Lie to)
나. 스커딩(Scudding)

사. 히브 투(Heave to)
아. 스톰 오일(Storm oil)의 살포

24. 해상에서 선박과 인명의 안전에 관한 언어적 장해가 있을 때의 신호방법과 수단을 규정하는 신호서는?

가. 국제신호서 나. 선박신호서
사. 해상신호서 아. 항공신호서

25. 전기장치에 의한 화재 원인이 아닌 것은?

가. 산화된 금속의 불똥
나. 과전류가 흐르는 전선
사. 절연이 충분치 않은 전동기
아. 불량한 전기접점 그리고 노출된 전구

소형선박조종사 [11회 -기관]

01. 실린더 부피가 1,200[cm3]이고 압축부피가 100[cm3]인 내연기관의 압축비는 얼마인가?

가. 11   나. 12   사. 13   아. 14

02. 소형선박의 4행정 사이클 디젤기관에서 흡기밸브와 배기밸브를 닫는 힘은?

가. 연료유 압력 나. 압축공기 압력
사. 연소가스 압력 아. 스프링 장력

03. 소형 디젤기관에서 실린더 라이너의 심한 마멸에 의한 영향이 아닌 것은?

가. 압축 불량
나. 불완전 연소
사. 착화 시기가 빨라짐
아. 연소가스가 크랭크실로 누설

04. 다음과 같은 습식 라이너에 대한 설명으로 옳지 않은 것은?

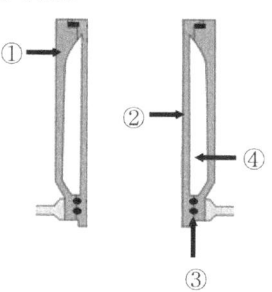

가. ①은 실린더 블록이다.
나. ②는 실린더 헤드이다.
사. ③은 냉각수 누설을 방지하는 오링이다.
아. ④는 냉각수가 통과하는 통로이다.

05. 트렁크형 피스톤 디젤기관의 구성 부품이 아닌 것은?

가. 피스톤핀 나. 피스톤 로드
사. 커넥팅 로드 아. 크랭크핀

06. 디젤기관에서 피스톤링의 장력에 대한 설명으로 옳은 것은?

가. 피스톤링이 새 것일 때 장력이 가장 크다.
나. 기관의 사용시간이 증가할수록 장력은 커진다.
사. 피스톤링의 절구틈이 커질수록 장력은 커진다.
아. 피스톤링의 장력이 커질수록 링의 마멸은 줄어든다.

07. 내연기관에서 크랭크축의 역할은?

가. 피스톤의 회전운동을 크랭크축의 회전운동으로 바꾼다.
나. 피스톤의 왕복운동을 크랭크축의 회전운동으로 바꾼다.
사. 피스톤의 회전운동을 크랭크축의 왕복운동

으로 바꾼다.
아. 피스톤의 왕복운동을 크랭크축의 왕복운동으로 바꾼다.

08. 디젤기관의 플라이휠에 대한 설명으로 옳지 않은 것은?
가. 기관의 시동을 쉽게 한다.
나. 저속 회전을 가능하게 한다.
사. 윤활유의 소비량을 증가시킨다.
아. 크랭크축의 회전력을 균일하게 한다.

09. 내연기관의 연료유에 대한 설명으로 옳지 않은 것은?
가. 발열량이 클수록 좋다.
나. 유황분이 적을수록 좋다.
사. 물이 적게 함유되어 있을수록 좋다.
아. 점도가 높을수록 좋다.

10. 디젤기관에서 시동용 압축공기의 최고압력은 몇 [kgf/cm²]인가?
가. 약 10[kgf/cm²]
나. 약 20[kgf/cm²]
사. 약 30[kgf/cm²]
아. 약 40[kgf/cm²]

11. 디젤기관에서 연료분사밸브의 분사압력이 정상값보다 낮아진 경우 나타나는 현상이 아닌 것은?
가. 연료분사시기가 빨라진다.
나. 무화의 상태가 나빠진다.
사. 압축압력이 낮아진다.
아. 불완전연소가 발생한다.

12. 소형 디젤기관에서 윤활유가 공급되는 부품이 아닌 것은?
가. 피스톤핀
나. 연료분사펌프
사. 크랭크핀 베어링
아. 메인 베어링

13. 소형선박에 설치되는 축이 아닌 것은?
가. 캠축
나. 스러스트축
사. 프로펠러축
아. 크로스헤드축

14. 나선형 추진기 날개의 한 개가 절손되었을 때 일어나는 현상으로 옳은 것은?
가. 출력이 높아진다.
나. 진동이 증가한다.
사. 속력이 높아진다.
아. 추진기 효율이 증가한다.

15. 양묘기에서 회전축에 동력이 차단되었을 때 회전축의 회전을 억제하는 장치는?
가. 클러치
나. 체인드럼
사. 워핑드럼
아. 마찰브레이크

16. 기관실 바닥에 고인 물이나 해수펌프에서 누설한 물을 배출하는 전용 펌프는?
가. 빌지펌프
나. 잡용수펌프
사. 슬러지펌프
아. 위생수펌프

17. 선박에서 발생되는 선저폐수를 물과 기름으로 분리시키는 장치는?
가. 청정장치
나. 분뇨처리장치
사. 폐유소각장치
아. 기름여과장치

18. 전동기의 기동반에 설치되는 표시등이 아닌 것은?
가. 전원등
나. 운전등
사. 경보등
아. 병렬등

19. 선박에서 많이 사용되는 유도전동기의 명판에서 직접 알 수 없는 것은?

가. 전동기의 출력
나. 전동기의 회전수
사. 공급 전압
아. 전동기의 절연저항

20. 방전이 되면 다시 충전해서 계속 사용할 수 있는 전지는?

가. 1차 전지
나. 2차 전지
사. 3차 전지
아. 4차 전지

21. 표준 대기압을 나타낸 것으로 옳지 않은 것은?

가. 760[mmHg]
나. 1.013[bar]
사. 1.0332[kgf/㎠]
아. 3,000[hPa]

22. 운전중인 디젤기관이 갑자기 정지되는 경우가 아닌 것은?

가. 윤활유의 압력이 너무 낮은 경우
나. 기관의 회전수가 과속도 설정값에 도달된 경우
사. 연료유가 공급되지 않는 경우
아. 냉각수 온도가 너무 낮은 경우

23. 디젤기관에서 크랭크암 개폐에 대한 설명으로 옳지 않은 것은?

가. 선박이 물 위에 떠 있을 때 계측한다.
나. 다이얼식 마이크로미터로 계측한다.
사. 각 실린더마다 정해진 여러 곳을 계측한다.
아. 개폐가 심할수록 유연성이 좋으므로 기관의 효율이 높아진다.

24. 연료유에 대한 설명으로 가장 적절한 것은?

가. 온도가 낮을수록 부피가 더 커진다.
나. 온도가 높을수록 부피가 더 커진다.
사. 대기 중 습도가 낮을수록 부피가 더 커진다.
아. 대기 중 습도가 높을수록 부피가 더 커진다.

25. 연료유 서비스 탱크에 설치되어 있는 것이 아닌 것은?

가. 안전 밸브
나. 드레인 밸브
사. 에어 벤트
아. 레벨 게이지

소형선박조종사 [11회 -법규]

01. ( )에 적합한 것은?

"해사안전법상 통항분리수역을 항행하는 경우에 선박이 부득이한 사유로 통항로를 횡단하여야 하는 경우 그 통항로와 선수방향이 ( )에 가까운 각도로 횡단하여야 한다."

가. 둔각   나. 직각   사. 예각   아. 평형

02. 해사안전법상 선박의 항행안전에 필요한 항행보조시설을 〈보기〉에서 모두 고른 것은?

〈보 기〉
ㄱ. 신호   ㄴ. 해양관측 설비
ㄷ. 조명   ㄹ. 항로표지

가. ㄱ, ㄴ, ㄷ
나. ㄱ, ㄷ, ㄹ
사. ㄴ, ㄷ, ㄹ
아. ㄱ, ㄴ, ㄹ

03. 해사안전법상 안전한 속력을 결정할 때 고려할 사항이 아닌 것은?

가. 해상교통량의 밀도
나. 레이더의 특성 및 성능
사. 항해사의 야간 항해당직 경험
아. 선박의 정지거리·선회성능, 그 밖의 조종성능

04. 해사안전법상 충돌 위험의 판단에 대한 설명으로 옳지 않은 것은?

가. 선박은 다른 선박과 충돌할 위험이 있는지를 판단하기 위하여 당시의 상황에 알맞은 모든 수단을 활용하여야 한다.
나. 선박은 다른 선박과의 충돌 위험 여부를 판단하기 위하여 불충분한 레이더 정보나 그 밖의 불충분한 정보를 적극 활용하여야 한다.
사. 선박은 접근하여 오는 다른 선박의 나침방위에 뚜렷한 변화가 일어나지 아니하면 충돌할 위험성이 있다고 보고 필요한 조치를 취하여야 한다.
아. 레이더를 설치한 선박은 다른 선박과 충돌할 위험성 유무를 미리 파악하기 위하여 레이더를 이용하여 장거리 주사, 탐지된 물체에 대한 작도, 그 밖의 체계적인 관측을 하여야 한다.

05. ( )에 순서대로 적합한 것은?

"해사안전법상 밤에는 다른 선박의 ( )만을 볼 수 있고 어느 쪽의 ( )도 볼 수 없는 위치에서 그 선박을 앞지르는 선박은 앞지르기 하는 배로 보고 필요한 조치를 취하여야 한다."

가. 선수등, 현등
나. 선수등, 전주등
사. 선미등, 현등
아. 선미등, 전주등

06. 해사안전법상 항행 중인 범선이 진로를 피하지 않아도 되는 선박은?

가. 조종제한선
나. 조종불능선
사. 수상항공기
아. 어로에 종사하고 있는 선박

07. 해사안전법상 제한된 시계에서 충돌 위험성이 없다고 판단한 경우 외에 자기 선박의 양쪽 현의 정횡 앞쪽에 있는 다른 선박의 무중신호를 듣고 취할 조치로 옳은 것을 〈보기〉에서 모두 고른 것은?

─〈보 기〉─
ㄱ. 최대 속력으로 항행하면서 경계를 한다.
ㄴ. 우현 쪽으로 침로를 변경시키지 않는다.
ㄷ. 필요 시 자기 선박의 진행을 완전히 멈춘다.
ㄹ. 충돌할 위험성이 사라질 때까지 주의하여 항행하여야 한다.

가. ㄴ, ㄷ
나. ㄷ, ㄹ
사. ㄱ, ㄴ, ㄹ
아. ㄴ, ㄷ, ㄹ

08. ( )에 순서대로 적합한 것은?

"해사안전법상 제한된 시계에서 레이더만으로 다른 선박이 있는 것을 탐지한 선박은 ( )과 얼마나 가까이 있는지 또는 ( )이 있는지를 판단하여야 한다. 이 경우 해당 선박과 매우 가까이 있거나 그 선박과 충돌할 위험이 있다고 판단한 경우에는 충분한 시간적 여유를 두고 ( )을 취하여야 한다."

가. 해당 선박, 충돌할 위험, 피항동작
나. 해당 선박, 충돌할 위험, 피항협력동작
사. 다른 선박, 근접상태의 상황, 피항동작
아. 다른 선박, 근접상태의 상황, 피항협력동작

09. 해사안전법상 선미등과 같은 특성을 가진 황색등은?

가. 현등
나. 전주등
사. 예선등
아. 마스트등

10. 해사안전법상 예인선열의 길이가 200미터를 초과하면, 예인작업에 종사하는 동력선이 표시하여야 하는 형상물은?

가. 마름모꼴 형상물 1개
나. 마름모꼴 형상물 2개
사. 마름모꼴 형상물 3개
아. 마름모꼴 형상물 4개

11. 해사안전법상 동력선이 다른 선박을 끌고 있는 경우 예선등을 표시하여야 하는 곳은?
가. 선수
나. 선미
사. 선교
아. 마스트

12. 해사안전법상 도선업무에 종사하고 있는 선박이 항행 중 표시하여야 하는 등화로 옳은 것은?
가. 마스트의 꼭대기나 그 부근에 수직선 위쪽에는 붉은색 전주등, 아래쪽에는 흰색 전주등 각 1개
나. 마스트의 꼭대기나 그 부근에 수직선 위쪽에는 흰색 전주등, 아래쪽에는 붉은색 전주등 각 1개
사. 현등 1쌍과 선미등 1개, 마스트의 꼭대기나 그 부근에 수직선 위쪽에는 흰색 전주등, 아래쪽에는 붉은색 전주등 각 1개
아. 현등 1쌍과 선미등 1개, 마스트의 꼭대기나 그 부근에 수직선 위쪽에는 붉은색 전주등, 아래쪽에는 흰색 전주등 각 1개

13. 해사안전법상 선박이 좁은 수로등에서 서로 상대의 시계 안에 있는 상태에서 다른 선박의 좌현 쪽으로 앞지르기 하려는 경우 행하여야 하는 기적신호는?
가. 장음, 장음, 단음
나. 장음, 장음, 단음, 단음
사. 장음, 단음, 장음, 단음
아. 단음, 장음, 단음, 장음

14. 해사안전법상 단음은 몇 초 정도 계속되는 고동소리인가?
가. 1초
나. 2초
사. 4초
아. 6초

15. 해사안전법상 안개로 시계가 제한되었을 때 항행 중인 길이 12미터 이상인 동력선이 대수속력이 있는 경우 울려야 하는 음향신호는?
가. 2분을 넘지 아니하는 간격으로 단음 4회
나. 2분을 넘지 아니하는 간격으로 장음 1회
사. 2분을 넘지 아니하는 간격으로 장음 1회에 이어 단음 3회
아. 2분을 넘지 아니하는 간격으로 단음 1회, 장음 1회, 단음 1회

16. 선박의 입항 및 출항 등에 관한 법률상 정박의 제한 및 방법에 대한 규정으로 옳지 않은 것은?
가. 안벽 부근 수역에 인명을 구조하는 경우 정박할 수 있다.
나. 좁은 수로 입구의 부근 수역에서 허가받은 공사를 하는 경우 정박할 수 있다.
사. 정박하는 선박은 안전에 필요한 조치를 취한 후에는 예비용 닻을 고정할 수 있다.
아. 선박의 고장으로 선박을 조종할 수 없는 경우 부두 부근 수역에서 정박할 수 있다.

17. 선박의 입항 및 출항 등에 관한 법률상 무역항의 수상구역등에서 위험물운송선박이 아닌 선박이 불꽃이나 열이 발생하는 용접 등의 방법으로 기관실에서 수리작업을 하는 경우 관리청의 허가를 받아야 하는 선박의 크기 기준은?
가. 총톤수 20톤 이상
나. 총톤수 25톤 이상
사. 총톤수 50톤 이상
아. 총톤수 100톤 이상

18. ( )에 적합하지 않은 것은?

"선박의 입항 및 출항 등에 관한 법률상 관리청은 무역항의 수상구역등에서 선박교통의 안전을 위하여 필요하다고 인정하여 항로 또는 구역을 지정한 경우에는 ( )을/를 정하여 공고하여야 한다."

가. 제한기간
나. 관할 해양경찰서
사. 금지기간
아. 항로 또는 구역의 위치

19. 선박의 입항 및 출항 등에 관한 법률상 무역항의 수상구역등에서 수로를 보전하기 위한 내용으로 옳은 것은?

가. 장애물을 제거하는 데 드는 비용은 국가에서 부담하여야 한다.
나. 무역항의 수상구역 밖 5킬로미터 이상의 수면에는 폐기물을 버릴 수 있다.
사. 흩어지기 쉬운 석탄, 돌, 벽돌 등을 하역할 경우에 수면에 떨어지는 것을 방지하기 위한 필요한 조치를 하여야 한다.
아. 해양사고 등의 재난으로 인하여 다른 선박의 항행이나 무역항의 안전을 해칠 우려가 있는 경우 해양경찰서장은 항로표지를 설치하는 등 필요한 조치를 하여야 한다.

20. 선박의 입항 및 출항 등에 관한 법률상 항로에서의 항법으로 옳은 것은?

가. 항로 밖에 있는 선박은 항로에 들어오지 아니할 것
나. 항로 밖에서 항로에 들어오는 선박은 장음 10회의 기적을 울릴 것
사. 항로 밖에서 항로에 들어오는 선박은 항로를 항행하는 다른 선박의 진로를 피하여 항행할 것
아. 항로 밖으로 나가는 선박은 일단 정지했다가 다른 선박이 항로에 없을 때 항로 밖으로 나갈 것

21. ( )에 순서대로 적합한 것은?

"선박의 입항 및 출항 등에 관한 법률상 항로상의 모든 선박은 항로를 항행하는 ( ) 또는 ( )의 진로를 방해하지 아니하여야 한다. 다만, 항만운송관련사업을 등록한 자가 소유한 급유선은 제외한다."

가. 어선, 범선
나. 흘수제약선, 범선
사. 위험물운송선박, 대형선
아. 위험물운송선박, 흘수제약선

22. 다음 중 선박의 입항 및 출항 등에 관한 법률상 우선 피항선이 아닌 선박은?

가. 예선
나. 총톤수 20톤 미만인 어선
사. 주로 노와 삿대로 운전하는 선박
아. 예인선에 결합되어 운항하는 압항부선

23. 해양환경관리법상 선박에서 배출기준을 초과하는 오염물질이 해양에 배출된 경우 방제조치에 대한 설명으로 옳지 않은 것은?

가. 오염물질을 배출한 선박의 선장은 현장에서 가급적 빨리 대피한다.
나. 오염물질을 배출한 선박의 선장은 오염물질의 배출방지 조치를 하여야 한다.
사. 오염물질을 배출한 선박의 선장은 배출된 오염물질을 수거 및 처리를 하여야 한다.
아. 오염물질을 배출한 선박의 선장은 배출된 오염물질의 확산방지를 위한 조치를 하여야 한다.

24. ( )에 순서대로 적합한 것은?

"해양환경관리법령상 음식찌꺼기는 항해 중에 ( )으로부터 최소한 ( )의 해역에 버릴

수 있다. 다만, 분쇄기 또는 연마기를 통하여 25mm 이하의 개구를 가진 스크린을 통과할 수 있도록 분쇄되거나 연마된 음식 찌꺼기의 경우 ( )으로부터 ( )의 해역에 버릴 수 있다."

가. 항만, 10해리 이상, 항만, 5해리 이상
나. 항만, 12해리 이상, 항만, 3해리 이상
사. 영해기선, 10해리 이상, 영해기선, 5해리 이상
아. 영해기선, 12해리 이상, 영해기선, 3해리 이상

25. 해양환경관리법상 소형선박에 비치하여야 하는 기관구역용 폐유저장용기에 관한 규정으로 옳지 않은 것은?

가. 용기는 2개 이상으로 나누어 비치 가능
나. 용기의 재질은 견고한 금속성 또는 플라스틱재질일 것
사. 총톤수 5톤 이상 10톤 미만의 선박은 30리터 저장용량의 용기 비치
아. 총톤수 10톤 이상 30톤 미만의 선박은 60리터 저장용량의 용기 비치

소형선박조종사 [12회 -항해]

01. 자기 컴퍼스의 카드 자체가 15도 정도의 경사에도 자유로이 경사할 수 있게 카드의 중심이 되며, 부실의 밑 부분에 원뿔형으로 움푹 파인 부분은?

가. 캡 나. 피벗
사. 기선 아. 짐벌즈

02. 경사제진식 자이로컴퍼스에만 있는 오차는?

가. 위도오차 나. 속도오차
사. 동요오차 아. 가속도오차

03. 선박에서 속력과 항주거리를 측정하는 계기는?

가. 나침의 나. 선속계
사. 측심기 아. 핸드 레드

04. 기계식 자이로컴퍼스를 사용하고자 할 때에는 몇 시간 전에 기동하여야 하는가?

가. 사용 직전 나. 약 30분 전
사. 약 1시간 전 아. 약 4시간 전

05. 지구 자기장의 복각이 0°가 되는 지점을 연결한 선은?

가. 지자극 나. 자기적도
사. 지방자기 아. 북회귀선

06. 선박자동식별장치(AIS)에서 확인할 수 없는 정보는?

가. 선명 나. 선박의 흘수
사. 선원의 국적 아. 선박의 목적지

07. 항해 중에 산봉우리, 섬 등 해도 상에 기재되어 있는 2개 이상의 고정된 뚜렷한 물표를 선정하여 거의 동시에 각각의 방위를 측정하여 선위를 구하는 방법은?

가. 수평협각법 나. 교차방위법
사. 추정위치법 아. 고도측정법

08. 실제의 태양을 기준으로 측정하는 시간은?

가. 평시 나. 항성시
사. 태음시 아. 시태양시

09. 선박 주위에 있는 높은 건물로 인해 레이더 화면에 나타나는 거짓상은?

가. 맹목구간에 의한 거짓상
나. 간접 반사에 의한 거짓상
사. 다중 반사에 의한 거짓상
아. 거울면 반사에 의한 거짓상

10. 작동 중인 레이더 화면에서 'A' 점은?

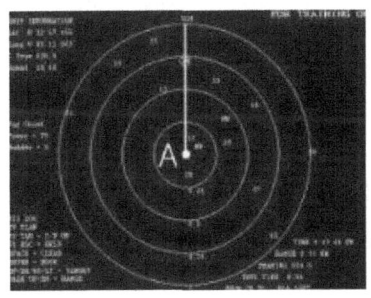

가. 섬 나. 자기 선박
사. 육지 아. 다른 선박

11. 다음 중 해도에 표시되는 높이나 깊이의 기준면이 다른 것은?

가. 수심 나. 등대 사. 세암 아. 암암

12. 해도상에 표시된 해저 저질의 기호에 대한 의미로 옳지 않은 것은?

가. S – 자갈   나. M – 뻘
사. R – 암반   아. Co – 산호

13. 해도에 사용되는 특수한 기호와 약어는?

가. 해도도식   나. 해도 제목
사. 수로도지   아. 해도 목록

14. 다음 중 항행통보가 제공하지 않는 정보는?

가. 수심의 변화
나. 조시 및 조고
사. 위험물의 위치
아. 항로표지의 신설 및 폐지

15. 등부표에 대한 설명으로 옳지 않은 것은?

가. 강한 파랑이나 조류에 의해 유실되는 경우도 있다.
나. 항로의 입구, 폭 및 변침점 등을 표시하기 위해 설치한다.
사. 해저의 일정한 지점에 체인으로 연결되어 수면에 떠 있는 구조물이다.
아. 조류표에 기재되어 있으므로, 선박의 정확한 속력을 구하는 데 사용하면 좋다.

16. 전자력에 의해서 발음판을 진동시켜 소리를 내게 하는 음파(음향)표지는?

가. 무종   나. 에어 사이렌
사. 다이어폰   아. 다이어프램 폰

17. 등대의 등색으로 사용하지 않는 색은?

가. 백색   나. 적색
사. 녹색   아. 보라색

18. 항만 내의 좁은 구역을 상세하게 표시하는 대축척 해도는?

가. 총도   나. 항양도

사. 항해도   아. 항박도

19. 종이해도에서 찾을 수 없는 정보는?

가. 나침도   나. 간행연월일
사. 일출 시간   아. 해도의 축척

20. 해저의 지형이나 기복상태를 판단할 수 있도록 수심이 동일한 지점을 가는 실선으로 연결하여 나타낸 것은?

가. 등고선   나. 등압선
사. 등심선   아. 등온선

21. 다음 중 제한된 시계가 아닌 것은?

가. 폭설이 내릴 때
나. 폭우가 쏟아질 때
사. 교통의 밀도가 높을 때
아. 안개로 다른 선박이 보이지 않을 때

22. 시베리아 고기압과 같이 겨울철에 발달하는 한랭 고기압은?

가. 온난 고기압   나. 지형성 고기압
사. 이동성 고기압   아. 대륙성 고기압

23. 기압 1,013밀리바는 몇 헥토파스칼인가?

가. 1헥토파스칼
나. 76헥토파스칼
사. 760헥토파스칼
아. 1,013헥토파스칼

24. 〈보기〉에서 항해계획을 수립하는 순서를 옳게 나타낸 것은?

─〈보 기〉─
① 가장 적합한 항로를 선정하고, 소축척 종이해도에 선정한 항로를 기입한다.
② 수립한 계획이 적절한가를 검토한다.
③ 상세한 항해일정을 구하여 출·입항 시각을 결정한다.
④ 대축척 종이해도에 항로를 기입한다.

가. ①→②→③→④
나. ①→③→④→②
사. ①→②→④→③
아. ①→④→③→②

25. 선박의 항로지정제도(Ships' routeing)에 관한 설명으로 옳지 않은 것은?

가. 국제해사기구(IMO)에서 지정할 수 있다.
나. 특정 화물을 운송하는 선박에 대해서도 사용을 권고할 수 있다.
사. 모든 선박 또는 일부 범위의 선박에 대하여 강제적으로 적용할 수 있다.
아. 국제해사기구에서 정한 항로지정방식은 해도에 표시되지 않을 수도 있다.

소형선박조종사 [12회 -운용]

01. 갑판 개구 중에서 화물창에 화물을 적재 또는 양화하기 위한 개구는?

가. 탈출구
나. 해치(Hatch)
사. 승강구
아. 맨홀(Manhole)

02. 선체의 명칭을 나타낸 아래 그림에서 ㉠은?

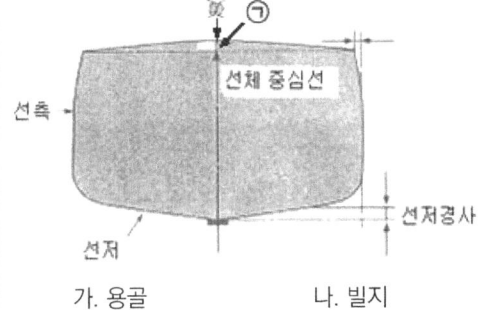

가. 용골
나. 빌지
사. 캠버
아. 텀블 홈

03. 트림의 종류가 아닌 것은?

가. 등흘수
나. 중앙트림
사. 선수트림
아. 선미트림

04. ( )에 적합한 것은?

"공선항해 시 화물선에서 적절한 흘수를 확보하기 위하여 일반적으로 ( )을/를 싣는다."

가. 목재
나. 컨테이너
사. 석탄
아. 선박평형수

05. 타주를 가진 선박에서 계획만재흘수선상의 선수재 전면으로부터 타주 후면까지의 수평거리는?

가. 전장
나. 등록장
사. 수선장
아. 수선간장

06. 여객이나 화물을 운송하기 위하여 쓰이는 용적을 나타내는 톤수는?

가. 순톤수
나. 배수톤수
사. 총톤수
아. 재화중량톤수

07. 희석제(Thinner)에 대한 설명으로 옳지 않은 것은?

가. 인화성이 강하므로 화기에 유의하여야 한다.

나. 도료에 첨가하는 양은 최대 10% 이하가 좋다.
사. 도료의 성분을 균질하게 하여 도막을 매끄럽게 한다.
아. 도료에 많은 양을 사용하면 도료의 점도가 높아진다.

08. 체온을 유지할 수 있도록 열전도율이 낮은 방수 물질로 만들어진 포대기 또는 옷을 의미하는 구명설비는?

가. 방수복　　　나. 구명조끼
사. 보온복　　　아. 구명부환

09. 선박에서 선장이 직접 조타를 하고 있을 때, "선수 우현 쪽으로 사람이 떨어졌다."라는 외침을 들은 경우 선장이 즉시 취하여야 할 조치로 옳은 것은?

가. 타 중앙　　　나. 우현 전타
사. 좌현 전타　　아. 후진 기관 사용

10. 선박이 침몰하여 수면 아래 4미터 정도에 이르면 수압에 의하여 선박에서 자동 이탈되어 조난자가 탈 수 있도록 압축가스에 의해 펼쳐지는 구명설비는?

가. 구명정　　　나. 구명뗏목
사. 구조정　　　아. 구명부기

11. 해상이동업무식별번호(MMSI number)에 대한 설명으로 옳지 않은 것은?

가. 9자리 숫자로 구성된다.
나. 소형선박에는 부여되지 않는다.
사. 초단파(VHF) 무선설비에도 입력되어 있다.
아. 우리나라 선박은 440 또는 441로 시작된다.

12. 다음 조난신호 중 수면상 가장 멀리서 볼 수 있는 것은?

가. 기류신호
나. 발연부 신호
사. 신호 홍염
아. 로켓 낙하산 화염신호

13. 선박용 초단파(VHF) 무선설비의 최대 출력은?

가. 10W　나. 15W　사. 20W　아. 25W

14. 평수구역을 항해하는 총톤수 2톤 이상의 선박에 반드시 설치하여야 하는 무선통신설비는?

가. 위성통신설비
나. 초단파(VHF) 무선설비
사. 중단파(MF/HF) 무선설비
아. 수색구조용 레이더 트랜스폰더(SART)

15. 다음 중 선박 조종에 미치는 영향이 가장 작은 요소는?

가. 바람　　나. 파도　　사. 조류　　아. 기온

16. ( )에 적합한 것은?

"우회전 고정피치 스크루 프로펠러 1개가 설치되어 있는 선박이 타가 우 타각이고, 정지상태에서 후진할 때, 후진속력이 커지면 흡입류의 영향이 커지므로 선수는 ( )한다."

가. 직진　　　　나. 좌회두
사. 우회두　　　아. 물속으로 하강

17. ( )에 순서대로 적합한 것은?

"수심이 얕은 수역에서는 타의 효과가 나빠지고, 선체 저항이 ( )하여 선회권이 ( )"

가. 감소, 작아진다.
나. 감소, 커진다.

사. 증가, 작아진다.
아. 증가, 커진다.

18. 다음 중 정박지로 가장 좋은 저질은?

가. 뻘 나. 자갈
사. 모래 아. 조개껍질

19. 접·이안 시 계선줄을 이용하는 목적이 아닌 것은?

가. 접안 시 선용품 선적
나. 선박의 전진속력 제어
사. 접안 시 선박과 부두 사이 거리 조절
아. 이안 시 선미가 부두로부터 떨어지도록 작용

20. 전속 전진 중인 선박이 선회 중 나타나는 일반적인 현상으로 옳지 않은 것은?

가. 선속이 감소한다.
나. 횡경사가 발생한다.
사. 선미 킥이 발생한다.
아. 선회 가속도가 감소하다가 증가한다.

21. 협수로를 항해할 때 유의할 사항으로 옳은 것은?

가. 침로를 변경할 때는 대각도로 한번에 변경하는 것이 좋다.
나. 선·수미선과 조류의 유선이 직각을 이루도록 조종하는 것이 좋다.
사. 언제든지 닻을 사용할 수 있도록 준비된 상태에서 항행하는 것이 좋다.
아. 조류는 순조 때에는 정침이 잘 되지만, 역조 때에는 정침이 어려우므로 조종 시 유의하여야 한다.

22. 황천항해를 대비하여 선박에 화물을 실을 때 주의사항으로 옳은 것은?

가. 선체의 중앙부에 화물을 많이 싣는다.
나. 선수부에 화물을 많이 싣는 것이 좋다.
사. 화물의 무게 분포가 한 곳에 집중되지 않도록 한다.
아. 상갑판보다 높은 위치에 최대한으로 많은 화물을 싣는다.

23. 파도가 심한 해역에서 선속을 저하시키는 요인이 아닌 것은?

가. 바람 나. 풍랑(Wave)
사. 수온 아. 너울(Swell)

24. 선박의 침몰 방지를 위하여 선체를 해안에 고의적으로 얹히는 것은?

가. 전복 나. 접촉
사. 충돌 아. 임의 좌주

25. 기관손상 사고의 원인 중 인적과실이 아닌 것은?

가. 기관의 노후
나. 기기조작 미숙
사. 부적절한 취급
아. 일상적인 점검 소홀

소형선박조종사 [12회 -기관]

01. 1[kW]는 약 몇 [kgf·m/s]인가?

가. 75[kgf·m/s] 나. 76[kgf·m/s]
사. 102[kgf·m/s] 아. 735[kgf·m/s]

02. 소형기관에서 피스톤링의 마멸 정도를 계측하는 공구로 가장 적합한 것은?

가. 다이얼 게이지
나. 한계 게이지
사. 내경 마이크로미터

아. 외경 마이크로미터

03. 디젤기관에서 오일링의 주된 역할은?
  가. 윤활유를 실린더 내벽에서 밑으로 긁어내린다.
  나. 피스톤의 열을 실린더에 전달한다.
  사. 피스톤의 회전운동을 원활하게 한다.
  아. 연소가스의 누설을 방지한다.

04. 디젤기관의 운전 중 냉각수 계통에서 가장 주의해서 관찰해야 하는 것은?
  가. 기관의 입구 온도와 기관의 입구 압력
  나. 기관의 출구 압력과 기관의 출구 온도
  사. 기관의 입구 온도와 기관의 출구 압력
  아. 기관의 입구 압력과 기관의 출구 온도

05. 추진 축계장치에서 추력베어링의 주된 역할은?
  가. 축의 진동을 방지한다.
  나. 축의 마멸을 방지한다.
  사. 프로펠러의 추력을 선체에 전달한다.
  아. 선체의 추력을 프로펠러에 전달한다.

06. 실린더부피가 1,200[cm³]이고 압축부피가 100[cm³]인 내연기관의 압축비는 얼마인가?
  가. 11   나. 12   사. 13   아. 14

07. 디젤기관의 메인 베어링에 대한 설명으로 옳지 않은 것은?
  가. 크랭크축을 지지한다.
  나. 크랭크축의 중심을 잡아준다.
  사. 윤활유로 윤활시킨다.
  아. 볼베어링을 주로 사용한다.

08. 디젤기관에서 플라이휠의 역할에 대한 설명으로 옳지 않은 것은?

  가. 회전력을 균일하게 한다.
  나. 회전력의 변동을 작게 한다.
  사. 기관의 시동을 쉽게 한다.
  아. 기관의 출력을 증가시킨다.

09. 소형기관에서 윤활유를 오래 사용했을 경우에 나타나는 현상으로 옳지 않은 것은?
  가. 색상이 검게 변한다.
  나. 점도가 증가한다.
  사. 침전물이 증가한다.
  아. 혼입수분이 감소한다.

10. 소형 디젤기관에서 실린더 라이너의 심한 마멸에 의한 영향이 아닌 것은?
  가. 압축 불량
  나. 불완전 연소
  사. 착화 시기가 빨라짐
  아. 연소가스가 크랭크실로 누설

11. 디젤기관에서 연료분사량을 조절하는 연료래크와 연결 되는 것은?
  가. 연료분사밸브   나. 연료분사펌프
  사. 연료이송펌프   아. 연료가열기

12. 디젤기관에서 과급기를 설치하는 이유가 아닌 것은?
  가. 기관에 더 많은 공기를 공급하기 위해
  나. 기관의 출력을 더 높이기 위해
  사. 기관의 급기온도를 더 높이기 위해
  아. 기관이 더 많은 일을 하게 하기 위해

13. 선박의 축계장치에서 추력축의 설치 위치에 대한 설명으로 옳은 것은?
  가. 캠축의 선수 측에 설치한다.
  나. 크랭크축의 선수 측에 설치한다.

사. 프로펠러축의 선수 측에 설치한다.
아. 프로펠러축의 선미 측에 설치한다.

14. 프로펠러에 의한 선체 진동의 원인이 아닌 것은?

가. 프로펠러의 날개가 절손된 경우
나. 프로펠러의 날개수가 많은 경우
사. 프로펠러의 날개가 수면에 노출된 경우
아. 프로펠러의 날개가 휘어진 경우

15. 선박 보조기계에 대한 설명으로 옳은 것은?

가. 갑판기계를 제외한 기관실의 모든 기계를 말한다.
나. 주기관을 제외한 선내의 모든 기계를 말한다.
사. 직접 배를 움직이는 기계를 말한다.
아. 기관실 밖에 설치된 기계를 말한다.

16. 단전지 2[V] 6개를 연결하여 12[V]가 되게 하려면 어떻게 연결해야 하는가?

가. 2[V] 단전지 6개를 병렬 연결한다.
나. 2[V] 단전지 6개를 직렬 연결한다.
사. 2[V] 단전지 3개를 병렬 연결하여 나머지 3개와 직렬 연결한다.
아. 2[V] 단전지 2개를 병렬 연결하여 나머지 4개와 직렬 연결한다.

17. 양묘기의 구성 요소가 아닌 것은?

가. 구동 전동기   나. 회전드럼
사. 제동장치   아. 데릭 포스트

18. 원심펌프에서 송출되는 액체가 흡입측으로 역류하는 것을 방지하기 위해 설치하는 부품은?

가. 회전차   나. 베어링
사. 마우스링   아. 글랜드패킹

19. 납축전지의 용량을 나타내는 단위는?

가. [Ah]   나. [A]   사. [V]   아. [kW]

20. 선박용 납축전지에서 양극의 표시가 아닌 것은?

가. +{   나. P   사. N   아. 적색

21. 디젤기관을 장기간 정지할 경우의 주의사항으로 옳지 않은 것은?

가. 동파를 방지한다.
나. 부식을 방지한다.
사. 주기적으로 터닝을 시켜 준다.
아. 중요 부품은 분해하여 보관한다.

22. 디젤기관의 윤활유에 물이 다량 섞이면 운전 중 윤활유 압력은 어떻게 변하는가?

가. 압력이 평소보다 올라간다.
나. 압력이 평소보다 내려간다.
사. 압력이 0으로 된다.
아. 압력이 진공으로 된다.

23. 전기시동을 하는 소형 디젤기관에서 시동이 되지 않는 원인이 아닌 것은?

가. 시동용 전동기의 고장
나. 시동용 배터리의 방전
사. 시동용 공기분배 밸브의 고장
아. 시동용 배터리와 전동기 사이의 전선 불량

24. 15[℃] 비중이 0.9인 연료유 200리터의 무게는 몇[kgf]인가?

가. 180[kgf]   나. 200[kgf]
사. 220[kgf]   아. 240[kgf]

25. 탱크에 들어있는 연료유보다 비중이 큰 이

물질은 어떻게 되는가?
가. 위로 뜬다.
나. 아래로 가라앉는다.
사. 기름과 균일하게 혼합된다.
아. 탱크의 옆면에 부착된다.

소형선박조종사 [12회 -법규]

01. ( )에 적합한 것은?

"해사안전법상 고속여객선이란 시속 ( )이상으로 항행하는 여객선을 말한다."

가. 10노트 나. 15노트
사. 20노트 아. 30노트

02. 해사안전법상 '조종제한선'이 아닌 선박은?

가. 준설 작업을 하고 있는 선박
나. 항로표지를 부설하고 있는 선박
사. 주기관이 고장나 움직일 수 없는 선박
아. 항행 중 어획물을 옮겨 싣고 있는 어선

03. 해사안전법상 고속여객선이 교통안전특정해역을 항행하려는 경우 항행안전을 확보하기 위하여 필요 시 해양경찰서장이 선장에게 명할 수 있는 것은?

가. 속력의 제한
나. 입항의 금지
사. 선장의 변경
아. 앞지르기의 지시

04. 해사안전법상 떠다니거나 침몰하여 다른 선박의 안전운항 및 해상교통질서에 지장을 주는 것은?

가. 침선   나. 항행장애물
사. 기름띠   아. 부유성 산화물

05. 해사안전법상 다른 선박과 충돌을 피하기 위한 선박의 동작에 대한 설명으로 옳지 않은 것은?

가. 침로나 속력을 변경할 때에는 소폭으로 연속적으로 변경하여야 한다.
나. 필요하면 속력을 줄이거나 기관의 작동을 정지하거나 후진하여 선박의 진행을 완전히 멈추어야 한다.
사. 피항동작을 취할 때에는 그 동작의 효과를 다른 선박이 완전히 통과할 때까지 주의 깊게 확인하여야 한다.
아. 침로를 변경할 경우에는 될 수 있으면 충분한 시간적 여유를 두고 다른 선박이 그 변경을 쉽게 알아볼 수 있도록 충분히 크게 변경하여야 한다.

06. 해사안전법상 안전한 속력을 결정할 때 고려하여야 할 사항이 아닌 것은?

가. 시계의 상태
나. 선박 설비의 구조
사. 선박의 조종 성능
아. 해상교통량의 밀도

07. 해사안전법상 술에 취한 상태를 판별하는 기준은?

가. 체온
나. 걸음걸이
사. 혈중알코올농도
아. 실제 섭취한 알코올 양

08. ( )에 적합한 것은?

"해사안전법상 2척의 동력선이 상대의 진로를 횡단하는 경우로서 충돌의 위험이 있을 때에는 다른 선박을 ( ) 쪽에 두고 있는 선박이 그 다른 선박의 진로를 피하여야 한다."

가. 선수   나. 좌현   사. 우현   아. 선미

09. 해사안전법상 제한된 시계에서 충돌할 위험성이 없다고 판단한 경우 외에 자기 선박의 양쪽 현의 정횡 앞쪽에 있는 다른 선박의 무중신호를 듣고 취할 조치로 옳은 것을 〈보기〉에서 모두 고른 것은?

〈보 기〉
ㄱ. 최대 속력으로 항행하면서 경계를 한다.
ㄴ. 우현 쪽으로 침로를 변경시키지 않는다.
ㄷ. 필요 시 자기 선박의 진행을 완전히 멈춘다.
ㄹ. 충돌할 위험성이 사라질 때까지 주의하여 항행하여야 한다.

가. ㄴ, ㄷ
나. ㄷ, ㄹ
사. ㄱ, ㄴ, ㄹ
아. ㄴ, ㄷ, ㄹ

10. 해사안전법상 항행 중인 동력선의 등화에 덧붙여 가장 잘 보이는 곳에 붉은색 전주등 3개를 수직으로 표시하거나 원통형의 형상물 1개를 표시할 수 있는 선박은?

가. 도선선
나. 흘수제약선
사. 좌초선
아. 조종불능선

11. 해사안전법상 삼색등을 구성하는 색이 아닌 것은?

가. 흰색
나. 황색
사. 녹색
아. 붉은색

12. 해사안전법상 정박 중인 길이 7미터 이상인 선박이 표시하여야 하는 형상물은?

가. 둥근꼴 형상물
나. 원뿔꼴 형상물
사. 원통형 형상물
아. 마름모꼴 형상물

13. 해사안전법상 '섬광등'의 정의는?

가. 선수 쪽 225도의 수평사광범위를 갖는 등
나. 360도에 걸치는 수평의 호를 비추는 등화로서 일정한 간격으로 1분에 30회 이상 섬광을 발하는 등
사. 360도에 걸치는 수평의 호를 비추는 등화로서 일정한 간격으로 1분에 60회 이상 섬광을 발하는 등
아. 360도에 걸치는 수평의 호를 비추는 등화로서 일정한 간격으로 1분에 120회 이상 섬광을 발하는 등

14. 해사안전법상 장음은 얼마 동안 계속되는 고동소리인가?

가. 약 1초
나. 약 2초
사. 2~3초
아. 4~6초

15. 해사안전법상 제한된 시계 안에서 항행 중인 동력선이 대수속력이 있는 경우에는 2분을 넘지 아니하는 간격으로 장음을 1회 울려야 하는데 이와 같은 음향신호를 하지 아니할 수 있는 선박의 크기 기준은?

가. 길이 12미터 미만
나. 길이 15미터 미만
사. 길이 20미터 미만
아. 길이 50미터 미만

16. 무역항의 수상구역등에서 선박의 입항·출항에 대한 지원과 선박운항의 안전 및 질서 유지에 필요한 사항을 규정할 목적으로 만들어진 법은?

가. 선박안전법
나. 해사안전법
사. 선박교통관제에 관한 법률
아. 선박의 입항 및 출항 등에 관한 법률

17. ( )에 적합한 것은?

"선박의 입항 및 출항 등에 관한 법률상 무역항의 수상구역등에서 해양사고를 피하기 위한 경우 등 해양수산부령으로 정하는 사유로 선박을 정박지가 아닌 곳에 정박한 선장은 즉시 그 사실을 ( )에/에게 신고하여야 한다."

가. 관리청
나. 환경부장관
사. 해양경찰청
아. 해양수산부장관

18. 선박의 입항 및 출항 등에 관한 법률상 선박이 해상에서 일시적으로 운항을 멈추는 것은?

가. 정박   나. 정류   사. 계류   아. 계선

19. 선박의 입항 및 출항 등에 관한 법률상 무역항의 수상구역등에서 선박을 예인하고자 할 때 한꺼번에 몇 척 이상의 피예인선을 끌지 못하는가?

가. 1척   나. 2척   사. 3척   아. 4척

20. 선박의 입항 및 출항 등에 관한 법률상 방파제 입구 등에서 입·출항하는 · 두 척의 선박이 마주칠 우려가 있을 때의 항법은?

가. 입항하는 선박이 방파제 밖에서 출항하는 선박의 진로를 피하여야 한다.
나. 출항하는 선박은 방파제 안에서 입항하는 선박의 진로를 피하여야 한다.
사. 입항하는 선박이 방파제 입구를 우현 쪽으로 접근하여 통과하여야 한다.
아. 출항하는 선박은 방파제 입구를 좌현 쪽으로 접근하여 통과하여야 한다.

21. ( )에 적합하지 않은 것은?

"선박의 입항 및 출항 등에 관한 법률상 무역항의 수상구역등에 정박하는 ( )에 따른 정박구역 또는 정박지를 지정·고시할 수 있다."

가. 선박의 톤수   나. 선박의 종류
사. 선박의 국적   아. 적재물의 종류

22. 다음 중 선박의 입항 및 출항 등에 관한 법률상 우선 피항선이 아닌 선박은?

가. 예선
나. 총톤수 20톤 미만인 어선
사. 주로 노와 삿대로 운전하는 선박
아. 예인선에 결합되어 운항하는 압항부선

23. 해양환경관리법상 유해액체물질기록부는 최종 기재를 한 날부터 몇 년간 보존하여야 하는가?

가. 1년   나. 2년   사. 3년   아. 5년

24. 해양환경관리법상 폐기물이 아닌 것은?

가. 도자기   나. 플라스틱류
사. 폐유압유   아. 음식 쓰레기

25. 해양환경관리법상 오염물질이 배출된 경우 오염을 방지하기 위한 조치가 아닌 것은?

가. 기름오염방지설비의 가동
나. 오염물질의 추가 배출방지
사. 배출된 오염물질의 수거 및 처리
아. 배출된 오염물질의 확산방지 및 제거

소형선박조종사 [13회 –항해]

01. 자기 컴퍼스에서 SW의 나침 방위는?

가. 090도 나. 135도
사. 180도 아. 225도

02. ( )에 적합한 것은?

"자이로컴퍼스에서 지지부는 선체의 요동, 충격 등의 영향이 추종부에 거의 전달되지 않도록 ( ) 구조로 추종부를 지지하게 되며, 그 자체는 비너클에 지지되어 있다."

가. 짐벌 나. 인버터
사. 로터 아. 토커

03. 어느 선박과 다른 선박 상호간에 선박의 명세, 위치, 침로, 속력 등의 선박 관련 정보와 항해 안전 정보들을 VHF 주파수로 송신 및 수신하는 시스템은?

가. 지피에스(GPS)
나. 선박자동식별장치(AIS)
사. 전자해도표시장치(ECDIS)
아. 지피에스 플로터(GPS plotter)

04. 프리즘을 사용하여 목표물과 카드 눈금을 광학적으로 중첩시켜 방위를 읽을 수 있는 방위 측정 기구는?

가. 쌍안경 나. 방위경
사. 섀도 핀 아. 컴퍼지션 링

05. 자기 컴퍼스의 용도가 아닌 것은?

가. 선박의 침로 유지에 사용
나. 물표의 방위 측정에 사용
사. 다른 선박의 속력 측정에 사용
아. 다른 선박의 상대방위 변화 확인에 사용

06. 다음 중 지피에스(GPS)를 이용하여 얻을 수 있는 정보는?

가. 자기 선박의 위치
나. 자기 선박의 국적
사. 다른 선박의 존재 여부
아. 다른 선박과 충돌 위험성

07. 용어에 관한 설명으로 옳은 것은?

가. 전위선은 추측위치와 추정위치의 교점이다.
나. 중시선은 교각이 90도인 두 물표를 연결한 선이다.
사. 추측위치란 선박의 침로, 속력 및 풍압차를 고려하여 예상한 위치이다.
아. 위치선은 관측을 실시한 시점에 선박이 그 선 위에 있다고 생각되는 특정한 선을 말한다.

08. 45해리 떨어진 두 지점 사이를 대지속력 10노트로 항해할 때 걸리는 시간은? (단, 외력은 없음)

가. 3시간 나. 3시간 30분
사. 4시간 아. 4시간 30분

09. 선박 주위에 있는 높은 건물로 인해 레이더 화면에 나타나는 거짓상은?

가. 맹목구간에 의한 거짓상
나. 간접 반사에 의한 거짓상
사. 다중 반사에 의한 거짓상
아. 거울면 반사에 의한 거짓상

10. 작동 중인 레이더 화면에서 'A' 점은?

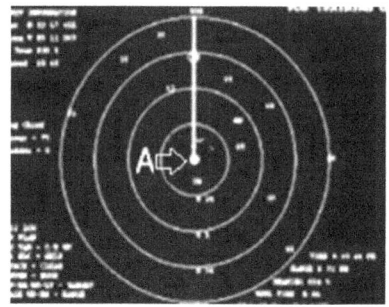

가. 섬　　　　　　나. 자기 선박
사. 육지　　　　　아. 다른 선박

11. 해저의 기복 상태를 알기 위해 같은 수심인 장소를 연결하는 가는 실선으로 나타낸 것은?

　가. 등심선　　　　나. 경계선
　사. 위험선　　　　아. 해안선

12. 다음 중 항행통보가 제공하지 않는 정보는?

　가. 수심의 변화
　나. 조시 및 조고
　사. 위험물의 위치
　아. 항로표지의 신설 및 폐지

13. 다음 중 등색이나 광력이 바뀌지 않고 일정하게 빛을 내는 야간(광파)표지는?

　가. 명암등　　　　나. 호광등
　사. 부동등　　　　아. 섬광등

14. 풍랑이나 조류 때문에 등부표를 설치하거나 관리하기가 어려운 모래 기둥이나 암초 등이 있는 위험한 지점으로부터 가까운 곳에 등대가 있는 경우, 그 등대에 강력한 투광기를 설치하여 그 구역을 비추어 위험을 표시하는 것은?

　가. 도등　　　　　나. 조사등
　사. 지향등　　　　아. 분호등

15. 레이더 트랜스폰더에 관한 설명으로 옳은 것은?

　가. 음성신호를 방송하여 방위측정이 가능하다.
　나. 송신 내용에 부호화된 식별신호 및 데이터가 들어있다.
　사. 선박의 레이더 영상에 송신국의 방향이 숫자로 표시된다.
　아. 좁은 수로 또는 항만에서 선박을 유도할 목적으로 사용한다.

16. 점장도의 특징으로 옳지 않은 것은?

　가. 항정선이 직선으로 표시된다.
　나. 자오선은 남북 방향의 평행선이다.
　사. 거등권은 동서 방향의 평행선이다.
　아. 적도에서 남북으로 멀어질수록 면적이 축소되는 단점이 있다.

17. 해도를 제작하는 데 이용되는 도법이 아닌 것은?

　가. 평면도법　　　나. 점장도법
　사. 반원도법　　　아. 대권도법

18. 종이해도를 사용할 때 주의사항으로 옳은 것은?

　가. 여백에 낙서를 해도 무방하다.
　나. 연필 끝은 둥글게 깎아서 사용한다.
　사. 반드시 해도의 소개정을 할 필요는 없다.
　아. 가장 최근에 발행된 해도를 사용해야 한다.

19. 해도상에 표시된 등부표의 등질 'Al.RG.10s 20M'에 관한 설명으로 옳지 않은 것은?

　가. 분호등이다.
　나. 주기는 10초이다.
　사. 광달거리는 20해리이다.
　아. 적색과 녹색을 교대로 표시한다.

20. 표지가 설치된 모든 주위가 가항수역임을 알려주는 항로표지로서 주로 수로의 중앙에 설치되는 항로표지는?

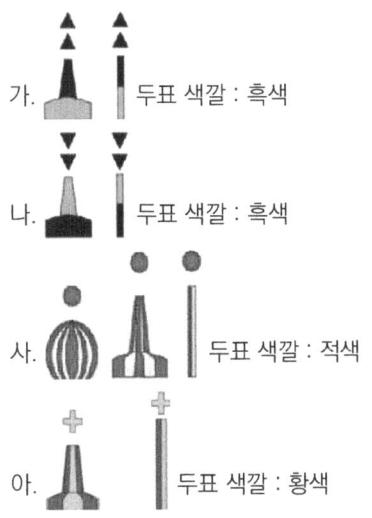

가. 두표 색깔 : 흑색
나. 두표 색깔 : 흑색
사. 두표 색깔 : 적색
아. 두표 색깔 : 황색

21. 저기압의 특징에 관한 설명으로 옳지 않은 것은?

가. 저기압 내에서는 날씨가 맑다.
나. 주위로부터 바람이 불어 들어온다.
사. 중심 부근에서는 상승기류가 있다.
아. 중심으로 갈수록 기압경도가 커서 바람이 강해진다.

22. 중심이 주위보다 따뜻하고, 여름철 대륙 내에서 발생는 저기압으로, 상층으로 갈수록 저기압성 순환이 줄어들면서 어느 고도 이상에서 사라지는 키가 작은 저기압은?

가. 전선 저기압
나. 한랭 저기압
사. 온난 저기압
아. 비전선 저기압

23. 피험선에 관한 설명으로 옳은 것은?

가. 위험 구역을 표시하는 등심선이다.
나. 선박이 존재한다고 생각하는 특정한 선이다.
사. 항의 입구 등에서 자기 선박의 위치를 구할 때 사용한다.
아. 항해 중에 위험물에 접근하는 것을 쉽게 탐지할 수 있다.

24. 한랭전선과 온난전선이 서로 겹쳐져 나타나는 전선은?

가. 한랭전선
나. 온난전선
사. 폐색전선
아. 정체전선

25. 입항항로를 선정할 때 고려사항이 아닌 것은?

가. 항만관계 법규
나. 항만의 상황 및 지형
사. 묘박지의 수심, 저질
아. 선원의 교육훈련 상태

소형선박조종사 [13회 -운용]

01. 대형 선박의 건조에 많이 사용되는 선체의 재료는?

가. 목재
나. 플라스틱
사. 강재
아. 알루미늄

02. 갑판 개구 중에서 화물창에 화물을 적재 또는 양화하기 위한 개구는?

가. 탈출구
나. 해치(Hatch)
사. 승강구
아. 맨홀(Manhole)

03. 트림의 종류가 아닌 것은?

가. 등흘수
나. 중앙트림
사. 선수트림
아. 선미트림

04. 강선구조기준, 선박만재흘수선규정, 선박

구획기준 및 선체 운동의 계산 등에 사용되는 길이는?
가. 전장   나. 등록장
사. 수선장   아. 수선간장

05. ( )에 적합한 것은?

"타(키)는 최대흘수 상태에서 전속 전진 시 한쪽 현타각 35도에서 다른 쪽 현 타각 30도까지 돌아가는 데 ( )의 시간이 걸려야 한다."

가. 28초 이내   나. 30초 이내
사. 32초 이내   아. 35초 이내

06. 조타장치에 관한 설명으로 옳지 않은 것은?
가. 자동 조타장치에서도 수동조타를 할 수 있다.
나. 동력 조타장치는 작은 힘으로 타의 회전이 가능하다.
사. 인력 조타장치는 소형선이나 범선 등에서 사용되어 왔다.
아. 동력 조타장치는 조타실의 조타륜이 타와 기계적으로 직접 연결되어 비상조타를 할 수 없다.

07. 스톡 앵커의 각부 명칭을 나타낸 아래 그림에서 ㉠은?

가. 생크   나. 크라운
사. 앵커링   아. 플루크

08. 체온을 유지할 수 있도록 열전도율이 낮은 방수 물질로 만들어진 포대기 또는 옷을 의미하는 구명설비는?
가. 방수복   나. 구명조끼
사. 보온복   아. 구명부환

09. 해상에서 사용되는 신호 중 시각에 의한 통신이 아닌 것은?
가. 수기신호   나. 기류신호
사. 기적신호   아. 발광신호

10. 선박이 침몰하여 수면 아래 4미터 정도에 이르면 수압에 의하여 선박에서 자동 이탈되어 조난자가 탈 수 있도록 압축가스에 의해 펼쳐지는 구명설비는?
가. 구명정   나. 구명뗏목
사. 구조정   아. 구명부기

11. 다음 IMO 심벌과 같이 표시되는 장치는?

가. 신호 홍염   나. 구명줄 발사기
사. 줄사다리   아. 자기 발연 신호

12. 선박 조난 시 구조를 기다릴 때 사람이 올라타지 않고 손으로 밧줄을 붙잡을 수 있도록 만든 구명설비는?
가. 구명정   나. 구명조끼
사. 구명부기   아. 구명뗏목

13. 선박이 침몰할 경우 자동으로 조난신호를 발신할 수 있는 무선설비는?
가. 레이더(Radar)
나. 초단파(VHF) 무선설비
사. 나브텍스(NAVTEX) 수신기

아. 비상위치지시 무선표지(EPIRB)

14. 점화시켜 물에 던지면 해면 위에서 연기를 내는 조난 신호장비로서 방수 용기로 포장되어 잔잔한 해면에서 3분 이상 잘 보이는 색깔의 연기를 내는 것은?
가. 신호 홍염
나. 자기 점화등
사. 신호 거울
아. 발연부 신호

15. 다음 중 선박 조종에 미치는 영향이 가장 작은 요소는?
가. 바람 나. 파도 사. 조류 아. 기온

16. 근접하여 운항하는 두 선박의 상호 간섭작용에 관한 설명으로 옳지 않은 것은?
가. 선속을 감속하면 영향이 줄어든다.
나. 두 선박 사이의 거리가 멀어지면 영향이 줄어든다.
사. 소형선은 선체가 작아 영향을 거의 받지 않는다.
아. 마주칠 때보다 추월할 때 상호 간섭작용이 오래 지속되어 위험하다.

17. ( )에 순서대로 적합한 것은?
"수심이 얕은 수역에서는 타의 효과가 나빠지고, 선체저항이 ( )하여 선회권이 ( )"
가. 감소, 작아진다.
나. 감소, 커진다.
사. 증가, 작아진다.
아. 증가, 커진다.

18. 복원력이 작은 선박을 조선할 때 적절한 조선 방법은?
가. 순차적으로 타각을 증가시킴
나. 전타 중 갑자기 타각을 감소시킴
사. 높은 속력으로 항행 중 대각도 전타
아. 전타 중 반대 현측으로 대각도 전타

19. 익수자 구조를 위한 표준 윌리암슨 턴은 초기 침로에서 몇 도 선회하였을 때 반대방향으로 전타하여야 하는가?
가. 35도
나. 60도
사. 90도
아. 115도

20. 좁은 수로를 항해할 때 유의사항으로 옳은 것은?
가. 침로를 변경할 때는 대각도로 한번에 변경하는 것이 좋다.
나. 선·수미선과 조류의 유선이 직각을 이루도록 조종하는 것이 좋다.
사. 언제든지 닻을 사용할 수 있도록 준비된 상태에서 항행하는 것이 좋다.
아. 조류는 순조 때에는 정침이 잘 되지만, 역조 때에는 정침이 어려우므로 조종 시 유의하여야 한다.

21. 물에 빠진 사람을 구조하는 조선법이 아닌 것은?
가. 표준 턴
나. 샤르노브 턴
사. 싱글 턴
아. 윌리암슨 턴

22. 황천항해를 대비하여 선박에 화물을 실을 때 주의사항으로 옳은 것은?
가. 선체의 중앙부에 화물을 많이 싣는다.
나. 선수부에 화물을 많이 싣는 것이 좋다.
사. 화물의 무게가 한 곳에 집중되지 않도록 한다.
아. 상갑판보다 높은 위치에 최대한으로 많은 화물을 싣는다.

23. 황천 조선법인 히브 투(Heave to)의 장점으로 옳지 않은 것은?
가. 선체의 동요를 줄일 수 있다.
나. 풍랑에 대하여 일정한 자세를 취하기 쉽다.
사. 감속이 심하더라도 보침성에는 큰 영향이

없다.
아. 풍하측으로 표류가 일어나지 않아서 풍하측 여유수역이 없어도 선택할 수 있는 방법이다.

24. 화재의 종류 중 전기화재가 속하는 것은?

가. A급 화재　　나. B급 화재
사. C급 화재　　아. D급 화재

25. 기관손상 사고의 원인 중 인적과실이 아닌 것은?

가. 기관의 노후
나. 기기조작 미숙
사. 부적절한 취급
아. 일상적인 점검 소홀

소형선박조종사 [13회 -기관]

01. 디젤기관의 점화 방식은?

가. 전기점화　　나. 불꽃점화
사. 소구점화　　아. 압축점화

02. 과급기에 대한 설명으로 옳은 것은?

가. 연소가스가 지나가는 고온부를 냉각시키는 장치이다.
나. 기관의 운동 부분에 마찰을 줄이기 위해 윤활유를 공급하는 장치이다.
사. 기관의 회전수를 일정하게 유지시키기 위해 연료분사량을 자동으로 조절하는 장치이다.
아. 기관의 연소에 필요한 공기를 대기압 이상으로 압축하여 밀도가 높은 공기를 실린더 내로 공급하는 장치이다.

03. 4행정 사이클 기관의 작동 순서로 옳은 것은?

가. 흡입 → 압축 → 작동 → 배기
나. 흡입 → 작동 → 압축 → 배기
사. 흡입 → 배기 → 압축 → 작동
아. 흡입 → 압축 → 배기 → 작동

04. 4행정 사이클 6실린더 기관에서는 운전 중 크랭크 각 몇 도마다 폭발이 일어나는가?

가. 60°　나. 90°　사. 120°　아. 180°

05. 압축공기로 시동하는 소형기관에서 실린더 헤드를 분해할 경우의 준비사항이 아닌 것은?

가. 시동공기를 차단한다.
나. 연료유를 차단한다.
사. 냉각수를 차단하고 배출한다.
아. 공기압축기를 정지한다.

06. 디젤기관에서 실린더 라이너의 마멸 원인이 아닌 것은?

가. 연접봉의 경사로 생긴 피스톤의 측압이 너무 클 때
나. 피스톤링의 장력이 너무 클 때
사. 흡입공기 압력이 너무 높을 때
아. 사용 윤활유의 품질이 부적당하거나 부족할 때

07. 디젤기관의 메인 베어링에 대한 설명으로 옳지 않은 것은?

가. 크랭크축을 지지한다.
나. 크랭크축의 중심을 잡아준다.
사. 윤활유로 윤활시킨다.
아. 볼베어링을 주로 사용한다.

08. 다음 그림과 같이 디젤기관의 실린더 헤드를 들어올리기 위해 사용하는 공구 ①의 명칭은?

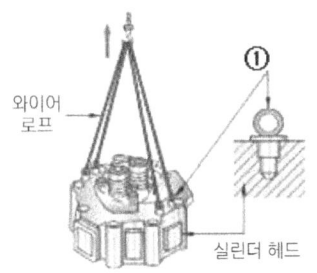

가. 인장볼트 나. 아이볼트
사. 타이볼트 아. 스터드볼트

09. 소형기관의 운전 중 회전운동을 하는 부품이 아닌 것은?

가. 평형추 나. 피스톤
사. 크랭크축 아. 플라이휠

10. 동일한 운전 조건에서 연료유의 질이 나쁜 경우 디젤 주기관에 나타나는 증상으로 옳은 것은?

가. 배기온도가 내려가고 배기색이 검어진다.
나. 배기온도가 내려가고 배기색이 밝아진다.
사. 배기온도가 올라가고 배기색이 밝아진다.
아. 배기온도가 올라가고 배기색이 검어진다.

11. 디젤기관의 운전 중 윤활유 계통에서 주의하여 관찰해야 하는 것은?

가. 기관의 입구 온도와 입구 압력
나. 기관의 출구 온도와 출구 압력
사. 기관의 입구 온도와 출구 압력
아. 기관의 출구 온도와 입구 압력

12. 내연기관의 연료유에 대한 설명으로 옳지 않은 것은?

가. 발열량이 클수록 좋다.
나. 점도가 높을수록 좋다.
사. 유황분이 적을수록 좋다.
아. 물이 적게 함유되어 있을수록 좋다.

13. 추진기의 회전속도가 어느 한도를 넘으면 추진기 배면의 압력이 낮아지며 물의 흐름이 표면으로부터 떨어져 기포가 발생하여 추진기 표면을 두드리는 현상은?

가. 슬립현상 나. 공동현상
사. 명음현상 아. 수격현상

14. 프로펠러에 의한 선체 진동의 원인이 아닌 것은?

가. 프로펠러의 날개가 절손된 경우
나. 프로펠러의 날개수가 많은 경우
사. 프로펠러의 날개가 수면에 노출된 경우
아. 프로펠러의 날개가 휘어진 경우

15. 갑판보기가 아닌 것은?

가. 양묘기 나. 계선기
사. 청정기 아. 양화기

16. 낮은 곳에 있는 액체를 흡입하여 압력을 가한 후 높은 곳으로 이송하는 장치는?

가. 발전기 나. 보일러
사. 조수기 아. 펌프

17. 기관실의 연료유 펌프로 가장 적합한 것은?

가. 기어펌프 나. 왕복펌프
사. 축류펌프 아. 원심펌프

18. 전동기의 운전 중 주의사항으로 옳지 않은 것은?

가. 발열되는 곳이 있는 지를 점검한다.
나. 이상한 소리, 냄새 등이 발생하는 지를 점검한다.
사. 전류계의 지시값에 주의한다.

아. 절연저항을 자주 측정한다.

19. 교류발전기 2대를 병렬운전 할 경우 동기검정기로 판단할 수 있는 것은?
  가. 두 발전기의 극수와 동기속도의 일치 여부
  나. 두 발전기의 부하전류와 전압의 일치 여부
  사. 두 발전기의 절연저항과 권선저항의 일치 여부
  아. 두 발전기의 주파수와 위상의 일치 여부

20. 납축전지의 용량을 나타내는 단위는?
  가. [Ah]   나. [A]   사. [V]   아. [kW]

21. ( )에 적합한 것은?
  "선박에서 일정시간 항해 시 연료소비량은 선박속력의 ( )에 비례한다."
  가. 제곱   나. 세제곱
  사. 네제곱   아. 다섯제곱

22. 디젤기관을 장기간 정지할 경우의 주의사항으로 옳지 않은 것은?
  가. 동파를 방지한다.
  나. 부식을 방지한다.
  사. 주기적으로 터닝을 시켜 준다.
  아. 중요 부품은 분해하여 보관한다.

23. 운전 중인 디젤기관에서 진동이 심한 경우의 원인으로 옳은 것은?
  가. 디젤 노킹이 발생할 때
  나. 정격부하로 운전중일 때
  사. 배기밸브의 틈새가 작아졌을 때
  아. 윤활유의 압력이 규정치보다 높아졌을 때

24. 경유의 비중으로 옳은 것은?
  가. 0.61 ~ 0.69   나. 0.71 ~ 0.79
  사. 0.81 ~ 0.89   아. 0.91 ~ 0.99

25. 15[℃] 비중이 0.9인 연료유 200리터의 무게는 몇[kgf]인가?
  가. 180[kgf]   나. 200[kgf]
  사. 220[kgf]   아. 240[kgf]

소형선박조종사 [13회 -법규]

01. 다음 중 해사안전법상 선박이 항행 중인 상태는?
  가. 정박 상태
  나. 얹혀 있는 상태
  사. 고장으로 표류하고 있는 상태
  아. 항만의 안벽 등 계류시설에 매어 놓은 상태

02. ( )에 적합한 것은?
  "해사안전법상 고속여객선이란 시속 ( )이상으로 항행하는 여객선을 말한다."
  가. 10노트   나. 15노트
  사. 20노트   아. 30노트

03. 해사안전법상 항행장애물제거책임자가 항행장애물 발생과 관련하여 보고하여야 할 사항이 아닌 것은?
  가. 선박의 명세에 관한 사항
  나. 항행장애물의 위치에 관한 사항
  사. 항행장애물이 발생한 수역을 관할하는 해양관청의 명칭
  아. 선박소유자 및 선박운항자의 성명(명칭) 및 주소에 관한 사항

04. 해사안전법상 술에 취한 상태를 판별하는 기준은?

가. 체온
나. 걸음걸이
사. 혈중알코올농도
아. 실제 섭취한 알코올 양

05. 해사안전법상 국제항해에 종사하지 않는 여객선의 출항통제권자는?

가. 시·도지사
나. 해양수산부장관
사. 해양경찰서장
아. 지방해양수산청장

06. 해사안전법상 안전한 속력을 결정할 때 고려할 사항이 아닌 것은?

가. 시계의 상태
나. 컴퍼스의 오차
사. 해상교통량의 밀도
아. 선박의 흘수와 수심과의 관계

07. 해사안전법상 선박에서 하여야 하는 적절한 경계에 관한 설명으로 옳지 않은 것은?

가. 이용할 수 있는 모든 수단을 이용한다.
나. 청각을 이용하는 것이 가장 효과적이다.
사. 선박 주위의 상황을 파악하기 위함이다.
아. 다른 선박과 충돌할 위험성을 충분히 파악하기 위함이다.

08. 해사안전법상 어로에 종사하고 있는 선박 중 항행 중인 선박이 원칙적으로 진로를 피하거나 통항을 방해하여서는 아니 되는 선박이 아닌 것은?

가. 조종제한선   나. 조종불능선
사. 수상항공기   아. 흘수제약선

09. 해사안전법상 서로 시계 안에서 항행 중인 범선과 동력선이 마주치는 상태일 경우에 피항방법으로 옳은 것은?

가. 동력선만 침로를 변경한다.
나. 각각 우현 쪽으로 침로를 변경한다.
사. 각각 좌현 쪽으로 침로를 변경한다.
아. 좌현에 바람을 받고 있는 선박이 우현 쪽으로 침로를 변경한다.

10. ( )에 적합한 것은?

"해사안전법상 선박이 서로 시계 안에 있을 때 2척의 동력선이 상대의 진로를 횡단하는 경우로서 충돌의 위험이 있을 때에는 다른 선박을 ( ) 쪽에 두고 있는 선박이 그 다른 선박의 진로를 피하여야 한다."

가. 선수   나. 좌현   사. 우현   아. 선미

11. 해사안전법상 제한된 시계에서 레이더만으로 다른 선박이 있는 것을 탐지한 선박의 피항동작이 침로를 변경하는 것만으로 이루어질 경우 선박이 취하여야 할 행위로 옳은 것은? (다만, 앞지르기당하고 있는 선박의 경우는 제외한다)

가. 자기 선박의 양쪽 현의 정횡에 있는 선박의 방향으로 침로를 변경하는 행위
나. 자기 선박의 양쪽 현의 정횡 뒤쪽에 있는 선박의 방향으로 침로를 변경하는 행위
사. 다른 선박이 자기 선박의 양쪽 현의 정횡 앞쪽에 있는 경우 우현 쪽으로 침로를 변경하는 행위
아. 다른 선박이 자기 선박의 양쪽 현의 정횡 앞쪽에 있는 경우 좌현 쪽으로 침로를 변경하는 행위

12. 해사안전법상 앞쪽에, 선미나 그 부근에 각각 흰색의 전주등 1개씩과 수직으로 붉은색 전주등 2개를 표시하고 있는 선박의 상태는?

가. 정박 중인 상태
나. 조종불능인 상태
사. 엎혀 있는 상태
아. 조종제한인 상태

13. 해사안전법상 길이 12미터 이상인 어선이 투묘하여 정박하였을 때 낮 동안에 표시하여야 하는 것은?

가. 어선은 특별히 표시할 필요가 없다.
나. 잘 보이도록 황색기 1개를 표시하여야 한다.
사. 앞쪽에 둥근꼴의 형상물 1개를 표시하여야 한다.
아. 둥근꼴의 형상물 2개를 가장 잘 보이는 곳에 수직으로 표시하여야 한다.

14. 해사안전법상 선박의 등화에 사용되는 등색이 아닌 것은?

가. 녹색   나. 흰색   사. 청색   아. 붉은색

15. 선박의 입항 및 출항 등에 관한 법률상 총톤수 5톤인 내항선이 무역항의 수상구역등을 출입할 때 하는 출입신고에 관한 내용으로 옳은 것은?

가. 내항선이므로 출입 신고를 하지 않아도 된다.
나. 출항 일시가 이미 정하여진 경우에도 입항 신고와 출항 신고는 동시에 할 수 없다.
사. 무역항의 수상구역등의 밖으로 출항하려는 경우 원칙적으로 출항 직후 출항 신고를 하여야 한다.
아. 무역항의 수상구역등의 안으로 입항하는 경우 원칙적으로 입항하기 전에 출입 신고를 하여야 한다.

16. 해사안전법상 선미등이 비추는 수평의 호의 범위와 등색은?

가. 135도, 흰색
나. 135도, 붉은색
사. 225도, 흰색
아. 225도, 붉은색

17. ( )에 순서대로 적합한 것은?

"선박의 입항 및 출항 등에 관한 법률상 무역항의 수상구역등에서 기적이나 사이렌을 갖춘 선박에 ( )이/가 발생한 경우, 이를 알리는 경보로 기적이나 사이렌을 ( )으로 ( ) 울려야 하고, 적당한 간격을 두고 반복하여야 한다."

가. 화재, 장음, 5회
나. 침몰, 장음, 5회
사. 화재, 단음, 5회
아. 침몰, 단음, 5회

18. 선박의 입항 및 출항 등에 관한 법률상 무역항의 수상구역등에서 입항하는 선박이 방파제 입구에서 출항하는 선박과 마주칠 우려가 있는 경우의 항법에 관한 설명으로 옳은 것은?

가. 출항하는 선박은 입항하는 선박이 방파제를 통과한 후 통과한다.
나. 입항하는 선박은 방파제 밖에서 출항하는 선박의 진로를 피한다.
사. 입항하는 선박은 방파제 사이의 가운데 부분으로 먼저 통과한다.
아. 출항하는 선박은 방파제 입구를 왼쪽으로 접근하여 통과한다.

19. 선박의 입항 및 출항 등에 관한 법률상 무역항의 수상구역 등에서 예인선의 항법으로 옳지 않은 것은?

가. 예인선은 한꺼번에 3척 이상의 피예인선을 끌지 아니하여야 한다.
나. 원칙적으로 예인선의 선미로부터 피예인선의 선미까지 길이는 100미터를 초과하지

못한다.
사. 다른 선박의 출입을 보조하는 경우에 한하여 예인선의 선수로부터 피예인선의 선미까지의 길이는 200미터를 초과할 수 있다.
아. 지방해양수산청장 또는 시·도지사는 해당 무역항의 특수성 등을 고려하여 특히 필요한 경우에는 예인선의 항법을 조정할 수 있다.

20. 선박의 입항 및 출항 등에 관한 법률상 선박이 무역항의 항로에서 다른 선박과 마주칠 우려가 있는 경우 항법으로 옳은 것은?

가. 항로의 중앙으로 항행한다.
나. 항로의 왼쪽으로 항행한다.
사. 항로를 횡단하여 항행한다.
아. 항로의 오른쪽으로 항행한다.

21. ( )에 순서대로 적합한 것은?

"선박의 입항 및 출항 등에 관한 법률상 ( )은 ( )으로부터 선박 항행 최고속력의 지정을 요청받은 경우 특별한 사유가 없으면 무역항의 수상구역 등에서 선박항행 최고속력을 지정·고시하여야 한다."

가. 관리청, 해양경찰청장
나. 지정청, 해양경찰청장
사. 관리청, 지방해양수산청장
아. 지정청, 지방해양수산청장

22. 선박의 입항 및 출항 등에 관한 법률상 주로 무역항의 수상구역에서 운항하는 선박으로서 다른 선박의 진로를 피하여야 하는 우선피항선이 아닌 것은?

가. 예선
나. 총톤수 20톤인 여객선
사. 압항부선을 제외한 부선
아. 주로 노와 삿대로 운전하는 선박

23. 해양환경관리법상 선박에서 발생하는 폐기물 배출에 관한 설명으로 옳지 않은 것은?

가. 플라스틱 재질의 합성어망은 해양에 배출이 금지된다.
나. 어업활동 중 폐사된 수산동식물은 해양에 배출이 가능하다.
사. 해양환경에 유해하지 않은 화물잔류물은 해양에 배출이 금지된다.
아. 분쇄 또는 연마되지 않은 음식찌꺼기는 영해기선으로부터 12해리 이상에서 배출이 가능하다.

24. 해양환경관리법상 해양오염방지설비를 선박에 최초로 설치하는 때 받아야 하는 검사는?

가. 정기검사
나. 임시검사
사. 특별검사
아. 제조검사

25. 해양환경관리법상 총톤수 25톤 미만의 선박에서 기름의 배출을 방지하기 위한 설비로 폐유저장을 위한 용기를 비치하지 아니한 경우 부과되는 과태료 기준은?

가. 100만원 이하
나. 300만원 이하
사. 500만원 이하
아. 1,000만원 이하

소형선박조종사 [제 1 회] 정답표

항 해

01	02	03	04	05	06	07	08	09	10	11	12	13	14	15	16	17	18	19	20	21	22	23	24
나	나	사	나	아	아	가	아	사	사	나	아	사	아	아	가	사	사	나	사	아	사	아	나

운 용

01	02	03	04	05	06	07	08	09	10	11	12	13	14	15	16	17	18	19	20	21	22	23	24	25
사	가	사	아	사	사	나	나	사	가	사	가	사	아	나	아	사	사	나	사	나	나	사	아	사

기 관

01	02	03	04	05	06	07	08	09	10	11	12	13	14	15	16	17	18	19	20	21	22	23	24	25
사	나	가	나	가	아	가	가	나	아	아	사	가	아	나	나	가	나	나	아	가	사	가	사	가

법 규

01	02	03	04	05	06	07	08	09	10	11	12	13	14	15	16	17	18	19	20	21	22	23	24	25
사	아	아	가	나	아	사	사	사	가	아	나	가	나	사	가	나	가	나	가	나	아	아	나	나

소형선박조종사 [제 2 회] 정답표

항 해

01	02	03	04	05	06	07	08	09	10	11	12	13	14	15	16	17	18	19	20	21	22	23	24
사	나	사	나	사	사	나	아	아	가	나	나	아	아	아	사	사	가	사	사	아	나	나	나

운 용

01	02	03	04	05	06	07	08	09	10	11	12	13	14	15	16	17	18	19	20	21	22	23	24	25
가	사	가	아	나	나	가	가	아	가	가	나	아	아	사	가	사	사	가	아	가	아	가	나	사

기 관

01	02	03	04	05	06	07	08	09	10	11	12	13	14	15	16	17	18	19	20	21	22	23	24	25
나	사	가	나	아	가	나	사	사	아	가	나	사	나	아	가	사	사	가	사	가	가	아	사	아

법 규

01	02	03	04	05	06	07	08	09	10	11	12	13	14	15	16	17	18	19	20	21	22	23	24	25
나	가	아	아	나	사	아	사	나	나	가	나	아	사	아	사	나	나	나	아	가	아	나	아	나

소형선박조종사 [제 3 회] 정답표

항 해

01	02	03	04	05	06	07	08	09	10	11	12	13	14	15	16	17	18	19	20	21	22	23	24	25
사	가	가	사	사	가	사	가	사	아	가	사	아	사	나	아	사	가	나	나	아	가	사	사	아

운 용

01	02	03	04	05	06	07	08	09	10	11	12	13	14	15	16	17	18	19	20	21	22	23	24	25
나	나	아	가	나	아	나	아	가	사	사	사	아	아	가	아	사	사	나	나	가	가	아	아	나

기 관

01	02	03	04	05	06	07	08	09	10	11	12	13	14	15	16	17	18	19	20	21	22	23	24	25
아	사	아	가	사	아	사	사	가	나	사	가	아	나	가	아	나	나	사	나	사	사	아	아	나

법 규

01	02	03	04	05	06	07	08	09	10	11	12	13	14	15	16	17	18	19	20	21	22	23	24	25
가	나	사	아	사	사	아	나	아	아	나	가	아	사	사	가	나	사	가	나	아	나	나	사	사

소형선박조종사 [제 4 회] 정답표

항 해

01	02	03	04	05	06	07	08	09	10	11	12	13	14	15	16	17	18	19	20	21	22	23	24	25
사	아	가	아	사	나	사	가	아	사	사	아	아	가	나	사	나	사	아	나	아	사	사	나	아

운 용

01	02	03	04	05	06	07	08	09	10	11	12	13	14	15	16	17	18	19	20	21	22	23	24	25
아	사	사	사	나	나	나	아	나	사	가	아	가	나	아	사	아	사	아	사	가	가	가	가	나

기 관

01	02	03	04	05	06	07	08	09	10	11	12	13	14	15	16	17	18	19	20	21	22	23	24
사	나	사	사	가	가	아	나	나	사	아	가	가	아	가	아	가	사	나	아	사	아	아	

법 규

01	02	03	04	05	06	07	08	09	10	11	12	13	14	15	16	17	18	19	20	21	22	23	24	25
아	가	가	사	아	아	아	나	아	아	사	나	아	나	가	아	나	나	나	나	사	나	나	사	사

소형선박조종사 [제 5 회] 정답표

항 해

01	02	03	04	05	06	07	08	09	10	11	12	13	14	15	16	17	18	19	20	21	22	23	24	25
나	가	사	나	아	나	사	가	나	아	아	나	아	사	나	사	가	사	나	가	가	사	아	사	아

운 용

01	02	03	04	05	06	07	08	09	10	11	12	13	14	15	16	17	18	19	20	21	22	23	24	25
아	아	가	나	나	나	나	아	아	나	사	사	나	사	나	사	사	나	나	사	나	가	아	사	아

기 관

01	02	03	04	05	06	07	08	09	10	11	12	13	14	15	16	17	18	19	20	21	22	23	24	25
사	아	사	아	가	나	가	가	나	아	아	나	사	나	아	나	사	가	가	나	나	가	가		

법 규

01	02	03	04	05	06	07	08	09	10	11	12	13	14	15	16	17	18	19	20	21	22	23	24	25
나	가	나	나	가	나	사	사	가	사	아	사	아	나	아	사	아	가	사	아	사	사	사	나	아

소형선박조종사 [제 6 회] 정답표

항 해

01	02	03	04	05	06	07	08	09	10	11	12	13	14	15	16	17	18	19	20	21	22	23	24	25
나	가	사	나	아	나	사	가	나	아	아	나	아	사	나	사	가	사	나	가	가	사	아	사	아

운 용

01	02	03	04	05	06	07	08	09	10	11	12	13	14	15	16	17	18	19	20	21	22	23	24	25
아	아	가	나	나	나	아	아	나	사	사	나	사	나	사	사	나	나	사	나	가	아	사	아	

기 관

01	02	03	04	05	06	07	08	09	10	11	12	13	14	15	16	17	18	19	20	21	22	23	24	25
사	아	사	아	가	나	가	가	나	아	아	나	사	나	나	아	나	사	가	가	나	나	가		

법 규

01	02	03	04	05	06	07	08	09	10	11	12	13	14	15	16	17	18	19	20	21	22	23	24	25
나	가	나	나	가	나	사	사	가	사	아	사	아	나	아	사	아	가	사	아	사	사	사	나	아

소형선박조종사 [제 7 회] 정답표

항 해

01	02	03	04	05	06	07	08	09	10	11	12	13	14	15	16	17	18	19	20	21	22	23	24	25
아	아	사	나	사	가	아	사	아	가	가	나	아	가	가	사	사	사	가	사	가	아	아	사	아

운 용

01	02	03	04	05	06	07	08	09	10	11	12	13	14	15	16	17	18	19	20	21	22	23	24	25
사	나	사	가	나	가	나	아	사	아	사	아	가	사	가	사	아	사	나	아	나	가	사	나	나

기 관

01	02	03	04	05	06	07	08	09	10	11	12	13	14	15	16	17	18	19	20	21	22	23	24	25
아	사	아	아	사	가	가	가	가	나	가	아	나	사	아	아	사	사	가	나	아	나	가	나	나

법 규

01	02	03	04	05	06	07	08	09	10	11	12	13	14	15	16	17	18	19	20	21	22	23	24	25
사	나	아	나	가	사	아	사	나	아	나	사	아	나	사	아	사	나	아	아	아	나	아	사	가

소형선박조종사 [제 8 회] 정답표

항 해

01	02	03	04	05	06	07	08	09	10	11	12	13	14	15	16	17	18	19	20	21	22	23	24	25
가	사	나	사	가	사	나	사	가	사	나	사	나	사	아	사	아	아	나	나	아	가	사	아	사

운 용

01	02	03	04	05	06	07	08	09	10	11	12	13	14	15	16	17	18	19	20	21	22	23	24	25
아	아	사	사	나	아	나	가	아	가	가	아	아	가	사	가	사	사	아	가	사	가	사	아	나

기 관

01	02	03	04	05	06	07	08	09	10	11	12	13	14	15	16	17	18	19	20	21	22	23	24	25
사	아	가	아	아	가	나	아	아	가	가	사	나	아	가	사	나	가	사	나	나	가	아	나	가

법 규

01	02	03	04	05	06	07	08	09	10	11	12	13	14	15	16	17	18	19	20	21	22	23	24	25
가	나	아	나	사	아	나	사	사	나	나	사	가	가	사	아	사	가	나	아	아	사	나	나	나

소형선박조종사 [제 9 회] 정답표

항 해

01	02	03	04	05	06	07	08	09	10	11	12	13	14	15	16	17	18	19	20	21	22	23	24	25
사	가	가	나	사	가	사	가	사	아	아	아	나	나	가	나	나	아	아	사	나	가	가	나	아

운 용

01	02	03	04	05	06	07	08	09	10	11	12	13	14	15	16	17	18	19	20	21	22	23	24	25
나	나	아	아	가	아	사	사	가	나	나	아	나	아	가	아	나	가	아	가	아	사	아	사	아

기 관

01	02	03	04	05	06	07	08	09	10	11	12	13	14	15	16	17	18	19	20	21	22	23	24	25
가	아	사	사	가	가	나	아	가	아	나	사	나	사	아	나	가	아	가	나	아	가	사	가	아

법 규

01	02	03	04	05	06	07	08	09	10	11	12	13	14	15	16	17	18	19	20	21	22	23	24	25
사	나	가	가	아	아	사	아	나	아	나	아	사	아	가	나	가	사	가	나	사	아	가	나	나

소형선박조종사 [제 10 회] 정답표

항 해

01	02	03	04	05	06	07	08	09	10	11	12	13	14	15	16	17	18	19	20	21	22	23	24	25
사	가	나	아	나	아	아	사	아	아	아	나	아	아	나	가	아	사	나	아	아	사	아	사	나

운 용

01	02	03	04	05	06	07	08	09	10	11	12	13	14	15	16	17	18	19	20	21	22	23	24	25
가	나	아	나	가	아	가	사	나	사	나	가	나	아	가	사	아	가	가	나	사	사	나	아	

기 관

01	02	03	04	05	06	07	08	09	10	11	12	13	14	15	16	17	18	19	20	21	22	23	24	25
가	사	가	사	아	아	아	아	사	아	아	사	사	가	가	가	아	사	가	나	사	아	아	아	가

법 규

01	02	03	04	05	06	07	08	09	10	11	12	13	14	15	16	17	18	19	20	21	22	23	24	25
나	아	아	나	사	사	아	아	사	사	가	사	나	아	아	나	나	나	아	사	나	아	가	아	나

소형선박조종사 [제 11 회] 정답표

항 해

01	02	03	04	05	06	07	08	09	10	11	12	13	14	15	16	17	18	19	20	21	22	23	24	25
사	가	사	사	사	사	가	아	아	나	나	아	아	가	나	가	나	아	사	사	나	사	사	나	아

운 용

01	02	03	04	05	06	07	08	09	10	11	12	13	14	15	16	17	18	19	20	21	22	23	24	25
가	가	사	사	아	나	나	사	나	아	나	가	사	사	사	가	가	아	가	가	가	사	가	가	가

기 관

01	02	03	04	05	06	07	08	09	10	11	12	13	14	15	16	17	18	19	20	21	22	23	24	25
나	아	사	나	나	가	나	사	아	사	사	나	아	나	아	가	아	아	아	나	아	아	아	나	가

법 규

01	02	03	04	05	06	07	08	09	10	11	12	13	14	15	16	17	18	19	20	21	22	23	24	25
나	나	사	나	사	사	나	가	사	가	나	사	나	가	나	사	나	사	사	아	아	가	아	사

소형선박조종사 [제 12 회] 정답표

항 해

01	02	03	04	05	06	07	08	09	10	11	12	13	14	15	16	17	18	19	20	21	22	23	24	25
가	가	나	아	나	사	나	아	아	나	나	가	가	나	아	아	아	아	사	사	아	아	사	아

운 용

01	02	03	04	05	06	07	08	09	10	11	12	13	14	15	16	17	18	19	20	21	22	23	24	25
나	사	나	아	아	가	아	사	나	나	나	아	아	나	아	나	아	가	가	아	사	사	사	아	가

기 관

01	02	03	04	05	06	07	08	09	10	11	12	13	14	15	16	17	18	19	20	21	22	23	24	25
사	아	가	아	사	나	아	아	아	사	나	사	사	나	나	나	아	사	가	사	아	나	사	가	나

법 규

01	02	03	04	05	06	07	08	09	10	11	12	13	14	15	16	17	18	19	20	21	22	23	24	25
나	사	가	나	가	나	사	사	나	나	나	가	아	아	가	아	가	나	사	가	사	아	사	사	가

소형선박조종사 [제 13 회] 정답표

항 해

01	02	03	04	05	06	07	08	09	10	11	12	13	14	15	16	17	18	19	20	21	22	23	24	25
아	가	나	나	사	가	아	아	아	나	가	나	사	나	나	아	사	아	가	사	가	사	아	사	아

운 용

01	02	03	04	05	06	07	08	09	10	11	12	13	14	15	16	17	18	19	20	21	22	23	24	25
사	나	나	아	가	아	아	사	사	나	나	사	아	아	아	사	아	가	나	사	가	사	사	사	가

기 관

01	02	03	04	05	06	07	08	09	10	11	12	13	14	15	16	17	18	19	20	21	22	23	24	25
아	아	가	사	아	사	아	나	나	아	가	나	나	나	사	아	가	아	아	가	나	아	가	사	가

법 규

01	02	03	04	05	06	07	08	09	10	11	12	13	14	15	16	17	18	19	20	21	22	23	24	25
사	나	사	사	사	나	나	사	가	사	사	사	사	사	아	가	가	나	나	아	가	나	사	가	가

참고문헌

선박운항해사개론 (김웅주 해문출판사)
표준 소형선박 조종사 (김선곤 해문출판사)
소형선박조종사 -이론과 문제 (해기사시험연구회 해광출판사)
3.4.5급 표준 항해사 문제해설 (김선곤 외 해문출판사)
6급 항해사 -이론과 문제 (김선곤 해문출판사)
최신 항해일반 (이형기 외 경안기획)
선박조종의 이론과 실무 (윤점동 세종출판사)
지문항해 (윤여정 전승환 한국해양대학교)
상선의 정석 (박명규 외 해문출판사)
천문항해 (윤여정 전승환 한국해양대학교)
알기쉬운 해양기상학 (박대홍 해문출판사)
해사법규 (이윤철 다솜출판사)
해사법규 (서동일 서울고시각)
영문항해일지 -각종서식기입법 (해광도서편찬회 해광출판사)
영문기관일지 기입법 및 실무기관영어 (해광도서편찬회 해광출판사)
해운실무(상선전문) (김세원 다솜출판사)
선박의 동력전달과 추진 (오인호 다솜출판사)
항해영어 (이재우 해문출판사)

표준해사실무영어 (김종섭 외 경안기획)
IMO 표준항해용어 회화집 (편집부 해문출판사)
MARPOL 해양오염방지협약
SOLAS 해상인명안전협약
IMO STCW 1978 선원의 훈련 자격증명 및 당직근무의 기준에 관한 국제협약과 개정규정
항해실습 (Ⅰ.Ⅱ.Ⅲ.Ⅳ.Ⅴ 이형기 외 상학당)
고등학교 항해 (교육과학기술부, 인천광역시교육청)
고등학교 선박운용 (교육과학기술부, 전라남도교육청)
고등학교 해사법규 (교육과학기술부, 부산광역시교육청)
고등학교 열기관 (교육과학기술부, 인천광역시교육청)
고등학교 선박보조기계 (교육과학기술부, 인천광역시 교육청)
고등학교 선박전기전자 (교육과학기술부, 부산광역시 교육청)
고등학교 선박의장
(교육과학기술부, 거제공업고등학교, 군산기계공업고등학교)
고등학교 해사영어 (교육과학기술부, 부산광역시교육청)
고등학교 해양생산기술 (상,하 경상남도교육청)
고등학교 항해사실무 (부산광역시교육청)

한권으로 정리하고 한권으로 풀어보는 [제5차수정판]

소형선박 조종사
- 이론과 문제(해기사시험 시리즈) -

2024년 9월 5일 인쇄 정가 23,000 원
2024년 9월 15일 발행

저　　자　해기사시험연구회
편　　집　조민경 송영미 박민정 ⓣ
발 행 인　조 준 형　　http://www.hgbookpub.com
발 행 처　해 광 출 판 사　E-mail : munbookcokr@naver.com
주　　소　부산광역시 중구 해관로 41-1 (중앙동2가)
전화번호　(051) 253-0001　　팩스 (051) 245-1187
등　　록　제 2012-000005호

해광출판사에서는 여러분의 소중한 원고와 함께 할 기회를 기다리고 있습니다. 책으로 엮을 원고나 아이디어가 있으신 분들은 이메일 munbookcokr@naver.com로 책에 대한 간단한 개요와 원고 전체 또는 일부를 연락처와 함께 보내주십시오.

이 책에 실린 내용의 저작권은 해광출판사에 있습니다. 무단전재 및 복제행위는 저작권법에 의거, 처벌의 대상이 됩니다.

ISBN 979-11-6881-570-4

총 판 ·  문우당서점
전국 최고의 해양도서매장 · 지도센터

SINCE 1955

부산광역시 중구 해관로 41-1 (중앙동2가)
지하철1호선 중앙역 5번출구 30미터
대표전화 051) 241-5555 팩스 051) 245-1178
인터넷 서점 www.munbook.com

60년 전통의 자부심과 해사도서 출판의 노하우!

해 광 | 전화 051) 253-0001 / 팩스 051) 245-1187
| http://www.hgbookpub.com / 이메일 munbookcokr@naver.com

도서구매·총판 : 문우당서점 전화 | 051) 241-5555 / 팩스 051) 245-1187
www.munbook.com

60년 전통의 자부심과 해사도서 출판의 노하우!
해광출판사의 해사도서

해양경찰 시리즈

해양경찰 항해술
객관식 문제집 (기출문제 포함)

해양경찰 선박일반
기출 문제집

해양경찰 기관술
객관식 문제집 (핵심이론 포함)

해양경찰 해사법규
객관식 문제집 (기출문제 포함)

해사안전실무

해양경비론

해양경찰 정보·외사·보안론

해양안전론

해양경찰학 개론

해 광 | 전화 051) 253-0001 / 팩스 051) 245-1187
http://www.hgbookpub.com / 이메일 munbookcokr@naver.com

도서구매 · 총판 : 문우당서점 전화 | 051) 241-5555 / 팩스 051) 245-1187 / http://www.munbook.com

60년 전통의 자부심과 해사도서 출판의 노하우!
해광출판사의 해사도서

선박 기관 용어사전

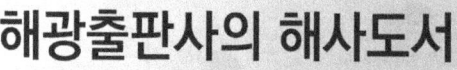
조선 용어사전

해양수산 용어사전

영문기관일지
기입법 및 **실무기관영어**

영문 항해 일지
각종 서식 기입법

액체 화물 용적 중량 **계산표**
<석유·케미칼·액화가스>

해사영어 항해일지
통신문

수산자원학

수산일반 - 이론과 문제

선망어구·어법

다랑어 선망

| 전화 051) 253-0001 / 팩스 051) 245-1187
해 광 | http://www.hgbookpub.com / 이메일 munbookcokr@naver.com

도서구매·총판 : 문우당서점 전화 | 051) 241-5555 / 팩스 051) 245-1187 / http://www.munbook.com

60년 전통의 자부심과 해사도서 출판의 노하우!
해광출판사의 해사도서

선박명칭도 및 크루즈선

선박내연기관 명칭도

알기쉬운 선박 전기 전자

결삭법 : 매듭법

3등 기관사 실무 기초

레이더항법과 알파

해상무선통신과 GMDSS

항해계기

지문항해학

선박검사론

해사실무 영어회화

IMO 표준해사통신영어

표준항해영어

선상 해사한국어

해사 사이버 보안의 이해

해 광 | 전화 051) 253-0001 / 팩스 051) 245-1187
| http://www.hgbookpub.com / 이메일 munbookcokr@naver.com

도서구매 · 총판 : 문우당서점 전화 | 051) 241-5555 / 팩스 051) 245-1187 / http://www.munbook.com

ver 124.06

해사도서전문 해광출판사 해문출판사 도서안내

*해기사시험 문제집 및 수험서
- 1급 2급 항해사 – 이론과 문제 I · II
- 3급 항해사 – 이론과 문제
- 3급 항해사 상선전문 – 이론과 문제
- 4급 5급 항해사 – 이론과 문제
- 6급 항해사 – 이론과 문제
- 1급 · 2급기관사 – 이론과 문제 I · II
- 3급 기관사 – 이론과 문제
- 4급 · 5급 기관사 – 이론과 문제
- 6급 기관사 – 이론과 문제
- 선박기관사 면접시험 – 이론과 문제
- 선박항해사 면접시험 – 이론과 문제
- 수산일반 – 이론과 문제
- 소형선박조종사 – 이론과 문제

*해양경찰 수험서
- 해양경찰 기관술 객관식 문제집(이론포함)
- 해양경찰 선박일반 기출문제집(객관식 문제)
- 해양경찰 항해술 객관식 문제집(기출문제포함)
- 해양경찰 해사법규 객관식 문제집(기출문제포함)

*선박용 명칭도
- 선박내연기관 명칭도(박용내연기관 명칭도)
- 선박명칭도 및 크루즈선

*교재 및 참고 서적
- 3등 기관사 실무 기초
- 결삭법(구 결색법)
- 다랑어 선망(개정판)
- 다이나믹 포지셔닝 시스템 운용개론
- 도설 선박공학
- 레이더항법과 알파
- 상선의 정석
- 선망어구 · 어법
- 선박검사론
- 선박 운항 정보론
- 선박 운항 해사개론
- 선박자동화-기초편
- 선박 텔렉스 전보의 실무
- 선상 해사한국어
- 소형선 설계도집
- 수산자원학
- 알기 쉬운 선박전기전자
- 액체화물 용적중량 계산표
- 영문해일지 기입법
- 영문기관일지 기입법 및 실무기관영어
- 오일탱커
- 지문항해학 (박계각·금종수·홍태호 편저)
- 항해계기
- 해사법규 – 해사관계법령집
- 해사사이버보안의 이해
- 해사실무영어회화
- 해사안전실무
- 해사안전관리법령 및 워터제트
- 해사영어 항해일지 통신문
- 해상무선통신과 GMDSS
- 해양경비론
- 해양경찰 정보·외사·보안론
- 해양경찰학개론
- 해양안전론
- 해운경영학
- IMO 표준항해영어
  – 용어 · 회화 · 해상통신법
- IMO 표준해사통신영어
- Student Coursebook
- 기관승선실습 훈련기록부
- 어선항해실습용 훈련기록부
- 전자기관사훈련기록부

*사전 및 용어집
- 선박기관용어사전(영한 · 한영)
- 조선용어사전(영한 · 한영)
- 통신사업무 영어사전
- 해양 수산 용어사전

*기록부
- 기관일지 · 항해일지
- 선박평형수기록부
- 선원명부
- 승무원명부

문우당서점 해사도서 총판 도서안내

*총판 도서
- 국제해상충돌예방규칙 및 관련된 국내법규해설
- 내연기관 강의
- 선박기관실무(1~6)
- 선박 시퀀스제어
- 선박운용
- 선박적화
- 선박전기 (상)(하)
- 선박조종의 이론과 실무
- 선체구조정비론
- 수산학개론
- 시퀀스제어회로(선박실무해설)
- 전파항해
- 조선 공학
- 지문항해
- 천문항해
- 천해양식
- 초급 기관사를 위한 선박배관도 해설집
- 항로표지 기사 산업기사
- 항로표지론
- 항해사를 위한 ECDIS

- 항해실무영어
- 해사법규
- 해사영어통신문
- 해상기상학
- 해양기상예보최적항로론
- 해운실무
- 현대 전자항법
- vlcc조종의 이론과 실무
- MDSS의 이해와 운용실무

*문우당서점 구비 해사도서
- 항해사 시험 문제집
- 기관사 시험 문제집
- 해양경찰 시험 문제집 및 교본
- 동력수상레저기구 조종면허시험
- 박용 보조기계공학론
- 선박기관 실무
- 선박보조기계
- 선박 안전법 해설
- 선박용 디젤 엔진 및 가스터빈
- 선박화물 운송론

- 선체구조학
- 조선 해양공학 개론
- 항해실습(1~5)
- 해설 조선지식입문
- 해양 플랜트 공학
- 해사고 수산고 교과서
- ISSA선용품 카탈로그
- IMPA선용품 카탈로그

- 기름 기록부(기관구성용)
- 기름 기록부(탱커용)
- 등대표
- 오존층파괴물질 기록부
- 조류표
- 조석표
- 천측력
- 폐기물 기록부
- 항해승선실습 훈련기록부
- SOLAS(솔라스) MARPOL(마폴) 등 각종 해사협약서, CODE

인터넷서점 www.munbook.com

국내외 각종지도. 지구본. 부동산/배송용 지도
대형코팅. 액자지도. 코팅지도. 베스트셀러. 납품도서
대표전화 051)241-5555 팩스 051)245-1187

Since 1955
문우당

전국 최고의 해양도서매장 · 지도센터

문우당서점

이외 다양한 해사관련 도서 판매중!